"十二五"职业教育国家规划教材
经全国职业教育教材审定委员会审定
高职高专电子信息类专业系列教材

半导体制造工艺

第2版

主　编　张　渊
副主编　余　建　董西英　董海青
参　编　张　睿　赵丽芳　李勇峰
主　审　秦　明

机械工业出版社

本书是“十二五”职业教育国家规划教材，经全国职业教育教材审定委员会审定。集成电路具有体积小、重量轻、引出线和焊接点少、寿命长、可靠性高、性能好、成本低和便于大规模生产等优点。它不仅在民用电子设备如计算机等方面得到广泛的应用，同时在军事、通信、遥控等方面也得到广泛的应用。

本书首先介绍了目前半导体制造工艺的发展趋势及现状，然后按照半导体器件制造工序，详细介绍了半导体制造工艺的全过程，并加入了部分工艺模拟软件的介绍和操作。

本书主要包括半导体制造工艺的前端工艺部分，涉及加工环境要求，化学试剂及气体洁净度要求，清洗、氧化、化学气相淀积、金属化、光刻、刻蚀、掺杂和平坦化等几个主要工艺。对每一种工艺，都详细讲述了该工艺的基本原理、操作过程和注意事项，并对相应的设备进行了介绍，力求把当前最新的技术工艺介绍给读者。

本书主要供高等院校微电子专业的高年级本科生或大专生学习，也可以作为从事集成电路制造工艺工作的工程技术人员自学或进修的参考书。

为方便教学，本书备有免费电子课件、习题参考答案和模拟试卷，凡选用本书作为授课教材的教师，均可来电索取，咨询电话：010-88379375，Email：cmpgaozhi@sina.com。

图书在版编目（CIP）数据

半导体制造工艺/张渊主编.—2版.—北京：机械工业出版社，2015.8（2024.8重印）
“十二五”职业教育国家规划教材　高职高专电子信息类专业系列教材
ISBN 978-7-111-50757-4

Ⅰ.①半…　Ⅱ.①张…　Ⅲ.①半导体工艺—高等职业教育—教材　Ⅳ.①TN305

中国版本图书馆CIP数据核字（2015）第165166号

机械工业出版社（北京市百万庄大街22号　邮政编码100037）
策划编辑：于　宁　责任编辑：于　宁　冯睿娟
责任校对：张　征　封面设计：马精明
责任印制：邓　博
北京盛通数码印刷有限公司印刷
2024年8月第2版第10次印刷
184mm×260mm · 16.25印张 · 401千字
标准书号：ISBN 978-7-111-50757-4
定价：49.80元

电话服务　　网络服务
客服电话：010-88361066　机　工　官　网：www.cmpbook.com
010-88379833　机　工　官　博：weibo.com/cmp1952
010-68326294　金　书　网：www.golden-book.com
封底无防伪标均为盗版　机工教育服务网：www.cmpedu.com

前　言

党的二十大报告提出："推动战略性新兴产业融合集群发展，构建新一代信息技术、人工智能、生物技术、新能源、新材料、高端装备、绿色环保等一批新的增长引擎"。目前集成电路产业的发展日新月异，集成电路（IC）技术已经渗透到国防建设和国民经济发展的各个领域，成为世界第一大产业。随着电路集成工艺技术的日趋成熟，集成电路集成度日益提高，已经达到数十亿门，芯片最小线宽已缩小到纳米级尺度，同时集成工艺和其他学科相结合，诞生了新的学科。我国集成电路产业发展的宏观环境十分有利：国内集成电路市场需求持续旺盛，产业政策和投资环境持续向好，同时每年众多高校都有大量高素质的相关专业的毕业生，这些因素都促使国内IC产业持续发展。但另一方面，随着集成电路产业高速发展，对人才的需求也不断增加，既需要高水平的IC设计人员，也需要从事一线生产的IC制造专业技术人才。而适合于高职院校，用于培养技能型应用人才的教材十分匮乏，同时，大部分高职院校由于缺乏资金，实验室建设难以满足学生课程实践的需求，这也进一步影响了高职院校微电子技术专业的相关课程的开展。

本教材的编写注重实用性。在编写过程中，从半导体生产企业收集了大量一线生产的素材充实到教材中，并增加了主要的工艺模拟内容，解决了理论与实践脱节的问题。本教材共有11章，介绍了加工环境要求，化学试剂和气体洁净度要求，清洗、氧化、化学气相淀积、金属化、光刻、刻蚀、掺杂和平坦化等工艺过程，并对每一种工艺都详细讲述了工艺的基本原理、操作过程及要求，以及对应的设备等内容。

本教材由东南大学秦明教授主审，在编写过程中得到西安微电子技术研究所从事半导体集成电路研发20年的高级工程师李勇峰的支持，他参与了第1章部分内容的编写工作，在此表示感谢。教材第1章部分内容、第2章由南京信息职业技术学院张渊编写，第3章由南京信息职业技术学院赵丽芳编写，第4章、第8章由常州信息职业技术学院佘建编写，第5章、第6章由无锡商业职业技术学院张睿编写，第7章、第11章由南京信息职业技术学院董海青编写，第9章、第10章由南京信息职业技术学院董西英编写。

集成电路产业发展迅速，新工艺、新技术和新设备层出不穷。由于作者的知识面和水平有限，书中难免存在一些不足和疏漏，希望广大读者批评指正。

编　者

目　录

第4章　氧化

第5章　化学气相淀积

第6章　金属化

第7章　光刻

第1章 绪 论

本章教学目标

- 了解典型半导体芯片的制造流程。
- 掌握基本半导体器件的结构。
- 了解半导体器件工艺的发展历史。
- 掌握集成电路制造的阶段、时代的划分及发展趋势。
- 掌握半导体制造的主要材料硅的特性及其被广泛采用的主要原因。
- 了解半导体制造中所使用的化学品的特征以及如何进行输送。
- 了解对芯片制造的生产环境的要求及净化间污染源如何加以控制。

1.1 引言

电子工业和半导体工业已经超过传统的钢铁工业、汽车工业，成为21世纪的高附加值、高科技的产业。电子工业的高速发展依赖于半导体工业的快速提高，而在半导体工业中其核心是集成电路（电集成、光集成、光电集成），集成电路在性能、集成度、速度等方面的快速发展是以半导体物理、半导体器件、半导体制造工艺的发展为基础的。在学习半导体制造工艺之前首先要清楚什么是集成电路，这样就可以知道学习半导体工艺是要制造什么。

集成电路（Integrated Circuit，IC）是通过一系列特定的平面制造工艺，将晶体管、二极管等有源器件和电阻、电容等无源元件，按照一定的电路互连关系，“集成”在一块半导体单晶片上，并封装在一个保护外壳内，能执行特定功能的复杂电子系统。图1-1表明了集成电路组成的抽象结构图，从图中可以看到，集成电路系统由一系列模块构成，而模块由一些门电路组成，门电路又是由基本的逻辑电路构成的，而基本的逻辑电路就是由元器件构成的（包括有源器件和无源元件），半导体制造实际上就是在制作有源器件和无源元件，并将这些元器件进行互连，使其具备一定的功能。不同的元器件结构决定了元器件的性能有所不同，元器件的性能最终决定了集成电路的特性。随着集成度和性能的提高，对集成电路制造的环境要求也越来越高，沾污的控制更为重要，其决定着芯片的成品率。本章将对元器件的结构、半导体制造的过程、沾污的控制等方面做一个简单的介绍，使大家对集成电路制造过程、制造环境有一个大致的了解，以便于将本书着重介绍的工艺与元器件的制造结合起来，便于后续课程的学习和理解。

典型的半导体芯片的制造流程如图1-2所示，从图中可以大致了解到半导体芯片制造的整个过程。

本书重点介绍芯片的制造部分，介绍芯片制造的主要工艺。尽管一个超大规模集成电路芯片的制造要经过几百道工序，但其实质是在重复清洗、氧化、化学气相淀积、金属化、光刻、刻蚀、掺杂和平坦化这几大工艺，本书也将围绕这几大工艺进行介绍。

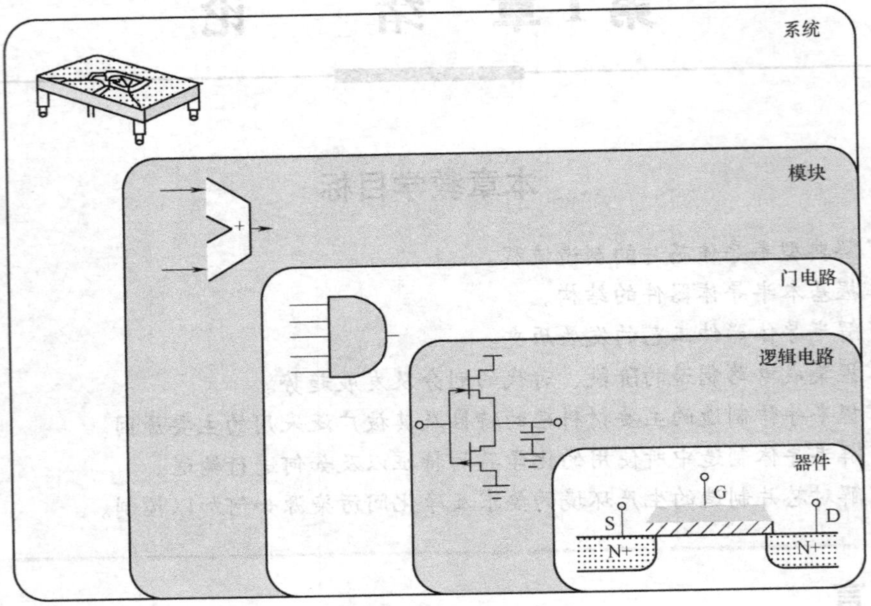

图 1-1　集成电路组成的抽象结构图

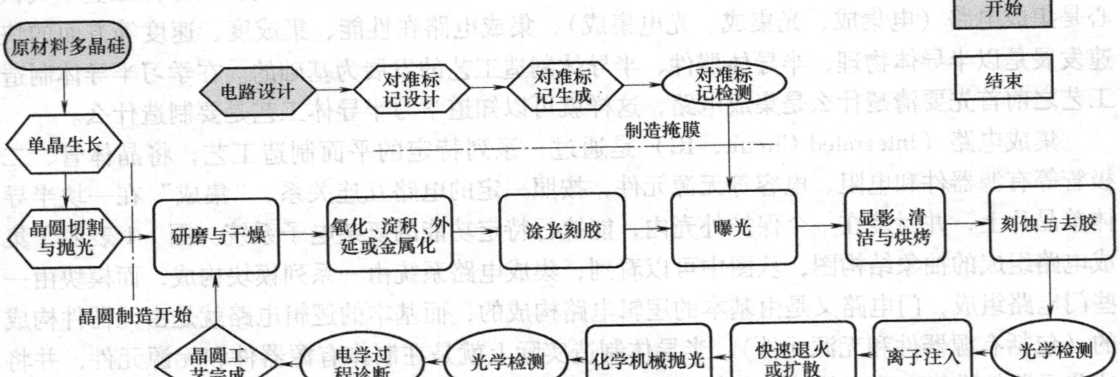

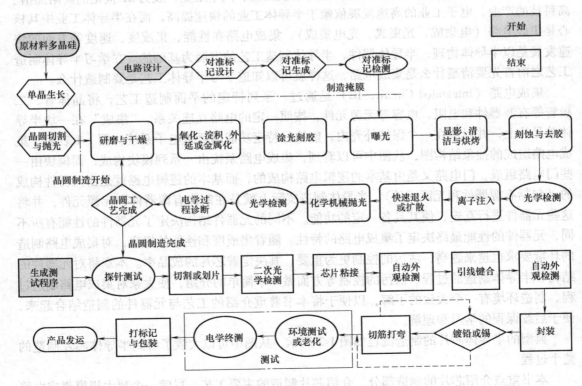

图 1-2　典型的半导体芯片的制造流程

1.2 基本半导体元器件结构

集成电路种类很多，但其基本组成单元就是由无源元件和有源器件组成，这些元器件按一定的方式互连而具备一定的电学性能并能完成一定的器件功能。根据构成集成电路的晶体管不同有双极型集成电路和MOS集成电路两类，前者以双极型平面晶体管为主要器件，后者以MOS场效应晶体管为基础。各种不同的集成电路性能不同而组成它的基本单元的元器件结构也不同，不同的结构就意味着元器件的性能参数不同，这些元器件有成千上万种结构，这里只能列举其中一部分，它们是集成电路制造技术的基础，图1-3为由二极管、MOS场效应晶体管和电阻组成的SRAM电路图。

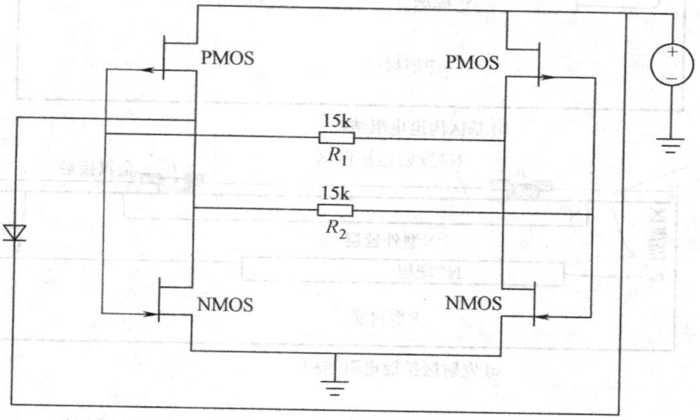

图1-3 由二极管、MOS场效应晶体管和电阻组成的SRAM电路图

1.2.1 无源元件结构

1. 集成电路电阻的结构

集成电路中电阻可以由金属膜或掺杂的多晶硅构成或者通过杂质扩散到衬底的特定区域中产生，如图1-4所示，电阻和芯片电路之间的连接是通过与金属导体（如铝、钨）形成接触实现的。

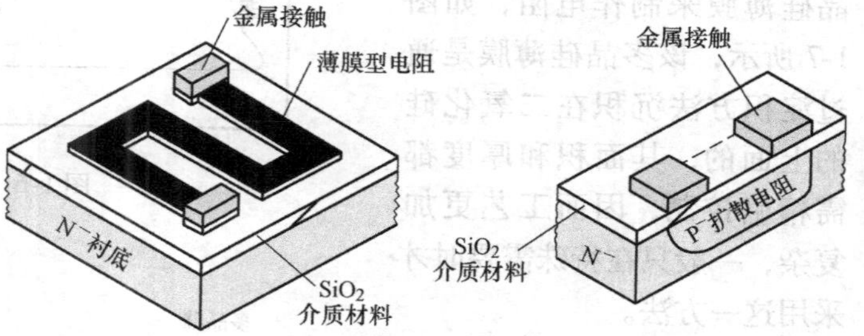

图1-4 集成电路中电阻的结构

一般在集成电路中很少使用电阻，特别是在MOS集成电路中，即使需要电阻也用MOS场效应晶体管来代替。但在某些集成电路中还需要采用电压与电流具有线性关系的电阻。

对于双极型电路的电阻，它的制作过程与双极型晶体管的制作同时进行，并利用双极型晶体管中的某一层来形成电阻，图1-5就是利用基区、发射区扩散形成电阻的结构图。

另外也可以利用外延层来形成电阻，如图1-6所示。

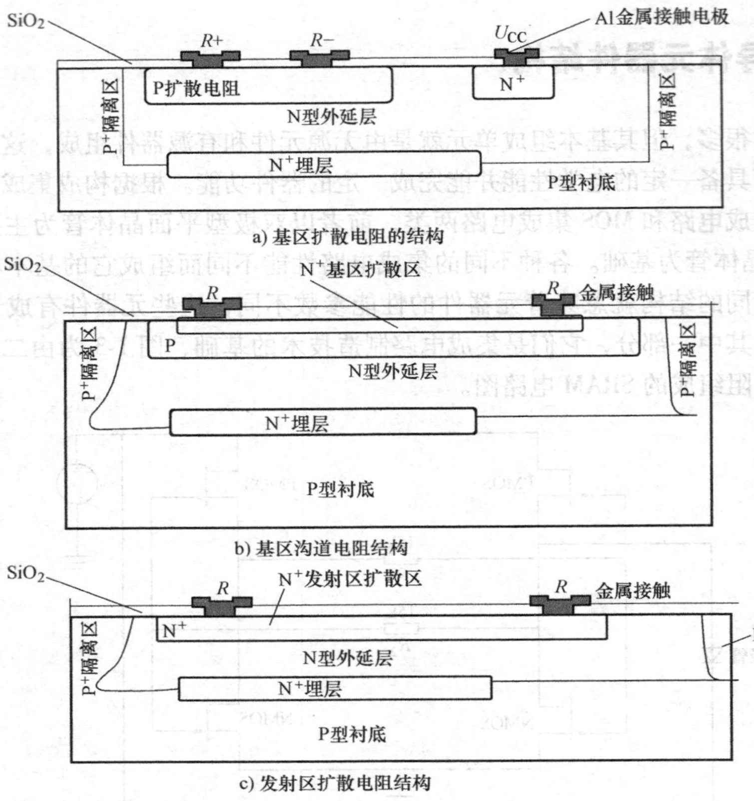

图1-5 利用基区、发射区扩散形成电阻的结构

以上形成的电阻，其电阻的绝对值较难控制，为得到精确的电阻值，常利用多晶硅薄膜来制作电阻，如图1-7所示，该多晶硅薄膜是通过淀积方法沉积在二氧化硅的上面的，其面积和厚度都需精确控制，因而工艺更加复杂，一般只在特殊需要时才采用这一方法。

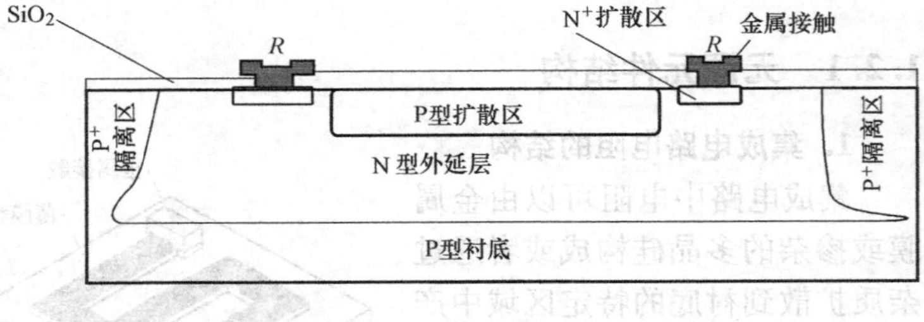

图1-6 外延层电阻结构

2. 集成电路电容结构

一个简单的电容是由两个分立的导电层被介质材料隔离开而形成的，芯片制造中的介质材料通常是二氧化硅。平面型电容可由金属薄层、掺杂的多晶硅或者衬底的扩散区形

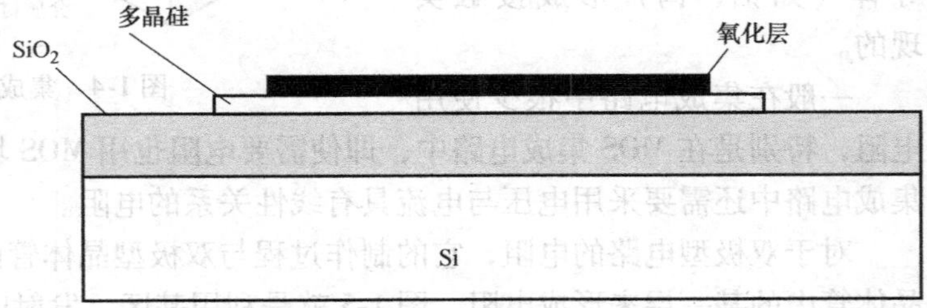

图1-7 MOS集成电路中的多晶硅薄膜电阻

成。通常衬底上的电容有以下四种结构形式，如图 1-8 所示。

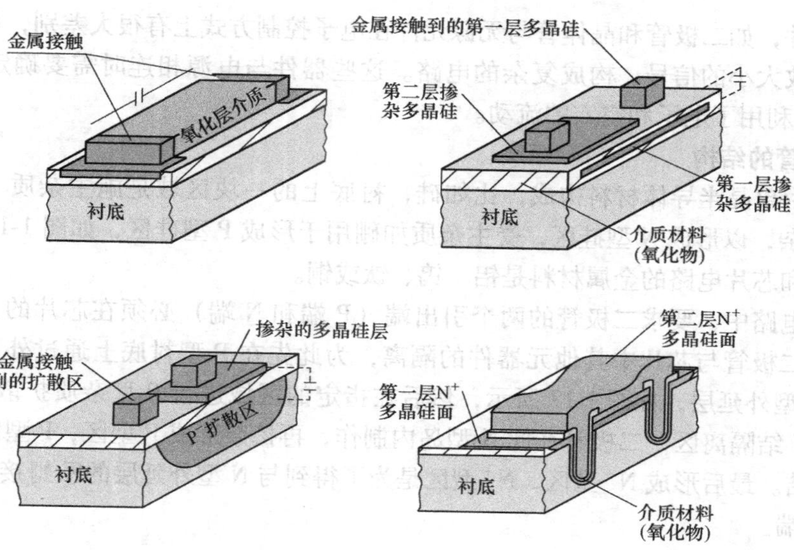

图 1-8　集成电路中电容的结构

通常这种电容所占面积较大，一个 100pF 的电容在芯片上所占的面积往往要超过 100 个晶体管所占的面积，因而在集成电路中实现电容的相对成本与用分立元件实现电容时的相对成本是不同的。一般，在集成电路中，电容的成本要高于电阻，电阻的成本要高于晶体管，因此在集成电路的设计中应尽可能避免采用电阻和电容这类元件。

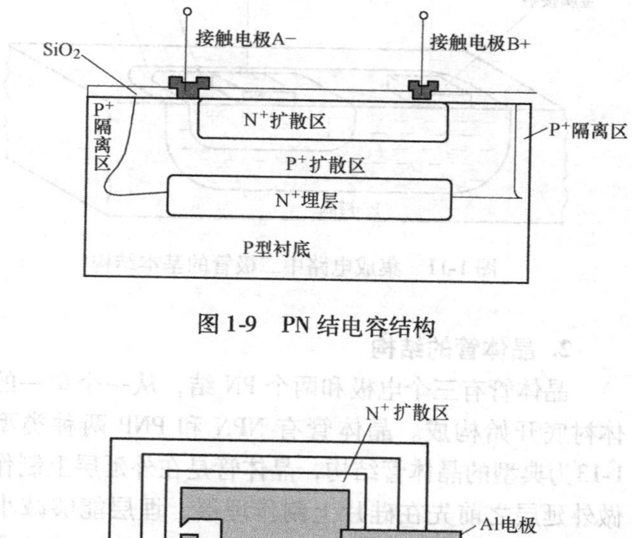

图 1-9　PN 结电容结构

集成电路中的电容也可以利用反向偏置时的 PN 结电容来获得。但这样的电容，其电容量是反向偏置的函数，电容值会随电压变化而变化，图 1-9 是利用发射区、扩散区、隔离区、埋层形成的 PN 结电容。

还可以利用 MOS 场效应晶体管来形成电容，其中表面一层金属 Al 作为电容的一个电极板，二氧化硅为介质，另一个电容的电极板由 N^+ 的扩散区形成，如图 1-10 所示。

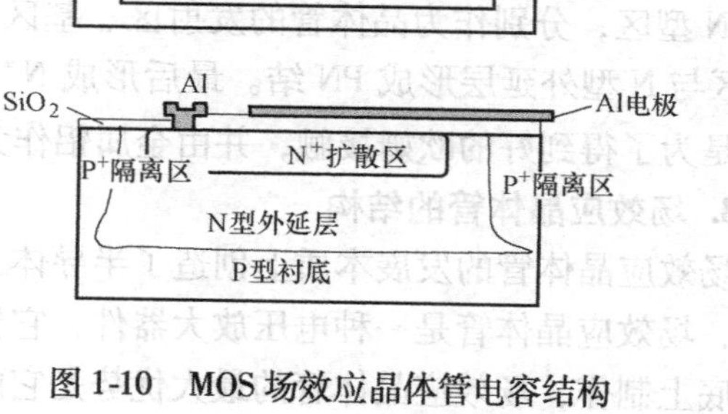

图 1-10　MOS 场效应晶体管电容结构

1.2.2 有源器件结构

有源器件，如二极管和晶体管与无源元件在电子控制方式上有很大差别，可以用于控制电流方向、放大小的信号、构成复杂的电路。这些器件与电源相连时需要确定电极（+或-），工作时利用了电子和空穴的流动。

1. 二极管的结构

二极管由单晶半导体材料构成，比如硅，衬底上的一块区域是施主杂质（如砷、磷或锑）的重掺杂，以形成N型硅区，受主杂质如硼用于形成P型硅区，如图1-11所示。用于连接二极管和芯片电路的金属材料是铝、钨、钛或铜。

在集成电路中，要求二极管的两个引出端（P端和N端）必须在芯片的上方引出，此外还要考虑二极管与芯片中其他元器件的隔离，为此先在P型衬底上通过外延生长得到一层很薄的N型外延层，如图1-12所示，然后在指定的区域进行P型杂质扩散形成N型岛，同时形成PN结隔离区，二极管在此N型岛内制作，再掺杂形成P型区，P型区与N型外延层形成PN结。最后形成N^+型区，N^+型区是为了得到与N型外延层的欧姆接触，并由金属铝作为引出端。

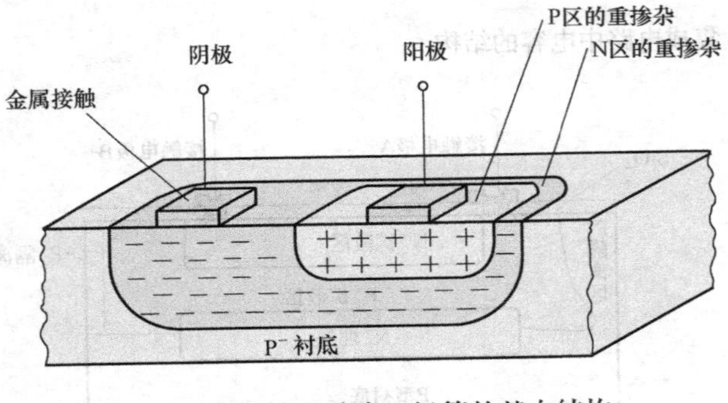

图1-11 集成电路中二极管的基本结构

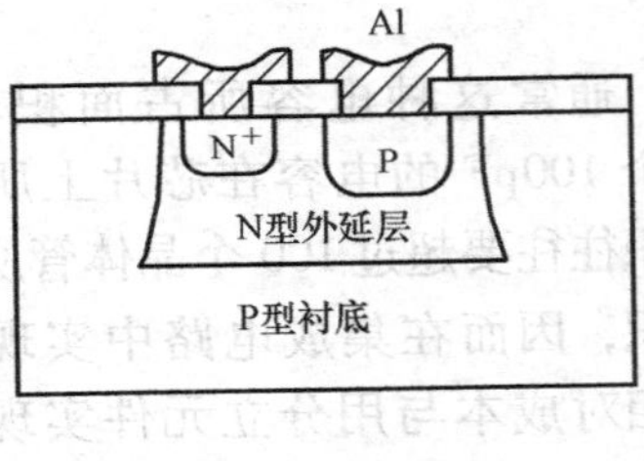

图1-12 集成电路中二极管的结构

2. 晶体管的结构

晶体管有三个电极和两个PN结，从一个单一的半导体衬底开始构成。晶体管有NPN和PNP两种类型。图1-13为典型的晶体管结构，晶体管是在外延层上制作，在做外延层之前先在硅片上制作埋层，埋层能够减小集电极电阻，减小寄生效应，在外延层指定的区域形成P型区和N型区，分别作为晶体管的发射区、基区和集电区，P型区与N型外延层形成PN结。最后形成N^+型区，N^+型区是为了得到好的欧姆接触，并由金属铝作为引出端。

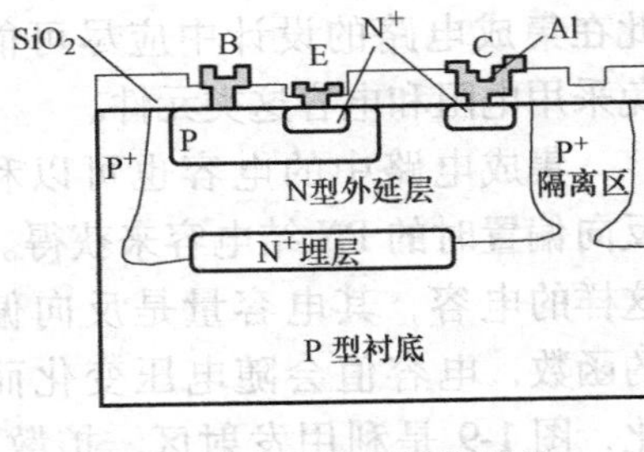

图1-13 典型的晶体管结构

3. 场效应晶体管的结构

场效应晶体管的发展本质上创造了半导体工艺发展史上的新时代。与晶体管的电流放大不同，场效应晶体管是一种电压放大器件，它们之间的相似之处是都有三个电极并且都在单晶衬底上制作，场效应晶体管的最大优势是它的低电压和低功耗。

场效应晶体管在线性/模拟电路中作为放大器使用，在数字电路中作为开关器件使用。它的高输入阻抗和适中的放大特性使其成为一种卓越的器件，可用于仪表和通信设备；它的低功耗和可压缩性使其极适用于一直在缩小尺寸的超大规模集成电路和甚大规模集成电路。

场效应晶体管有两种类型：结型（JFET）和金属-氧化物晶体管（MOSFET）。这两种场效应晶体管的区别是 MOSFET 的栅极由一层薄介质（二氧化硅，称为栅氧化物）与其他两极（源极和漏极）绝缘。JFET 的栅极和其他两极（源极和漏极）形成物理的 PN 结。JFET 广泛应用于 GaAs 集成电路。由于 MOSFET 在超大规模集成电路中的应用广泛，本节将主要介绍 MOSFET 的结构。MOSFET（简称 MOS 管）有 NMOS 和 PMOS 两大类。图 1-14 是其结构图和示意图。MOS 管的工作原理是在 1930 年提出的，要比晶体管早得多，但由于氧化膜的质量问题，问世却比晶体管要迟。自从硅片表面可形成高质量的热二氧化硅膜以后，MOS 管才达到实用化的阶段，一直是集成电路的主要晶体管。

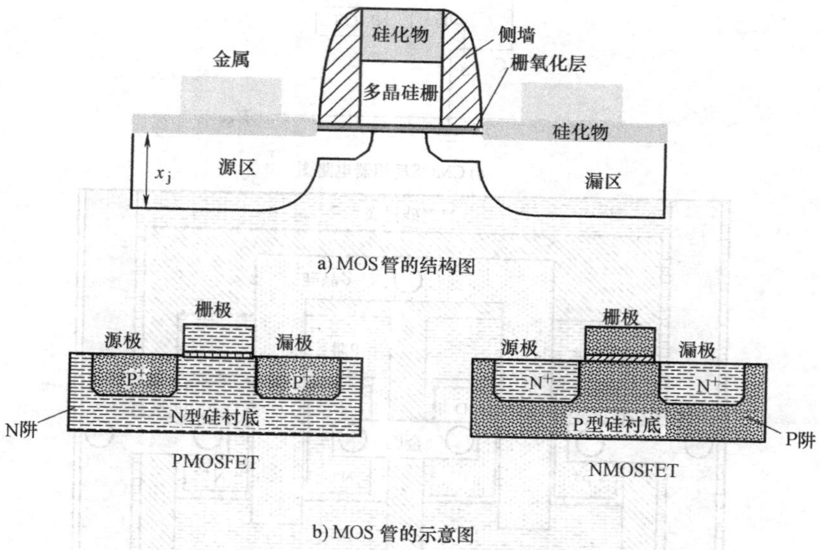

图 1-14 MOS 管的结构图和示意图

“金属氧化物”是指栅极的构成材料，然而，源于早期的 MOS 技术对 MOS 器件中“金属”的描述目前已不再准确。现在用于 MOS 管最常用的材料是掺杂的多晶硅，它是一种在集成电路制造中淀积在衬底上的掺杂的多晶硅材料。源区和漏区各自为 N 型或 P 型的重掺杂，这取决于制作的晶体管类型，在没有导电状态下沟道是由称为阱的相反掺杂类型区域构成的通路，NMOS 在 P 阱内形成，PMOS 在 N 阱内形成。MOS 管是一种完全对称的结构，在没有加电的情况下是分不出源极和漏极的，只有加电以后才能分出，对于 NMOS 管低电位是源极而高电位是漏极，而 PMOS 管则正好相反。

4. CMOS 结构

以 MOSFET 为基础的集成电路制造多年来都集中在单一的 N 沟道 MOSFET 技术为基础的产品研制和开发上。虽然分立的 PMOS 管在特定的电子应用方面有其特殊的功能，但是 20 世纪 70 年代初期以来，由于电子的迁移率比空穴的高得多，所以通常 NMOS 集成电路器件替代了 PMOS 技术，成为绝大多数集成电路制造商的选择。

CMOS 是一种既包含 NMOS 又包含 PMOS 管的电路，称为互补型 MOS 电路（Complementary MOS），简称 CMOS 电路。功耗、等比缩放设计技术和制造工艺等方面的改进相结合，使 CMOS 技术从 20 世纪 80 年代起就成为一种最普遍的器件技术。CMOS 器件最大特点是静态功耗为零。图 1-15 所示为一个简单的 CMOS 反相器电路的电路图、俯视图和剖面图。

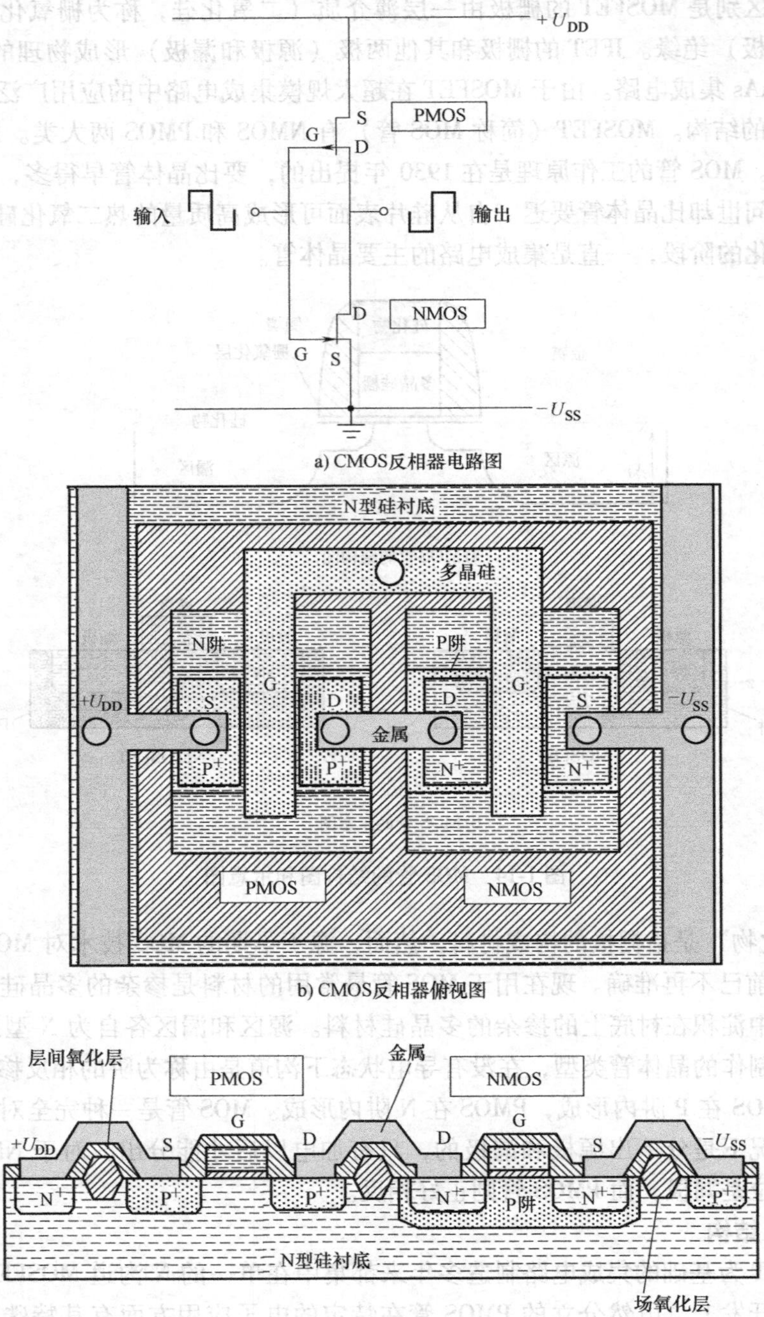

图 1-15　CMOS 反相器电路的电路图、俯视图和剖面图

为了将两种类型的 MOS 管做在同一硅片衬底上，就要先在硅衬底上形成一个 N 阱（N-well）或 P 阱（P-well），图 1-15 中 NMOS 制作在 P 阱中，而 PMOS 直接制作在衬底上。

一般双极型集成电路具有中等的速度，驱动能力强，模拟精度高，但功耗比较大。而 CMOS 集成电路具有低的静态功耗、宽的电源电压范围和宽的输出电压幅度，还具有高速、高密度潜力，可与 TTL 电路兼容，但电流驱动能力低。

1.3　半导体器件工艺的发展历史

1952 年肖克莱发明了生长型晶体管，其特点是在晶体生长过程中形成 NPN 型晶体管，生长型晶体管生长时的示意图如图 1-16 所示。

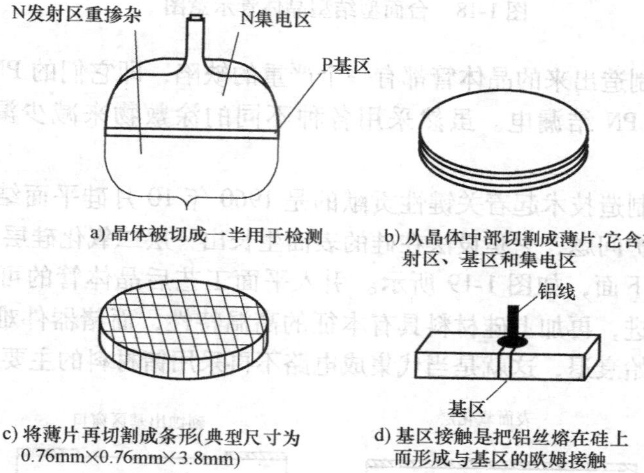
N发射区重掺杂
N集电区
P基区
a) 晶体被切成一半用于检测
b) 从晶体中部切割成薄片，它含有发射区、基区和集电区
铝线
基区
c) 将薄片再切割成条形(典型尺寸为0.76mm×0.76mm×3.8mm)
d) 基区接触是把铝丝熔在硅上而形成与基区的欧姆接触

图 1-16　生长型晶体管生长示意图

同年萨拜提出了合金结结型晶体管，其原理是将铟球放置在锗片的两边，在高温下熔解锗而形成两个 PN 结，具体过程如图 1-17 所示。

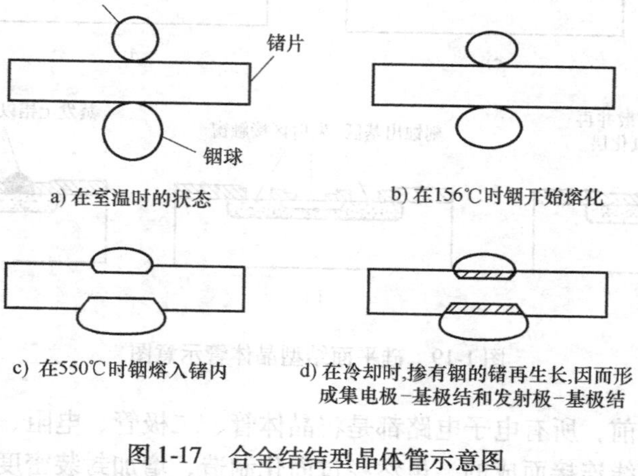
铟球
锗片
铟球
a) 在室温时的状态
b) 在156℃时铟开始熔化
c) 在550℃时铟熔入锗内
d) 在冷却时，掺有铟的锗再生长，因而形成集电极−基极结和发射极−基极结

图 1-17　合金结结型晶体管示意图

1954年贝尔实验室提出了采用气相扩散方法形成台面型结型晶体管，具体过程如图1-18所示。

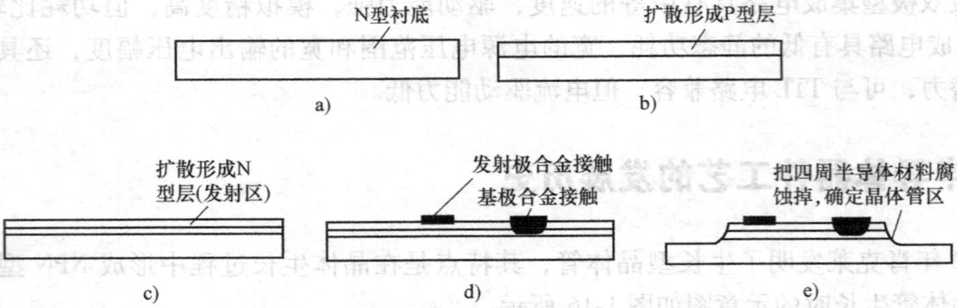

图1-18　台面型结型晶体管示意图

但这三种工艺所制造出来的晶体管都有一个严重的缺陷，即它们的PN结都暴露在半导体表面，因而易造成PN结漏电。虽然采用各种不同的涂敷物来减少漏电，但效果都不理想。

对当代集成电路制造技术起着关键性贡献的是1960年10月硅平面结型晶体管的发明，它有效地解决了结保护问题，它是设法在硅的表面生长出一层二氧化硅层，结被掩藏在热生长出的二氧化硅层的下面，如图1-19所示。引入平面工艺后晶体管的可靠性得到了提高，成品率也明显有了改进，再加上硅材料具有本征的高温特性，而锗器件难以获得这些优点，因而锗器件的生产开始衰退，这就是当代集成电路不再采用锗材料的主要原因之一。

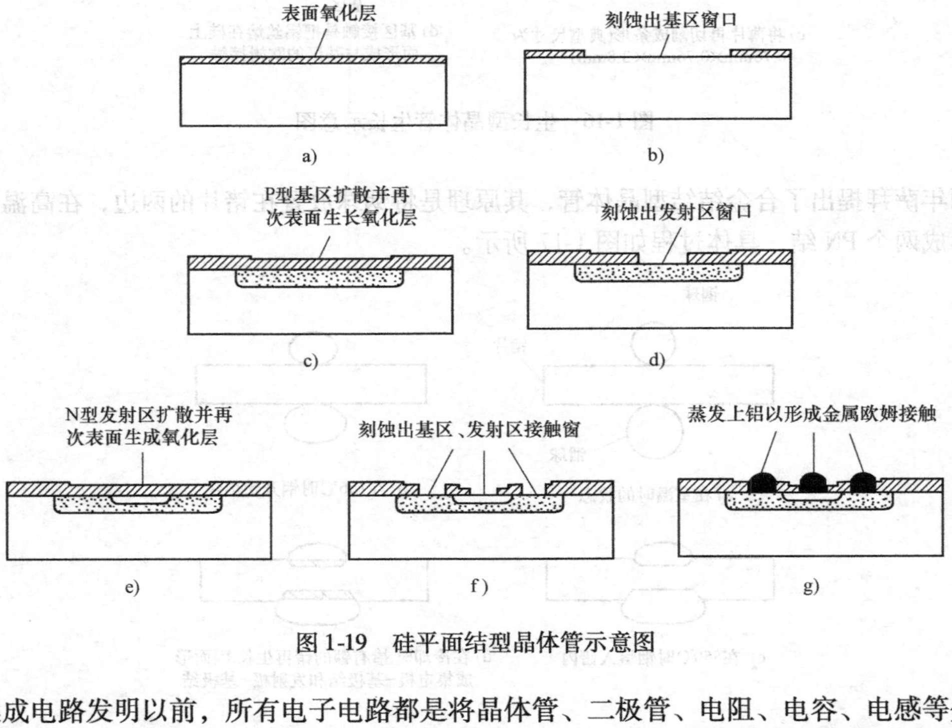

图1-19　硅平面结型晶体管示意图

集成电路发明以前，所有电子电路都是将晶体管、二极管、电阻、电容、电感等分立元器件按一定要求用导线连接而成的，虽然经过简化制造，增加封装密度，增多印制电路板的层数，但基本思路仍是先制造分立元器件，再把分立的各自封装而成的元器件连接在一起。

其实众多的晶体管原本就是同时制造在一个大的硅晶圆片上，通过划片而得到各个晶体管的。那么能否按电路的要求将需要的有源器件和无源元件同时制造在一个半导体圆片上，而且在制造这些元器件的同时也完成它们之间的连接呢？基尔比提出了这种概念。这样就首先要将做在同一硅片上的晶体管在电学上隔离，再采取某种方案将它们连接，此外要设法在同样的制造步骤中获得性能不同的晶体管和无源元件。基尔比进行了不懈的尝试并取得了成功。1954 年库尔特·莱霍维克提出了用 PN 结来隔离集成电路中的各个晶体管和其他元件，另外 1959 年美国仙童公司的罗伯特·诺伊斯提出了用平面工艺来制作硅集成电路，并在氧化膜上制造互连线的方法。他们的方案奠定了当今半导体集成电路技术的基础，有了硅平面工艺技术并采用 PN 结作隔离，单片集成电路才在工业上得以真正地实现。

很多重要的半导体工艺技术其实是由多个以前发明的工艺技术延伸而来的。例如 1798 年就已经发明了图形曝光工艺，只是当初影像图形是从石片转移过来的。

1.4 集成电路制造阶段

事实上各异的集成电路中就其制造技术来讲有其共性，即有其共同采用的工艺技术，这就是后面章节要给大家介绍的集成电路的主要工艺，比如薄膜工艺、选择掺杂和器件互连工艺。

1.4.1 集成电路制造的阶段划分

半导体集成电路制造一般包括以下几大部分：硅片的制备（晶圆制作）、掩膜版的制作、芯片的制造（晶圆制造）及元器件封装，如图 1-20 所示。值得一提的是半导体制造的各个部分并不是由一个工厂来完成的，而是由不同的工厂分别来完成，也就是说硅片制备有专门的制造企业，制备硅片的企业并不进行硅片的制造，它只为芯片制造厂提供硅片，而芯片制造厂从硅片制备厂买来所需要的硅片，进行硅片制造，而制造中所用到的掩膜版也由专门的生产企业来提供，硅片制造完成的芯片的封装也不由芯片制造企业完成，而是由封装企业来完成，这样做可以减少设备的维护费用。

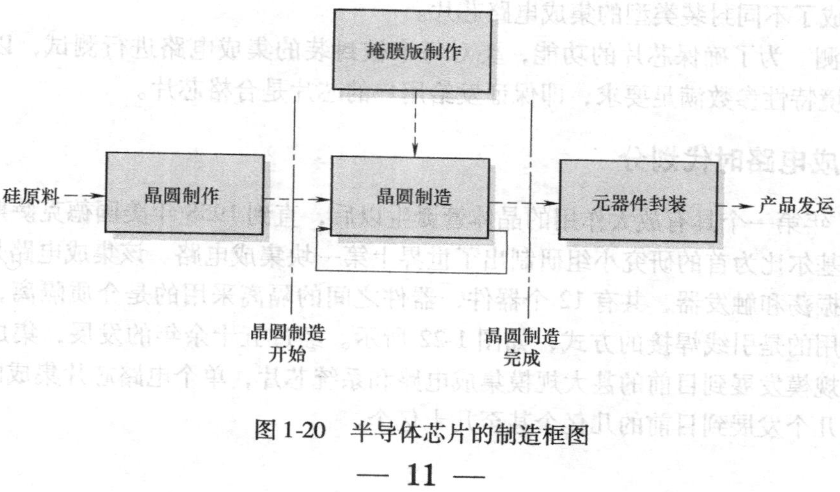

图 1-20 半导体芯片的制造框图

（1）硅片制备　将硅从沙中提炼并纯化，形成半导体级的多晶硅。经过特殊工艺（直拉法和区熔法）将多晶硅制成适当直径的单晶硅硅锭。然后将硅锭切割成用于制造芯片的薄硅片。

（2）芯片制造　硅片到达硅片制造厂，经过清洗、成膜（氧化、淀积）、光刻、刻蚀和掺杂（扩散、离子注入）等主要工艺之后，加工完成的硅片具有永久刻蚀在硅片上的完整的集成电路。典型的集成电路硅片制造工艺可能要花费6~8周的时间并用450步以上的步骤来完成所有的制造工艺，大多数半导体流程都是在硅片表面几微米以内完成的，制造一块高性能的芯片，需要多次运用有限的几种工艺，这几大工艺之间的相互关系如图1-21所示。

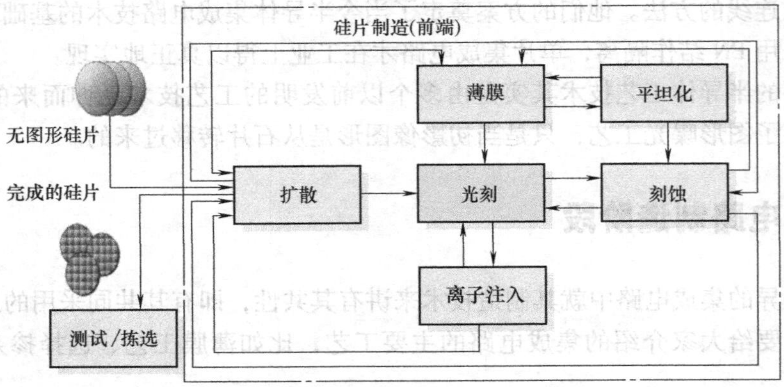

图1-21　半导体芯片制造的关键工艺

（3）掩膜版制作　掩膜版中包括构成芯片的各层图形结构，现在最常用的掩膜版技术是石英玻璃涂敷铬，在石英玻璃掩膜版表面的铬层上形成芯片各层结构图形。带有光刻胶的镀铬掩膜版在光源下有选择地进行曝光，并经过显影、检查、刻蚀去胶，最终形成预期的图案。这个掩膜版通常为母版，由于掩膜版在使用中会有损伤，一般不作为工作掩膜版用，工作掩膜版是将母版进行翻版复制得到的。

（4）装配与封装　芯片制造完成后，封装之前芯片要经过测试/拣选进行单个芯片的电学测试，拣选出合格芯片和不合格芯片，并做出标识，合格芯片包装在保护壳体内。在封装之前要经过减薄、划片、裂片、粘片、焊接、包封等一系列工序，最后封装到塑料或陶瓷壳体内，就形成了不同封装类型的集成电路芯片。

（5）终测　为了确保芯片的功能，要对每个被封装的集成电路进行测试，以保证芯片的电学和环境特性参数满足要求，即保证发给用户的芯片是合格芯片。

1.4.2　集成电路时代划分

自1947年第一个具有放大作用的晶体管诞生以后，直到1958年美国德克萨斯州仪器公司的科学家基尔比为首的研究小组研制出了世界上第一块集成电路。该集成电路是在锗衬底上制作相移振荡和触发器，共有12个器件，器件之间的隔离采用的是介质隔离，器件之间的互连线采用的是引线焊接的方式，如图1-22所示。经过五十余年的发展，集成电路已经从最初的小规模发展到目前的甚大规模集成电路和系统芯片，单个电路芯片集成的元器件数从当时的十几个发展到目前的几亿个甚至几十亿个。

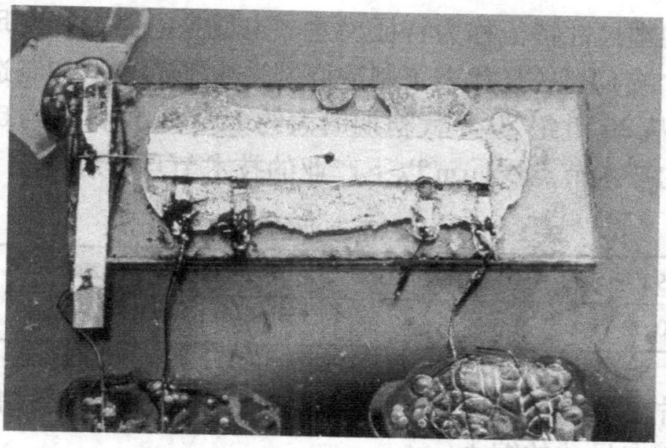

图 1-22 世界上第一块集成电路

这里大致以集成在一块芯片上的芯片数划分集成时代。半导体集成电路时代的划分见表1-1。

表 1-1 集成电路时代划分

集成电路	半导体产业周期	每个芯片上的元器件数
没有集成（分立元器件）	1960 年以前	1
小规模集成电路（SSI）	20 世纪 60 年代早期	2 ~ 50
中规模集成电路（MSI）	20 世纪 60 年代到 20 世纪 70 年代早期	50 ~ 5 000
大规模集成电路（LSI）	20 世纪 70 年代早期到 20 世纪 70 年代晚期	5 000 ~ 100 000
超大规模集成电路（VLSI）	20 世纪 70 年代晚期到 20 世纪 80 年代晚期	100 000 ~ 1 000 000
甚大规模集成电路（ULSI）	1990 年至今	>1 000 000

直到今天集成在一块芯片上的元器件数仍在持续增长。电路集成的一个重要挑战是半导体制造工艺的水平，在可接受的制造成本条件下尽可能改善制造技术，以生产高集成度的甚大规模集成电路芯片。为达到此目的，半导体产业已变成高度标准化的产业，大多数制造商使用类似的制造工艺和设备。

1.4.3 集成电路制造的发展趋势

电子器件中不论是电子管还是晶体管，一般都具有这样的特点：随着它们结构尺寸的缩小，将会使工作速度增加，使功耗降低，其结果是使速度提高与晶体管的尺寸缩小的同时，集成电路的性能将获得改善。同时，由于尺寸的减小，有可能容纳更多的元器件，从而通过提高集成度，扩大功能。就可靠性来考虑，随着集成规模的增大，印制电路板上的焊点数减少，从而使每个元器件的故障率降低。

伴随微芯片技术的发展，集成电路的发展趋势有如下 3 个方面：

（1）提高芯片的性能　芯片的性能一般包括两方面的内容，一是芯片的工作速度，二是芯片工作过程中的功耗。提高速度的方法之一是将器件做得更小，这样在芯片上放置的器件越紧密，信号传输距离就越短，芯片速度就会提高。方法之二是使用新的材料连接芯片表面的电路和器件来提高电信号的传输。

构成芯片结构的物理尺寸特征称为特征尺寸，也就是电路的几何尺寸。硅片上的最小特征尺寸被称为关键尺寸或CD。CD代表了制造商制造水平的高低和制造能力的大小。器件的CD尺寸一直在缩小，从20世纪50年代初期的大约125μm到目前的0.18μm或者更小。CD也用来代表硅片制造的技术节点。1μm以下产业的技术节点列表见表1-2。

表1-2　1μm以下产业的技术节点列表

年份	1988年	1992年	1995年	1997年	1999年	2001年	2002年	2005年
CD/μm	1.0	0.5	0.35	0.25	0.18	0.15	0.13	0.10

值得注意的是芯片上器件尺寸的缩小是按比例进行的，这个按比例缩小既有垂直方向尺寸的缩小，也有横向方向尺寸的缩小。

减小特征尺寸可以在相同的硅片上制作更多的元器件，使芯片的集成度增加，芯片性能也得到提高。1964年，半导体产业先驱者和英特尔公司的创始人戈登·摩尔通过对之前近10年集成电路发展情况的总结，提出了摩尔定律，即集成电路芯片的集成度每三年提高四倍，且加工的特征尺寸缩小为$\sqrt{1/2}$。这就是业界著名的摩尔定律，后来的发展验证摩尔定律惊人地准确。

尽管每块芯片上元器件数迅速增加，芯片功耗却以低得多的速度增长。它已成为便携式电子产品市场增长的一个关键性能参数。

（2）提高芯片的可靠性　芯片的可靠性主要指芯片寿命。提高芯片的可靠性可从两方面入手：一方面使焊点数量减少。另一方面通过严格的无颗粒空气净化间的使用，严格控制化学试剂纯度来控制沾污；不间断地分析制造工艺；通过硅片监控和微芯片测试验证可接受的性能来提高芯片产品的可靠性。

（3）降低芯片的成本　半导体芯片的价格一直持续下降。原因之一是减小特征尺寸和增加硅片直径能够将更多的芯片放在一个硅片上；原因之二是半导体产品市场大幅度增长，要求提高芯片制造公司的产量，加大了制造业的规模，引入改善加工微芯片使用的设备和制造工艺，降低了成本。

1.5　半导体制造企业

半导体制造企业可划分为两类：一类是设计/制造企业，另一类是代工企业。

（1）设计/制造企业　许多企业都集合了芯片设计和芯片制造，从芯片的前端设计到后端加工都在企业内部完成，例如Intel、IBM、Motorola、Samsung、Hynix、Infineon、Philips、ST Microelectronics等公司。

（2）代工企业　在芯片制造业中，有一类特殊的企业，专门为其他芯片设计企业制造芯片，这类企业称为晶圆代工厂。代工的出现是由于现代技术的飞速发展，越来越多的技术需要更加细致的分工，这样可以部分降低企业的成本或风险。比如显卡和主板，它的核心是图形处理器和芯片组，是由像NVIDIA、ATI、Intel、AMD、VIA、SIS、ALI等一些顶级的芯片研发公司设计出来的，然后委托给某些工厂加工成芯片或芯片组。

国内著名的集成电路公司有：台积电（上海）有限公司、中芯国际集成电路制造（上海）有限公司、和舰科技（苏州）有限公司、上海宏力半导体制造有限公司、上海华虹

NEC电子有限公司、上海贝岭股份有限公司、无锡华晶微电子有限公司、华越微电子有限公司、珠海南科集成电子公司、柏玛微电子（常州）有限公司、南京高新半导体公司、西安西岳电子科技有限公司等。

1.6 基本的半导体材料

自然界中的固态物质简称为固体，可分为晶体和非晶体两大类。晶体类包括单晶和多晶。晶体和非晶体在物理性质、内部结构等方面都存在着明显的差别。

集成电路和各种半导体制造中所用的材料，目前主要是硅、锗和砷化镓等单晶体，其中又以硅为最多。硅器件占世界上出售的所有半导体器件的90%以上。

1.6.1 硅——最常见的半导体材料

20世纪50年代初期以前，锗是半导体工业应用得最普遍的材料之一，但因为其禁带宽度较小（仅为0.66eV），使得锗半导体的工作温度仅能达到90℃（因为在高温时，漏电流相当高）。锗的另一个严重缺点是无法在其表面形成一稳定的且对掺杂杂质呈钝化性的氧化层，如二氧化锗（GeO_2）为水溶性，且会在800℃左右的温度自然分解。相比而言，硅的禁带宽度较大（1.12eV），硅半导体的工作温度可以高达200℃。硅片表面可以氧化出稳定且对掺杂杂质有极好阻挡作用的氧化层（SiO_2），这个特性使得硅在半导体的应用上远优于锗，因为氧化层可以被用在基本的集成电路结构中。1980年以后半导体界曾对GaAs的应用产生极高的期待，这是因为GaAs具有更高的电子迁移率，而且具有直接禁带宽度，但因为高品质及大尺寸的GaAs不易获得，所以终究无法取代硅单晶材料在半导体业的地位。

硅片是制作硅半导体集成电路（IC）所用的硅晶片，形状为圆形，故又称为晶圆，IC制造厂使用的硅片是硅的单晶体，硅被广泛采用的主要原因是：

（1）硅的丰裕度　硅是地球上第二丰富的元素，占到地壳成分的25%，经合理加工，硅能够提纯到半导体制造所需的足够高的纯度，而消耗的成本比较低。

（2）更高的熔化温度允许更宽的工艺容限　硅的熔点是1412℃，远高于锗937℃的熔点，更高的熔点使得硅可以承受高温工艺。

（3）更宽的工作温度范围　用硅制造的半导体器件可以工作在比锗制造的半导体器件更宽的温度范围，增加了半导体器件的应用范围和可靠性。

（4）氧化硅的自然生成　硅表面有能够自然生长氧化硅（SiO_2）的能力，SiO_2是一种高质量、稳定的电绝缘材料，而且能充当优质的化学阻挡层以保护硅不受外部沾污。电学上的稳定对于避免集成电路中相邻导体之间漏电是很重要的。生长稳定的SiO_2薄层的能力是制造高性能金属-氧化物半导体（MOS）器件的根本。SiO_2具有与硅类似的性质，允许高温工艺而不会产生过度的硅片翘曲。

自然界中找不到纯硅，必须通过提炼和提纯使硅成为半导体制造中需要的纯硅。它通常存在于硅土（氧化硅或SiO_2）和其他硅酸盐中。硅土呈砂粒状，是玻璃的主要成分。

纯硅是指没有杂质或者没有受其他物质污染的本征硅。纯硅的原子通过共价键共享电子结合在一起，并使价电子层完全填满，如图1-23所示。

硅的许多性质源于其强大的共价键。纯硅是一种拙劣的导体，因其所有价电层都被共价键填充。纯硅并不是有用的半导体材料。但是借助掺杂工艺，可以显著增加硅的导电性能，也就是说通过向硅中掺入杂质使得它能传导电流。掺杂越多，电导率越高。掺杂硅又称为非本征硅。向硅中掺入杂质以改变导电性是半导体制造的一个关键。能够通过掺入杂质改变硅的导电性能并进一步控制硅何时充当导体或绝缘体，这就是固态技术的本质。

硅位于周期表中的ⅣA族，并有四个价电子，相邻两族元素ⅢA族和ⅤA族通常用于掺杂，当三价掺杂剂（主要是硼）的原子加入到硅中时，得到的材料为P型硅；当五价掺杂剂（主要是磷、砷和锑）的原子加入到硅中时，得到的材料为N型硅。通过向硅的晶体中引入杂质，实现了对硅的电阻率的精确控制。杂质原子在硅中的浓度决定了材料的导电能力。通过向纯硅中加入适当类型和浓度的杂质，掺杂硅的电阻率下降，而导电性增加，对于一个给定的电阻率，N型掺杂的浓度低于P型的浓度，这是因为移动一个电子比移动一个空穴需要更少的能量。硅的电阻率随掺杂浓度的变化如图1-24所示。

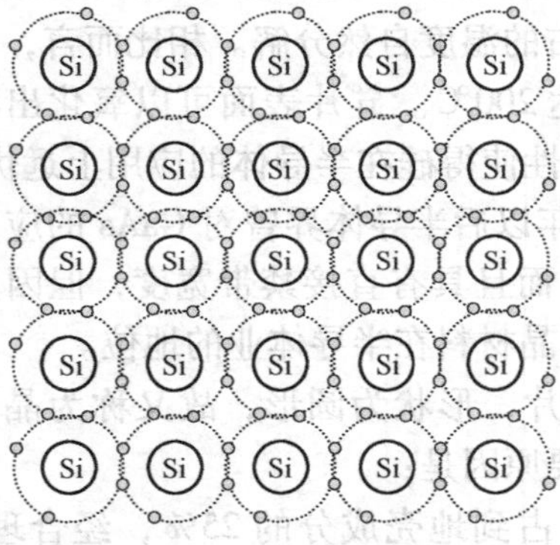

图1-23　纯硅的Si原子共价键示意图

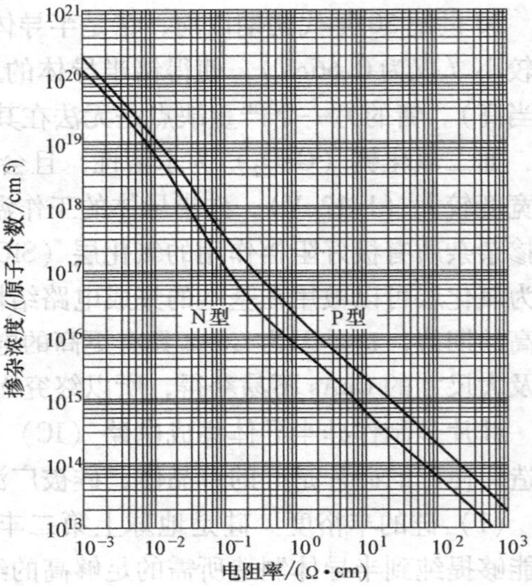

图1-24　硅的电阻率随掺杂浓度的变化

要使硅成为有用的导体只需要很小量的掺杂（小至0.000001%～0.1%），这对于在硅片上制造半导体器件却是很重要的。在半导体制造期间，硅中掺杂剂量或者说浓度，必须小心控制才能获得精确的电阻率。

1.6.2　半导体级硅

对用来做芯片的硅片要求有很高的纯度，还要求其原子级的微缺陷减小到最小，这些缺陷对半导体性能是非常有害的，还要求硅片具有想要的晶向、适量的掺杂浓度。用来做芯片的纯硅被称为半导体级硅，是从天然硅中提炼出的多晶硅。多晶硅经过拉单晶制成单晶硅，芯片就是制作在这种很高纯度并具有一定的掺杂浓度和一定的晶向的单晶硅硅片上。

一种典型的提炼半导体级多晶硅的工艺称之为西门子工艺。

首先将硅砂（SiO_2）、焦炭、煤及木屑等原料混合置于石墨电弧沉浸的加热还原炉中，高温加热将氧化硅还原成冶金级硅，其纯度有98%，其沾污程度相当高，对半导体制造没有任何用处。化学反应式如下：

$SiO_2 + 3C \longrightarrow SiC + 2CO$

$SiC + SiO_2 \longrightarrow$ Si(液体) + SiO(气体) + CO(气体)

以上得到的硅为冶金级硅，将冶金级硅压碎并通过化学反应进一步提炼成半导体级硅，冶金级硅和 HCl 反应生成三氯硅烷（$SiHCl_3$），$SiHCl_3$ 气体用氢气还原制备出纯度为 99.9999999% 的半导体级硅。化学反应式如下：

Si(固体) + HCl(气体) $\longrightarrow SiHCl_3$(气体) + H_2

$SiHCl_3$(气体) + $H_2 \longrightarrow$ Si(固体) + HCl(气体)

1.6.3 单晶硅生长

半导体级硅是多晶硅，半导体芯片加工需要纯净的单晶硅结构，这是因为单晶硅具有重复的晶胞结构，能够提供制作工艺和器件性能所要求的电学和机械性能。晶体缺陷就是在重复排列的晶胞结构中出现的任何中断。晶体缺陷会影响半导体的电学性能，包括二氧化硅介质击穿和产生漏电流等。随着器件尺寸的缩小，更多的晶体管集成在一块芯片上，缺陷出现在芯片敏感区域的可能性就会增加，这样就会使 IC 器件的成品率受到影响。要将多晶硅转换成单晶硅有两种技术，它们是直拉法即 Czochralski（CZ）法和区熔法。

（1）直拉法　直拉法生长单晶硅是将熔化了的半导体级多晶硅变成有正确晶向并被掺杂成 N 型或 P 型的固体硅锭。85% 以上的单晶硅是采用直拉法生长出来的。

一块具有所需要晶向的单晶硅可作为籽晶生长硅锭，生长的单晶硅锭就像籽晶的复制品，这是通过 CZ 法拉单晶炉的设备得到的，如图 1-25 所示。

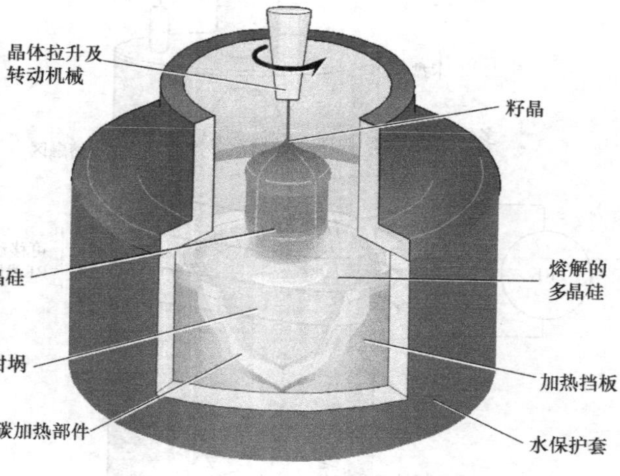

图 1-25　CZ 法拉单晶炉示意图

为了生长硅锭，将半导体级硅放在坩埚中同时加入少量掺杂物质使其生成 N 型或 P 型硅。加热坩埚中的多晶硅，将其变为液体，称为熔体。将一个完美的籽晶硅放在熔体表面并在旋转过程中缓慢拉起，它的旋转方向与坩埚的旋转方向相反。随着籽晶在直拉过程中离开熔体，熔体中的液体会因为表面张力而提高，籽晶上的界面散发热量并向下朝着熔体的方向凝固，随着籽晶旋转着从熔体里拉出，与籽晶具有同样晶向的单晶就生长出来了。直拉法的目的是实现均匀掺杂的同时精确地复制籽晶的结构，得到合适的硅锭直径并限制杂质引入硅中。影响直拉法的两个主要参数是拉伸的速度和晶体旋转速率。当然还有许多其他的工艺参数需要精确地控制，一种有益但又必须加以控制的杂质是氧，是晶体生长中由坩埚分解出来的。晶体生长中产生的少量的氧大多数在硅片表面，由于硅片制备过程中有许多加热工艺，氧会脱离表面，使氧深入到硅片内部，这些氧作为俘获中心吸引硅片制备过程中引入的金属沾污，使金属沾污离开硅片表面器件所在的位置。图1-26是用CZ法生长的硅锭。

图1-26　用CZ法生长的硅锭

（2）区熔法　区熔法是另一种单晶生长方法，它所生产的单晶硅中含氧量非常少，能生产目前为止最纯的单晶硅。

区熔法是把掺杂好的多晶硅棒铸在一个模型里，一个籽晶固定到一端，然后放进生长炉中，用射频线圈加热籽晶与硅棒的接触区域。加热多晶硅棒是区熔法的重要步骤，在熔融的晶棒单晶界面再次凝固之前只有30min的时间，晶体生长中的加热过程沿着晶棒的轴向移动。典型的区熔法晶圆的直径要比直拉法小，主要用于生产125mm的硅片，由于不用坩埚，区熔法生长的硅纯度高且含氧量低。图1-27是区熔法单晶生长设备示意图。

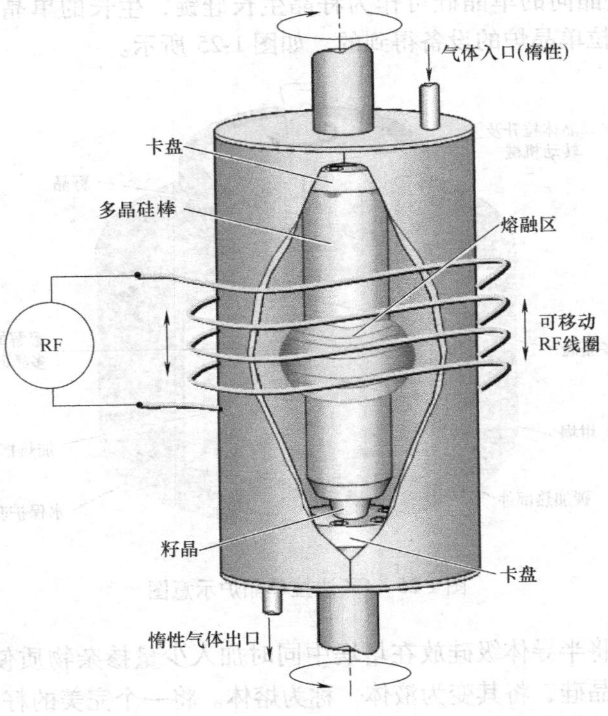

图1-27　区熔法单晶生长设备示意图

生长出来的圆柱形的单晶硅锭要经过一系列加工处理过程，最后形成硅片，加工中的许多参数包括硅片的几何尺寸（直径、平整度、翘曲度）、表面完美性（粗糙度和光的散射性）和洁净度，对ULSI的电参数、成品率有着极为重要的影响，硅片加工制备的基本流程如图1-28所示。

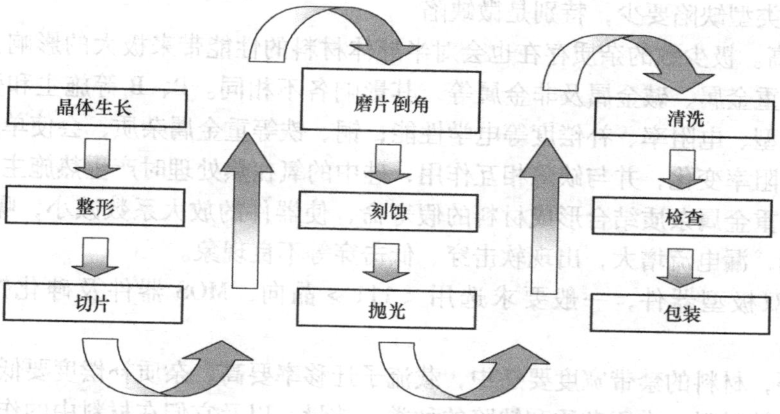

图1-28 硅片加工制备的基本流程

1.6.4 IC制造对衬底材料的要求

对于衬底材料，由于它们的结构、组成、获得方法和难易程度，以及各自用途不一样，再加上杂质、缺陷对器件制作工艺的质量影响，对它们的要求也不尽相同，对于硅、砷化镓等典型的半导体材料，选用的主要要求有：

1）导电类型。半导体材料有N型及P型之分，要根据不同的场合来选择不同导电类型的衬底材料。

2）电阻率，一般要求在0.001～100000Ω·cm之间，但不同器件对电阻率的要求是不同的。不同击穿电压的器件所要求的硅单晶体电阻率见表1-3。电阻率要均匀、可靠，电阻率在晶体纵向、横向及微区要均匀一致，它直接影响器件参数的一致性、击穿特性和成品率。超大规模集成电路对电阻率微区均匀性要求更高。电阻率可靠性是指在器件加工过程中，具有较好的稳定性和真实性，与掺杂技术、补偿度、氢和氧含量有关。

表1-3 不同器件所要求的硅单晶体电阻率

器件名称	导电类型	单晶体电阻率/(Ω·cm)
硅外延片衬底	N	10^{-3}
二极管	N	0.005～100
晶体管	N(P)	1～3、(1～5)
太阳能电池	N	0.1～10.0
可控硅	N	100～300
整流器	N(P)	20～200、($n\times10$～$n\times10^3$)

*注：1≤n≤10

3）寿命。它是反映单晶中重金属杂质和晶格缺陷对载流子影响的一个重要参数，与器件的放大系数、反向电流、正向电压、频率和开关特性密切相关，一般在几到几千微秒之间。同样，不同的器件，对寿命的要求不一样，开关器件要求寿命短，晶体管要求寿命长，整流器、晶体管要求少子寿命为几十个微秒，可控硅要求寿命值为 $n\times10\sim n\times10^{2}\ \mu s$。

4）晶格完整性。要求晶体无位错、低位错。对无位错排和小角度晶界的要求极为严格，要求其他类型缺陷要少，特别是微缺陷。

5）纯度高。极少数的杂质存在也会对半导体材料的性能带来极大的影响。杂质主要有受主、施主、重金属、碱金属及非金属等，其影响各不相同。P、B 等施主和受主杂质决定了硅材料的类型、电阻率、补偿度等电学性能；铜、铁等重金属杂质，会使单晶硅少子寿命降低，引起电阻率变化，并与缺陷相互作用，硅中的氧在热处理时产生热施主，使材料电阻率变化，并与重金属杂质结合形成材料的假寿命，使器件的放大系数减小，噪声系数增大，击穿电压降低，漏电流增大，出现软击穿、低击穿等不良现象。

6）对于双极型器件，一般要求选用 <111> 晶向，MOS 器件及砷化镓器件则选用 <100> 晶向。

除此之外，材料的禁带宽度要适中，载流子迁移率要高，杂质补偿度要低。

对于砷化镓材料，由于杂质和缺陷的种类、数量，以及它们在材料中的作用及其对器件的性能影响比硅、锗更加复杂和重要，因此几乎所有的砷化镓器件都是采用外延层来做工作层，而体单晶只用来制作衬底。对于蓝宝石和尖晶石，通常是作为硅外延的绝缘衬底，主要要求它与硅外延层的晶格匹配要好，晶格失配率要尽可能小，纯度高，晶格缺陷少，对外延层的污染尽可能少。

1.6.5 晶体缺陷

晶体可以是天然生长的，也可以是人工培养的。用于 IC 制作中的硅晶体，其硅原子排列具有严格的周期性。这种周期重复性的单元称为晶胞，从晶胞的角度来看，由无数个晶胞相互平行紧密地结合成的晶体叫作单晶体，相反，由无数个小单晶体做无规则排列组成的晶体称为多晶体。

单晶体中的硅原子在各个不同方向，都是严格按照平行直线排列，如图 1-29 所示。

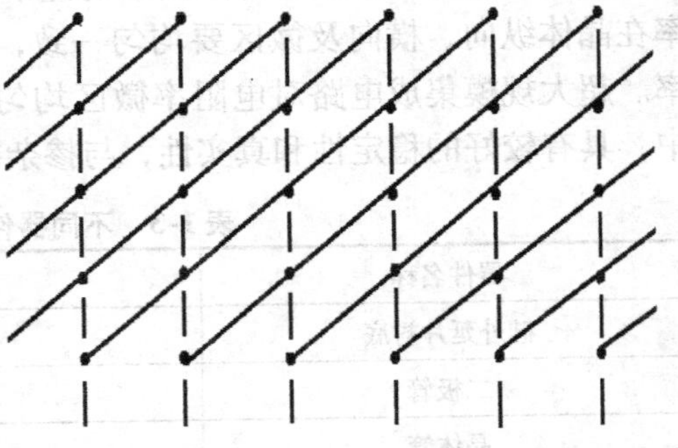

图 1-29 单晶体中硅原子周期性排列示意

从图中可以看到，硅原子沿两个不同方向（实线和虚线）都是按平行直线成行排列的，这些平行的直线把所有的硅原子都包括在内。在一个平面中，相邻直线之间的距离相等。此外，通过每一个硅原子可以有无限多簇的平行直线。

半导体器件需要高度的晶体完美，但是，即使使用了最成熟和最先进的技术，绝对完美的晶体还是无法得到。在半导体的一些局部区域内，硅原子的周期性排列图可能会遭到破坏，从而形成各种缺陷，这些缺陷的存在，对晶体的性能影响极大，严重时会导致器件在正常电压下不工作。

根据缺陷在空间分布的情况，晶体中的缺陷一般分为点缺陷、线缺陷、面缺陷和体缺陷，下面就前三种典型缺陷进行分析。

1. 点缺陷

硅晶体中的点缺陷主要有两种，一类是空位和间隙原子，另一类是杂质缺陷。

（1）空位原子　在一定温度下，晶体中硅原子在其平衡位置附近振动，其中某些原子能够获得足够的能量，克服周围原子化学键的束缚而挤入原子间的空隙位置，形成间隙原子，硅原子原来所处的位置相应成为空位。这种间隙原子和空位原子成对出现的缺陷称为弗伦克尔缺陷，如图1-30a所示。

若晶体内部原子依靠热运动能量运动到外面新的一层格点位置上，而硅原子移走后的空位由晶体内部原子逐次填充，从而在晶体内部形成空位，表面则产生新的原子层，其结果是晶体内部产生空位，但没有间隙原子，这种缺陷称为肖特基缺陷，如图1-30b所示。

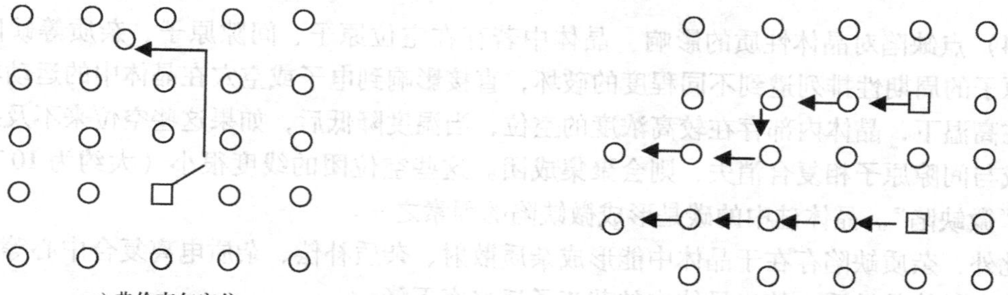

图1-30　晶体硅中空位形成示意图

硅晶体中肖特基缺陷和弗伦克尔缺陷是同时存在的，但由于在Si、Ge中形成间隙原子需要更大的能量，所以在晶体中出现肖特基缺陷的几率远比弗伦克尔缺陷大，因此，Si、Ge晶体中，主要的点缺陷是肖特基缺陷。

（2）间隙原子　处于硅原子间隙位置的原子称为间隙原子。当间隙处的原子为晶体自身原子时，则称其为自间隙原子，它可以由热激发产生。当形成弗伦克尔空位的同时，也形成自间隙原子，二者浓度相等。在化合物半导体中，形成间隙原子的几率与组成化合物的原子半径密切相关，离子半径越大，形成间隙原子的几率越小。间隙原子也可以由外来杂质形成，可以是受主型的，也可以是施主型的。

（3）杂质缺陷　晶体中因杂质存在，杂质原子周围受到张力，压力使原子排列发生畸变而造成的缺陷称为杂质缺陷。

硅晶体中的杂质，有些是由于材料准备过程中引入的，有的是器件制备工艺过程中引入的，有的是为了控制材料的物理性质而人为掺入的，根据这些杂质在晶体中所处的位置，一般分为两类：间隙式杂质和替位式杂质。

间隙式杂质在晶体中占据中原子间的空隙位置，如图1-31a所示。间隙式杂质原子半径一般较小，因为较小的原子才能挤入到晶体中的间隙位置中去，如Li^+，其原子半径只有0.68×10^{-10}m，所以，锂离子在硅晶体中是以间隙原子的形式存在。

替位式杂质在晶体中取代了原来原子的位置，如图1-31b所示。形成替位式杂质时，要求替位杂质的半径与被取代的原子的半径大小要接近，价电子数比较接近，两者的性质差不多，所以，B、Al、Ga、In等Ⅲ族元素和P、As、Bi等V族元素在硅和锗中都是以替位杂质形式存在。

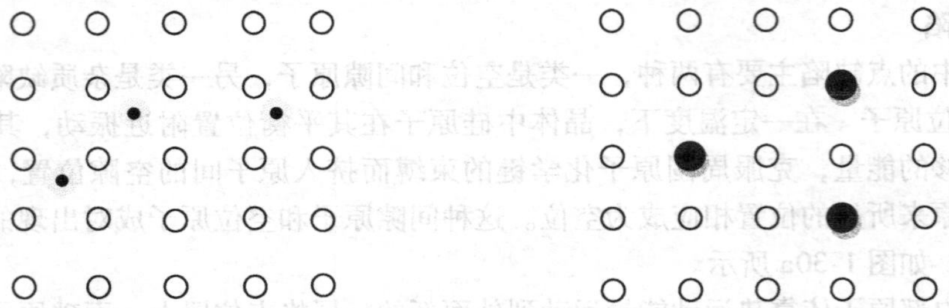

a) 间隙式杂质　　b) 替位式杂质

图 1-31　硅中杂质原子示意图

（4）点缺陷对晶体性质的影响　晶体中若存在空位原子、间隙原子、杂质等缺陷，会引起原子的周期性排列遭到不同程度的破坏，直接影响到电子或空穴在晶体中的运动状态。

在高温下，晶体内部存在较高浓度的空位，当温度降低后，如果这些空位来不及扩散到表面或与间隙原子相复合消失，则会聚集成团。这些空位团的线度很小（大约为 10^{-4}cm），形成“微缺陷”。晶体硅中的碳是形成微缺陷的因素之一。

此外，杂质缺陷存在于晶体中能形成杂质散射、杂质补偿、杂质电离复合中心等，它们可能改变晶体的性质，使半导体中的载流子迁移率下降。

2. 线缺陷

硅单晶体中的另一种缺陷是线缺陷，典型的线缺陷是位错，其对半导体材料和器件的性能也会产生很大的影响。单晶材料和器件制造中很多步骤都是在高温条件下进行的，由于温度分布不均的原因，会在晶体中产生一定的应力，在应力作用下，晶体中的一部分原子相对于另一部分原子，在一定的晶面上会沿一定的方向产生部分滑移，滑移面边界的畸变区成为位错线，简称位错，也即晶体中已滑移和未滑移面上的分界线。

位错主要有刃位错和螺旋位错两种，与滑动方向（即柏氏矢量）垂直的位错线称为刃位错，如图 1-32a 所示。从原子排列的情况来看，就如在滑移面上部插进了一片原子，位错的位置正好在插入的一片原子的刃上。这种位错，在位错线之上的原子受到压缩，在它之下的原子则是伸长的。

位错线与划定方向平行的位错称为螺旋位错，如图 1-32b 所示。这种位错的特点是垂直于位错的晶面被扭成螺旋面，晶体上面本来是平面，形成螺旋位错后，如果围绕位错回路走一周，则晶面就升高一层，形成一个螺旋面，螺旋位错的名称也来源于此。

在实际中，常用位错密度（每平方厘米的位错数）来描述晶体内位错线的数量，以反映晶体的质量。测量位错的方法有很多，常用的是把晶体表面通过化学腐蚀后，在显微镜下计数腐蚀坑的数目。因为位错与晶体表面交界处，由于晶体结构的不完整，因此最先被腐蚀，故可以通过腐蚀坑的密度大致反映晶体中的位错密度。

在晶体中，位错往往会形成受主能级，因此在 N 型半导体材料中，位错线将会俘获电子而带负电，这样对载流子的散射将加强，使迁移率降低，从而影响材料的电阻率。另一方面，位错对器件性能和成品率也有较大的影响，主要有两个方面：一是杂质沿位错线的沉积，形成杂质轨道，破坏 PN 结特性；二是杂质沿位错线的扩散增强，发生区的磷原子沿着位错线增强扩散，以至穿通基区，形成连通发射区和集电区的 N^+ 管道，简称 E－C 管道。

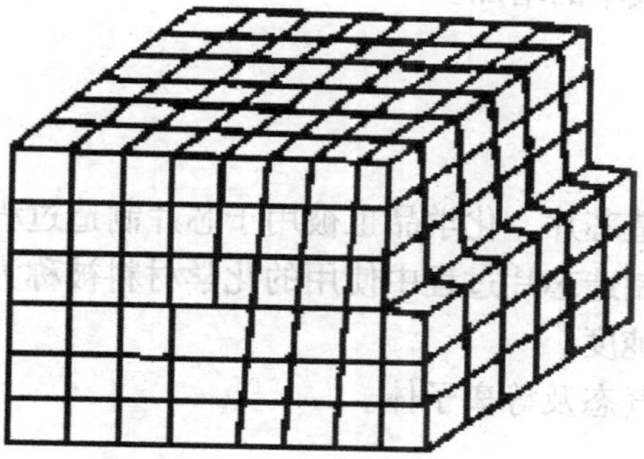
a) 刃位错

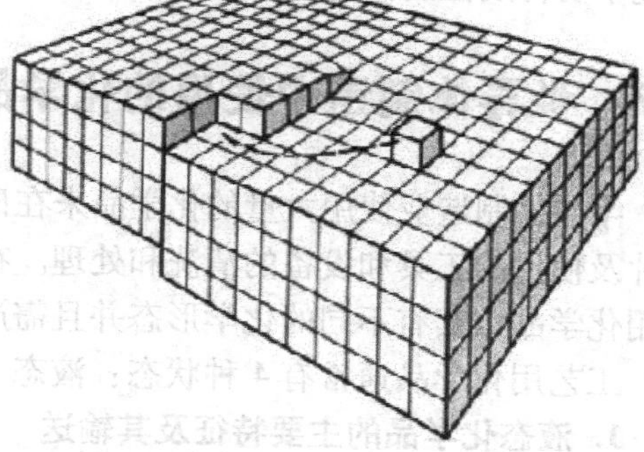
b) 螺旋位错

图1-32 刃位错和螺旋位错示意图

3. 面缺陷

由原子型层排列错乱而引起的一种大范围的缺陷叫作层错，层错是一种面缺陷。硅晶体中常见的层错有外延层错和氧化层错，这里不再详细介绍。

1.6.6 其他半导体材料

集成电路的关键性能指标是速度。无线和高速数字通信、空间应用和汽车工业的消费市场，正孕育着特殊的半导体市场。市场对集成电路性能的要求超越了硅半导体产品的承受能力，这就推动了其他半导体材料的发展。

这些半导体材料主要是化合物半导体材料：一类是由周期表中ⅢA族和ⅤA族元素形成的，通常称为Ⅲ-Ⅴ族化合物，例如砷化镓；还有一类是由ⅡA族元素和ⅥA族元素形成的，通常称为Ⅱ-Ⅵ族化合物。

砷化镓（GaAs）是最常用的Ⅲ-Ⅴ族化合物半导体，这种化合物还存在其他的变种，例如用于蓝色半导体激光器和发光二极管的氮化镓（GaN）。另一种化合物半导体是锗硅（SiGe），已经研究了二十余年，它可能在未来的市场应用中同GaAs展开竞争。

Ⅱ-Ⅵ族化合物半导体也有所增长，碲化镉（CdTe）和硒化锌（ZnSe）是两种最主要的Ⅱ-Ⅵ族化合物半导体材料，碲化镉半导体主要用于红外探测系统，硒化锌是另一种用于制造蓝色发光二极管的Ⅱ-Ⅵ族化合物半导体材料。

砷化镓具有比硅更高的电子迁移率，因此多数载流子也移动得比硅中的更快，另外其还具有减小寄生电容和信号损耗的特性，这些特性使得集成电路的速度比硅制成的集成电路速度更快，这就使得砷化镓器件能在通信系统中响应高频微波信号并精确地把它们转换成电信号，硅基半导体速度太慢，以致不能响应微波信号，因此无线和高速数字通信的产品及高速光电子器件要用砷化镓或其他化合物半导体制造。

砷化镓的一个优点是它的材料电阻率大，可达$10^8\Omega\cdot cm$，使得在砷化镓上制造半导体器件之间的隔离很容易，砷化镓器件还具有比硅更高的抗辐射性能，在军事和太空应用中具有很大的优势。

砷化镓的主要缺点是缺乏天然氧化物，妨碍了标准MOS器件的发展，由于镓的相对匮乏和提纯工艺中的能量消耗，其成本是硅的10倍。砷的剧毒性需要设备、工艺和废物处理设施中要特别控制，这也会导致砷化镓半导体制造成本的增加。

1.7　半导体制造中使用的化学品

半导体制造业使用大量的化学品来在硅片上制造芯片，化学品也被用于芯片制造过程中硅片及使用的工具和设备的清洗和处理。在硅片上制造芯片过程中使用的化学材料被称为工艺用化学品，其有不同的化学形态并且需严格控制纯度。

工艺用化学品通常有4种状态：液态、固态、气态及等离子体。

1. 液态化学品的主要特征及其输送

作为液态的化学品可以是纯净物如去离子水，也可以是化合物。硅片加工厂使用的所有液体都要求有极高的纯度，没有任何颗粒、金属粒子或不想要的化学沾污，杂质含量低于百万分之几、十亿分之一或万亿分之一。这些液体化学品都非常危险，需要特殊的处理和销毁手段；另外化学品的残余不仅会沾污硅片，还会产生蒸气，通过空气扩散然后沉淀在硅片表面。硅片加工厂一直都在努力减少化学品的使用，减少清洗工艺步骤的数量可以大幅度减少使用液态化学品，据估计，半导体制造的全部工艺步骤中有30%是清洗。

硅片加工厂液态工艺化学品有以下几大类：酸、碱和溶剂。半导体制造过程中使用了多种酸、碱和溶剂，一些常用的酸、碱和溶剂及其在硅片加工过程中的特定用途见表1-4～表1-6。

表1-4　半导体制造过程中常用的酸

酸	符　号	用　途
氢氟酸	HF	刻蚀 SiO_2 和清洗石英器皿
盐酸	HCl	湿法清洗化学品，2号标准清洗液的一部分，用来去除硅中的重金属元素
硫酸	H_2SO_4	常用于硅片清洗的Piranha溶液。其成分为7份的硫酸加上3份浓度为30%的过氧化氢
氢氟酸（其中含有氟化铵溶液）	HF和 NH_4F	刻蚀 SiO_2 薄膜
磷酸	H_3PO_4	刻蚀氮化硅
硝酸	HNO_3	HF和 HNO_3 混合液中的 HNO_3 用来刻蚀磷硅玻璃（PSG）

表1-5　半导体制造过程中常用的碱

碱	符　号	用　途
氢氧化钠	NaOH	湿法刻蚀
氢氧化铵	NH_4OH	清洗剂
氢氧化钾	KOH	正性光刻胶显影剂
四甲基氢氧化铵	TMAH	正性光刻胶显影剂

表 1-6 半导体制造过程中常用的溶剂

溶 剂	符 号	用 途
去离子水	DI WATER	广泛用于漂洗硅片和稀释清洗剂
异丙醇	IPA	通用清洗剂
三氯乙烯	TCE	用于硅片和一般用途的清洗
丙酮	Acetone	一般用途清洗剂（强于 IPA）
二甲苯	Xylene	强的清洗剂，也可以用来去除硅片边缘的光刻胶

半导体制造中使用的化学品有很多都是有毒性并且是危险的，将这些化学品安全、高纯度和不间断地输送到各道工艺上是非常重要的。液态化学品是通过批量化学材料配送（BCD）系统完成的，该系统由化学品源、化学品输送模块（用来过滤、混合和输送化学品）和管道系统组成。但有些化学品不适宜用 BCD 系统，如使用数量少、存放时间有限的化学品。

2. 气态化学品的主要特征及其输送

在半导体制造过程中大概使用了 50 种不同种类的气体，气体通常被分成两类：通用气体和特种气体。通用气体有氧气、氮气、氢气、氦气和氩气。特种气体是指一些工艺气体以及在半导体制造中比较重要的气体。

所有的气体都要求有极高的纯度，通用气体纯度要控制在 99.99999% 以上，特种气体在 99.99% 以上，气体中杂质微粒要控制在 0.1μm 以内；其他需要控制的沾污是氧、水分和痕量杂质。许多工艺气体具有毒性、腐蚀性和活性，并能自燃。因此，硅片制造厂是通过气体配送系统安全、清洁、精确地送到各工艺站点。特种气体比通用气体更危险，是制造芯片所必需的材料的原料来源，它们中的大多数是有害的，要么具有毒性（砷化氢和磷化氢），要么具有腐蚀性（HCl、Cl_2），要么具有活性（WF_6），要么会自燃（硅烷），这些特种气体典型的用途是用于工艺腔体中。

通用气体被储存在硅片制造厂外面的大型储存罐里或者大型管式拖车里，通过批量气体配送（BGD）系统输送到工作间里。特种气体通常用金属容器（钢瓶）（见图 1-33）运送到硅片厂。常用的通用气体和特种气体及其用途见表 1-7 和表 1-8。

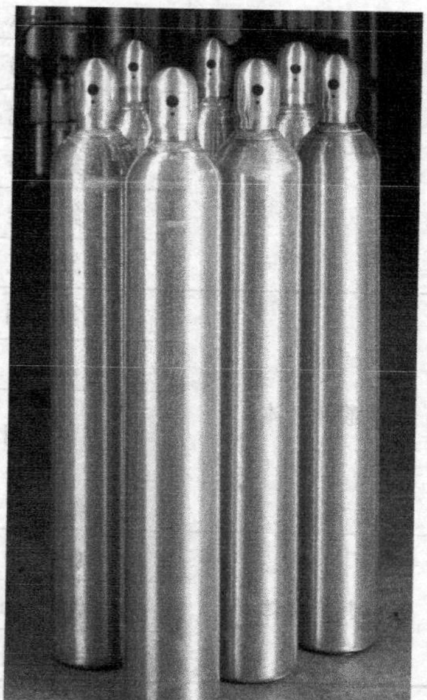

图 1-33 特种气体钢瓶

表 1-7 半导体制造中常用的通用气体

气体种类	气 体	符 号	使用例子
惰性	氮	N_2	清除气体管道和工艺反应室里的水蒸气和残留气体，有时也当作工艺气体，用在一些淀积过程中
	氩	Ar	在硅片工艺过程中用在工艺腔体中
	氦	He	工艺腔内的气体，也用于真空室的漏气检查

（续）

气体种类	气 体	符 号	使用例子
还原性	氢	H_2	外延层工艺的运载气体，也用于热氧化工艺中与 O_2 反应形成水蒸气。在许多硅片制造工艺中会使用到
氧化性	氧	O_2	工艺腔气体

表 1-8 半导体制造中常用的特种气体

气体种类	气 体	符 号	用 途
氢化物	硅烷	SiH_4	气相淀积工艺的硅源
	砷化氢	AsH_3	N 型硅片离子注入的砷源
	磷化氢	PH_3	N 型硅片离子注入的磷源
	乙硼烷	B_2H_6	P 型硅片离子注入的硼源
	正硅酸乙酯	$Si(OC_2H_5)_4$	淀积 SiO_2 的源
	四氯化硅	$SiCl_4$	淀积硅的源
	二氯硅烷	SiH_2Cl_2	淀积硅的源
氟化物化合物	三氟化氮	NF_3	等离子刻蚀工艺中氟离子的源
	六氟化钨	WF_6	金属淀积过程中钨的源
	四氟乙烷	C_2F_4	等离子刻蚀工艺中氟离子的源
	四氟化碳	CF_4	等离子刻蚀工艺中氟离子的源
	四氟化硅	SiF_4	淀积、离子注入、刻蚀过程中硅和氟离子的源
	三氟化氯	ClF_3	工艺腔的清洁气体
酸性气体	三氟化硼	BF_3	掺杂 P 型硅的硼源
	氯气	Cl_2	金属刻蚀中氯的原料
	三氯化硼	BCl_3	掺杂 P 型硅的硼的原料，以及刻蚀金属时氯的原料
	氯化氢	HCl	工艺腔清洁气体和污染物吸收剂
其他气体	氨	NH_3	SiN_3 淀积中和 SiH_2Cl_2 一起使用的工艺气体
	一氧化二氮	N_2O	与硅反应生成 SiO_2 的氧的原料
	一氧化碳	CO	用于刻蚀工艺

3. 等离子体

等离子体，又叫作电浆，是被电离后的气体，即以离子态形式存在的气体（正离子和电子组成的混合物）。它广泛存在于宇宙中，常被视为是除去固、液、气之外，物质存在的第四态。在自然界里，火焰、闪电、太阳等都是等离子体。等离子体有以下两个特点：①等离子体呈现出高度不稳定态，有很强的化学活性。等离子体辅助化学气相沉积（CVD）就是利用了这个特点。②等离子体是一种很好的导电体，利用经过设计的磁场可以捕捉、移动和加速等离子体。这两个特点在后面的工艺中得到很好的利用。等离子体的产生方法有辉光放电、射频放电和电晕放电等。

1.8 半导体制造的生产环境

每一个硅片表面有许多个微芯片，每一个芯片又由数以百万计的器件和互连线组成，随着芯片的特征尺寸为适应更高性能和更高集成度的要求而缩小，对沾污变得越来越敏感，对沾污的控制越来越重要，沾污会使芯片电学测试失效，据估计，80%芯片的电学失效是由沾污带来的缺陷引起的，电学失效引起成品率下降，导致芯片成本增加。为使芯片制造过程不受沾污，芯片制造都是在净化间中完成。净化间本质上是一个净化过的空间，它以超净的空气把芯片制造与外界沾污环境隔离开来，包括化学品、人员和常规工作环境。

1.8.1 净化间沾污类型

净化间沾污类型可以分为5大类：颗粒、金属杂质、有机物沾污、自然氧化层和静电释放。

1. 颗粒

颗粒是能黏附在硅片表面的小物体。在硅片制造中，颗粒能引起电路的开路或短路，图1-34所示为颗粒引起的缺陷。半导体制造中，可以接受的颗粒尺寸的粗略推算法则是颗粒必须小于最小特征尺寸的一半，大于这个尺寸就会造成致命缺陷。例如0.18μm特征尺寸，它允许的颗粒尺寸不得超过0.09μm。假定人类头发的尺寸是90μm，0.18μm尺寸则是头发尺寸的1/500。

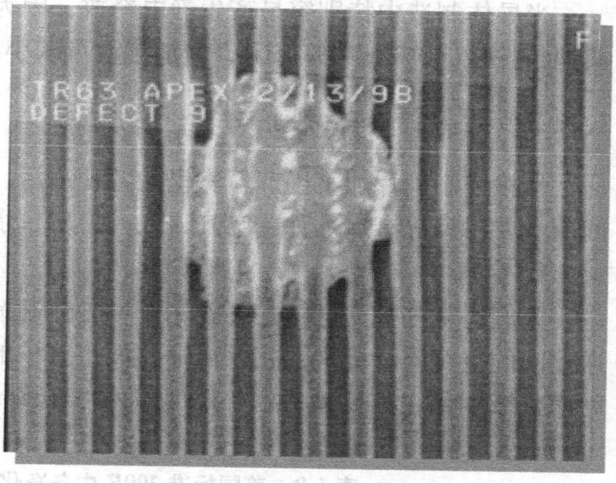

图1-34 颗粒引起的缺陷

2. 金属杂质

危害半导体工艺的典型金属杂质是碱金属，它们是在普通化学品和工艺中都很常见且极端活跃的元素。有些金属杂质来自于化学溶液或半导体制造中的各工序，离子注入是最容易引起金属沾污的工序；有些金属杂质来源于化学品同传输管道和容器的反应。金属离子在半导体材料中是非常活跃的，被称为可动离子沾污（MIC），当MIC引入硅片中时，在整个硅片中移动，严重损害器件的电学性能和长期可靠性。钠是典型的最为普遍的MIC之一。人是其主要传送者，钠沾污在硅片加工中被严格控制。

金属杂质会引起MOS场效应晶体管中栅极结构的缺陷，改变阈值电压，增加PN结上的漏电流，降低少数载流子的寿命，从而导致半导体制造中器件成品率的降低。金属离子在电学测试时可能会发现不了，但在用户使用期间器件会失效。

3. 有机物沾污

有机物沾污是指那些含碳的物质，几乎总是同碳自身及氢结合在一起，有时也和其他元素结合在一起。有机物来源包括：细菌、润滑剂、蒸汽、清洁剂、溶剂和潮气等。微量的有机物能降低栅氧化层的致密性，使硅片表面清洗不彻底，使金属杂质之类的污染在清洗之后仍保留在硅片表面。

4. 自然氧化层

当硅片暴露在潮湿空气中或含溶解氧的去离子水中，硅片表面很快就会被氧化而生成一层薄的二氧化硅层，称为自然氧化层，这个反应在室温下就可发生，自然氧化层的厚度随暴露的时间增长而增加。

自然氧化层的存在将妨碍其他工艺的进行，如硅片上单晶薄膜的生长和超薄栅氧化层的生长。自然氧化层还包含了某些金属杂质，它们可以向硅中转移形成电学缺陷。自然氧化层还会使金属导体的接触区的接触电阻增加，减少甚至阻止电流流过。

5. 静电释放

静电释放（ESD）也是一种沾污，它是静电荷从一个物体向另一个物体未经控制地转移，可能损坏芯片。静电释放是由于两种不同静电势的材料接触或摩擦产生。这种静电释放产生的电流泄放电压可以高达几万伏。发生在几秒内的静电释放能产生超过1A的峰值电流，这会使金属导体连线蒸发或穿透氧化层。静电释放还可成为栅氧化层击穿的诱因。静电释放电流的另一个问题是一旦硅片表面有了电荷积累，它产生的电场就能吸引带电颗粒或极化并吸引中性颗粒到硅片表面，电视机屏幕吸灰就是一个例子，而且颗粒越小，静电对它的吸引作用就越明显。

半导体制造中特别容易产生静电释放，因为硅片加工通常是在较干燥的环境下进行的，典型条件是(40% ±10%)RH，增加湿度可减小静电释放但会增加侵蚀带来的沾污。

1.8.2　污染源与控制

严格控制硅片加工生产厂房里的各种沾污，以减小对芯片的危害。硅片生产厂房的净化间的主要污染源有这几种：空气、人、厂房、水、工艺用化学品、工艺气体和生产设备。

1. 空气

人们通常呼吸的空气是不能用于半导体制造的，必须对空气进行净化，净化级别规定了净化间的空气质量级别，它是由净化间空气中的颗粒尺寸和密度表征的。表1-9为不同净化间净化级别每立方英尺（ft^3，$1ft^3=0.0283168m^3$）可以接受的颗粒数和颗粒尺寸。

表1-9　美国标准209E中各净化间级别对空气悬浮颗粒的限制

级数	微粒数（个/ft^3）				
	0.1μm	0.2μm	0.3μm	0.5μm	5μm
1	3.50×10	7.70	3.00	1.00	
10	3.50×10^2	7.50×10	3.00×10	1.00×10	
100		7.50×10^2	3.00×10^2	1.00×10^2	
1 000				1.00×10^3	7.00
10 000				1.00×10^4	7.00×10
100 000				1.00×10^5	7.00×10^2

如果净化间级别仅用颗粒数来表示，例如1级净化间，意味着每立方英尺中尺寸等于或者大于0.5μm的颗粒最多允许1个。对于尺寸不同于0.5μm的颗粒，净化间级别应该表达为具体颗粒尺寸的净化级别，例如10级0.2μm表示每立方英尺最多允许尺寸等于或大于0.2μm的颗粒75个。

2. 人

人是沾污颗粒的产生者，人不断地进出净化间，是净化间沾污的最大来源，沾污颗粒来源于头发、衣物、皮屑，一个人平均每天释放1盎司（28.35g）颗粒。硅片加工过程中的简单活动，如开门、关门或在工艺设备周围活动都会产生沾污颗粒，人通常的谈话、咳嗽、打喷嚏都对半导体制造产生危害。因此进入操作间的人员必须穿戴超净工作服，完全包裹住身体，如图1-35所示。

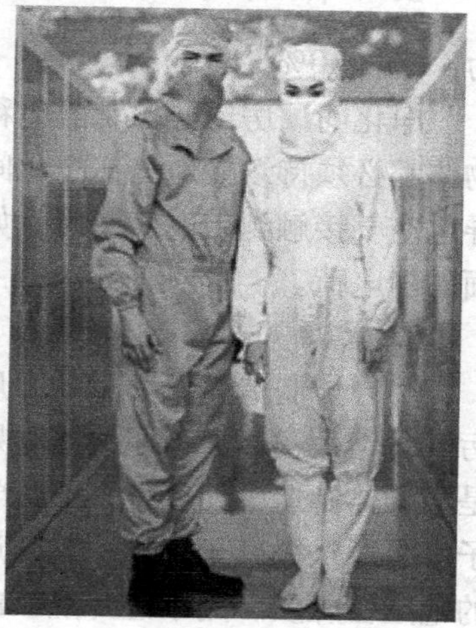

图1-35 穿超净工作服的工作人员

为控制人对生产厂房产生的沾污，每家半导体公司都有一套严格的操作间规程，操作人员必须严格遵循表1-10列出的操作间的操作规程。

表1-10 操作间操作规程

应 做	不 应 做	原 因
只有经过授权的人员方可进入净化间	没有进行过培训的人员不得进入净化间。净化间主管具有决定权	被授权的人员熟悉净化间操作规定
只把必需品带入净化间	不准携带化妆品、香烟、手帕、卫生纸、食物、饮料、糖果、木制/自动铅笔或钢笔、香水、手表、珠宝、磁带式随身听、电话、传呼机、照相机、收录音机、橡皮糖、梳子、纸板或未经净化间允许的纸张、图样、操作手册或指示图标等	排除污染物的来源
根据公司培训规定的方式着装	在净化间不允许露出便服	确保超净服免受可能进入净化间的沾污
确保所有头部头发和面部被包裹起来	不要暴露脸和头部的头发	排除污染物的来源
遵守进入净化间的程序，如风淋	进入净化间后不要打开熔化门直到所有程序完成	风淋有助于去除沾污；但由于空气沾污的原因，许多公司停止使用此程序
在净化间中所有时间内都要保持超净服闭合	不要把任何便服暴露在超净间内，不要让皮肤的任何部分接触超净服的外面部分	排除污染物的来源
缓慢移动	不要聚集或快速移动	这会破坏气流模式

3. 厂房

净化间厂房布局在20世纪70年代早期，LSI制造区整体净化级别为10000级，单独工作台的局部级别为100级。20世纪80年代，随着亚微米技术的到来，采用一个普通走廊分隔开生产区和服务区，生产区的净化级别为1级，服务区净化级别为1000级。

为实现净化间的超净环境，对100级以下的净化间采用垂直层状气流，这意味着气流是平滑的，无湍流产生，并可以减小从设备或人到硅片的横向沾污。这些层流的洁净气流是空气经过天花板内的过滤器过滤后送往净化间的，过滤的空气进入循环系统并不断补充新鲜空气，空气每6s周转1次以促进超净环境的恢复。超净厂房还要保证一定的温度和湿度，一个1级0.3μm净化间温度应控制在(68 ±0.5)℉($\frac{\theta}{℉}$[⊖] $=32+\frac{t}{℃}$[⊖] $\times1.8$)，相对湿度RH设定为40% ±10%。

净化间厂房还要控制静电释放，主要采取的方法是使用防静电材料，净化间里的人员和物体都必须持续接地，在净化间天花板内用专用的离子发射器产生高电场使空气分子电离，导电空气接触到带电表面时，如硅片上的绝缘材料，表面能吸引另一极性的离子来中和掉表面的静电荷。

4. 水

半导体制造需要大量的高质量、超纯去离子（DI）水。普通的生活用水含有大量的沾污（如溶解离子、有机材料、颗粒、细菌、硅土和溶解氧)，不能用于硅片生产，去离子水是半导体制造中使用最多的化学品，主要用在清洗硅片的清洗液中和清洗后的冲洗中。去离子水是通过去离子化等一系列过程把水从导电性媒质转变为25℃下具有18MΩ·cm电阻率的电阻性媒质，用于硅片加工的去离子水称为18兆欧水。

5. 工艺用化学品

为保证器件的成品率和性能，半导体工艺所用的液态化学品必须不含沾污，过滤器用来防止传送时分解或再循环时用来保持化学纯度，过滤器应安置在适当的地方，如靠近气体控制器的入口，尽可能靠近工艺室且使用现场过滤。

6. 工艺气体

对于ULSI时代的半导体制造，超纯气体的传送和使用是很关键的，而处理和传送系统可能引入的杂质反过来会影响半导体器件的成品率。工艺气体应流经提纯器和过滤器，以去除杂质和颗粒。

7. 生产设备

用于制造半导体硅片的生产设备是最大的颗粒来源，在硅片制造过程中，硅片从片架重复地转入设备中，经过多台装置的处理，卸下返回到硅片架中，又被送到下一个工作台。为了制造一个硅片，这一系列动作反复重复达450次或更多，把硅片暴露在不同设备的许许多多机械和化学加工过程中，硅片表面的颗粒数将会增加，例如剥落的副产物积累在腔壁上；自动化的硅片装卸和传送；机械操作，如旋转手柄和开关阀门；真空环境的抽取和排放；清洗和维护过程。

1.8.3　典型的纯水制备方法

目前工业中主要采取三种方式制备超纯水，分别是离子交换法、电渗析法和反渗透法。

1. 离子交换法

未经过提纯的水中，含有大量的杂质和有害离子，将水依次通过相应的离子交换树脂后，水中的离子将被树脂吸收，而树脂中的可交换的H^+和OH^-将依次被解吸，从而交换到水中，形成去离子水。

离子交换树脂是一种高分子化合物，它在水、酸、碱性物质中均不溶解，化学性质稳

⊖　θ、t分别表示华氏温度和摄氏温度。

定，具有交换容量高、机械强度好、耐磨性大、膨胀性小、使用时间长等优点。离子交换法设备图如图1-36所示。

2. 电渗析法

此方法产生于1950年，由于其能耗低，常作为离子交换法的前期处理步骤。它在外加直流电场作用下，利用阴阳离子交换膜分别选择性地允许阴离子和阳离子透过，使一部分离子透过离子交换膜迁移到另一部分水中去，从而使一部分水纯化，另一部分水浓缩，这就是电渗析的原理。电渗析是常用的脱盐技术之一。产出水的纯度能满足一般工业用水的需要。例如，用电阻率为1.6kΩ·cm(25°C) 的原水可以获得1.03MΩ·cm(25°C) 的产出水。但利用此种工艺所制备出的纯水，还远不能满足集成电路制造工艺中所需纯水的要求。

图1-36 离子交换法设备图

3. 反渗透法

反渗透一直是与扩散相反的运动方式。反渗透系统包括水的预处理装置、反渗透装置、反渗透出水的进一步处理（简称后处理）装置三部分。

简单点说，假如有两种含有盐等杂质的溶液，如果用一种半透膜分隔开来，较浓的溶液易渗透到较淡的溶液中去，使两边溶液浓度相近；反渗透法就是在淡溶液的一边加一定压力，使渗透方向反过来，即把淡溶液中的杂质压到浓溶液那边去。利用反渗法，其脱盐率一般大于98%，它们广泛用于工业纯水及电子超纯水制备。

本章小结

集成电路是在硅材料上将多个元器件及互连线制作在一块芯片上，这样提高了芯片的性能，降低了芯片的成本。这些制作在硅片上形成集成电路的元器件分为有源元件和无源元器件，这些元器件有多种结构形式，结构不同其性能也不同，根据集成在一个芯片上元器件数将集成电路时代划分为SSI、MSI、LSI、VLSI、ULSI时代，集成电路制造的发展趋势是提高芯片性能、提高芯片可靠性和降低芯片成本。硅由于在地球上有高的拥有量、高的熔点、高的工作温度和生成氧化层的能力成为半导体制造中应用最广泛的半导体材料，用于半导体制作用的硅是半导体级的高纯度的单晶硅，这就需要通过西门子工艺进行提纯，得到半导体级的多晶硅，再经过直拉法和区熔法将多晶硅转变成单晶硅，还要进行一系列的加工才能得到制作芯片所需要的硅片，在硅片上经过几百次的包括清洗、氧化、掺杂、淀积、金属化、光刻、刻蚀及平坦化工艺后才能够形成具有一定性能、一定功能的芯片。在芯片制造过程中会使用到大量的化学品，这些化学品一般都有危险且要求有很高的纯度，需要将这些化学品安全、准确不间断地输送到工艺线上。随着芯片的特征尺寸为适应更高性能和更高集成度的要求而缩小，对沾污的控制越来越重要，沾污会引起成品率下降，为控制芯片制造过程中不受沾污，芯片制造都是在净化间中完成的。

本章习题

1-1 什么是集成电路?

1-2 集成电路制造的主要工艺有哪些?

1-3 画出集成电路中电阻、电容、二极管、晶体管、场效应晶体管和CMOS反相器的结构图。

1-4 半导体工艺经历了哪几种工艺发展过程?现在采用的是哪种工艺技术?

1-5 芯片制造包括哪几个阶段?简要描述各个阶段。

1-6 集成电路时代是怎样划分的?

1-7 集成电路发展的趋势是什么?

1-8 什么是关键尺寸?什么是摩尔定律?

1-9 集成电路中使用最多的半导体材料是什么?它被广泛采用的主要原因是什么?

1-10 什么特性决定了硅传导电流的能力?

1-11 集成电路制造过程中如何得到半导体级多晶硅?

1-12 采用什么方法能够将半导体级多晶硅转换成单晶硅?

1-13 硅片加工制备的基本流程是怎样的?

1-14 化合物半导体材料砷化镓具有哪些优点和缺点?

1-15 半导体制造用的液态化学品有哪些特性?对其浓度有什么要求?

1-16 气体分成哪两类?在半导体制造中对气体纯度有何要求?

1-17 净化间沾污有哪几类?会对半导体制造带来什么问题?

1-18 什么是可动离子沾污?

1-19 列举硅片制造厂房中的7种沾污源。

第2章 半导体制造工艺概况

本章教学目标

- 掌握器件隔离的方法及隔离工艺。
- 掌握双极型集成电路及20世纪80年代的CMOS工艺制造流程。
- 了解20世纪八九十年代和21世纪初CMOS工艺技术的特点。

2.1 引言

集成电路的制造要经过大约450道工序，消耗6~8周的时间，看似复杂，而实际上是将几大工艺技术顺序、重复运用的过程，最终在硅片上实现所设计的图形和电学结构。在讲述各个工艺之前，首先介绍一下集成电路芯片的加工工艺过程，使学生对半导体制造的全局有一个认识，并对各个工艺在整个工艺流程中的作用和意义有所了解。集成电路种类很多，以构成电路的晶体管来区分有双极型集成电路和MOS集成电路两类，前者以双极型平面晶体管为主要器件，有晶体管-晶体管逻辑（TTL）电路、高速发射极耦合逻辑（ECL）电路、高速低功耗肖特基晶体管-晶体管逻辑（SLTTL）电路和集成注入逻辑电路（I2L）几种，后者以MOS管为基础，有N沟道MOS电路（NMOS）、P沟道MOS电路（PMOS）、互补MOS电路（CMOS）等电路结构。由于CMOS技术在MOS器件工艺中最有代表性，在综合尺寸缩小和工作电压降低的同时获得了工作性能以及集成度的提高，是亚微米集成电路广泛采用的一种器件结构，因此本章将主要介绍双极型集成电路、CMOS集成电路的制造过程，使同学们在学习各个主要工艺之前对各工艺在集成电路制造中的作用有一个大致的了解，在今后章节的学习中目的性更强。由于每个器件彼此之间需要相互绝缘，即需要隔离，因此在介绍这两种工艺之前先对器件隔离技术做简单介绍。

2.2 器件的隔离

不论是分立器件还是复杂的大规模集成电路，其基本组成单元就是由无源元件和有源器件组成，这些元器件按一定的方式互连而具备一定的电学性能，并能完成一定的器件功能，而这些制造在硅片表面的元器件之间必须是互相隔离的，即相互之间是绝缘的。因此这些元器件就必须制作在一个个相互隔离的小岛上，而在其上再做金属互连线，把具有一定关系的元器件相互连接起来，实现一定的电学功能。因而集成电路的制造分为器件隔离、器件的形成和布线这三个工序。器件的隔离有两种方法，即使用PN结来进行隔离的PN结隔离法和利用绝缘物（SiO_2）进行隔离的绝缘体隔离法。

2.2.1 PN 结隔离

未加正向偏压的PN结几乎无电流流动，因而PN结可作器件隔离用，双极型集成电路中的隔离主要采用PN结隔离。图2-1所示为利用PN结隔离形成器件区域的工艺，其工艺过程如下。

1）首先在P型衬底上采用外延淀积工艺形成N型外延层。

2）在外延层上淀积二氧化硅（SiO_2），并进行光刻和刻蚀。

3）去除光刻胶，露出隔离区上的N型外延层硅，然后在N型外延层上进行P型杂质扩散，扩散深度达到衬底，这是双极型集成电路制造工艺中最费时的一步，使N型的器件区域的底部和侧面均被PN结所包围，器件就制作在被包围的器件区里。

由于P型隔离区的扩散较深，杂质的横向扩散显著，通常横向扩散的距离是纵向扩散距离的75%～80%，P型隔离区的宽度一般是N型深度的两倍。

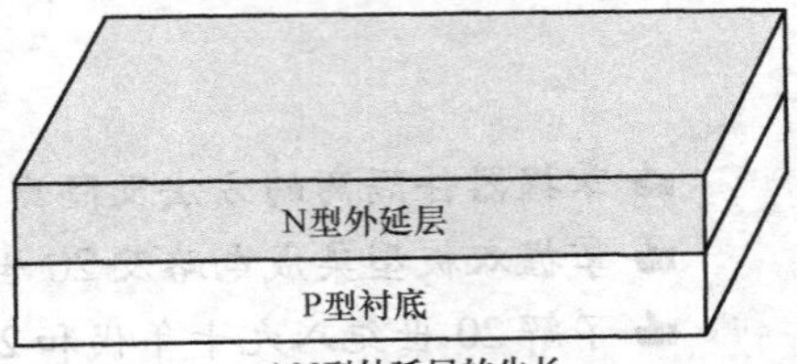

a) N型外延层的生长

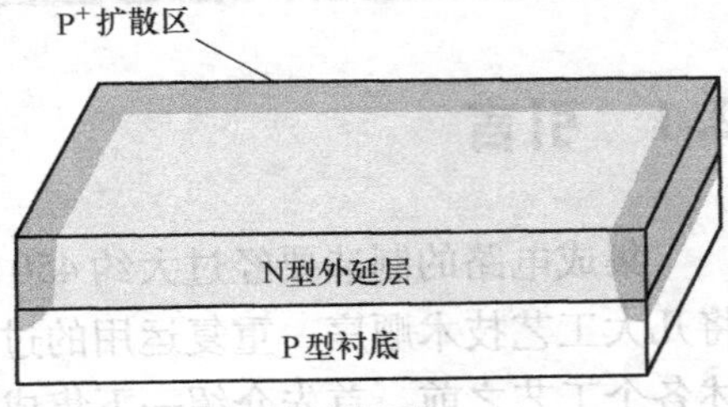

b) 隔离扩散(P型)

图2-1 PN结隔离

PN结隔离的工艺简单，但存在两个主要问题：一是隔离区较宽，使集成电路有效面积减小，不利于提高集成电路的集成度；二是隔离扩散加大集电区-衬底和集电区-基区电容，不利于集成电路速度的提高。目前已经发展出了深槽隔离。

2.2.2 绝缘体隔离

绝缘体隔离法通常用于MOS集成电路的隔离，用二氧化硅作为绝缘体，该二氧化硅作为隔离墙，一般来说，二氧化硅隔离用于器件区域的侧面，器件区域底部的隔离则用PN结来实现。图2-2所示为集成电路中采用绝缘体隔离的例子。深度达到衬底的V形沟槽内侧形成二氧化硅，再用多晶硅填满，达到绝缘隔离的目的。

绝缘体隔离技术有两种：一种是局部氧化隔离（LOCOS）方法；另一种是浅槽隔离（STI）。前者用于0.25μm以上工艺器件之间的隔离，而亚0.25μm工艺器件主要采用浅槽隔离技术。

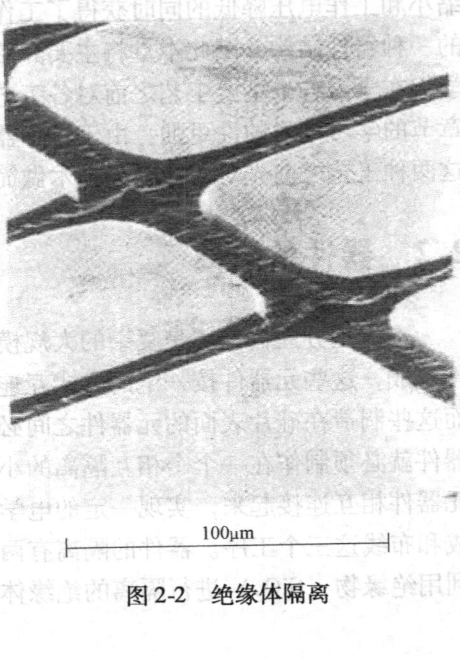

图2-2 绝缘体隔离

1. 局部氧化隔离工艺

1）热生长一层薄的垫氧层，用来降低氮化物与硅之间的应力。

2）淀积氮化物膜（Si_3N_4），作为氧化阻挡层。

3）刻蚀氮化硅，露出隔离区的硅。

4）热氧化，氮化硅作为氧化阻挡层保护下面的硅不被氧化，隔离区的硅被氧化。

5）去除氮化硅，露出器件区的硅表面，为制作器件做准备。

图 2-3 为局部氧化隔离（LOCOS）工艺的示意图。

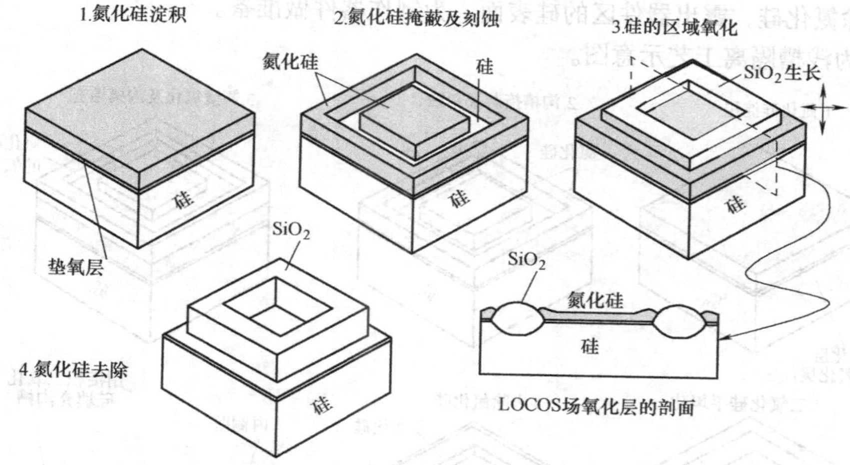

图 2-3　LOCOS 工艺的示意图

当氧扩散穿越已生长的氧化物时，它在各个方向上都有扩散的，即氧原子既有纵向扩散也有横向扩散与硅发生反应，这意味着氮化硅掩膜下有轻微的侧面氧化生长，由于氧化层比消耗的硅厚，因此在氮化硅掩膜下的氧化物将抬高氮化硅边缘，称之为鸟嘴效应，如图 2-4 所示，鸟嘴效应是我们所不希望的，氧化物越厚，鸟嘴效应越显著。

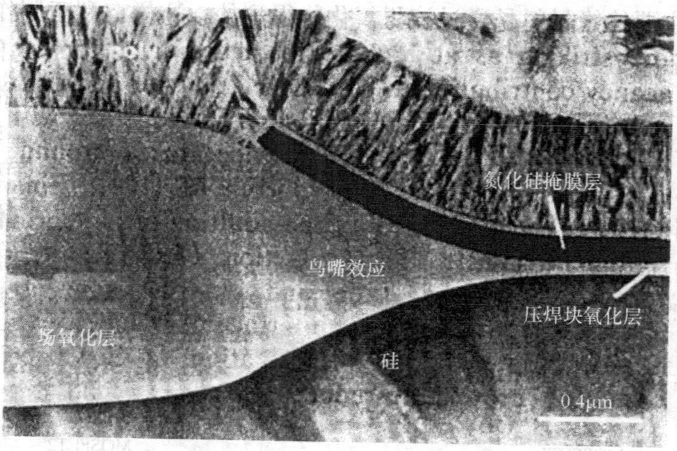

图 2-4　局部氧化产生的鸟嘴效应

2. 浅槽隔离工艺

1）热生长一层薄的垫氧层，用来降低氮化物与硅之间的应力。

2）淀积氮化物膜（Si_3N_4），作为氧化阻挡层。

3）刻蚀氮化硅，露出隔离区的硅。

4）在掩膜图形暴露区域，热氧化 15 ~ 20nm 的氧化层，使硅表面钝化，并可以使浅槽填充的淀积氧化物与硅相互隔离，作为有效的阻挡层来避免器件中的侧墙漏电流产生。

5）刻蚀露出隔离区的硅，形成硅槽。

6）淀积二氧化硅进行硅槽的填充。

7）二氧化硅表面平坦化（CMP）。

8）去除氮化硅，露出器件区的硅表面，为制作器件做准备。

图 2-5 为浅槽隔离工艺示意图。

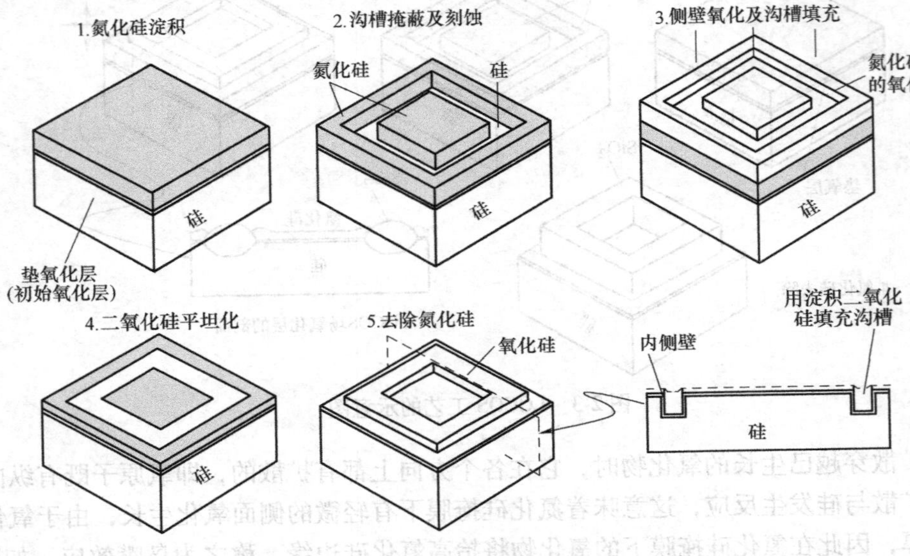

图 2-5　浅槽隔离工艺示意图

STI 技术中的主要绝缘材料是通过淀积氧化物得到的，这样有利于制作精细的图形。

MOS 集成电路中采用的是绝缘体隔离，MOS 集成电路中的晶体管之间不需要 PN 结隔离，可大大提高集成度。MOS 集成电路中的隔离主要是防止寄生的导电沟道，即防止场区的寄生场效应晶体管开启。防止场区的寄生场效应晶体管开启的方法之一就是提高寄生场效应晶体管的阈值电压，使寄生场效应晶体管的阈值电压高于集成电路的工作电压。通常寄生场效应晶体管的阈值电压比集成电路的工作电压高 3 ~ 4V。提高场效应晶体管阈值电压的方法有两种：一是增加场区氧化硅的厚度；二是增大氧化层下沟道的掺杂浓度。通常采用栅氧化层厚度 7 ~ 8 倍的厚度作为场氧化层的厚度，并利用离子注入方法提高场氧化层下硅表面区域的杂质浓度，从而提高寄生场效应晶体管的阈值电压。相邻两个 MOSFET 之间产生寄生场氧化 MOSFET 的示意图如图 2-6 所示。

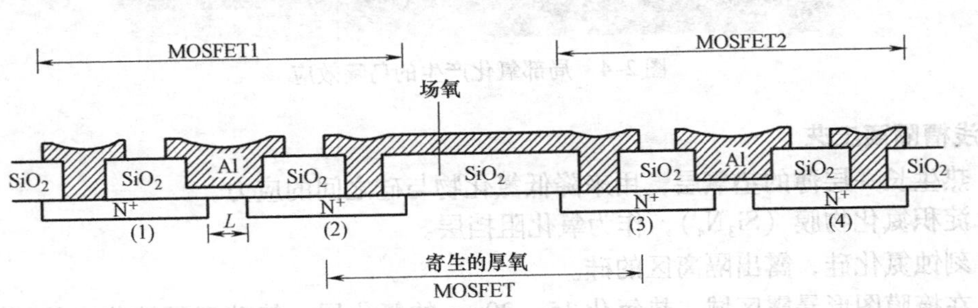

图 2-6　寄生场氧化 MOSFET 的示意图

3. CMOS 集成电路中的隔离

对于 CMOS 集成电路来说，由于同时存在着 N 沟道和 P 沟道的 MOS 管，就要在 P 型衬底上形成 N 型区（称为 N 阱，N-well），或者在 N 型衬底上形成 P 型区（称为 P 阱，P-well），在 N 阱中形成 PMOS 管，在 P 阱中形成 NMOS 管，N 阱中 CMOS 器件区域和隔离区域如图 2-7 所示。其中图 2-7a 为用离子注入和扩散法形成 N 阱后的状态，图 2-7b 为用二氧化硅隔离墙进行器件隔离的状态。

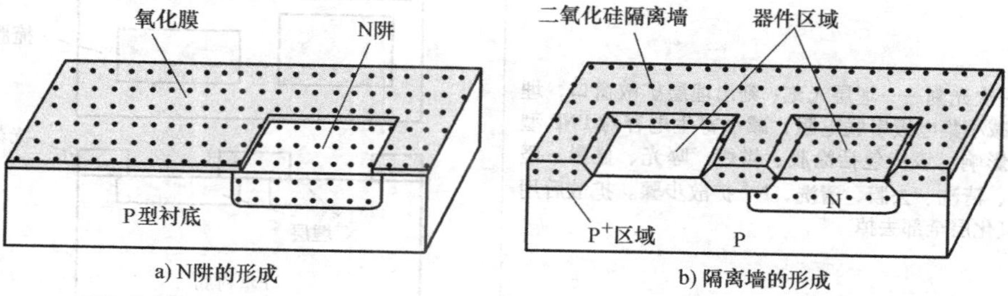

a) N阱的形成　　b) 隔离墙的形成

图 2-7　CMOS 工艺中的隔离技术

2.3　双极型集成电路制造工艺

从集成电路制造技术的角度来考虑，既希望由占基板面积小的器件来组成集成电路，又希望以尽量少的工序来完成集成电路。从占有面积上看，应尽量采用晶体管和占面积小的低阻元件，而尽量不采用占面积大的高阻元件和电容；从减少工序来看，应尽量利用形成晶体管发射区、基区和集电区时所使用的掩膜版，在同一道工序上完成电子元器件的制作，尽量利用晶体管 PN 结的结电容作为电容元件，有时往往采用发射区低电阻层作为电极、布线的一部分。

下面以双极型晶体管和在形成发射区的同时制造电阻元件工序为例，说明双极型集成电路的工艺过程，见表 2-1。典型的双极型晶体管基极和电阻相连的结构示意图如图 2-8 所示。

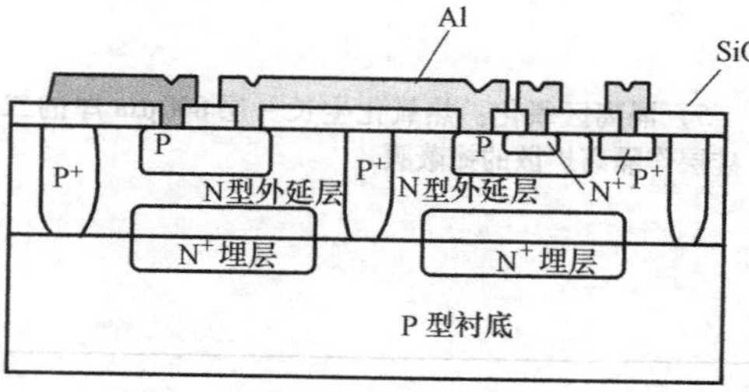

图 2-8　典型的双极型晶体管基极和电阻相连的结构示意图

表 2-1　双极型集成电路的工艺过程

步骤名称	结构示意图
1）衬底制备：衬底采用低掺杂的 P 型硅，掺杂浓度一般在 $10^{15}/cm^3$ 数量级（掺杂浓度低，可减少集电极的结电容，并提高集电结击穿电压，但掺杂过低又会使埋层推进过多），采用（100）晶面，先切割成厚约 450μm 的硅圆片，再双面研磨，单面抛光	

（续）

<table>
<tr><th>步骤名称</th><th>结构示意图</th></tr>
<tr><td>2）埋层氧化：生长厚约 1μm 的氧化膜，用作埋层扩散的掩蔽膜</td><td>
</td></tr>
<tr><td>3）第一次光刻——埋层光刻：刻出埋层扩散窗口，埋层作用是减小集电极串联电阻，减小寄生电容对 PNP 型晶体管的影响。该步包括涂胶、烘烤、曝光、显影、坚膜、刻蚀、清洗、去膜、清洗、N⁺扩散步骤。扩散后用 HF 酸将氧化层全部去掉</td><td>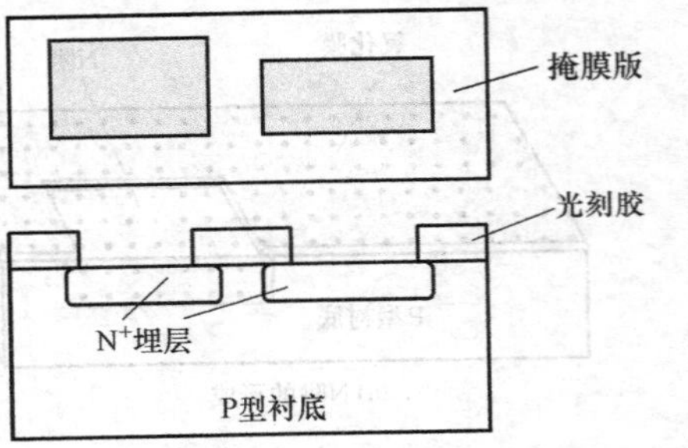
</td></tr>
<tr><td>4）外延层淀积：在 P 型衬底上用气相外延方法淀积一层硅，厚为 6～8μm，电阻率为 0.3～0.5Ω·cm。整个双极型集成电路制作在这一外延层上</td><td>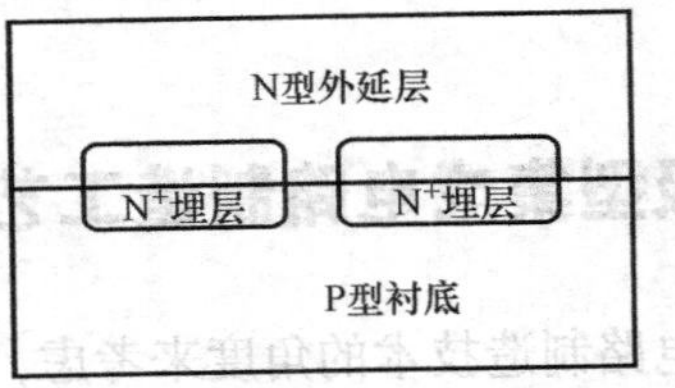
</td></tr>
<tr><td>5）隔离区氧化：热氧化生长一层 800μm 厚的二氧化硅层作隔离扩散的掩蔽膜</td><td>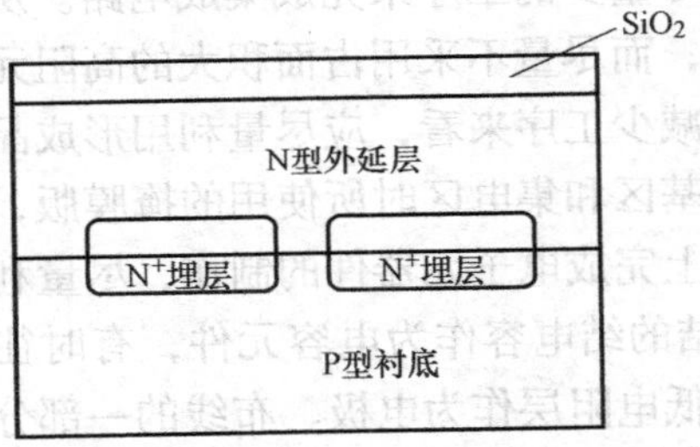
</td></tr>
<tr><td>6）第二次光刻——光刻隔离区：包括涂胶、烘烤、曝光、显影、坚膜、刻蚀、清洗、去膜、清洗等步骤</td><td>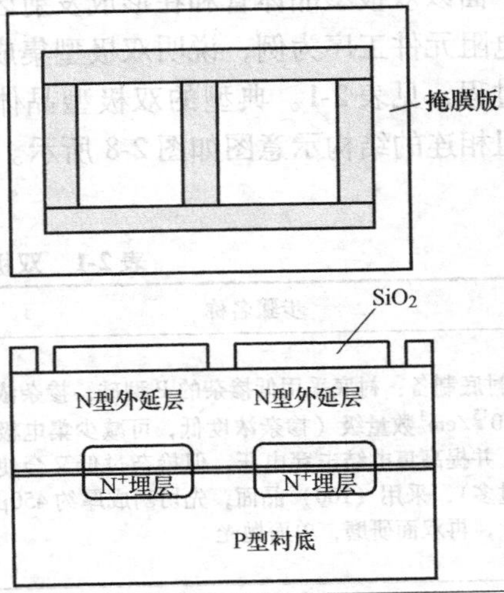
</td></tr>
</table>

（续）

步骤名称	结构示意图
7）隔离区扩散：P^+ 扩散，在衬底上形成孤立的外延层岛，实现元器件的隔离。扩散后用 HF 酸将氧化层全部去掉	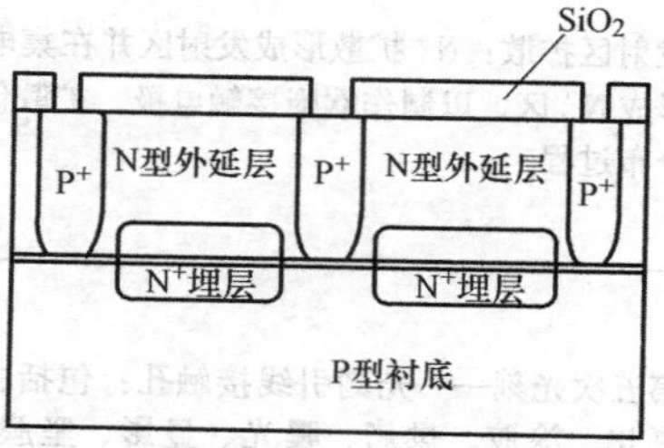
8）第三次光刻——光刻基区：决定 NPN 型晶体管的基区及互连电阻的扩散位置和范围，经过氧化、涂胶、烘烤、曝光、显影、坚膜、刻蚀、清洗、去膜、清洗等步骤	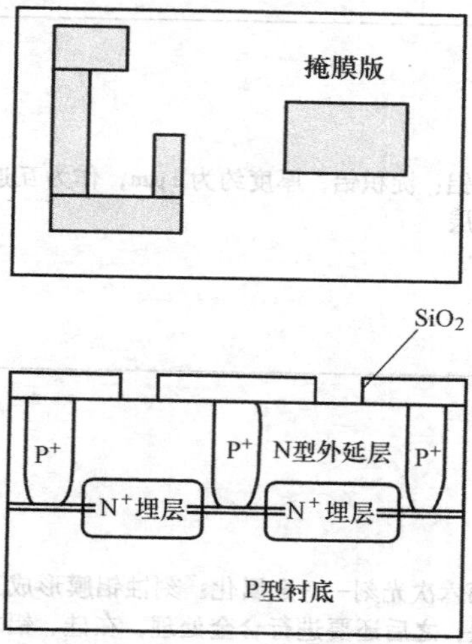
9）基区扩散：进行 B 扩散，分为预淀积和再分布扩散两步，结深为 2μm，形成基区和互连电阻，之后再生长一层 400nm 的二氧化硅膜，作发射区扩散掩蔽膜	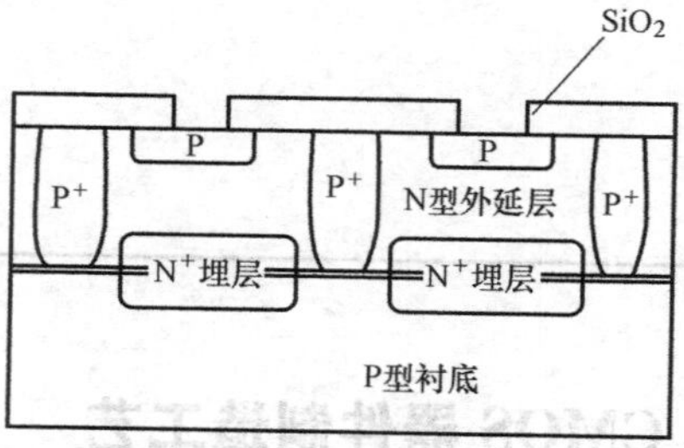
10）第四次光刻——发射区光刻，同时形成集电极接触孔，包括氧化、涂胶、烘烤、曝光、显影、坚膜、刻蚀、清洗、去膜、清洗等步骤	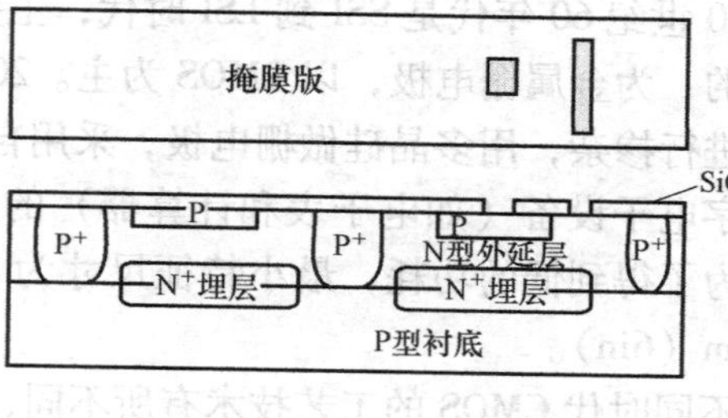

（续）

步骤名称	结构示意图
11）发射区扩散：N^+扩散形成发射区并在集电极引线孔位置形成N^+区，以制作欧姆接触电极，扩散包括预淀积和再分布过程	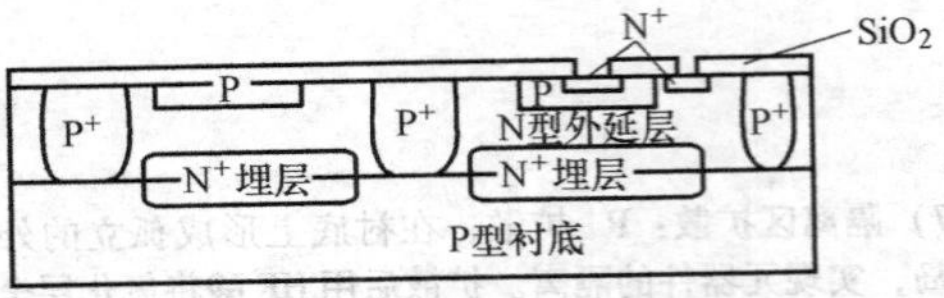
12）第五次光刻——光刻引线接触孔：包括去除二氧化硅、氧化、涂胶、烘烤、曝光、显影、坚膜、刻蚀、清洗、去膜、清洗等步骤。刻出各元器件的引线窗口	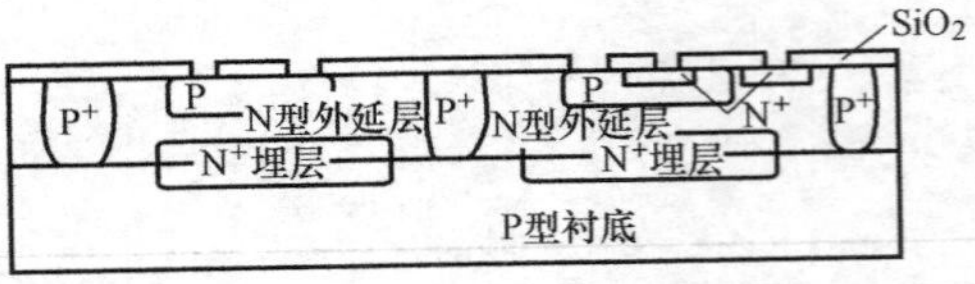
13）蒸铝：淀积铝，厚度约为1μm，作为互连金属及接触金属层	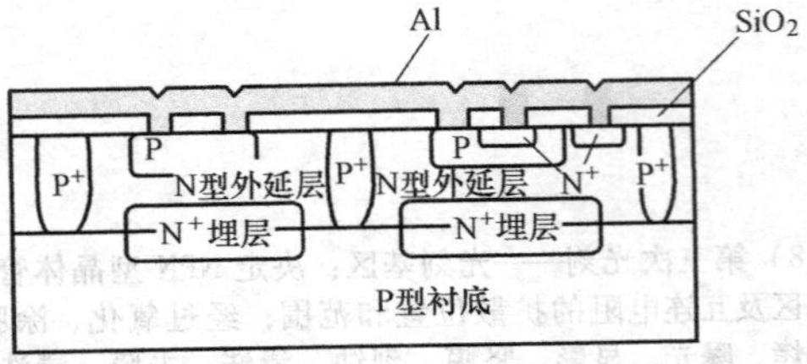
14）第六次光刻——金属化：刻蚀铝膜形成互连导线和压焊块，之后还要进行合金处理，在硅、铝之间形成欧姆接触，包括光刻、刻蚀、清洗、去膜、清洗、合金等过程	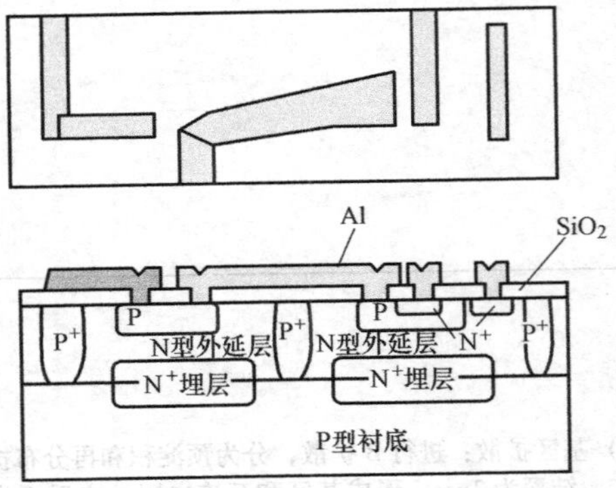

2.4　CMOS 器件制造工艺

20 世纪 60 年代是 SSI 到 LSI 时代，主要采用扩散工艺进行掺杂。MOSFET 是在 1960 年引入的，为金属栅电极，以 PMOS 为主。20 世纪 70 年代是 LSI 到 VLSI 时代，主要采用离子注入进行掺杂，用多晶硅做栅电极，采用自对准工艺，以 NMOS 为主。20 世纪 80 年代，由于数字电子设备（如电子表和计算器）的需要，LCD 取代了 LED，迫使 CMOS 取代 NMOS IC，为了得到低的功耗，最小特征尺寸为 3μm 到 0.8μm，晶圆的直径为 100mm（4in）到 150mm（6in）。

不同时代 CMOS 的工艺技术有所不同，为便于理解各个主要工艺在形成器件过程中的作用，这里主要介绍 20 世纪 80 年代的 CMOS 工艺技术，以及 20 世纪 90 年代和 21 世纪初的 CMOS 工艺技术特点和工艺流程，供读者参考。

2.4.1　20 世纪 80 年代的 CMOS 工艺技术

20 世纪 80 年代的 CMOS 工艺技术具有以下特点：

1）采用场氧化工艺进行器件间的隔离。

2）采用磷硅玻璃和回流进行平坦化。

3）采用蒸发的方法进行金属层的淀积。

4）使用正性光刻胶进行光刻。

5）使用放大的掩膜版进行成像。

6）用等离子体刻蚀和湿法刻蚀工艺进行图形刻蚀。

20 世纪 80 年代的 CMOS 工艺流程，包括器件隔离区制作、器件制造、器件互连，见表 2-2。

表 2-2　20 世纪 80 年代的 CMOS 工艺流程

步　骤	结构示意图
1）硅片清洗：硅片在一系列化学溶液中清洗，以去除颗粒、有机物和无机物沾污及去除自然氧化层。漂洗、甩干	
2）垫氧化：热生长 15nm 的氧化层，保护硅片表面免受沾污，阻止在注入过程中对硅片过度损伤，有助于控制注入过程中杂质的注入深度，同时也将减少淀积的氮化硅层与硅衬底的应力	
3）低气压化学气相淀积氮化物：在低气压化学气相淀积设备中，氨气和二氯硅烷反应，在硅片表面生成一薄层氮化硅，作为局部氧化隔离时生长二氧化硅的掩蔽层	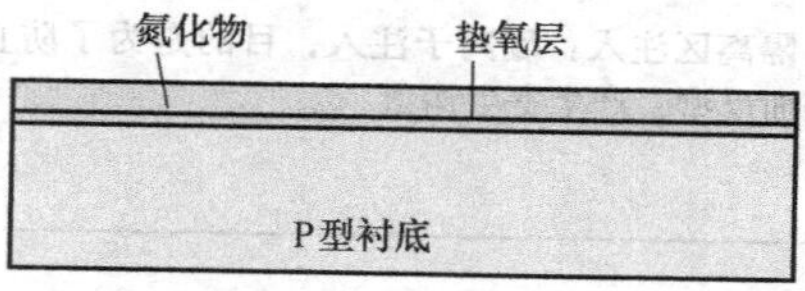
4）第一次光刻：涂覆光刻胶，以形成局部氧化区域，包括涂胶、烘烤步骤	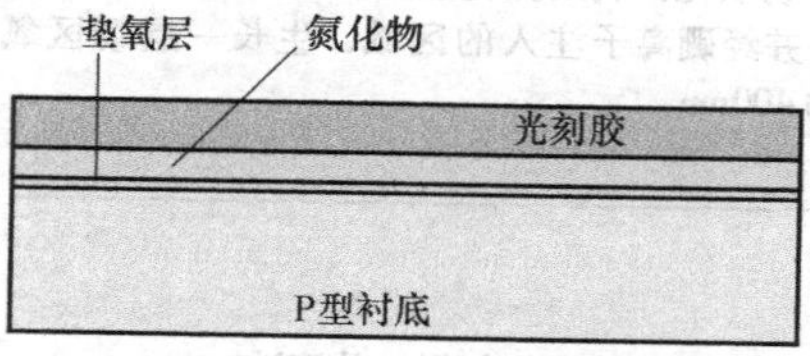
5）第一块掩膜版：硅局部氧化掩膜版，决定了形成局部氧化区域	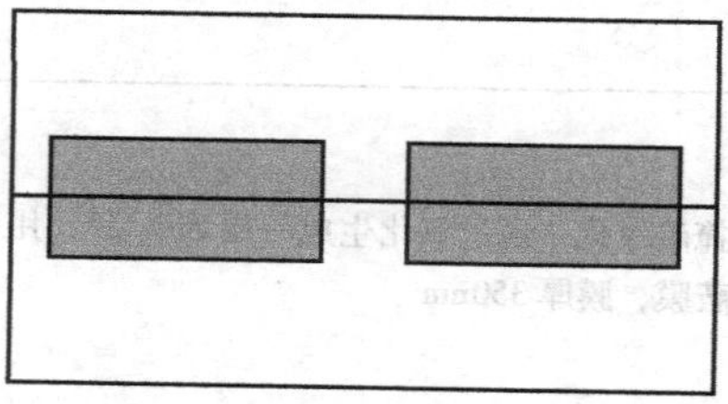

（续）

步　骤	结构示意图
6）对准和曝光（局部氧化）：将掩膜版图形直接刻印到涂胶的硅片上，包括曝光、显影、坚膜等步骤	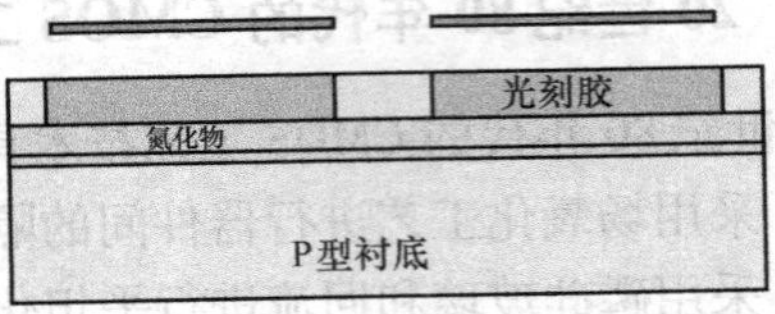
7）显影：显影液喷到硅片上，图形在硅片上显现出来，之后硅片进行坚膜，并对尺寸进行检测	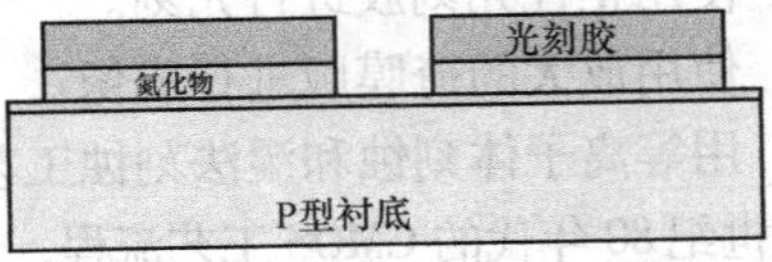
8）氮化物刻蚀：没有光刻胶保护的氮化硅被强腐蚀性化学物质刻蚀掉	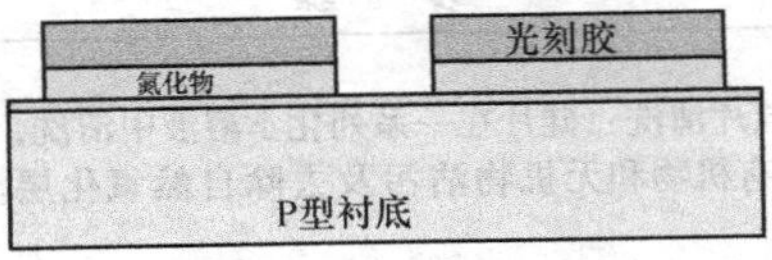
9）去除光刻胶：在每一步刻蚀工艺之后都要将硅片上的光刻胶去除并在一系列化学试剂中湿法清洗	
10）隔离区注入：硼离子注入，目的是为了防止场区下硅表面反型，产生寄生沟道	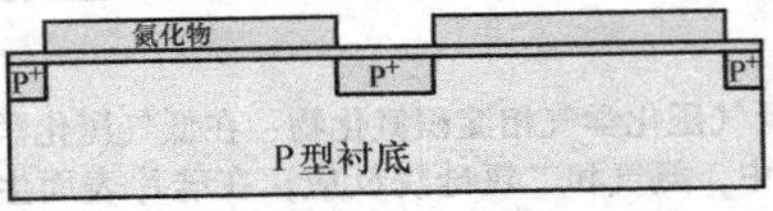
11）场氧化：利用氮化硅掩蔽氧化功能，在没有氮化硅层，并经硼离子注入的区域，生长一层场区氧化层，厚度约400nm	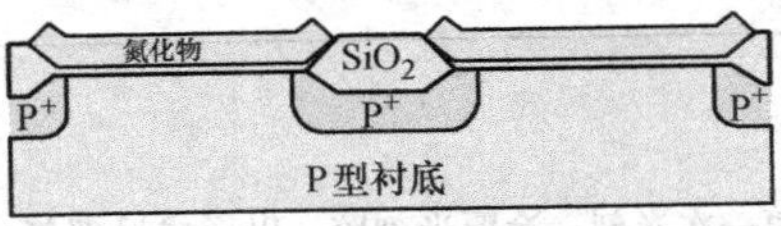
12）去除氮化物和垫氧层，并清洗	
13）掩蔽氧化：通过氧化生成一层 SiO_2 膜，用作杂质扩散掩蔽膜，膜厚350nm	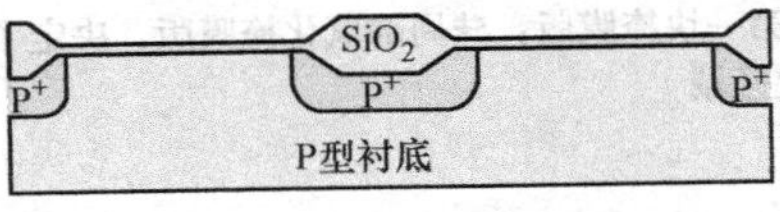

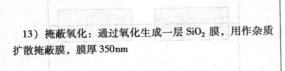

（续）

<table>
<tr><th>步　骤</th><th>结构示意图</th></tr>
<tr><td>14）第二次光刻：确定N阱区域，在N阱中制作PMOS管。其中包括涂胶、烘烤、曝光、显影、坚膜等步骤</td><td>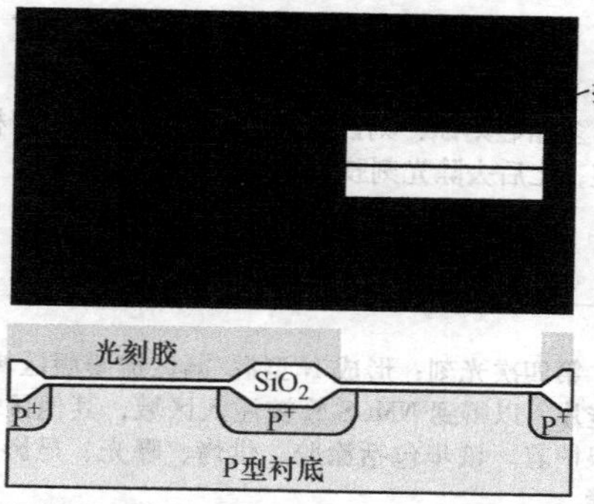
</td></tr>
<tr><td>15）N阱注入：未被光刻胶保护的区域允许高能离子杂质穿透表面进入一定深度</td><td>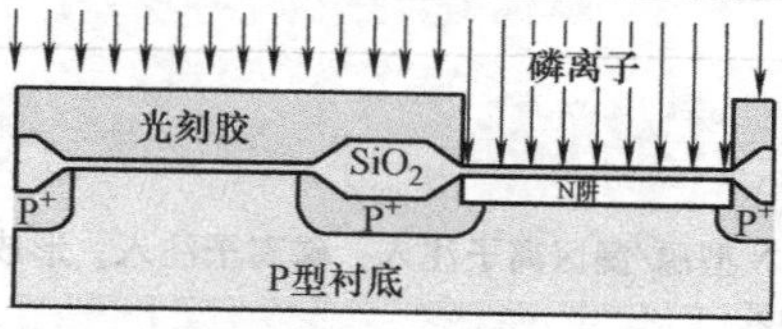
</td></tr>
<tr><td>16）N阱驱进：先去除光刻胶，之后将注入杂质的硅片放入退火炉中进行退火，使得杂质向硅片更深处扩散，达到所需深度，同时可以消除注入引起的硅片损伤并将注入杂质激活，之后去除掩蔽氧化层</td><td>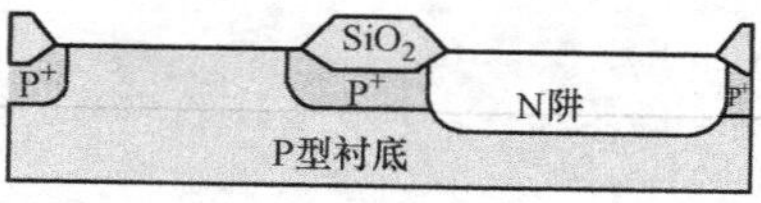
</td></tr>
<tr><td>17）生长栅氧化层：在生长栅氧化层之前先清洗硅片，去除沾污和氧化层，把硅片放入氧化炉，在HCl气氛中，用干氧氧化生长一层致密的二氧化硅膜，厚度约40nm</td><td>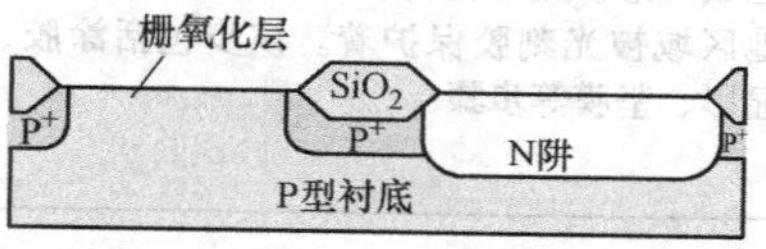
</td></tr>
<tr><td>18）淀积多晶硅：利用硅烷分解在硅片表面淀积一层多晶硅，并马上进行多晶硅的掺杂，此步可在同一工艺腔体中进行，也可以在不同设备中进行</td><td>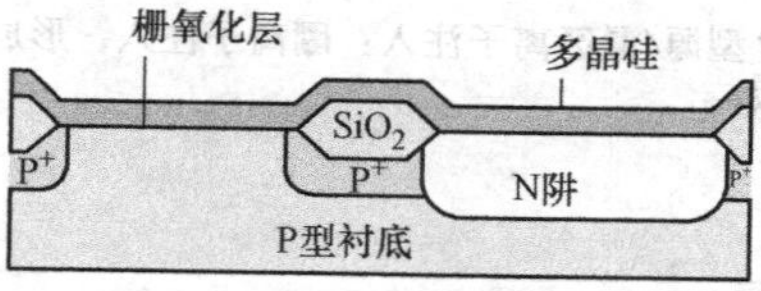
</td></tr>
<tr><td>19）第三次光刻：形成栅极和局部互连图形，包括涂胶、烘烤、曝光、显影、坚膜等步骤</td><td>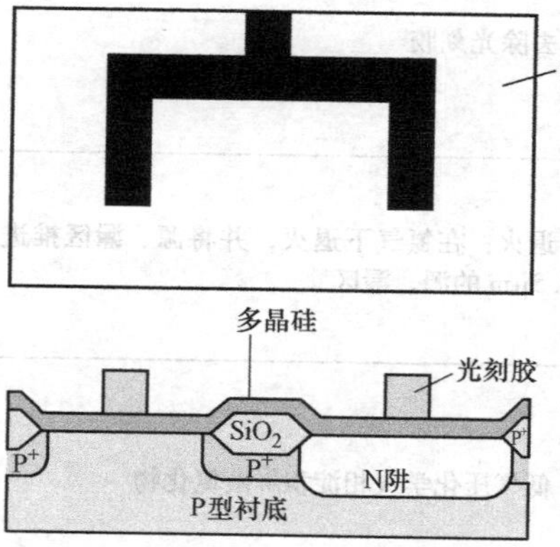
</td></tr>
</table>

（续）

步　骤	结构示意图
20）多晶硅刻蚀：刻蚀多晶硅，形成多晶硅栅极和局部互连，之后去除光刻胶	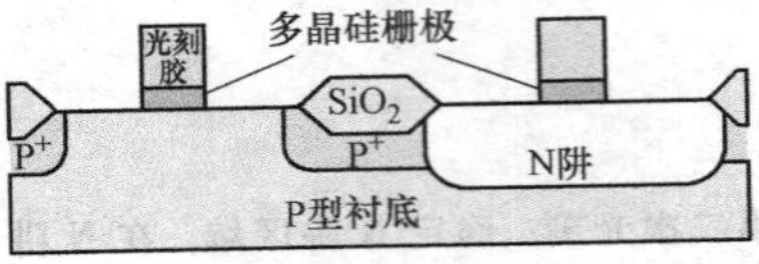
21）第四次光刻：形成 N 型源/漏区掩膜版区域图形。刻印硅片，以得到 NMOS 管被注入区域，其他区域被光刻胶保护着。该步包括涂胶、烘烤、曝光、显影、坚膜等步骤	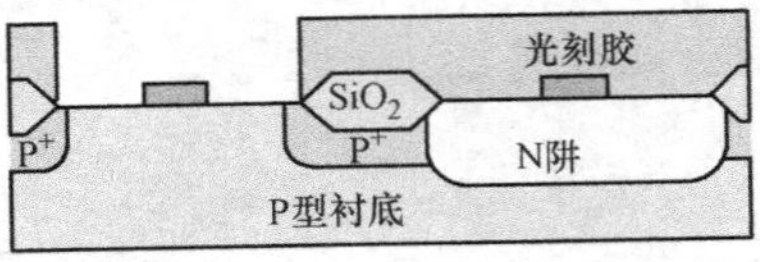
22）N 型源/漏区离子注入：磷离子注入，形成 NMOS 源、漏区	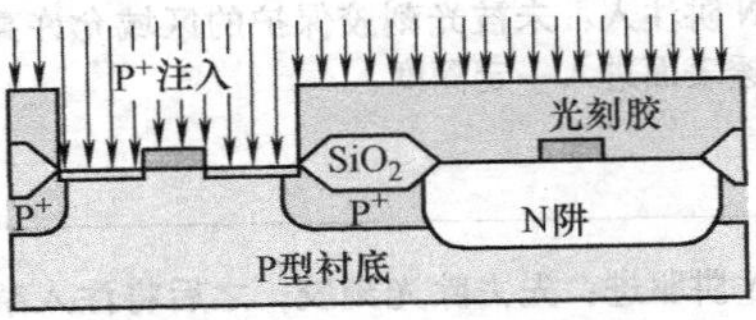
23）第五次光刻——第五块掩膜版：形成 P 型源/漏区掩膜版区域图形。刻印硅片，以得到 PMOS 管被注入区域，其他区域被光刻胶保护着。该步包括涂胶、烘烤、曝光、显影、坚膜等步骤	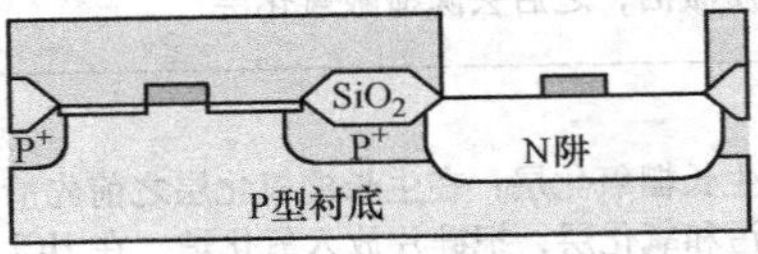
24）P 型源/漏区离子注入：硼离子注入，形成 PMOS 源、漏区	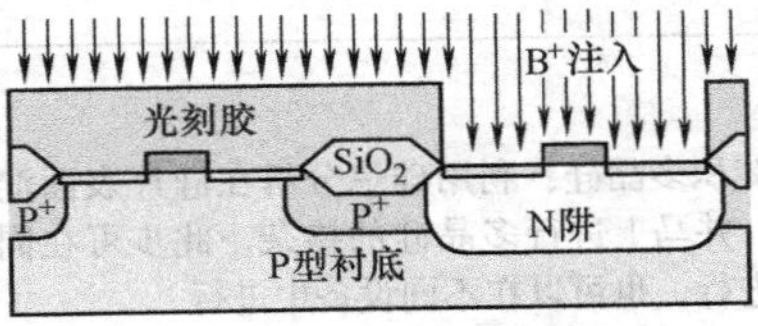
25）去除光刻胶	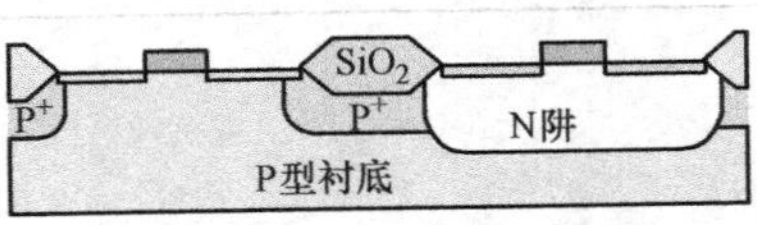
26）退火：在氮气下退火，并将源、漏区推进，形成 0.3 ~0.5μm 的源、漏区	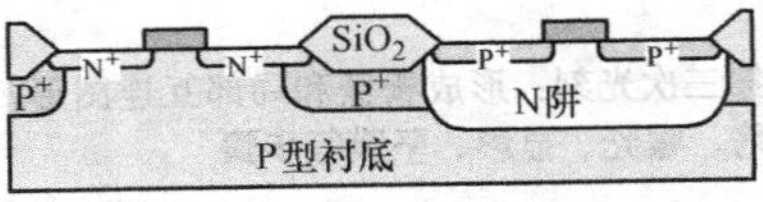
27）低气压化学气相淀积屏蔽氮化物	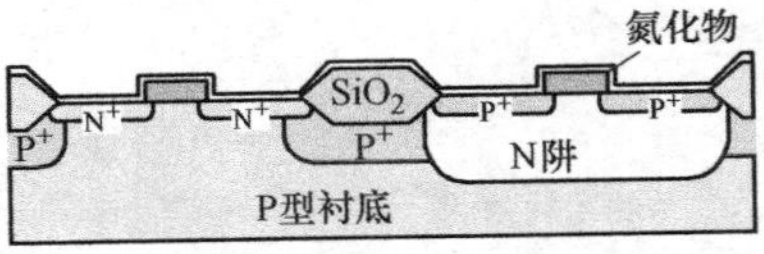

（续）

步　　骤	结构示意图
28）化学气相淀积 BPSG（硼磷硅玻璃）钝化层	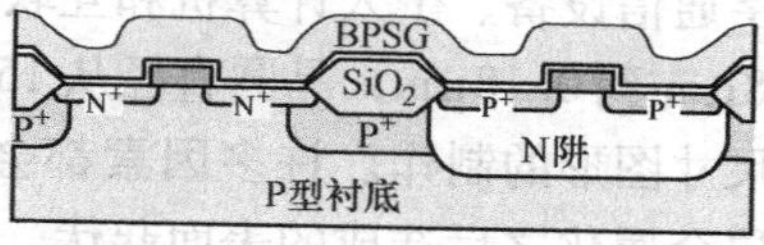
29）BPSG 回流：目的是使表面平滑	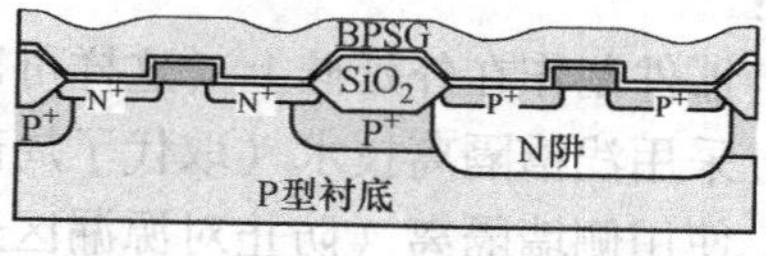
30）第六块掩膜版：接触孔曝光，形成金属化接触孔图形。该步包括涂胶、曝光、显影等步骤	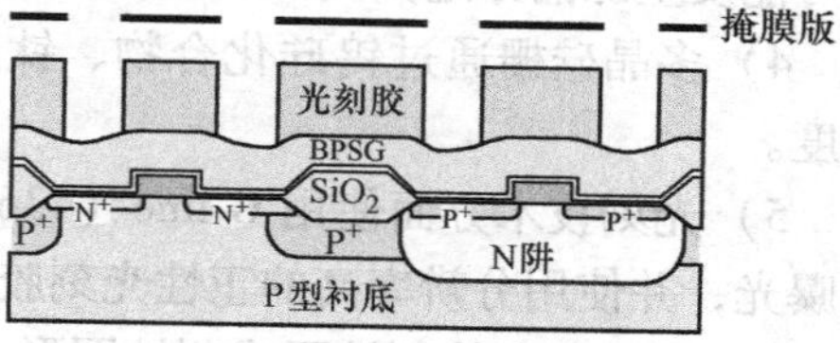
31）接触孔刻蚀：刻蚀金属化的接触孔，之后去除光刻胶	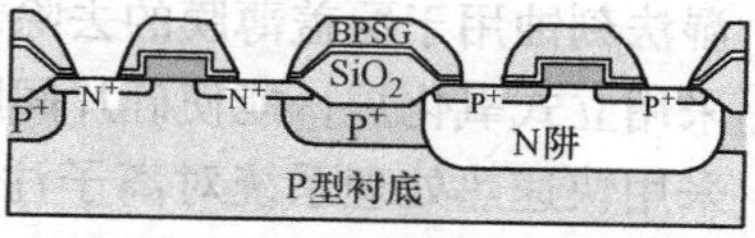
32）金属淀积：采用蒸发或溅射的方法淀积一层 Al-Cu-Si 合金，利于解决电迁徙现象和防止铝条断裂	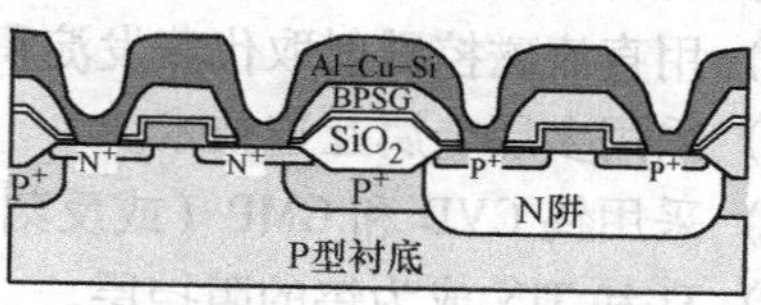
33）第七块掩膜版金属互连：包括涂胶、曝光、显影和金属刻蚀、去胶等步骤，形成金属互连	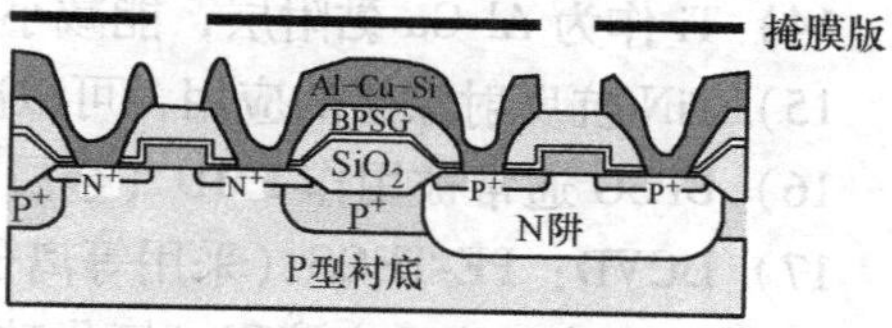
34）化学气相淀积 USG（未掺杂的二氧化硅）	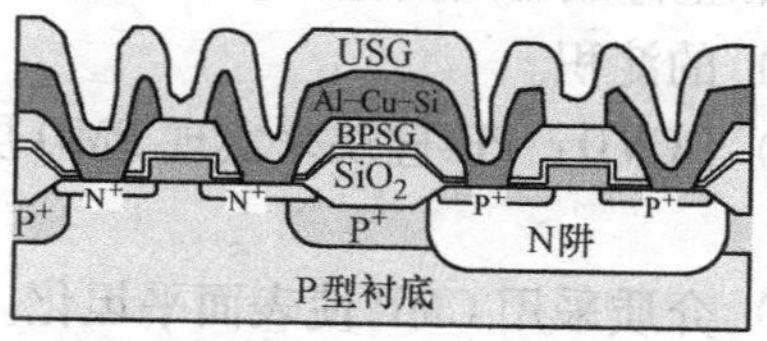
35）化学气相淀积氮化物形成钝化层	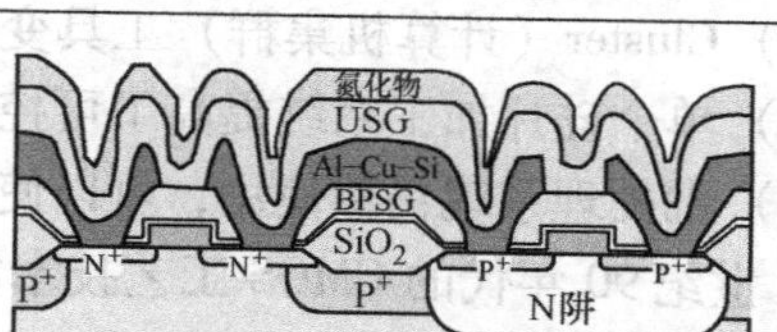

2.4.2　20世纪90年代的CMOS工艺技术

数字通信设备、个人计算机和互联网有关的应用推进了CMOS工艺技术的发展。特征尺寸从0.8μm到0.18μm，晶圆直径从150mm到300mm，原有的制造工艺已无法实现如此小的特征尺寸图形的制作。许多因素都会影响器件的制作，包括衬底中的杂质含量及缺陷密度、多层金属化之后造成的表面起伏、光刻技术等。20世纪90年代CMOS工艺技术具有以下特点：

1）器件制作在外延硅上（这样可以消除在CZ法拉单晶过程中产生的C、O）。

2）采用浅槽隔离技术（取代了局部氧化隔离技术）。

3）使用侧墙隔离（防止对源漏区进行更大剂量注入时，源漏区的杂质过于接近沟道以致可能发生源漏穿透），钛硅化合物和侧墙隔离解决了硅铝氧化问题。

4）多晶硅栅通过钨硅化合物、钛硅化合物实现局部互连，减小了电阻并提高了器件速度。

5）光刻技术方面使用G-line（436nm）、I-line（365nm）、深紫外线DUV（248nm）光源曝光，并使用分辨率高的正性光刻胶，用步进曝光取代整体曝光。

6）用等离子体刻蚀形成刻蚀图形。

7）湿法刻蚀用于覆盖薄膜的去除。

8）采用立式氧化炉，能使硅片间距更小，更好地控制沾污。

9）采用快速热处理系统对离子注入之后的硅片进行退火处理及形成硅化物，能更快、更好地控制制造过程中的热预算。

10）用直流磁控溅射取代蒸发淀积金属膜。

11）采用多层金属互连技术。

12）采用钨CVD和CMP（或反刻）技术形成钨塞，实现层和层之间的互连。

13）Ti和TiN成为钨的阻挡层。

14）Ti作为Al-Cu黏附层，能减小接触电阻。

15）TiN抗反射涂层的应用，可以减小光刻曝光时驻波和反射切口。

16）BPSG通常被用作PMD（金属前绝缘层）。

17）DCVD：PE-TEOS（采用等离子体增强正硅酸乙酯淀积二氧化硅）和O3-TEOS（采用臭氧和正硅酸乙酯反应淀积二氧化硅）来实现浅槽隔离、侧墙、PMD和IMD（金属层间绝缘层）的淀积。

18）DCVD：PE-硅烷来实现PMD屏蔽氮化物、绝缘介质的抗反射涂层和PD氮化物的淀积。

19）介质采用CMP使表面平坦化。

20）Cluster（计算机集群）工具变得非常普遍。

21）单个硅片加工系统提高了可控硅片和硅片之间的一致性。

22）批处理系统仍然使用，可以使普通工人的生产量也很高。

20世纪90年代的CMOS工艺技术制作的CMOS器件结构图如图2-9所示，对应的制作工艺流程如下：

1）双阱制作。

2）浅槽隔离工艺。
3）多晶硅栅极结构工艺。
4）轻掺杂漏极（LDD）注入工艺。
5）侧壁间隙壁的形成。
6）源/漏极离子注入工艺。
7）接触形成。
8）区域内互连的工艺。
9）介质孔 1 及插塞 1 的形成。
10）金属 1 互连的形成。
11）介质孔 2 及插塞 2 的形成。
12）金属 2 互连的形成。
13）金属 3 至钝化蚀刻及合金的形成。
14）参数测量。

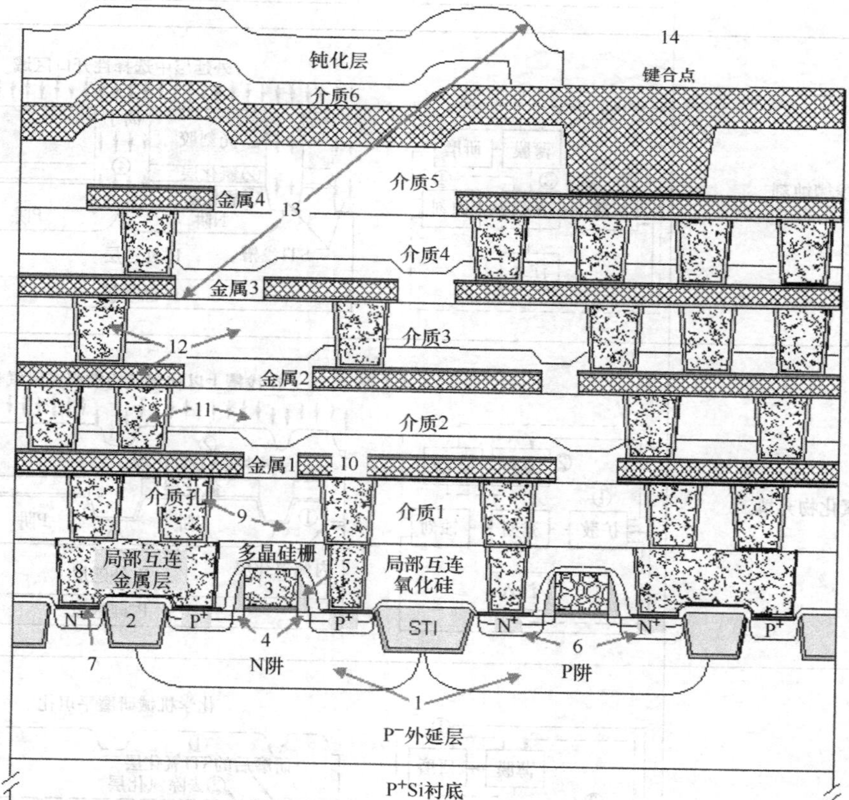

图 2-9　90 年代的 CMOS 器件结构图

表 2-3 是器件的形成过程及每一步骤所对应的相关工艺。

表 2-3　20 世纪 90 年代 CMOS 器件工艺流程

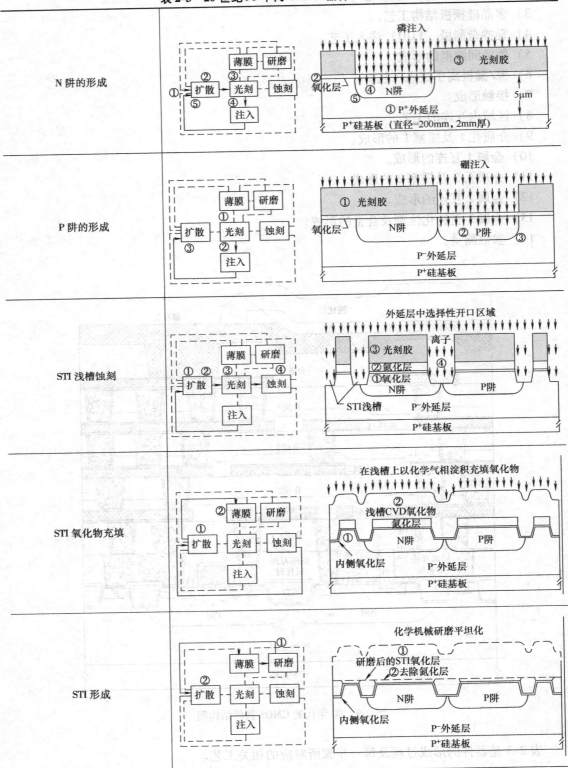

N 阱的形成	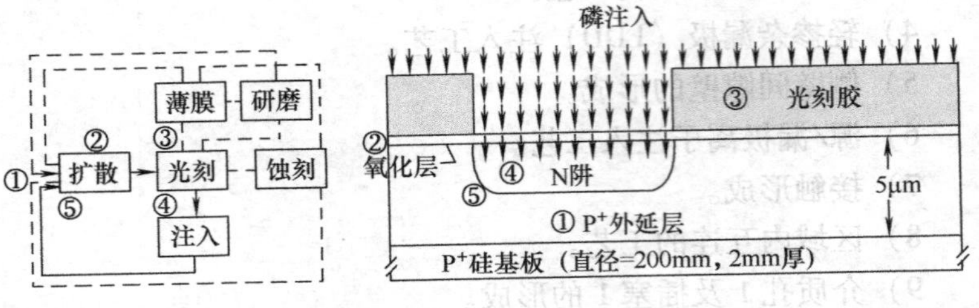
P 阱的形成	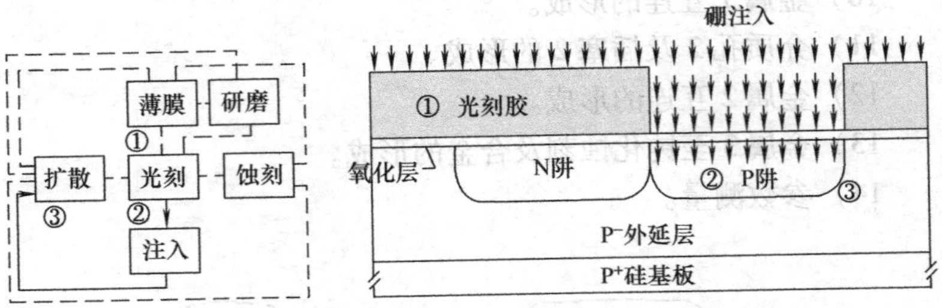
STI 浅槽蚀刻	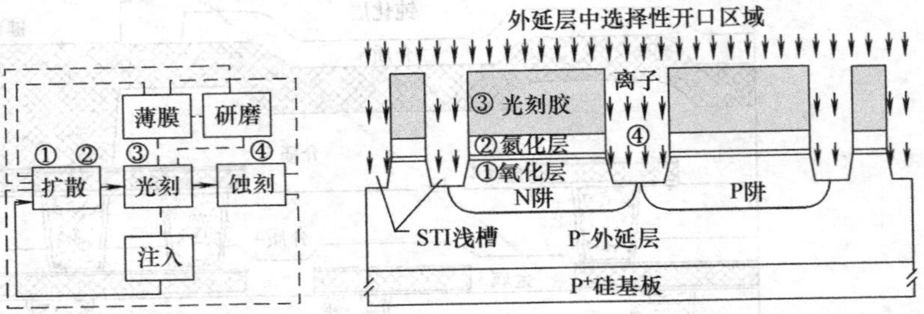
STI 氧化物充填	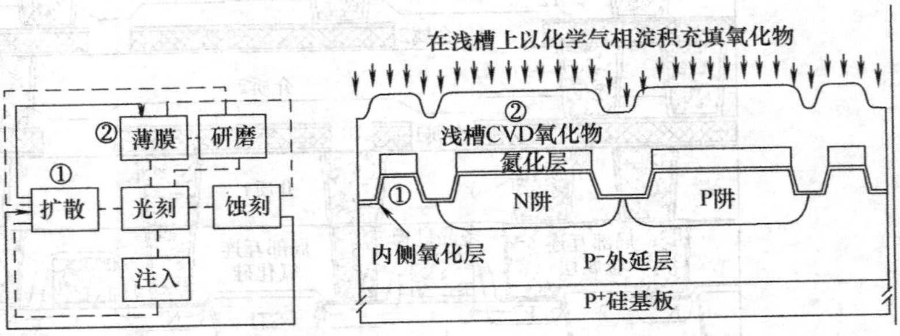
STI 形成	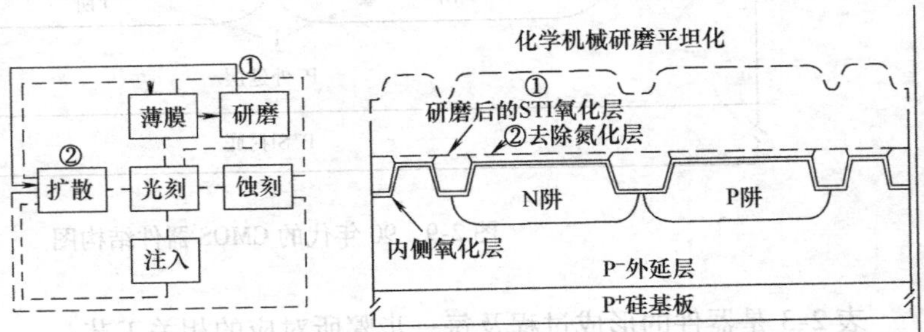

（续）

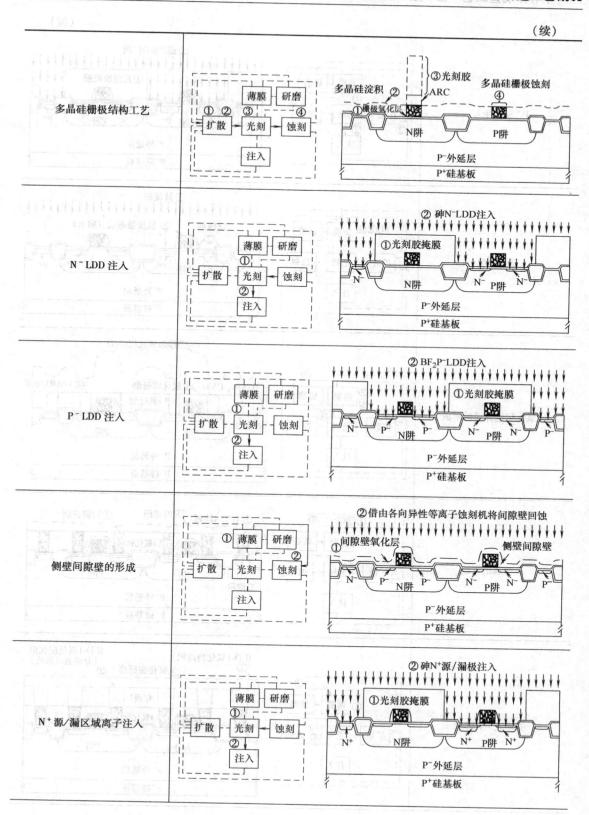

多晶硅栅极结构工艺	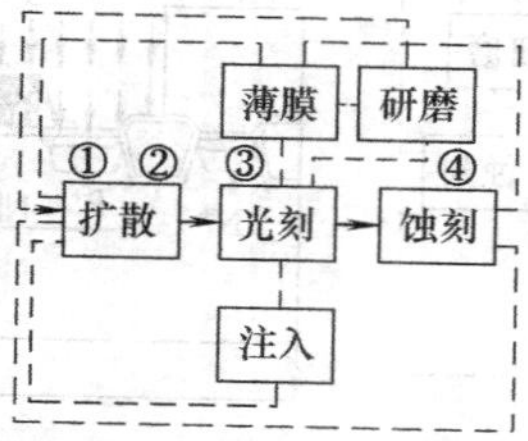	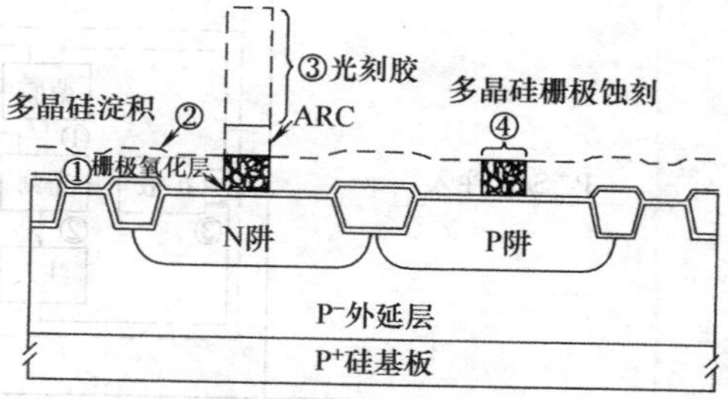
N⁻ LDD 注入	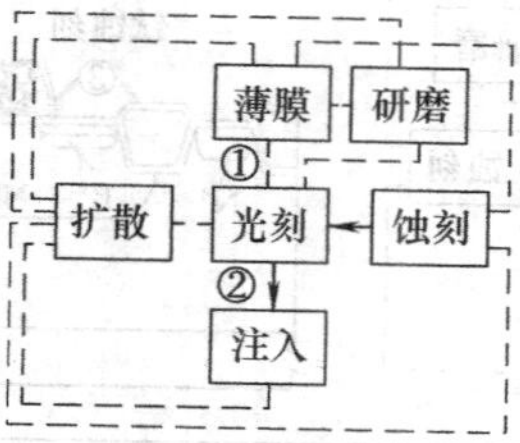	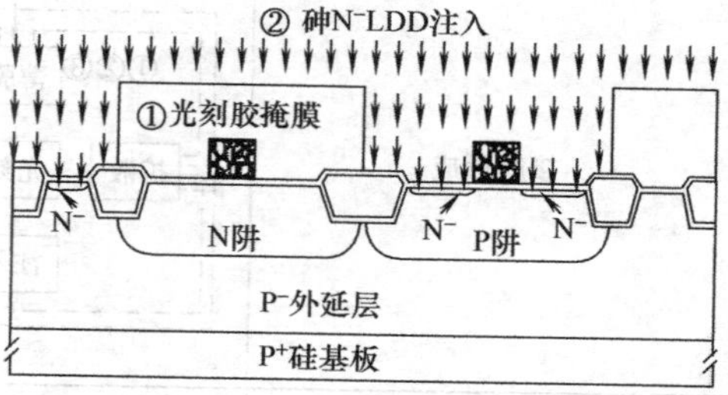
P⁻ LDD 注入	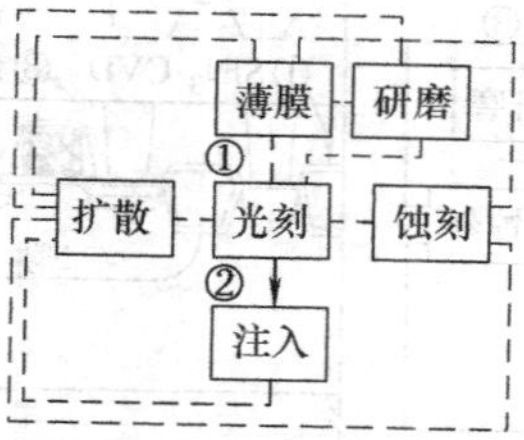	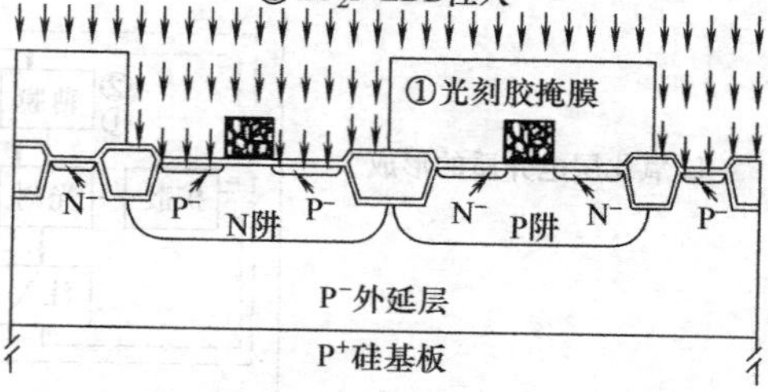
侧壁间隙壁的形成	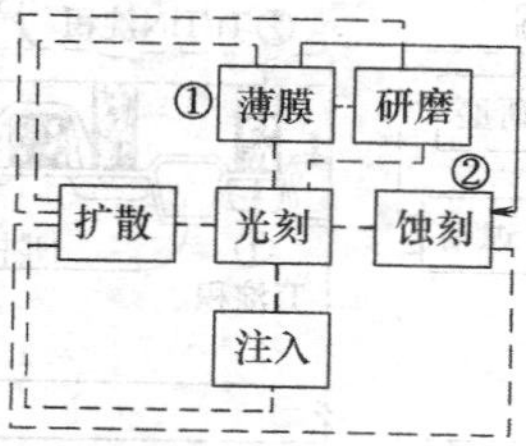	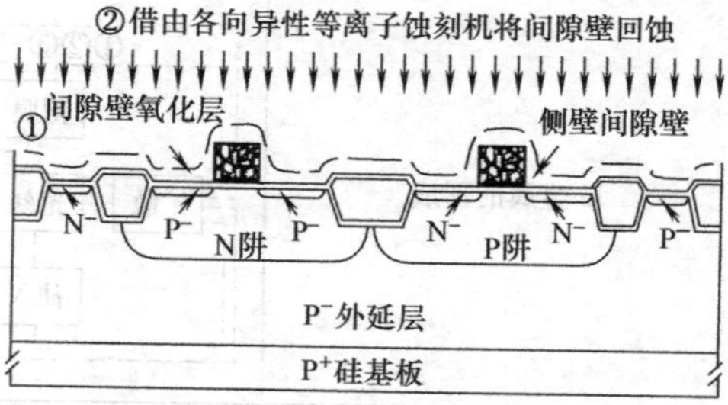
N⁺源/漏区域离子注入	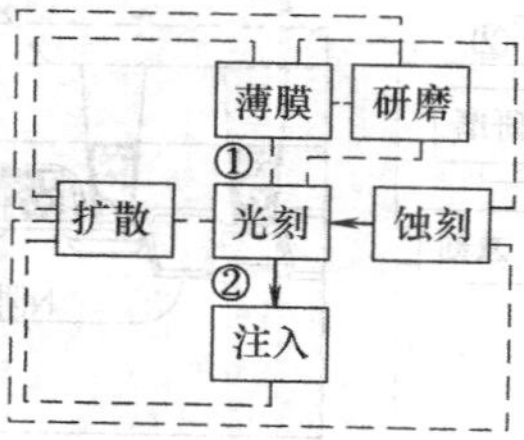	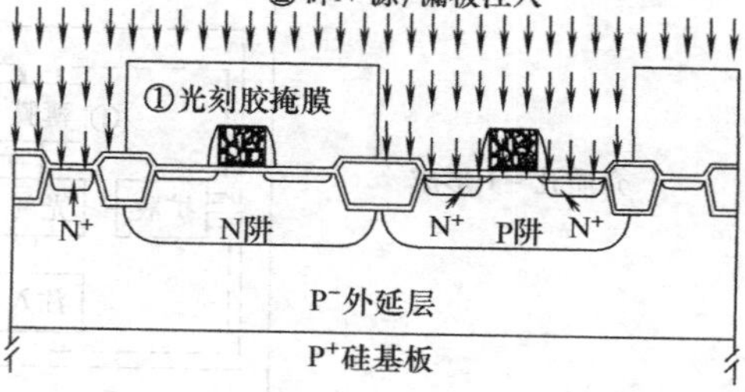

（续）

P⁺S/D注入

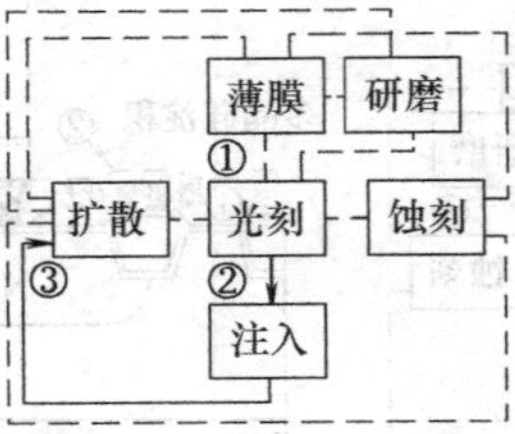

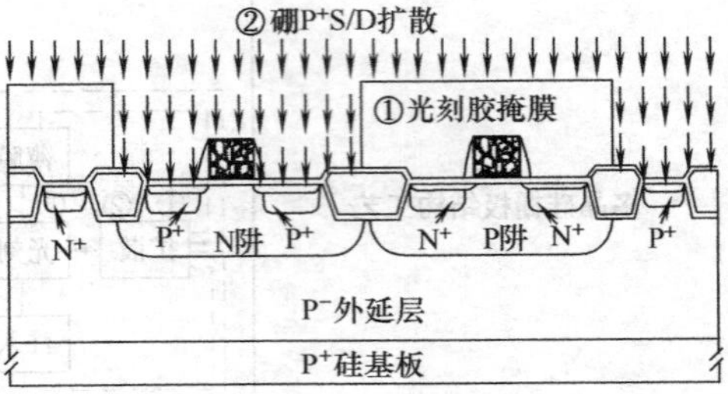

接触形成

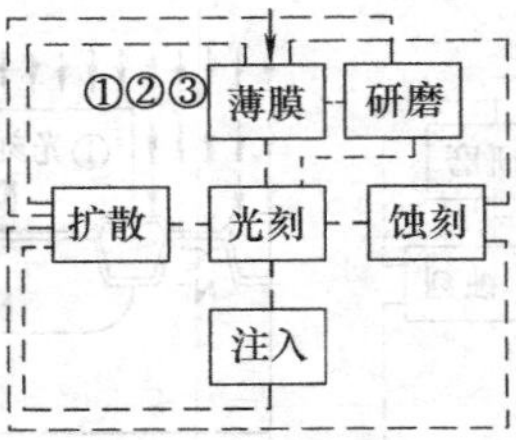

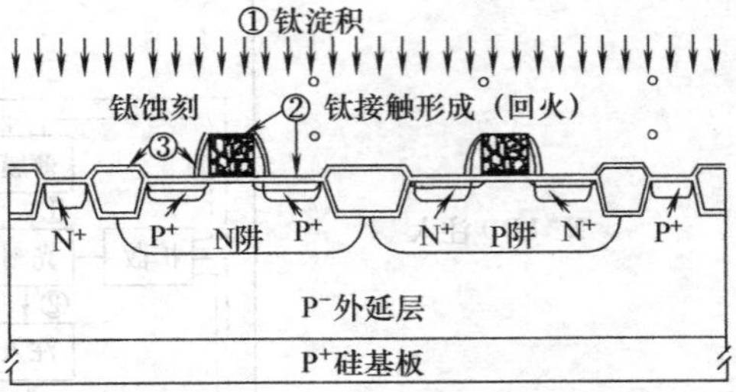

Li氧化层电介质的形成

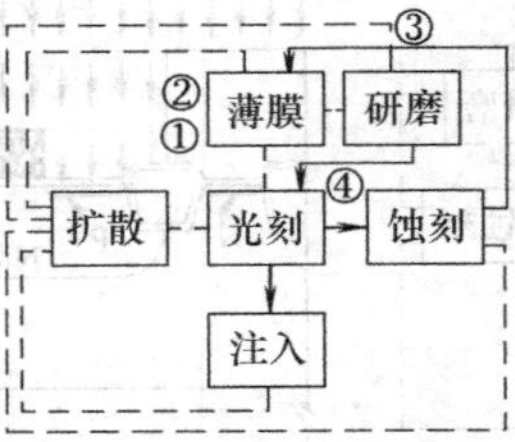

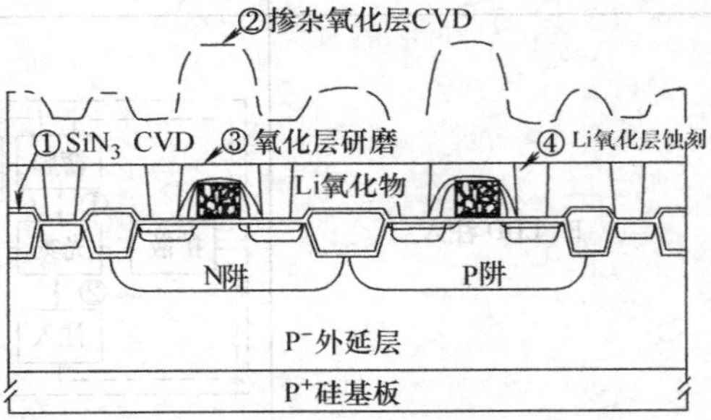

Li金属的形成

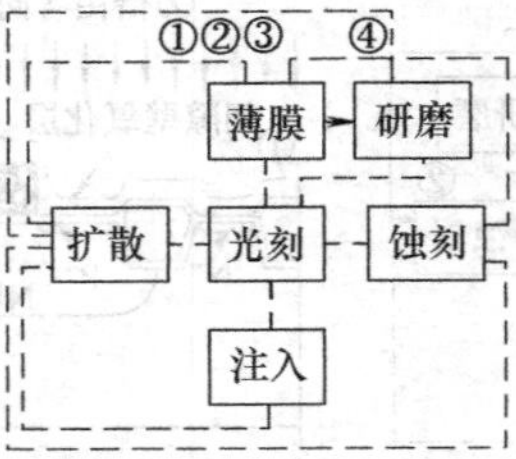

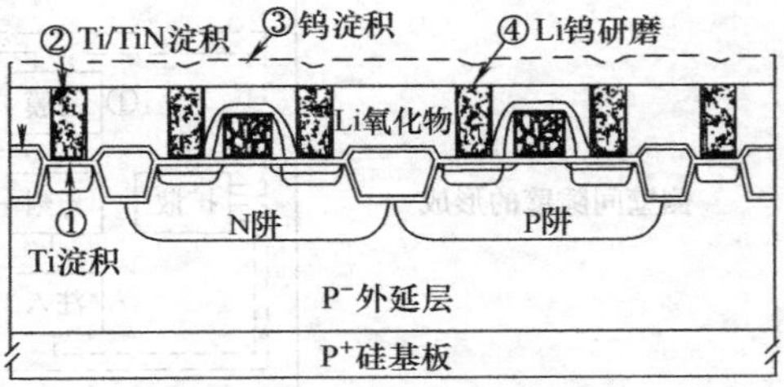

介质孔-1形成

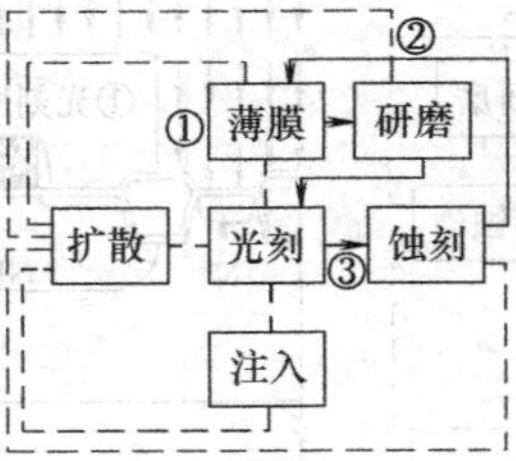

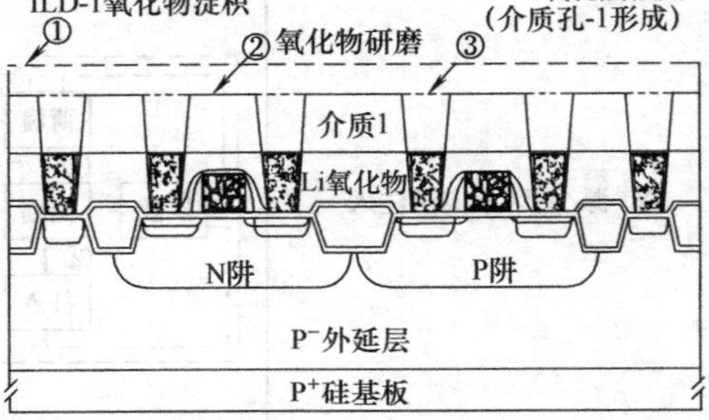

（续）

<table>
<tr><td>钨塞 -1 形成</td><td>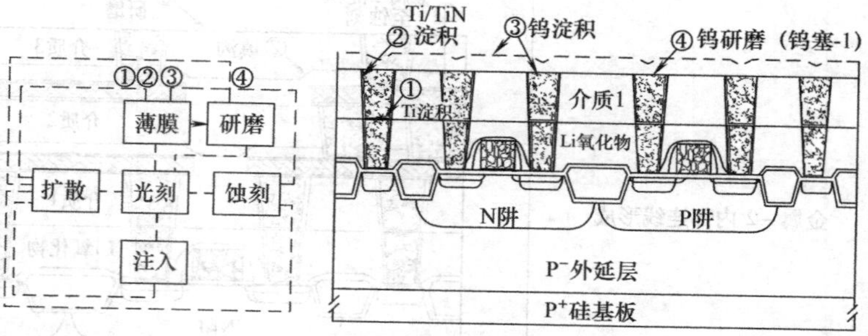
</td></tr>
<tr><td>金属 -1 内部连线形成</td><td>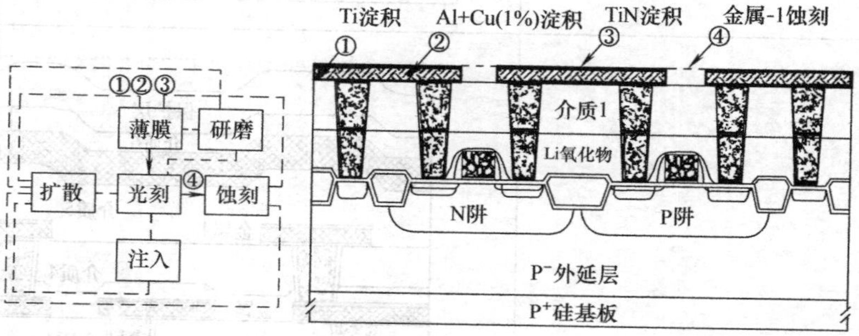
</td></tr>
<tr><td>介质孔 -2 形成</td><td>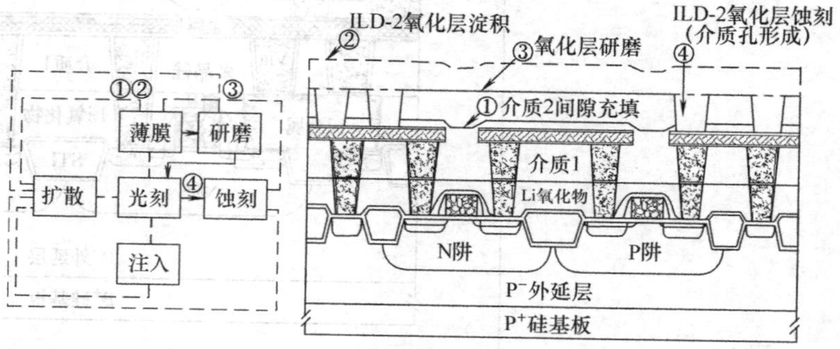
</td></tr>
<tr><td>钨塞 -2 形成</td><td>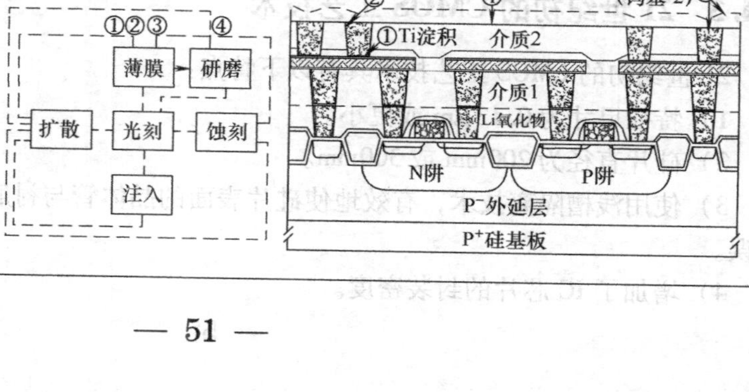
</td></tr>
</table>

（续）

<table>
<tr><td>金属－2 内部连线形成</td><td>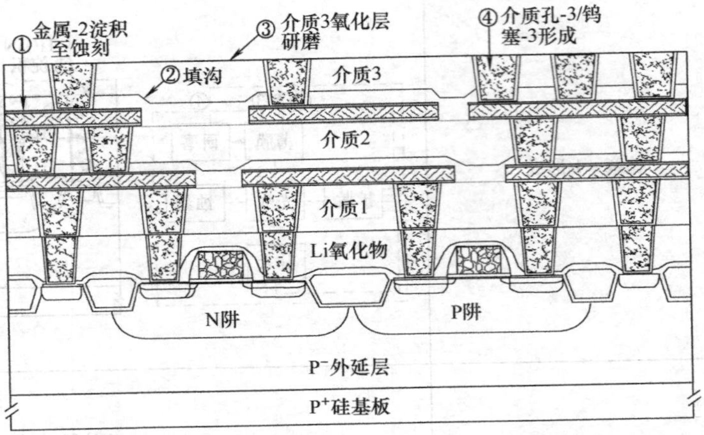
</td></tr>
<tr><td>0.18μm 全横切面图</td><td>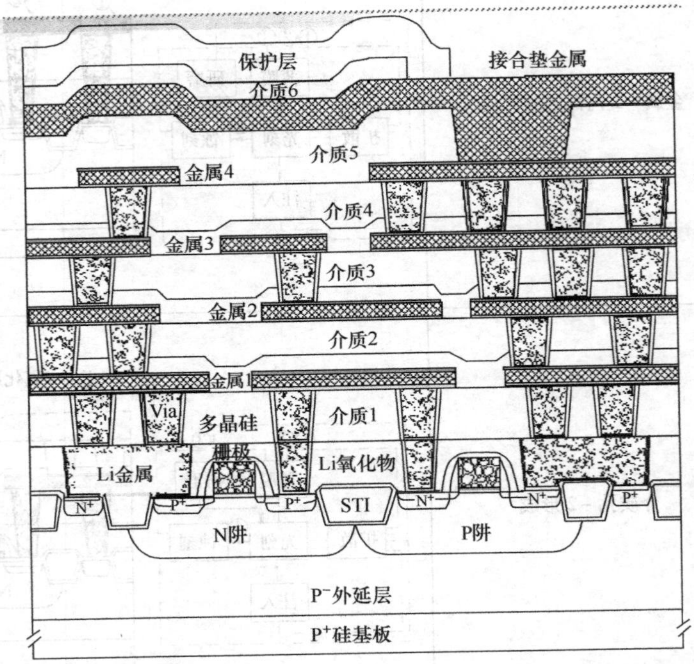
</td></tr>
</table>

2.4.3 21 世纪初的 CMOS 工艺技术

21 世纪初的 CMOS 工艺技术具有以下特点：

1）特征尺寸为 0.13μm 或更小。

2）硅片直径为 200mm 或 300mm。

3）使用浅槽隔离技术，有效地使硅片表面的晶体管与衬底隔离开，消除了辐射-诱导软错误。

4）增加了 IC 芯片的封装密度。

5）具有较高的抗辐射能力。

6）高性能电子芯片 SOI 将成为主流。

7）铜和低 k（介电常数）的介质用来减小 RC 延迟。

8）具有更低的功耗和更高的 IC 速度。

9）采用了大马士革工艺进行金属化。该工艺没有进行金属刻蚀，而用金属 CMP 替代了金属刻蚀。

21 世纪初的 CMOS 工艺技术制作的 CMOS 器件结构图如图 2-10 所示。

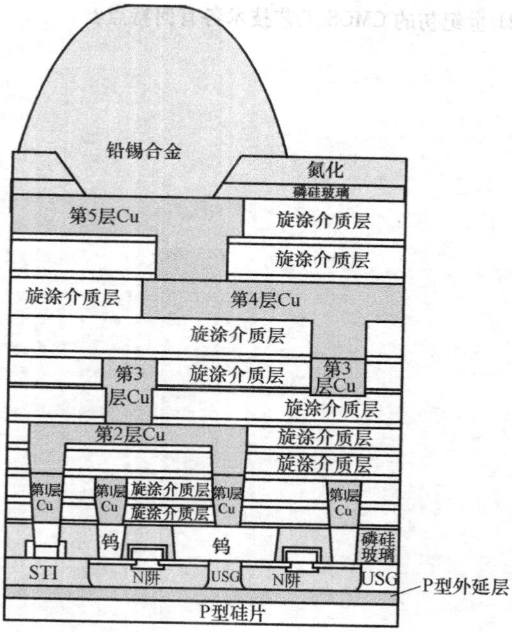

图 2-10　21 世纪初的 CMOS 工艺技术制作的 CMOS 器件结构图

本章小结

组成集成电路的器件是制作在同一硅片的衬底上的，为使器件之间彼此绝缘，要对制作在硅衬底上的器件进行隔离，隔离的方式有两种：PN 结隔离和绝缘体隔离。PN 结隔离主要用于双极型集成电路，工艺简单，但占面积较大，不利于集成度的提高。绝缘体隔离有两种技术，分别是局部氧化隔离和浅槽隔离，局部氧化隔离主要用于 0.25μm 以上工艺器件之间的隔离，浅槽隔离技术用于亚 0.25μm 工艺。

为方便后续内容的学习，介绍了典型的双极型集成电路的制作过程和 20 世纪 80 年代 CMOS 集成电路的制作过程，并就 20 世纪 90 年代和 21 世纪初的 CMOS 集成电路工艺技术特点做了说明。

本章习题

2-1　为什么要进行器件隔离？

2-2 器件隔离有哪两种方法？这两种隔离分别用在哪种类型的集成电路中？

2-3 描述PN结隔离的工艺过程。

2-4 PN结隔离存在哪些问题？

2-5 绝缘体隔离有哪两种隔离技术？

2-6 描述局部氧化隔离和浅槽隔离工艺。

2-7 MOS集成电路中采用绝缘体隔离存在的问题是什么？如何解决？

2-8 CMOS集成电路是如何实现器件隔离的？

2-9 了解双极型集成电路制造工艺过程。

2-10 20世纪80年代CMOS器件的制造工艺过程是怎样的？

2-11 20世纪90年代和21世纪初的CMOS工艺技术各有何特点？

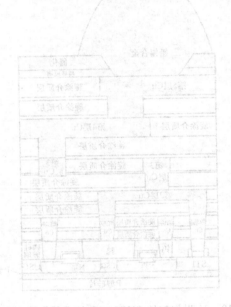

第3章 清洗工艺

本章教学目标

- 了解清洗在半导体器件制造中的重要地位。
- 了解半导体器件制造中常见的几种污染物的来源和影响。
- 了解半导体器件制造工艺中常用的清洗液及其所去除的污染物。
- 掌握半导体器件制造中干法清洗和湿法清洗的主要区别。
- 掌握半导体器件制造工艺中湿法清洗 RCA 的主要步骤。
- 了解常用的半导体湿法清洗设备及超声波清洗的基本工艺步骤。
- 了解几种常用的半导体清洗工艺质量检测方法。

3.1 引言

洁净的晶圆是芯片生产全过程中的基本要求，制造过程中如果遭到尘粒、金属的污染，很容易造成晶圆内电路功能的损坏，形成短路或断路等，而黏附在芯片表面上的任何有机物或油脂污垢都会使加工过程形成的膜附着度下降，或在不需要的位置形成针孔而导致器件的性能改变，使得集成电路芯片失效。因此，半导体制造都是在超净的无尘无菌室内进行的，操作时工作人员都要穿超净的工作服并经过严格的除尘处理，戴头盔、面罩、手套。在制作过程中除了要排除外界的污染源外，在集成电路的某些制造步骤（如高温扩散、离子注入等）前均需要进行硅片的清洗工作。清洗用水都是超纯水，以防止任何污染情况的出现。通常来说，一个晶圆清洗的工艺或一系列的工艺，必须保证在去除晶圆表面全部污染物的同时，不会刻蚀或损害晶圆表面。但并不是在每个高温下的操作前都必须进行清洗，一般说来，全部半导体制造工艺过程中高达20%～50%的步骤为晶圆清洗。随着 VLSI 工艺技术向精细化方向迈进，硅晶圆清洗工艺的重要性比以往更为突出。一个粒径 5μm 的污垢已可以把芯片上的电子元器件覆盖，对半导体集成电路性能的影响是可想而知的。分析表明，在生产大规模集成电路时产生的不合格产品中由于污染造成的占不合格产品总量的67%，因此，在半导体制造中超精密清洗非常重要，具体的技术要求也越来越高，详细情况见表 3-1 所示的国际半导体技术指南的相关数据。

表 3-1 国际半导体技术指南——清洗技术

开始批量生产日期/年	2005	2006	2007	2008	2009	2010	2011	2012	2013
工艺技术/nm	90		65		45		32		
DRAM 半间距/nm	80	70	65	57	50	45	40	35	32

（续）

开始批量生产日期/年	2005	2006	2007	2008	2009	2010	2011	2012	2013
硅圆片直径/mm	300	300	300	300	300	300	450	450	450
允许的微粒最大直径/nm	40	35	32.5	28.5	25	22.5	0	17.5	16
允许的微粒数量/个	97	64	80	54	68	86	123.3	155	195
每平方厘米基板表面允许的金属原子数量/$\times 10^{10}$个	0.5	0.5	0.5	0.5	0.5	0.5	0.5	0.5	0.5
背面的微粒直径/μm	0.2	0.16	0.16	0.16	0.16	0.14	0.14	0.14	0.14
硅氧化膜和硅氧化膜削减厚度/nm	0.8	0.7	0.5	0.4	0.4	0.4	0.4	0.4	0.4

3.2　污染物杂质的分类

晶圆表面有各种不同类型的沾污，每一种在晶圆上体现为不同的问题，只有知道了各种沾污的来源，明确各种沾污的影响，才能针对具体的沾污，制定出具体的清洗方法。各种沾污的来源和相关的影响见表3-2。常见的沾污类型有四种：颗粒、有机残余物、金属污染物和需要去除的氧化层。

表3-2　各种沾污的来源和相关的影响

沾污	可能来源	影　响
颗粒	设备、环境、气体、去离子水、化学试剂	氧化层低击穿，成品率降低
有机残余物	室内气氛、光刻胶、存储容器、化学试剂	氧化速率改变
金属离子	设备、化学试剂、反应离子刻蚀、离子注入、人	氧化层击穿，PN结漏电，少子寿命降低，U_t（阈值电压）偏移
自然氧化层	环境湿气、去离子水冲洗	栅氧化层退化，外延层质量变差，接触电阻增大，硅化物质量差

3.2.1　颗粒

颗粒主要是一些聚合物、光刻胶和蚀刻杂质等，通常都是在工艺中引进的，工艺设备、环境、气体、化学试剂和去离子水等均会引入颗粒。这些颗粒一旦黏附在硅片表面，则会影响下一工序几何特征的形成及电特性。根据颗粒与表面的黏附情况分析，其黏附力虽然表现出多样化，但主要是范德瓦尔斯吸引力，所以对颗粒的去除方法主要以物理或化学的方法对颗粒进行底切，逐渐减小颗粒与硅表面的接触面积，最终将其去除。

3.2.2　有机残余物

有机物杂质在IC制程中以多种形式存在，如人的皮肤油脂、净化室空气、机械油、硅树脂、光刻胶、清洗溶剂等，残留的光刻胶是IC工艺中有机沾污的主要来源。每种污染物对IC制程都有不同程度的影响，通常会在晶圆表面形成有机物薄膜，从而阻止清洗液到达晶圆表面，会使硅片表面无法得到彻底的清洗，因此有机残余物的去除常常在清洗工序的第一步进行。

3.2.3　金属污染物

IC制造过程中采用金属互连材料将各个独立的器件连接起来，首先采用光刻、刻蚀的方法在绝缘层上制作接触窗口，再利用蒸发、溅射或化学气相沉积（CVD）形成金属互连膜，如Al-Si、Cu等，通过蚀刻产生互连线，然后对沉积介质层进行化学机械抛光（CMP）。这个过程对IC制程也是一个潜在的沾污过程，在形成金属互连的同时，产生的各种金属沾污会影响器件性能，如在界面形成缺陷，在后续的氧化或外延工艺中引入层错，PN结漏电，减少少数载流子的寿命等。除此以外，在整个晶圆的工艺制备过程中，所用的气体、化学试剂、器皿、去离子水的纯度不够、设备本身的沾污以及操作人员所携带的金属离子等都会对IC引入一些可动离子沾污，这些离子大部分都是金属离子，并且人是最大的引入源。

金属沉积到硅表面有两种机理：

1）通过金属离子和硅衬底表面的氢原子之间的电荷交换直接结合到硅表面，这种类型的杂质很难通过湿法清洗工艺去除，这类金属常是贵金属离子，如金（Au），由于它的负电性比Si高，有从硅中取出电子中和的趋向，并沉积在硅表面。

2）金属沉积的第二种机理是在氧化时发生的，当硅在氧化时，像Al、Cr和Fe等有氧化的趋向，并会进入氧化层中，这种金属杂质可通过在稀释的HF中去除氧化层而一并去除。

工艺中必须采取相应的有效措施去除这些金属污染物，下文会提到。

3.2.4　需要去除的氧化层

硅原子非常容易在含氧气及水的环境下氧化形成氧化层，该层氧化物不是所需要存在的氧化层，它会阻止晶圆表面在其他的工艺过程中发生正常的反应，它可成为绝缘体，从而阻挡晶圆表面与导电的金属层之间良好的电性接触，同时为了确保栅极氧化层的品质，晶圆如果经过其他工艺操作或者经过清洗后（由于过氧化氢的强氧化力，在晶圆表面上会生成一层化学氧化层），此表面氧化层必须去除。另外，在IC制程中采用化学气相沉积法（CVD）沉积的氮化硅、二氧化硅等氧化物也要在相应的清洗过程中有选择地去除。

3.3　清洗方法

目前广泛应用的清洗方法，从运行方式来看，大致可分为两种：湿法清洗和干法清洗。湿法清洗主要依靠物理和化学（溶剂）的作用，如在化学活性剂吸附、浸透、溶解、离散作用下辅以超声波、喷淋、旋转、沸腾、蒸汽、摇动等物理作用去除污渍，这些方法的清洗作用和应用范围各有不同，清洗效果也有一定差别。用在湿法清洗中的典型化学品以及它们去除的污染类型见表3-3。干法清洗特别是以等离子清洗技术为主的清洗技术主要是依靠处于“等离子态”的物质的“活化作用”达到去除物体表面污渍的目的。干法清洗的低温要求使得它逐步在半导体、电子组装、精密机械等行业开始广泛应用。但传统的湿法清洗工艺也以它自身的特点继续占有着重要地位，并不断在改进以获得更有效的表面清洗效果。

表3-3　硅片湿法清洗化学品

药水名称	化学配料描述	分子结构	清洗温度/℃	清除的对象
APM	氨水/过氧化氢/纯水	$NH_4OH/H_2O_2/H_2O$	20～80	颗粒/有机物
DHF	氢氟酸/纯水	HF/H_2O	20～25	氧化膜

（续）

药水名称	化学配料描述	分子结构	清洗温度/℃	清除的对象
SPM	硫酸/过氧化氢	H_2SO_4/H_2O_2	80～150	金属/有机物
HPM	盐酸/过氧化氢/纯水	$HCl/H_2O_2/H_2O$	20～80	金属

注：APM（Ammonia Peroxide Mixture）通常称为1号标准清洗液（SC-1），其配方为NH_4OH: H_2O_2: H_2O = 1∶1∶5～1∶2∶7；DHF（Diluted HF）也叫作稀释的氢氟酸，其配方为HF: H_2O = 1∶10；SPM（Sulfuric Peroxide Mixture）通常称为3号标准清洗液（SC-3），其配方为H_2SO_4: H_2O_2 = 7∶3；HPM（Hydrochloric Peroxide Mixture）通常称为2号标准清洗液（SC-2），其配方为HCl: H_2O_2: H_2O = 1∶1∶6～1∶2∶8。

3.3.1　RCA清洗

工业中标准的湿法清洗工艺称为RCA清洗工艺，是由美国无线电公司（RCA）的W. Kern和D. Puotinen于1970年提出的，主要由过氧化氢和碱组成的1号标准清洗液（SC-1）以及由过氧化氢和酸组成的2号标准清洗液（SC-2）进行一系列有序的清洗。RCA清洗工艺技术的特点在于按照应该被清除的污染物种类选用相应的清洗药水，按照顺序进行不同药水的清洗工艺，就可以清除掉所有附着在硅圆片上的各种污染物。需要注意的是，每次使用化学品后都要在超纯水（UPW）中彻底清洗，去除残余成分，以免污染下一步清洗工序。典型的硅片湿法清洗流程如图3-1所示。实际的顺序可能会有一些变化，应根据实际情况做相应调整以及增加某些HF/H_2O（DHF）去氧化层步骤。

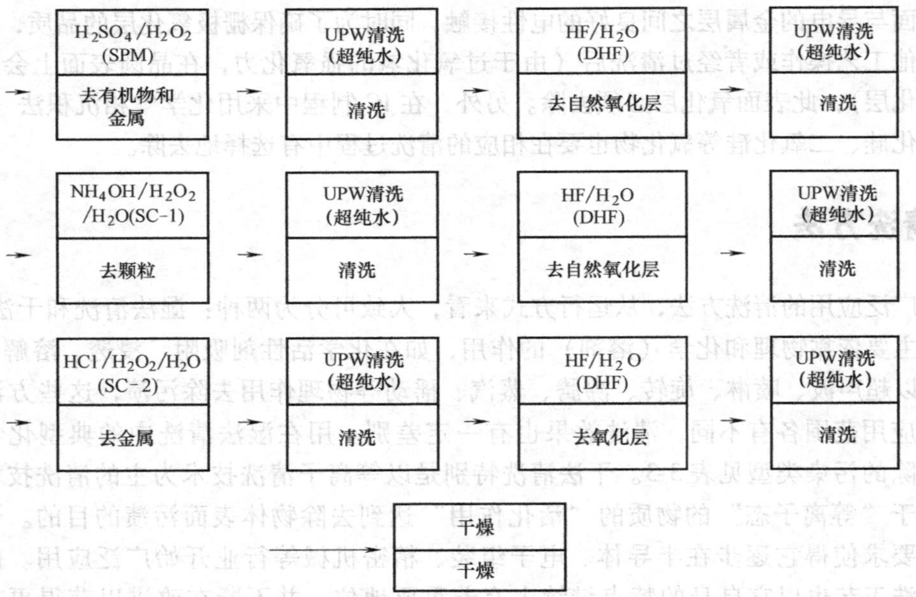

图3-1　典型的硅片湿法清洗流程

1）第一步是去除有机物和金属，用到的试剂是H_2SO_4/H_2O_2（SPM）。硫酸具有强氧化能力，可把金属溶解在药水里进行清除，同时硫酸也具有很强的脱水性，可以使有机物脱水而碳化，而过氧化氢可将碳化产物氧化成一氧化碳或二氧化碳气体。造成大规模集成电路产生污染的最具代表性的有机物，正是在光刻曝光工艺里使用的感光胶。当经过这一工艺流程之后，虽然利用O_2等离子体可以去除感光胶，但是往往都有残存的感光胶。在这种情况下，为了清除残存的感光胶有机物，就需要通过具有更强的氧化能力的高温硫酸处理，使碳原子氧化，变成二氧化碳之后被清除掉。前面已经提到硅片很容易被氧化，其氧化反应可以在空气中发生，或者是在有氧存在的加热的化学品清洗池中发生。通常在清洗池中生成的氧化物，尽管很薄（10~20nm），但其厚度足以阻止晶圆表面在其他的工艺过程中发生正常的反应。这一薄层的氧化物可成为绝缘体，从而阻挡晶圆表面与导电的金属层之间良好的电接触。去除这些薄的氧化层是很多工艺的需要。氢氟酸的一个重要特性就是它能溶解二氧化硅，因此一般就用HF/H_2O(DHF)来去除硅晶圆上的自然氧化层，其作用是通过氟离子与硅形成稳定的络离子来实现的。通常先由氢氟酸与二氧化硅作用生成易挥发的四氟化硅气体，然后由四氟化硅再进一步与氢氟酸反应，生成可溶性的络合物六氟硅酸($H_2[SiF_6]$)，然后用超纯水冲洗即可去除。

2）第二步是去除颗粒，一般用$NH_4OH/H_2O_2/H_2O$（APM）1号标准清洗液（SC-1）。SC-1清洗液是碱性溶液，主要通过氧化颗粒或电学排斥起作用。H_2O_2是强氧化剂，能氧化硅片表面和颗粒。颗粒上的氧化层能提供消散机制，分裂并溶解颗粒，破坏颗粒和硅片表面之间的附着力，这样颗粒变得可溶于SC-1溶液而脱离表面。H_2O_2的氧化效应也在硅表面形成一个保护层，阻止颗粒重新黏附在硅片表面。SC-1的颗粒去除机制实际上是以颗粒的电学排斥来实现的。氢氧化氨的氢氧根离子（OH^-）轻微侵蚀硅片表面，从颗粒下部切入。氢氧根离子在硅片表面和颗粒上积累负电荷。表面和颗粒上的负电荷使得颗粒从表面排斥开并进入SC-1溶液。表面负电荷的另一个优点是它阻止了颗粒的重新淀积。因为SC-1是通过硅的刻蚀过程来去除颗粒的，暴露的硅片上会有一些微粗糙度。这种微粗糙度使得超大规模集成电路工艺中需要的极薄的氧化层生长比较困难，因此如何降低这个表面微粗糙度也是目前不断研究的课题。同上一步去除有机物一样，紧接着的下一步是用超纯水清洗以及HF/H_2O（DHF）来去除硅晶圆上的自然氧化层。然后再用超纯水清洗，为下一步去除金属做准备。

3）第三步是去除金属，一般用$HCl/H_2O_2/H_2O$（HPM）2号标准液（SC-2）。SC-2清洗液是酸性溶液，它具有极强的氧化性和腐蚀性。盐酸能与氢以前的金属作用生成金属氯化物，也能与碱性氧化物、氢氧化物或两性氧化物作用，或者与碳酸盐作用形成氯化物，这些金属氯化物大多数可溶于水。这里就是利用盐酸的强酸性和强腐蚀性来解吸硅片表面沾污的杂质，使之生成可溶盐类（氯化物），然后用大量去离子水清洗去除。但盐酸不能直接与铜、银、金等重金属作用。同样这里还要用超纯水冲洗以及用DHF去除自然氧化层。

4）第四步是在旋转干燥器中进行离心干燥，并用低沸点的有机溶剂进一步置换干燥，它是清洗工艺的最后一步。既然使用了大量的水清洗以及经过氢氟酸等腐蚀，若没有从清洗后的硅晶圆上完全把残余的药水除掉，则它容易成为新的污染，并且容易受到外来的污染。因此，必须要彻底干燥硅片表面，确保工艺良率。结合清洗方式和清洗对象，选取最佳的干燥方式也变得十分重要。原始的干燥法是把洗完的硅片竖靠在石英杯壁上，电炉烘干，此方法易产生碎片，易造成硅片擦伤、氧化、留下水渍、颗粒，沾污严重。现在都采用离心甩干法，为了快速干燥，甩干过程通有热氮气。有的甩干机还附有去静电装置，消除塑料、硅片在高速旋转中和气流摩擦产生的高压静电，防止旋转过程和甩干机开盖取片时硅片吸附灰尘。最近提出了一种叫Maragoni IPA干燥法，运用Maragoni表面张力原理和范德华分子力。具体的步骤是，放入硅片，加水漫过硅片，向密闭腔内喷IPA蒸气，在水面形成IPA薄层，缓慢提起硅片（或排水降低水平面），利用 Maragoni 表面张力原理作用去除硅片上的水，同时继续提供 IPA 蒸气，硅片提到水面上然后排水（或水排完），最后加热氮气或同时减压干燥。

这种传统的湿法清洗所需的化学品消耗量很大，占了晶圆制作中的大部分，如果能相对减少化学品的使用，既能减少成本，同时又能减少污染。目前注重保护环境的制程新技术就强调三个 R：减少（Reduce）、回收再生（Recycled）以及取代（Replace），也就是减少化学品的使用、回收再生水以及寻找化学品的替代品。所以减少化学品的使用或者寻找化学品替代物，研发出湿法清洗新技术是先进制程技术所必需的。目前已经出现的一些改良技术将在下面进行介绍。

3.3.2　稀释 RCA 清洗

现行的 RCA 清洗方法存在不少问题：步骤多，消耗超纯水和化学试剂多，成本高；使用强酸强碱和强氧化剂，操作危险；试剂易分解、挥发，有刺激性气味，使用时必须通风，从而增加了超净间的持续费用；存在较严重的环保问题；硅片干燥慢，干燥不良可能造成前功尽弃，且与其后的真空系统不能匹配。其中的很多问题是 RCA 本身无法克服的。

在 RCA 清洗的基础上，对 SC-1、SC-2 混合物采用稀释化学法可以大量节约化学品及超纯水的消耗量，并且 SC-2 混合物中的 H_2O_2 可以完全去掉。稀释 APM SC-2 混合物（1∶1∶50）可以有效地从晶圆表面去除颗粒和碳氢化合物。强稀释 HPM 混合物（1∶1∶60）和稀释 HCl（1∶100）在清除金属时可以像标准 SC-2 液体一样有效。采用稀释 HCl 溶液的另外一个优点是，在低 HCl 浓度下颗粒不会沉淀。

采用稀释 RCA 清洗法可使全部化学品消耗量减少到 RCA 清洗法的 86%。稀释 SC-1、SC-2 溶液及 HF 补充兆声振动后，可降低槽中溶液使用温度，并优化了各种清洗步骤的时间，这样使槽中溶液寿命加长，使化学品消耗量减少到 80% ~90%。实验证明采用热的超纯水代替凉的超纯水可使超纯水消耗量减少到 75% ~80%。此外，多种稀释化学液由于低流速或清洗时间的要求可大大节约冲洗用水。减少了化学品的使用，既改进了安全性，同时也具有成本优势。

3.3.3　IMEC 清洗

基于使用稀释化学品的成功经验，IMEC（Interuniversity Micro Electronics Centre，大学间联合微电子研究中心）提出了一项臭氧化和稀释化学品的简化清洗方法。第一步去除有机污染物，通常采用硫酸混合物，但出于环保方面的考虑，在正确的操作条件下（严格控制好温度、浓度参数）可以采用臭氧化的去离子水，既减少了化学品和去离子水的消耗量，又避免了硫酸浴后复杂的冲洗步骤。同时，用此清洗方法取代标准化的 SPM 清洗方法可增加 3 倍的酸槽使用寿命。第二步则采用最佳化的氢氟酸及盐酸混合稀释液，可以在去除氧化层和颗粒的同时，抑制 Cu、Ag 等金属离子的沉积。因为 Cu、Ag 等金属离子存在于 HF 溶液时会沉积到 Si 表面，其沉积过程是一个电化学过程，在光照条件下，铜的表面沉积速度加快。添加氯化物可抑制光照的影响，但少量的氯化物离子由于在 Cu^{2+}/Cu^{+} 反应中的催化作用增加了 Cu 的沉积，而大量的氯化物离子添加后形成可溶性的高亚铜氯化物合成体抑制了铜离子的沉积。优化的 HF/HCl 混合物可有效预防溶液中金属外镀，增长溶液使用时间。

第三步是使用最佳的臭氧化混合物，如氯化氘及臭氧，可在较低 pH 环境下使硅表面产生亲水性，以保证干燥时不产生干燥斑点或水印，同时避免金属污染的再次发生。在最后冲洗过程中增加 HNO_3 的浓度可减少表面 Ca 的污染。

IMEC 清洗法与 RCA 清洗法的比较见表 3-4。从表中可以看出 IMEC 清洗法可达到很低的金属污染，并以其低化学品消耗及无印迹的优势获得较好的成本效率。

表 3-4 IMEC 清洗法与 RCA 清洗法的比较

污染物	晶圆上金属污染物/（$\times10^{10}$atoms/cm^2）			
	Ca	Fe	Cu	Zn
污染物最初浓度	154.4	5.6	4.4	1.8
改良的 RCA 清洗	<0.26	0.2	0.4	0.2
IMEC 清洗后	<0.26	0.1	<0.07	0.08

3.3.4 单晶圆清洗

随着器件工艺技术的关键尺寸不断缩小，以及新材料的引入，使得前道制程（FEOL）中表面处理更为重要。关键尺寸缩小使得清洗的工艺窗口变窄，要满足清洗效率并同时做到尽量少的表面刻损和结构损坏变得十分不容易。以上这些传统的批式处理方法已经越来越无法适应湿式清洗的实际应用，制造工艺过程需要其他新型清洗方式，从而确保重要的器件规格、性能以及可靠性不因污染物的影响而大打折扣。此外，批式湿式处理无法满足如快速热处理（RTP）等工艺的关键扩散技术和 CVD 技术。因此，业内正逐步倾向于使用单晶圆湿式清洗处理技术，以降低重要的清洗过程中交叉污染的风险，从而提高产品成品率以及降低成本。单晶圆清洗技术处理也更适于向铜和低 k 值电介质等新型材料过渡。

单晶圆清洗的清洗过程是在室温下重复利用 DI-O3/DHF 清洗液进行的，臭氧化的 DI 水（DI-O3）用来产生氧化硅，稀释的 HF 用来蚀刻氧化硅，同时清除颗粒和金属污染物。根据蚀刻和氧化的要求，采用较短的喷淋时间就可获得较好的清洗效果，不会发生交叉污染。最后冲洗可采用 DI 水或采用臭氧化的 DI 水。为了避免水渍，采用浓缩了大量氮气的异丙基乙醇（IPA）进行干燥处理。单晶圆清洗具有比改良的 RCA 清洗更好的清洗效果，清洗过程中通过采用 DI 水及 HF 的再循环利用，降低了化学品的消耗量，提高了晶圆成本效益。

3.3.5 干法清洗

所谓干法清洗是相对湿法化学清洗而言的，一般指不采用溶液的清洗技术。根据彻底采用溶液的程度，分为“全干法”和“半干法”清洗。目前常用的干法清洗方法有等离子体清洗、气相清洗技术等。等离子体清洗属于全干法清洗，而气相清洗属于半干法清洗。干法清洗的优点在于清洗后无废液，可以有选择性地进行芯片的局部清洗工序。在 VLSI 制备过程中，面对晶圆尺寸的不断扩大与芯片关键图形尺寸的不断减小，以等离子清洗技术为主的干法清洗技术，以其少辐射易控制的优点正在逐步成为湿法清洗的主要替代方法。

与湿法清洗不同，等离子清洗的机理是依靠处于等离子态的物质的活化作用达到去除物体表面污渍的目的。从目前已有的各类清洗方法来看，等离子体清洗可能是所有清洗方法中最为彻底的剥离式的清洗。图 3-2 所示为等离子清洗机的工作原理图及清洗过程。

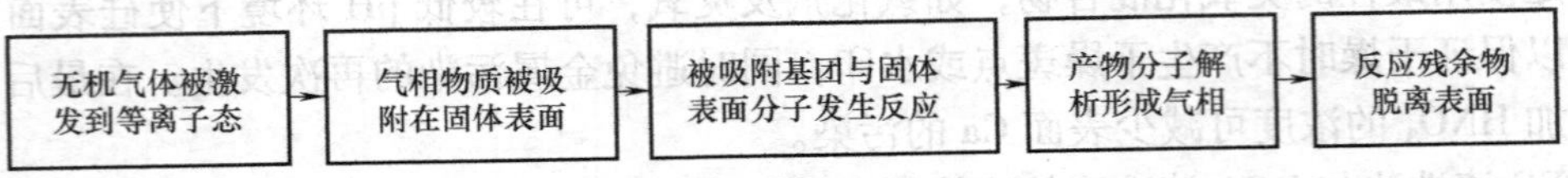

a) 清洗过程

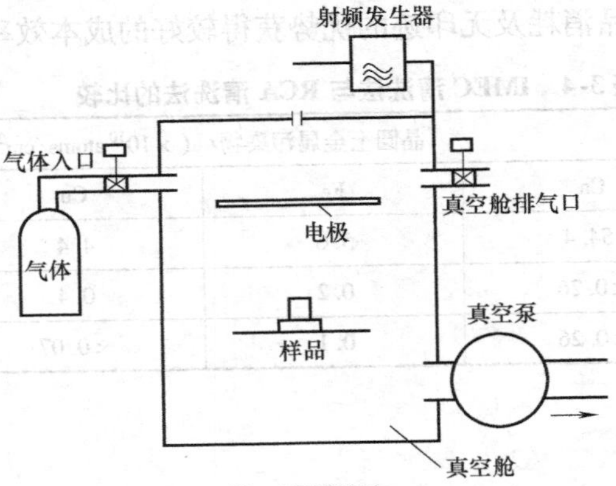

b) 工作原理图

图 3-2 等离子清洗机的工作原理图及清洗过程

根据用途的不同，可选用多种构造的等离子清洗设备，并可通过选用不同种类的气体、调整装置的特征参数等方法使工艺流程实现最佳化，但等离子体清洗装置的基本结构大致是相同的，其装置一般由真空舱、真空泵、高频电源、电极、气体导入系统、工件传送系统和控制系统等部分组成。通常使用的真空泵是旋转油泵，高频电源通常用 13.56MHz 的无线电波，设备的运行过程如下：

1）被清洗的工件送入真空舱并加以固定，启动运行装置，开始排气，使真空舱的真空程度达到 10Pa 左右的标准真空度。一般排气时间大约需要 2min。

2）向真空舱引入等离子清洗用的气体，并使其压力保持在 100Pa。根据清洗材质的不同，可分别选用氧气、氢气、氩气或氮气等气体。

3）在真空舱内的电极与接地装置之间施加高频电压，使气体被击穿，并通过辉光放电而发生离子化并产生等离子体。让在真空舱产生的等离子体完全笼罩在被处理工件上，开始清洗作业。一般清洗处理持续几十秒到几分钟。

4）清洗完毕后切断高频电压，并将气体及汽化的污垢排出，同时向真空舱内鼓入空气，并使气压升至一个大气压。

因为等离子体物质的独有特性，所以用等离子技术清洗有它特有的优势。和湿法清洗相比，在经过等离子清洗以后，被清洗物体已经很干燥，不必再经干燥处理即可送往下道工序，整个清洗工艺流程在几分钟即可完成，同时其运行成本也相对要低。

等离子清洗技术的最大特点是不分处理对象的基材类型，均可进行处理，如金属、半导体、氧化物和大多数高分子材料（如聚丙烯、聚酯、聚酰亚胺、聚氯乙烷、环氧、聚四氟乙烯）等都能很好地处理，并可实现整体和局部以及复杂结构的清洗。清洗的重要作用之一是提高膜的附着力，如在 Si 衬底上沉积 Au 膜，经 Ar 等离子体处理掉表面的碳氢化合物和其他污染，明显改善了 Au 的附着力。等离子体处理后的基体表面，会留下一层含氟化物的灰色物质，可用溶液去掉。作用之二是有利于改善表面黏着性和润湿性。

等离子体清洗还具有以下几个特点：容易采用数控技术，自动化程度高；具有高精度的控制装置，时间控制的精度很高；正确的等离子体清洗不会在表面产生损伤层，表面质量得到保证；由于是在真空中进行，不污染环境，保证清洗表面不被二次污染。

3.4 常用清洗设备——超声波清洗设备

超声波清洗设备在湿法清洗中应用比较广泛。超声波清洗工艺简单，操作简便，劳动强度低，清洗质量好，清洗效率高，而且易于实现清洗自动化，因而是一种很有发展前途的清洗方法。全自动硅片超声波清洗机如图3-3所示。

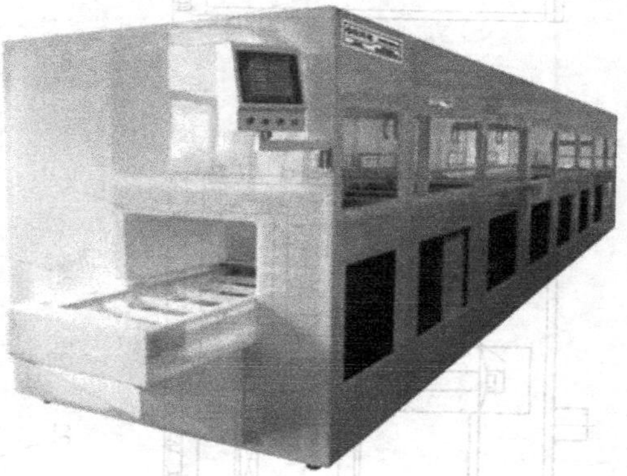

图3-3　全自动硅片超声波清洗机

3.4.1 超声波清洗原理

超声波在本质上和声波是一样的，都是机械振动在弹性介质中的传播过程，超声波和声波的区别仅在于频率范围的不同。声波是指人耳能听到的声音，一般认为声波的频率在20～20000Hz范围内，而振动频率超过20kHz以上的声波则称为超声波，用于清洗的超声波所采用的频率为20～400kHz，超声波由于频率高、波长短，因而传播的方向性好、穿透能力强，这也就是为什么设计制作超声波清洗机的原因。

超声波清洗时，在超声波的作用下，机械振动传到清洗槽内的清洗液中，使清洗液体内交替出现疏密相间的振动，液体不断受到拉伸和压缩。疏的地方受到拉伸，形成微气泡（空穴），密的地方受到压缩。由于清洗液内部受超声波的振动而频繁地拉伸和压缩，其结果使微气泡不断地产生和不断地破裂。微气泡破裂时，周围的清洗液以巨大的速度从各个方向伸向气泡的中心，产生水击。这种现象可以通过肉眼直接观察到，即在清洗液中可以看到有剧烈活动的气泡，而且清洗液上下对流。此时若将手指浸入清洗液中，则有强烈针刺的感觉，上述这种现象称为超声空化作用。在超声空化作用一定时间后，被清洗件上的污垢逐渐脱落（当然也有清洗液本身的作用在内），这就是超声波清洗的基本原理。

3.4.2 超声波清洗机

超声波清洗机一般由槽体、机械手、人机界面和电控柜等几部分组成，如图3-4所示，具体的超声波清洗设备又可细分为26个部件。除装料和取料需人工外，其余工艺动作均由机械手来实现，机械手在各槽间的转换靠PLC来控制，操作员通过触摸屏控制生产。手动将装有原料硅片的提篮放入上料位，机械手抓取提篮，按设定程序将提篮转移到各工艺槽中进行清洗，相关工艺槽具有加热、超声、排液、温度检测、液位检测等功能，完成处理过程后，机械手将提篮转移至下料位，手动取出提篮。具体的清洗步骤还视硅片的不同而不同，并采用不同的超声波清洗机清洗。

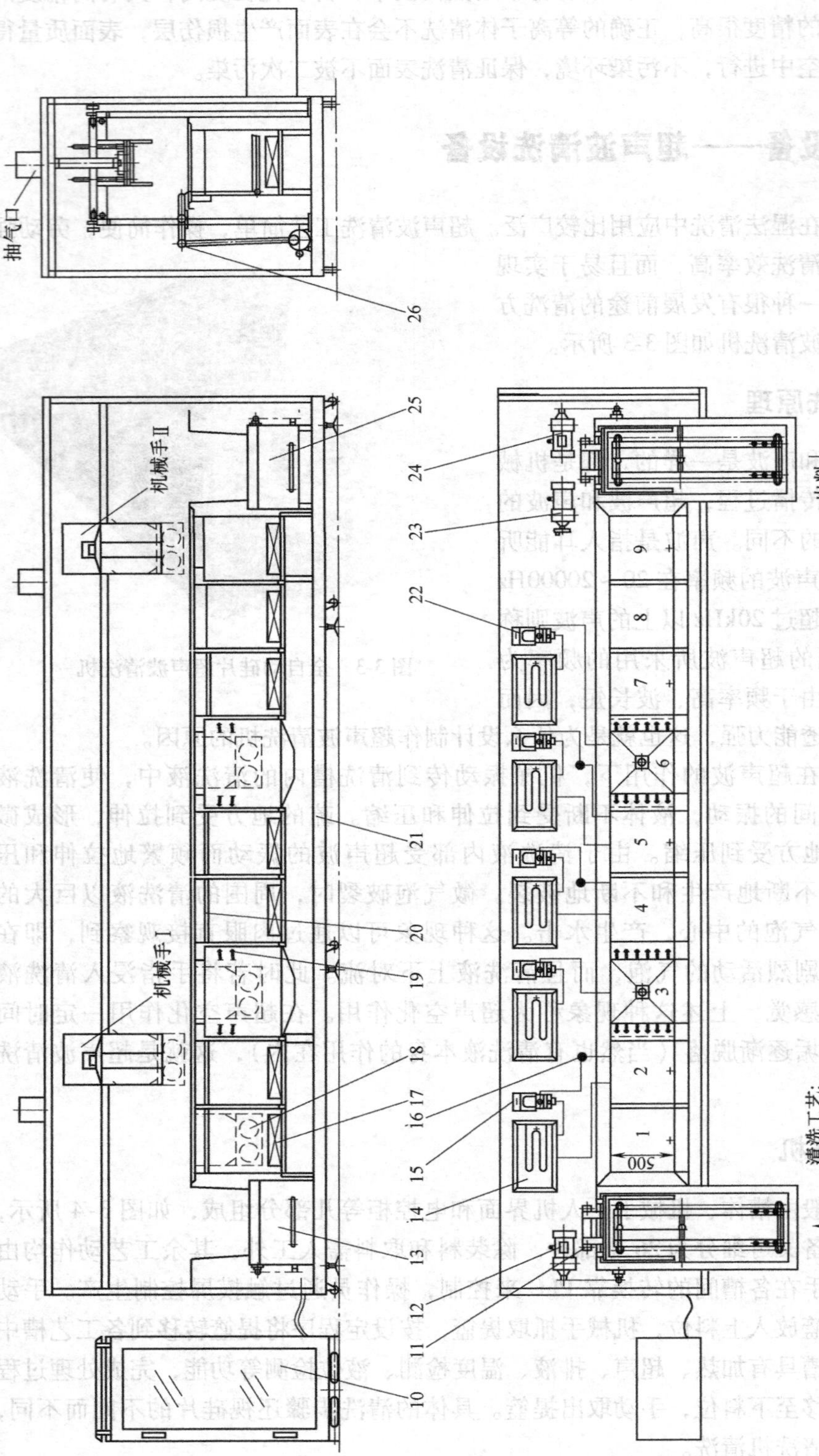

清洗工艺:

(1)纯水超声清洗(抛动)→(2)清洗剂超声清洗(抛动)→(3)纯水喷淋漂洗(抛动)

→(4)清洗剂超声清洗(抛动)→(5)清洗剂超声清洗(抛动)

→(6)纯水喷淋漂洗(抛动)→(7)纯水超声漂洗(抛动)

→(8)纯水超声漂洗(抛动)→(9)纯水超声漂洗(抛动)

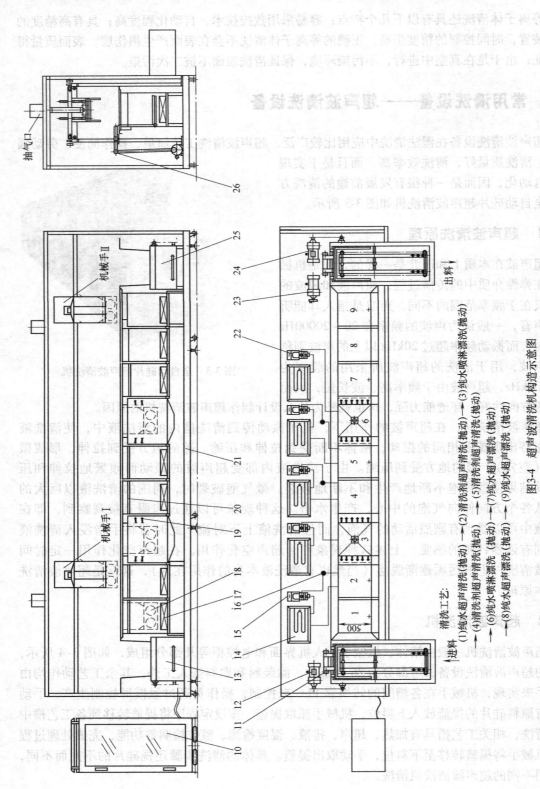

图3-4 超声波清洗机构造示意图

1、2、4、5、7、8、9—超声波清洗槽 3、6—喷淋槽 10—电控柜 11—提升架 12—进料电动机 13—进料槽 14—储液槽 15—过滤泵 16—过滤器

17—换能器 18—工件篮 19—喷嘴 20—溢水口 21—底架 22—喷淋泵 23—抛动电动机 24—出料电动机 25—出料槽 26—抛动装置

3.4.3　超声波清洗机的工艺流程

1. 切割片超声波清洗机的工艺流程

①超声波抛动粗洗→②超声波抛动清洗→③超声波抛动漂洗→④超声波抛动漂洗→⑤纯水喷淋抛动漂洗→⑥超声波抛动漂洗。

2. 研磨片超声波清洗机的工艺流程

①热纯水超声波抛动清洗→②热碱水超声波抛动清洗→③热纯水超声波抛动清洗→④热纯水超声波抛动清洗→⑤纯水喷淋抛动漂洗→⑥热酸超声波抛动清洗→⑦热纯水超声波抛动漂洗。

3. 外延片超声波清洗机的工艺流程

①纯水超声波抛动清洗→②清洗剂超声波抛动清洗→③纯水喷淋漂洗→④清洗剂超声波抛动清洗→⑤清洗剂超声波抛动清洗→⑥纯水喷淋漂洗→⑦纯水超声波抛动漂洗→⑧纯水超声波抛动漂洗→⑨纯水超声波抛动漂洗。

实践发现当声波频率到达兆声频段（800～1200kHz）时，其清洗效果更好，工艺温度更低（30℃），并且能减少化学品用量，所以现在半导体工艺清洗中一般会采用接近1MHz的超声波来清洗硅片。图3-5即是某公司研制出的12in（1in＝2.54cm）单片兆声波清洗设备，本设备主要用于65nm技术节点以下的12in高端硅片清洗。

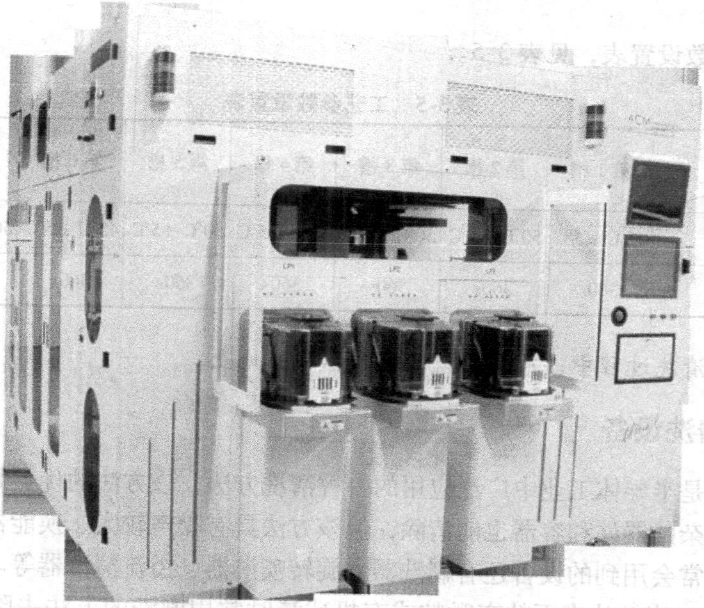

图3-5　12in单片兆声波清洗设备

3.4.4　超声波清洗机的操作流程

下面以研磨片超声波清洗机为例，介绍其操作流程。

1）打开纯水阀门，分别给机器清洗槽内加水（水槽内全是15MΩ · cm纯水），3、4、5槽内水位加至110L。

2）打开“电源”、“加热”、“超声”开关，检查设备运行状态是否正常。

3）将半自动清洗机的水槽内加入清洗剂802#或JH-15型。以JH-15型为例，可以在4、5槽内分别加入JH-15清洗剂2400mL（或1200mL）。

注意：在添加清洗液时戴好手套，将桶口擦干净，以免有杂质影响清洗质量。

4）将插好片的花篮并排放进清洗机的提篮内，每提篮内放六个花篮。

5）等清洗机水温升至设定温度后，把1、2、6、7槽的溢流阀打开，使槽内水保持清洁，然后将提篮放入第一个清洗槽内，启动“摆动”开关和“超声波”开关，并打开1、2槽“鼓泡”开关（3～7槽不开鼓泡），第1槽时间结束后将提篮移至第2槽，第2槽结束后，将提篮移至第3槽，重复以上动作直到7个清洗槽全部洗完毕。

注意：硅片从一个清洗槽移至另一个清洗槽要垂直提取、垂直轻放，避免碰碎或造成裂片。

6）清洗完成后将硅片连同插片花篮横向放置装入甩干机内，花篮摆放必须保证平衡，要求对称放置。

7）双手同时按控制面板两边的红色“关门”按钮，待门完全关闭后，按绿色“启动”按钮甩干，甩干过程为260s，温度120℃±5℃。待控制面板上的时间归零，按开盖按钮。

8）开盖后将花篮拿出。将甩干后的硅片整齐地摆放到硅片周转台上待检，用完的花篮、提篮整齐摆放在指定区域。

9）每次更换清洗液后，用温度计测量升温后的水槽内温度是否与设定值一致，温差范围为±2℃。

10）工艺参数设置表，见表3-5。

表3-5　工艺参数设置表

		第1槽	第2槽	第3槽	第4槽	第5槽	第6槽	第7槽	甩干机
半自动	温度	45℃±5℃	50℃±5℃	50℃±5℃	50℃±5℃	50℃±5℃	45℃±5℃	50℃±5℃	120℃
	时间	360s	360s	360s	360s	360s	360s	360s	260s

注意：整个清洗过程中，严禁花篮、提篮摆放在地上。

3.4.5　其他清洗设备

超声波清洗是半导体工业中广泛应用的一种清洗方法，该方法的优点是清洗效果好，操作简单，对于复杂的器件和容器也能清除，但该方法具有噪声较大、换能器易坏的缺点。对硅片进行清洗经常会用到的设备还有刷洗器、旋转喷淋器、溢流清洗器等。

（1）刷洗器　当硅片表面粘有微粒或有机残渣时常用刷洗的方法去除表面颗粒。刷片法被认为是去除化学机械抛光液残余物最有效的方法之一。这种清洗方法在日本和韩国非常普遍，在欧洲和美国也获得广泛应用。

刷洗器将晶圆承载在一个旋转的真空吸盘上，通常在去离子水直接冲洗晶圆表面的同时，一个旋转的刷子近距离地接触旋转的晶圆。刷子和晶圆旋转地结合在晶圆表面产生了高能量的清洗动作。液体被迫进入晶圆表面和刷子末端之间极小的空间，从而达到很大的速度，以辅助清洗。**注意：**要保持刷子和清洗液通道的清洁以防止二次污染。另外，刷子到晶圆要保持一定的距离以防止在晶圆表面造成划痕。在去离子水中加入表面活性剂可以提高清洗的效果，同时防止静电的形成。在某些应用中，稀释的NH_4OH被用作清洗液以防止在刷子上形成颗粒。

（2）旋转喷淋器 旋转喷淋器是指利用机械设备将硅片以较高的速度旋转起来，在旋转过程中通过不断向硅片表面喷液体（高纯去离子水或其他清洗液）而达到清洗硅片目的的一种设备。该方法利用所喷液体的溶解（或化学反应）作用来溶解硅片表面的沾污，同时利用高速旋转的离心作用，使溶有杂质的液体及时脱离硅片表面，这样硅片表面的液体总保持着非常高的纯度。同时由于所喷淋液体与硅片有较高的相对速度，所以会产生较大的冲击力达到清除吸附杂质的目的。因此，可以说旋转喷淋法既有化学清洗、流体力学清洗的优点，又有高压擦洗的优点。同时该法还可以与硅片的甩干工序结合在一起进行，也就是采用去离子水喷淋清洗一段时间后，停止喷水，而采用喷惰性气体，同时还可以通过加大旋转速度，增大离心力，使硅片表面很快脱水。

（3）溢流清洗器 传统上绝大多数类型的去离子水清洗都是用溢流清洗器。去离子水被送入清洗器流经并环绕硅片，有时使用氮气鼓泡器来增进与硅片表面化合物的混合。溢流清洗器的流体运动用来清除从硅片表面扩散到水流中的沾污，高流动率和无死角是清洗的目标。但消耗大量的去离子水也是溢流清洗器的一个弊端。

3.5 清洗的质量控制

经过清洗的硅片，要时刻关注其清洗效果，同时作为工艺的监控，可以通过以下几种方法来进行质量的控制。

1. 硅片表面的平行光束检查

在平行光束的照射下，硅片表面颗粒、水渍、划痕等对光的漫反射面是肉眼可辨的，因此，可以用一适当光强度的紫外线或白炽灯光产生的平行光束照射清洗、干燥后的硅表面，以检查清洗效果。

2. 400倍暗场显微镜检查

把清洗过的硅片放在400倍暗场下做显微镜检查，可以清楚地看到宏观污染物的形体和数量。此方法是非破坏的，但会有污染，检查之后需要清洗才能进一步加工。

3. 出水电阻率检查

硅片在冲水槽中冲洗，去离子水携带着溶解的污染物排出，出水电阻率比入水电阻率低，随着硅片表面污染物减少，出水电阻率会稳定于某一极限值。将电阻率测试仪探头装在最后一级冲水槽的出口，检测出水电阻率，就可以检查硅片清洗所达到的清洁程度。此方法只能检测离子污染物的程度而不能检测颗粒杂质的去除情况。

4. MOS结构的高频C-V测试检查

在硅工艺中常用C-V法来监测SiO_2介质层的质量，而SiO_2膜的质量往往和硅片有关，所以，可以将测量的C-V曲线和理想MOS结构的C-V曲线做比较来分析Si-SiO_2界面中存在的缺陷和污染物的类型和密度。此方法反映的不仅仅是清洗工艺所达到的清洁度，而是氧化、蒸发等工序的综合结果。

5. CVD 二氧化硅膜检测法

常压 CVD 二氧化硅膜可用来鉴定硅片表面洁净度。若硅片表面不清洁，硅片表面不均匀，则淀积出的二氧化硅膜颜色会不均，斑点累累，即使微量的酸液残留在硅片上也能显现出其痕迹。**注意：**此方法是破坏性的，只能抽检样品。

本章小结

硅片的清洗方法主要有湿法清洗和干法清洗两种，其中湿法清洗又以使用 SC-1 和 SC-2 湿法工艺为主，颗粒和有机物通过 SC-1 去除，而金属通过 SC-2 去除。此外为了减少化学品的使用以及降低污染，一些改良的湿法清洗方法，如稀释化学品、IMEC 清洗、单晶圆清洗方法等也正快速发展。硅片清洗中的干法清洗技术又以等离子干法清洗为主，其最大特点是不分处理对象的基材类型，均可进行处理，并且减少了污染。等离子清洗设备和工艺必将会以其在健康、环保、效益、安全等诸多方面的优势逐步取代湿法清洗工艺。

本章习题

3-1　半导体器件制造工艺中为什么要有清洗工艺？

3-2　污染半导体器件的杂质一般有哪几类？

3-3　SC-1 和 SC-2 分别指什么？

3-4　半导体清洗工艺主要分哪两种？主要区别是什么？

3-5　RCA 的全称是什么？典型的清洗步骤是怎样的？

3-6　等离子清洗的主要特点有哪些？

3-7　超声波清洗的原理和一般步骤分别是什么？

3-8　清洗工艺的质量如何来检测？

3-9　总结一下半导体制造工艺中用的清洗方法有哪些？

第4章 氧 化

本章教学目标

- 了解 SiO_2 的结构、物理性质、化学性质。
- 了解 SiO_2 在半导体器件及集成电路工艺中的作用。
- 掌握干氧氧化、水汽氧化、湿氧氧化的氧化过程。
- 基本熟悉相关氧化设备的构造、操作及维护。
- 掌握影响氧化速率的因素。
- 熟悉常用的 SiO_2 薄膜质量检测项目及检测方法。

4.1 引言

二氧化硅（SiO_2）是一种绝缘介质，它在半导体器件中起着十分重要的作用。硅暴露在空气中，即使在室温条件下，其表面也能生长一层4nm左右的氧化膜。这一层氧化膜结构致密，能防止硅表面继续被氧化，且具有极稳定的化学性质和绝缘性质。正因为二氧化硅膜的这些特性，才引起人们的广泛关注，并在半导体工艺中得到越来越广泛的应用。

本章将介绍二氧化硅膜在半导体器件及集成电路制造中的性质、用途、生长原理和生长方法，同时介绍二氧化硅膜的质量检验、氧化工艺中出现的问题及解决方法。

4.2 二氧化硅膜的性质

1. 二氧化硅的物理性质

二氧化硅（SiO_2）又名硅石，在自然界中主要以石英砂的形式存在，按结构分可分为结晶型和非结晶型。方石英、鳞石英、水晶等都属于结晶型；在氧化工艺中所生长的二氧化硅都属于非结晶型（或称为无定型），如热氧化生长的二氧化硅膜就属于非结晶型。二氧化硅是一种无色透明的固体，除了少数属石英晶体外，大多数均属无定型二氧化硅，或称为二氧化硅玻璃。由于是玻璃态二氧化硅，所以没有固定的熔点。晶体的软化温度为1500℃，热膨胀系数又小，所以生产上所用的石英玻璃器皿能经受温度的突然起伏而不致破裂。

二氧化硅的结构平面图如图4-1所示。每个硅原子的周围有四个氧原子，构成所谓的硅-氧四面体，即 SiO_2 四面体，如图4-2所示。而两个相连的 SiO_2 四面体之间则依靠共用一个顶角氧而联系起来，这种把两个 SiO_2 四面体联系起来的氧原子称为桥键氧。整个 SiO_2 就是由这种 SiO_2 四面体依靠桥键氧相连所构成的，是三维的环状网络结构。

表征二氧化硅物理性质的有电阻率、介电强度、相对介电常数、密度和折射率等物理量。二氧化硅膜制备方法不同，上述参数也不尽相同，其主要物理性质见表4-1。

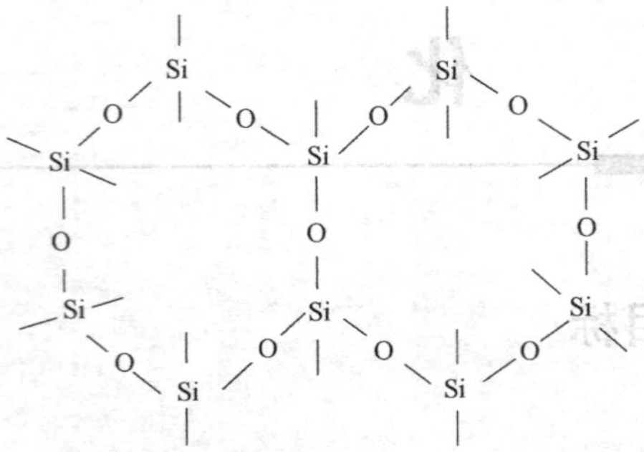

图 4-1　二氧化硅结构平面图

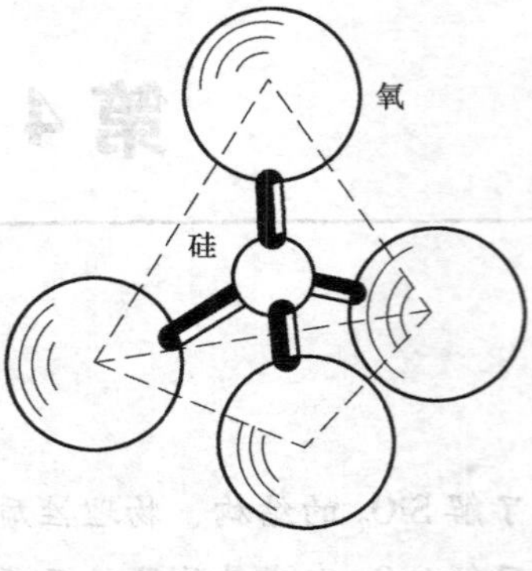

图 4-2　硅-氧四面体结构示意图

表 4-1　二氧化硅膜主要物理性质

氧化方法	密度/(g/cm^3)	折射率/($\lambda=546nm$)	电阻率/($\Omega\cdot cm$)	相对介电常数	介电强度/($\times10^6V/cm$)
干氧	2.24~2.27	1.460~1.466	3×10^{15}~2×10^{16}	3.4(10kHz)	9
湿氧	2.18~2.21	1.435~1.458	—	3.82(1MHz)	—
水汽	2.00~2.20	1.452~1.462	10^{15}~10^{17}	3.2(10kHz)	6.8~9
热分解淀积	2.09~2.15	1.43~1.45	10^7~10^8	—	
外延淀积	2.3	1.46~1.47	7×10^{14}~8×10^{14}	3.54(1MHz)	5~6

(1) 密度　密度是表示二氧化硅致密程度的标志。密度大，致密程度就高。用不同制备方法所制得的膜层，其密度一般是不同的，但都很接近，无定型二氧化硅的密度一般为 2.20g/cm^3。

(2) 折射率　折射率是表示二氧化硅光学特性的参数。用不同方法所得的膜层，其折射率也是不相同的，但差距也不大。一般密度大的二氧化硅具有较大的折射率，波长为 550nm 左右时，二氧化硅折射率约为 1.46。

(3) 电阻率　电阻率是表示二氧化硅电学性能的重要参数。用不同方法所制得的膜层的电阻率相差较大。用热生长方法制得的薄膜，其电阻率为 10^{15}~$10^{16}\Omega\cdot cm$，这表明二氧化硅是一种良好的绝缘材料；用热分解淀积法制得的薄膜，其电阻率为 10^7~$10^8\Omega\cdot cm$，这表明二氧化硅层中含有较多的杂质。

二氧化硅的电阻率还与温度有关。温度升高，电阻率减小。这是由于随着温度升高，二氧化硅中可动离子的活动加剧了，载流子浓度增大，引起电阻率减小。

(4) 相对介电常数　相对介电常数是表示二氧化硅膜电容性能的一个重要参数。相对介电常数对于电容介质材料及 MOS 器件来说，是非常重要的。热生长法制得的二氧化硅膜的相对介电常数一般为 3.2~3.8。

(5) 介电强度　介电强度是衡量材料耐压能力大小的，单位为 V/cm。它表示单位厚度的二氧化硅层所能承受的最大击穿电压，其大小与自身的致密程度、均匀性、杂质含量及制备方法等因素有关。热生长二氧化硅膜介电强度一般为 10^6~10^7V/cm。

需要特别指出的是，二氧化硅膜的许多物理量与制备工艺和膜中的杂质有关。例如，在二氧化硅中掺磷，那么含有 14.5%~16.5% 的 P_2O_5 的磷硅玻璃中，其密度可增大到 2.73$g\cdot cm^{-3}$ 左右。但实际上由于磷的加入，引入了非桥键氧，网络结构变得疏松，其密度下降为 2.35~2.40$g\cdot cm^{-3}$。

2. 二氧化硅的化学性质

二氧化硅可以由硅酸脱水生成，属于酸性氧化物。它是最稳定的硅化合物，它不溶于水和酸（氢氟酸除外）。二氧化硅与多种金属氧化物、非金属氧化物在一定温度下可以形成不同组分的玻璃体。

在生长二氧化硅膜时，往往通入一些硼、磷等杂质，使之形成硼硅玻璃或磷硅玻璃，可起吸附和固定钠、钾离子的作用。现在工艺中广泛使用的“表面玻璃化处理法”，在平面工艺中得到广泛的应用，特别是在大规模集成电路的生产中。如在表面形成铅硅玻璃（PbO · SiO）或磷铝硅玻璃（$Al_2O_3 \cdot P_2O_5 \cdot SiO_2$）作为钝化膜，在表面钝化方面取得了一定的成效。

二氧化硅的另一重要化学性质，就是能与氢氟酸进行化学反应。反应式如下：

$$SiO_2 + 4HF = SiF_4 + 2H_2O$$

生成的四氟化硅能进一步与氢氟酸反应，生成可溶于水的络合物——六氟硅酸，即

$$SiF_4 + 2HF = H_2SiF_6$$

综合以上两式，可以得到总的反应式为

$$SiO_2 + 6HF = H_2SiF_6$$

生产中光刻扩散窗口和引线窗口等，就是利用了二氧化硅这一重要化学性质。腐蚀速率的快慢与氢氟酸的浓度、反应温度和二氧化硅中含有的杂质有关。

1）随着氢氟酸浓度的增加，二氧化硅的腐蚀速率也增加，其关系曲线如图 4-3 所示。

2）随着腐蚀反应温度的增加，腐蚀速率也加快，其曲线关系如图 4-4 所示。

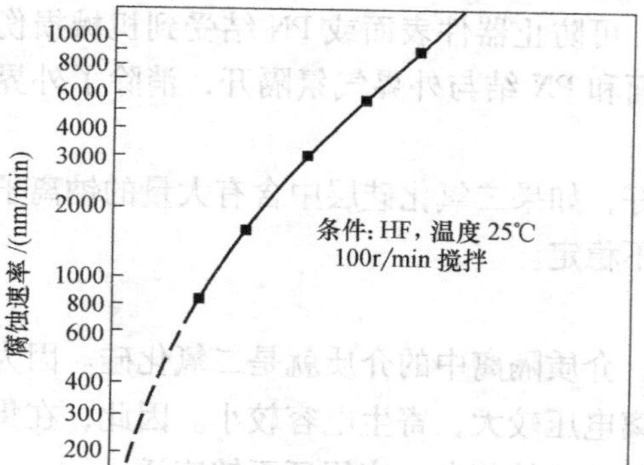

图 4-3 二氧化硅的腐蚀速率与氢氟酸浓度的关系

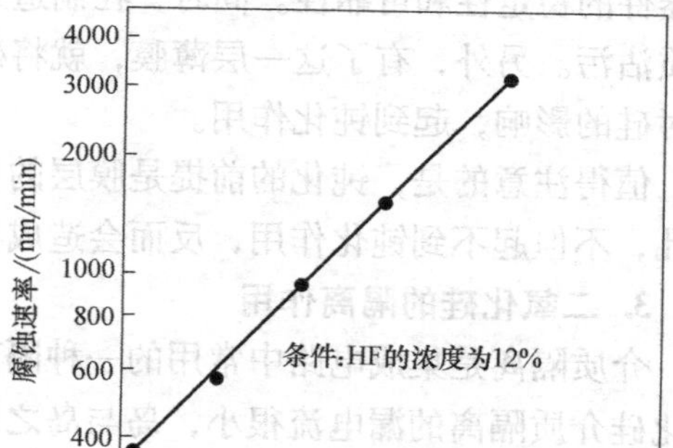

图 4-4 二氧化硅腐蚀速率与温度的关系

二氧化硅与强碱也能发生作用，其化学反应式为

$$SiO_2 + 2NaOH = Na_2SiO_3 + H_2O$$

上述反应在工艺中可用于制备水玻璃。

4.3 二氧化硅膜的用途

二氧化硅膜在半导体器件中起着十分重要的作用，用途十分广泛。如在离子注入和扩散

技术中用它做定域掺杂的掩蔽膜；在MIS结构中，用来做栅介质膜，作为金属与金属之间、金属与半导体之间以及器件与器件之间的绝缘介质；还可以用来作为保护晶片表面的钝化膜；在光电器件中用来作为抗反射层等。

1. 二氧化硅膜的掩蔽作用

利用二氧化硅对某些杂质的掩蔽作用，结合光刻工艺，就可以进行选择性的掺杂，制造出半导体器件和集成电路。

在高温下，杂质沿着硅片表面上刻出来的窗口向晶体内部扩散，同时在二氧化硅表面也进行扩散，但是杂质在二氧化硅中的扩散速率远小于其在硅中的扩散速率，所以当杂质已扩散到晶片内部形成PN结时，而在二氧化硅中的扩散深度却很小，且无法穿透二氧化硅层。这样，二氧化硅膜就选择性地阻挡了杂质的扩散，起到了掩蔽的效果。

二氧化硅膜的掩蔽作用是有限制的，不是绝对的。因为随着温度升高，扩散时间延长，杂质也有可能扩散穿透二氧化硅膜层，使掩蔽效果失效。因此，二氧化硅膜的掩蔽作用有两个前提条件：

1）二氧化硅层要有足够的厚度，以确保杂质在其内部扩散时能达到理想的掩蔽效果。

2）所选杂质在二氧化硅中的扩散系数要比在硅中的扩散系数小得多。

2. 二氧化硅膜的保护和钝化作用

在硅表面生长一层二氧化硅膜，可以保护硅表面和PN结的边缘不受外界影响，从而提高器件的稳定性和可靠性。同时，在制造过程中，可防止器件表面或PN结受到机械损伤和杂质沾污。另外，有了这一层薄膜，就将硅片表面和PN结与外界气氛隔开，消除了外界气氛对硅的影响，起到钝化作用。

值得注意的是，钝化的前提是膜层的质量要好，如果二氧化硅层中含有大量的钠离子或针孔，不但起不到钝化作用，反而会造成器件的不稳定。

3. 二氧化硅的隔离作用

介质隔离是集成电路中常用的一种隔离方式，介质隔离中的介质就是二氧化硅。因为二氧化硅介质隔离的漏电流很小，岛与岛之间的隔离电压较大，寄生电容较小。因此，在集成电路中，通常采用二氧化硅来作为隔离介质，但其工艺较复杂，应用还不够广泛。

4. 二氧化硅在某些器件中的重要作用

（1）MOS器件中的栅极材料　在MOS管中，常常以二氧化硅膜作为栅极，这是因为二氧化硅层的电阻率高，介电强度大，几乎不存在漏电流。但是作为绝缘栅极要求极高，因为Si-SiO_2界面十分敏感，二氧化硅层质量不好，这样的绝缘栅极就不是良好的半导体器件，所以，一般常用热氧化生长方式制得的二氧化硅膜来作为MOS器件的栅极。

（2）电容器的介质材料　集成电路中的电容器大都是用二氧化硅来做的，因为二氧化硅的相对介电常数为3～4，击穿电压较高，电容温度系数小，这些优越的性能决定了二氧化硅是一种优质的电容器介质材料。

5. 用于电极引线和硅器件之间的绝缘

在集成电路制造中，电极引线和器件之间，往往有一层绝缘材料，工艺中大都采用二氧化硅作为这一层绝缘材料，使得器件和电极之间绝缘。

4.4 热氧化方法及工艺原理

二氧化硅的制备方法有很多种，如热氧化、热分解、溅射、真空蒸发、阳极氧化法等，各种制备方法有各自的优缺点。目前，热氧化方式是应用最为广泛的制备方法。这是因为它具有工艺简单、操作方便、氧化膜质量好、膜的稳定性和可靠性高等优点。

硅的热氧化是指在1000℃以上的高温下，硅经氧化生成二氧化硅的过程。热氧化可分为干氧氧化、水汽氧化、湿氧氧化及掺氯氧化和氢氧合成氧化等。

4.4.1 常用热氧化方法及工艺原理

1. 干氧氧化

干氧氧化的生长机理是：在高温下，当氧气与硅片接触时，氧分子与其表面的硅原子反应，生成二氧化硅起始层，其反应为

$$Si + O_2 = SiO_2$$

由于起始氧化层阻碍了氧分子与硅表面直接接触，其后继续氧化时氧扩散穿过已生成的二氧化硅向里运动，到达SiO_2-Si界面进行反应。工艺中常用的氧化温度为900～1200℃，氧气流量为1ml/s左右。为了防止氧化炉外部气体对氧化的影响，一般设计氧化炉内气体压力稍高于炉外气压。

硅干氧氧化层厚度与氧化时间的关系如图4-5所示。

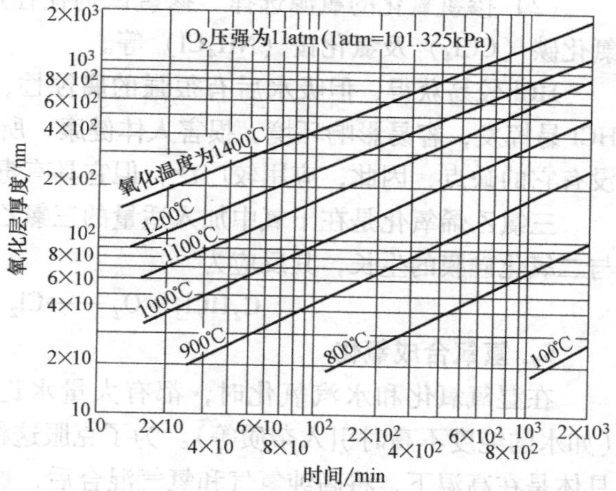

图4-5 硅干氧氧化层厚度与氧化时间的关系

从图中可以看出，在同一温度下，二氧化硅层厚度随时间增加而增加。在同一时间下，温度越高，二氧化硅层越厚。

可见，氧化速率主要受氧原子在二氧化硅中扩散系数的影响。温度越高，氧原子在二氧化硅中的扩散也越快，氧化速率常数也就越大，二氧化硅层也越厚。

实践表明：干氧氧化虽然氧化速率慢，但氧化层结构最致密。

2. 水汽氧化

水汽氧化的生长机理：在高温下，水汽与硅片表面的硅原子作用，生成二氧化硅起始层，其反应式如下：

$$Si + 2H_2O = SiO_2 + 2H_2$$

其后续氧化一般认为是水分子首先与表面的二氧化硅反应生成硅烷醇（Si-OH）结构。生成的硅烷醇再扩散穿透氧化层抵达SiO_2-Si界面处，与硅原子反应生成SiO_2。

实践表明：水汽氧化由于水汽参与氧化反应，因此其氧化速率快，但同时由于水汽的进入，使得氧化层结构疏松，质量不如干氧氧化好。

解决措施：经过吹干氧（或干氮）热处理，硅烷醇可分解为硅氧烷结构，并排除水分。

水汽氧化所需要的水汽可由高纯去离子水汽化或者是氢气与氧气直接燃烧化合而成。

3. 湿氧氧化

湿氧氧化的机理是：让氧气通入反应室之前，先通过加热（加热到95℃）高纯去离子水，使氧气中携带一定的水汽。所以湿氧氧化兼有干氧和水汽两种氧化作用，氧化速度和质量介于两者之间。当然，具体情况还要视氧气的流量、水汽的含量（水汽含量与水温和氧气流量有关）的不同而不同。氧气流量越大，水温越高，则水汽含量越大。如果水汽含量很小，二氧化硅的生长速率和质量接近于干氧氧化情况，反之，就越接近于水汽氧化。

4. 掺氯氧化

掺氯氧化是继上述三种氧化方法之后出现的一种热氧化技术，其机理是：在干氧中添加少量的氯化氢、三氯乙烯或氯气等含氯的气态物。在氧气氧化的同时，氯结合到氧化层中，并集中分布在 SiO_2- Si 界面附近。

（1）掺氯氧化作用　掺氯氧化的主要作用是减少钠离子的沾污，抑制氧化堆垛层错，提高少子寿命，即提高器件的性能和可靠性。

1）可吸收、提取硅中的有害杂质。高温下，氯可以和包含钠在内的多种金属杂质作用，生成挥发性化合物，从反应室中排除，如氯与二氧化硅中的钠离子作用，生成挥发性的 NaCl。

2）掺氯不仅可以减少钠离子的沾污，并且集中分布在 SiO_2-Si 界面附近的氯还能使迁移到这里来的钠离子的正电荷效应减弱并被卡住不动，从而使其丧失电活性和不稳定性。

（2）掺氯氧化的氯源选择　掺氯试剂往往用氯化氢（HCl）、三氯乙烯（C_2HCl_3）、四氯化碳（CCl_4）及氯化铵（NH_4Cl）等。

HCl 较易获得，但吸水后有很强的腐蚀性，对氧化管道和仪器设备都有破坏性，而且 HCl 易挥发，容易影响环境，损害人体健康，所以使用较少。三氯乙烯既有 HCl 的作用，又没有它的缺点，因此，应用较广泛，但它具有毒性，使用时要当心。

三氯乙烯氧化是在干氧中加入适量的三氯乙烯，在高温下和氧发生氧化时，生成氯气参与二氧化硅膜的生长，其反应为

$$C_2HCl_3 + O_2 \longrightarrow Cl_2 + HCl + CO + H_2O$$

5. 氢氧合成氧化

在湿氧氧化和水汽氧化时，都有大量水进入石英管道内，这样会带来很多质量问题（如水的纯度不高时引入杂质等）。为了克服这种弊端，目前在生产中常采用氢氧合成氧化。具体是在高温下，将高纯氢气和氧气混合后，通入石英管道内，使其合成水，水随之汽化，与硅反应生成二氧化硅。其中，$H_2: O_2 = 2:1$。但在实际中，通入氧气应过量一些，这样可以保证安全，这种氧化近似于湿氧氧化。氧化膜的生长速率与通入的氢气和氧气的流量比有关。

综合上述各种氧化方法的优缺点，在实际生产中，硅片的热氧化过程一般是：首先，用含氯的干氧冲洗石英管；然后，采用干氧（含氯）→湿氧或水汽（含氯）→干氧（含氯）的交替氧化方式。

4.4.2 影响氧化速率的因素

1. 氧化层厚度与氧化时间的关系

1）由上述各种热氧化膜制备过程可知，硅的热氧化过程是氧化剂通过氧化层向 SiO_2-Si

界面运动，再与界面的硅发生反应，而不是硅穿透氧化层向外运动的。因此，在热氧化过程中，膜的增厚是通过如下几个连续步骤完成的。

① 氧化剂（O_2 和 H_2O）从气相内部运输到气体-氧化层界面（又称膜层表面）。

② 氧化剂扩散穿透已生成的二氧化硅起始层，抵达 SiO_2-Si 界面。

③ 氧化剂在界面处与硅发生氧化反应。

④ 生成的副产物扩散出氧化层，并随主气流转移。

其中第 4 步，由于氢原子较小、质量轻，因而无论在氧化层或气相中都有较高的扩散速率，能迅速扩散逸出反应室，所以可以忽略它对氧化速率的影响。因此，总的氧化过程主要由气相质量转移和表面化学反应决定。

2）通过求解相关方程式，可以得到氧化层厚度与氧化时间的关系主要有以下两种典型情况。

① 氧化层厚度与氧化时间成正比，氧化层的生长速率主要取决于在硅表面上的氧化反应的快慢，称为表面反应控制，此时的氧化速率主要取决于化学反应速率常数 k_s 的大小。

② 氧化层厚度与氧化时间的二次方根成正比，氧化层的生长速率主要取决于氧化剂在氧化层中扩散的快慢，称为扩散控制，此时的氧化速率主要取决于扩散系数 D_{ox} 的大小。

2. 氧化温度的影响

从上面的分析可知，影响氧化速率的因素主要是质量转移速率和化学反应速率，而决定质量转移快慢和化学反应快慢的因素分别是扩散系数 D_{ox} 和化学反应速率常数 k_s，而 D_{ox} 和 k_s 则都与热力学温度的倒数呈负指数关系。由此可见，随着温度的升高，扩散系数和反应速率常数均增大，因此，氧化速率也增加。

3. 氧化剂分压的影响

考虑压力后，试验表明，氢氧燃烧的水汽氧化，在一定的高压极限（2MPa）范围内，氧化速率常数与氧化剂分压成正比。而干氧氧化，氧化速率常数和压力的低次幂（即 $p_{Go}^{0.75}$）成正比。据此，出现高压或低压氧化技术。

在高压下，由于氧化剂的扩散速率大大增加，所以表面反应常常成为控制因素，氧化层厚度与氧化时间成正比，在低压下，则处于扩散控制。

在通常的开管氧化中，提高水浴温度，可以增加混合气氛中的水蒸气分压，所以氧化速率增加。

图 4-6 所示为氧化层厚度（z_{ox}）与氧化温度的关系曲线图。

4. 氧化气氛的影响

氧化速率与氧化气氛有明显的关系。氧化速率常数中涉及氧化剂在膜层中的溶解度，由于水汽在氧化层中的溶解度比氧气大得多，所以，在一定的温度下，水汽氧化比干氧氧化快。氧气中加入水汽可使氧化速率增加。

在掺氯氧化中，由于氯进入到膜层中，使得膜层结构发生形变，并催化界面反应，致使

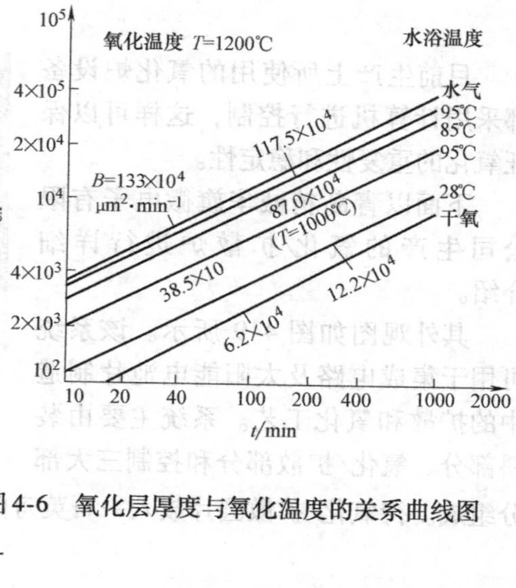

图 4-6 氧化层厚度与氧化温度的关系曲线图

氧的扩散速率与反应速率增加，因而氧化速率会比普通干氧氧化要快。

5. 衬底表面势的影响

衬底表面势的影响主要发生在氧化处于表面反应控制过程中，这是因为化学反应速率常数 k_s 与衬底表面势有关。而衬底表面势除了与衬底取向、掺杂浓度有关外，还与氧化前的表面处理等因素有关。

k_s 与衬底取向有关。研究表明，氧化速率常数依（111）、（110）、（100）顺序减小。

4.5 氧化设备

1. 常规氧化设备

常规热氧化就是前面所讲的干氧氧化、湿氧氧化、水汽氧化等，其使用设备大致相同。氧化炉有卧式和立式之分，卧式氧化炉示意图如图 4-7 所示。氧化炉为高纯度的石英管，内装 200 片左右硅片同时氧化。随着集成电路制造工艺水平不断提高，对氧化设备的要求也越来越高了。

立式氧化炉气体发生器部分与卧式是一致的，区别在于在立式氧化炉中，芯片是置于一个竖直放置的石墨基座上，同时，在氧化过程中，基座在逆时针旋转，以使基座两面的硅片都能均匀氧化，图 4-8 为一个立式氧化炉的装置部分。

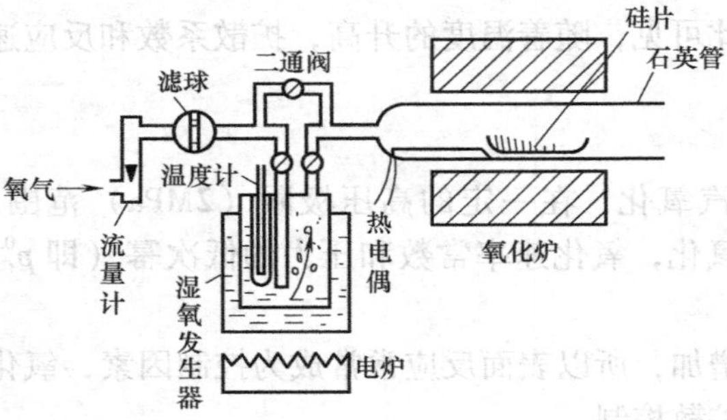

图 4-7　卧式氧化炉示意图

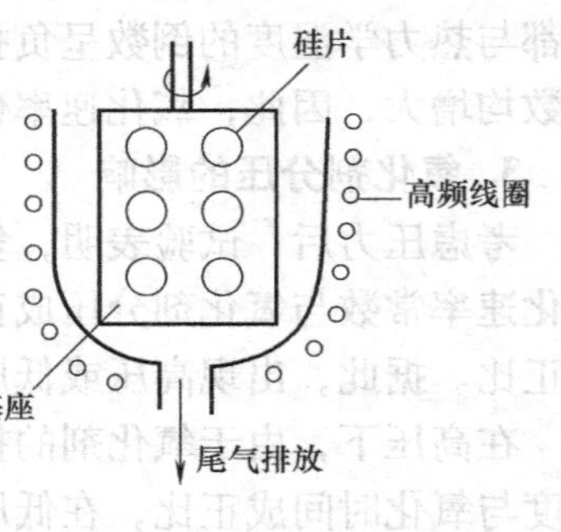

图 4-8　立式氧化炉的装置部分

目前生产上所使用的氧化炉设备都采用计算机进行控制，这样可以保证氧化的重复性和稳定性。

下面以青岛精诚华旗微电子有限公司生产的氧化/扩散炉进行详细介绍。

其外观图如图 4-9 所示。该系统可用于集成电路及太阳能电池片制造中的扩散和氧化工艺。系统主要由装料部分、氧化/扩散部分和控制三大部分组成。待氧化/扩散圆片放入一石英舟内，石英舟再放入石英管，扩散/氧化时再将石英管

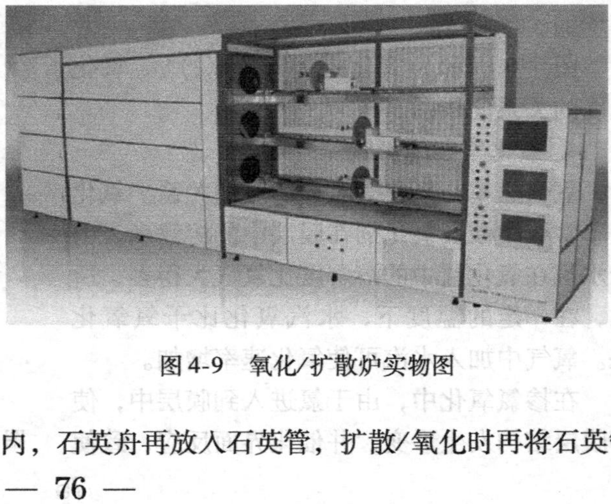

图 4-9　氧化/扩散炉实物图

推入氧化/扩散系统中。氧化所用石英舟及石英管如图4-10所示。

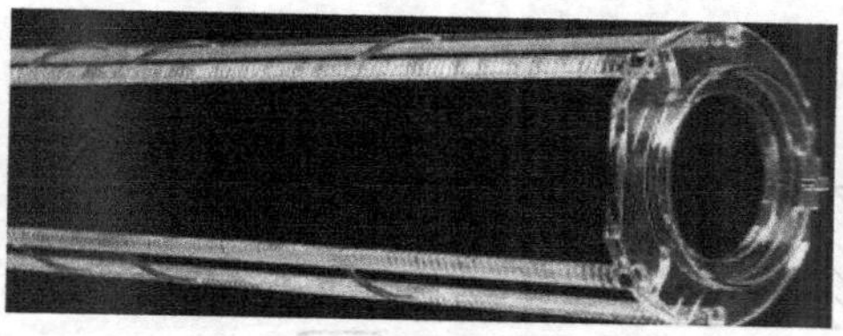

a) 石英舟

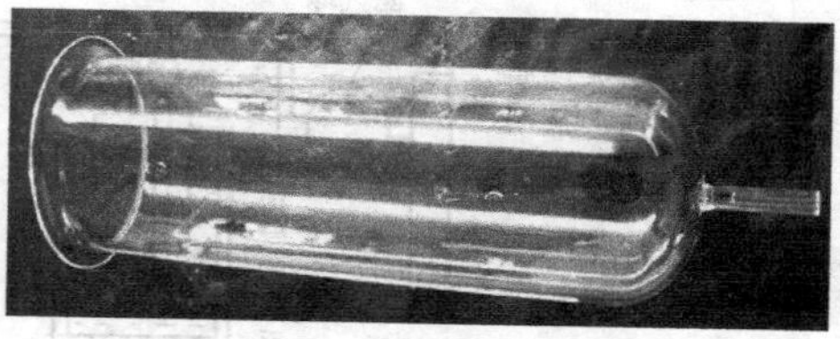

b) 石英管

图4-10 氧化所用石英舟及石英管

该设备主要性能及参数如下：

1）采用工业计算机控制系统，对炉温、进退舟、气体流量、阀门等动作进行自动控制。

2）采用悬臂送片器，操作方便、无摩擦污染等。

3）工艺管路采用进口阀门管件组成，气密性好、耐腐蚀、无污染（管路均采用EP级电抛光管路），流量控制采用进口质量流量计（MFC）。

4）控温精度高，温区控温稳定性好。

5）工艺管数量：1～4管。

6）工艺管口径：ϕ90～360mm（3～12in，1in＝2.54cm）。

7）结构形式：卧式热壁型。

8）工作温度范围：400～1280℃。

9）恒温区长度及精度±0.5℃/1080mm。

10）最大可控升温速度：15℃/min。

11）最大降温速度：5℃/min（900～1300℃）。

12）工艺均匀性：≤±5%（30～60Ω）。

13）气体流量设定精度：±1%F.S。

14）氧化方式：干氧、湿氧（氢氧内外点火）。

2. 掺氯氧化设备

目前的掺氯氧化设备示意图如图4-11所示。其设备与一般的湿氧氧化设备有些相似，只是多了一个盛氯装置。三氯乙烯装入恒温气泡器系统，由干氮鼓泡携带进入反应室。

3. 氢氧合成氧化设备

氢氧合成氧化设备示意图如图4-12所示。该设备由氢气、氧气、氮气供气管路，注入器（氢氧燃烧部）及排气系统等组成。

为了安全起见，该设备有两个连锁保险装置：错误比例连锁保险装置和低温报警连锁保险装置。当氧气和氢气比例失调时，则位于注入器入口管道上的错误比例保险装置（A）就会起作用，自动切断氢气，冲入氮气；若注入器喷口处的温度低于设定的最低安全燃烧温度（如700℃）时，低温报警连锁保险装置也会自动切断氢气，冲入氮气。喷口应在石英管轴线上，前端距恒温区15cm左右。用于监控注入器喷口处温度的热电偶在距喷口处10mm处。

氢氧合成氧化法一旦操作不当，会发生危险，因此，在使用时要注意以下几点：

1）氧化前必须检查注入器喷口前端温度是否在氢气的燃点温度（585℃）以上，喷口

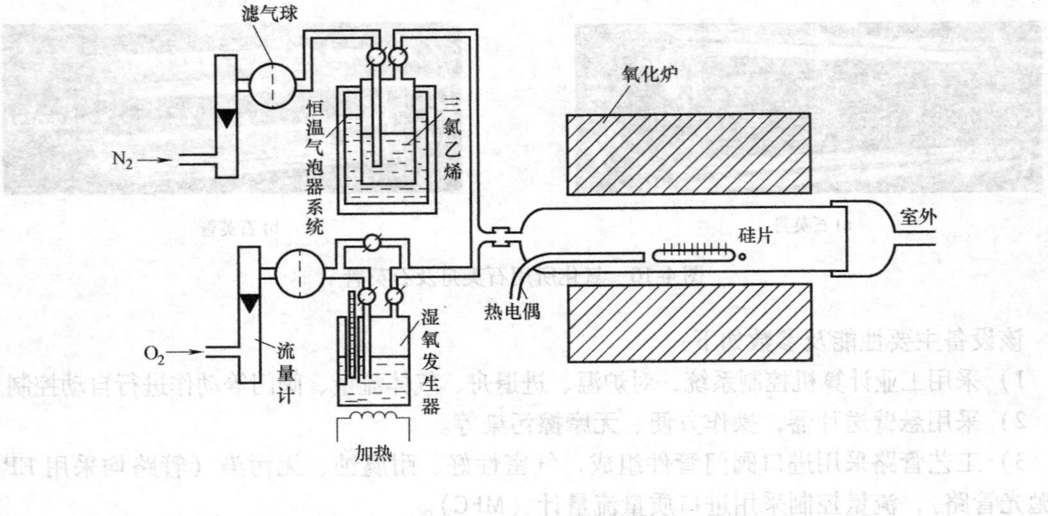

图 4-11　掺氯氧化设备示意图

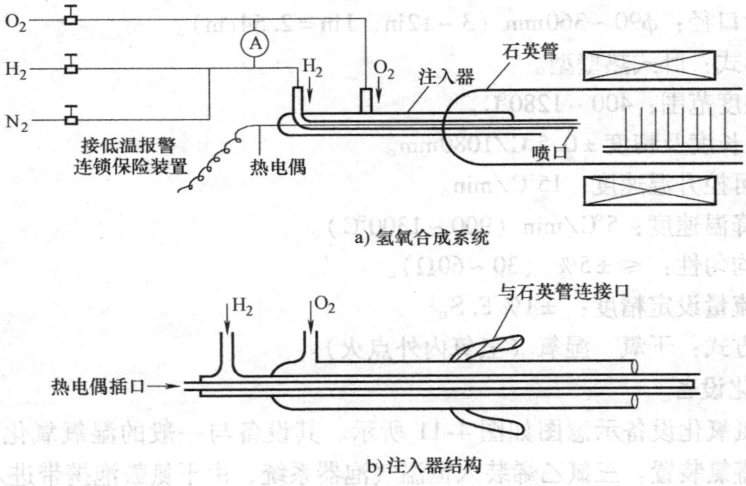

图 4-12　氢氧合成氧化设备示意图

是否在石英管界面的中心位置上，并从出口处检查喷口前端是否正常，检查安放在喷口前端附近的热电偶是否有断电现象。

2）定期检查氢气、氮气、氧气的气体管道是否存在漏气。

3）注意石英管是否盖紧，不可有漏气现象发生。从石英管帽到排气管收集器（水淋器）之间的排气管道是否弯曲也要进行检查。

4）在进行设备调试时，必须充分通以氮气后才能工作。

5）氧化结束后要用氮气排除废气，一定要把残留在炉管内的气体，特别是氢气，排除干净。

4.6 氧化工艺操作流程

下面以无锡华润上华科技有限公司生产250nm二氧化硅膜为例，介绍其氧化工艺操作流程。

1. 氧化前的清洗

如果硅片表面有污染物残留，如光刻胶残留物的有机物、刻蚀产生的聚合物、注入和刻蚀的等离子腔里产生的金属颗粒，这些缺陷和粒子就会成为结晶过程中的成核点，导致形成的二氧化硅膜呈多晶状态。所以，氧化之前的清洗工艺非常重要，必须把粒子、有机和无机污染物、自然氧化层和表面的缺陷消除。

具体工艺如下：

1）按照1∶1∶5～1∶2∶7的比例配置NH_4OH∶H_2O_2∶H_2O溶液，此混合溶液在70～80℃条件下，可去除硅片表面的微粒和有机污染物。

2）将完成第一道清洗工艺的硅片，经去离子水冲洗后放入70～80℃、混合比例为1∶1∶6～1∶2∶8的HCl∶H_2O_2∶H_2O溶液中，进行第二步清洗，将硅片表面的无机污染物转化为可溶于低pH值溶液的副产品，进而将之去除。随后用去离子水将硅片冲洗干净，并烘干。

2. 扩散过程

1）开机，并做如下检查：检查炉温设定值；检查各路气体；检查H_2/O_2合成温度；检查掺杂气源的气瓶、气路是否完好；检查推舟推拉装置是否完好。

2）装片，带上防静电手套，用镊子将待氧化硅片插入石英舟片槽；装片过程中，一定要轻拿轻放，防止硅片碎裂。

3）推舟，石英舟内装满硅片后，插入石英管内，先将石英管推入离炉口5cm处，停留5min，进行预热，注意预热方向，要将石英舟“象鼻”部位朝向里面。预热后，再将石英管以一定的速度匀速推到扩散炉内。

4）氧化，推舟完成后，再次检查事先设置好的氧化参数，打开气体控制器阀门，转换定时器的自动开关，设备自动进入氧化程序。

5）拉舟，氧化结束后，以一定的速度匀速拉出石英舟，先在离炉口距离5cm处停留5min，进行预冷处理，然后再将石英舟拉出炉管外，进行自然冷却。

3. 设备后续处理

一次氧化工艺结束后，检查气源瓶，若气源量少于规定值，重新更换气源瓶，并连接上气路。若本次氧化结束后，在短时间内不需要进行下一次氧化工艺，则无须关闭总电源，设备保持开启状态，并将温度维持在550℃左右。若本次氧化结束后，设备将在较长时间内不使用，则关闭设备，并每隔一个月左右，开启设备一次，走一次空循环，对设备进行预热处理，防止设备受潮。

4.7 氧化膜的质量控制

在集成电路制造工艺中，对二氧化硅膜的质量要求极高。膜的质量主要表现在表面无斑点、裂纹、白雾、发花和针孔等缺陷，同时厚度要达到规定要求且保持均匀。膜中的可动杂质离子，特别是钠离子的含量也必须达到规定要求。

4.7.1　氧化膜厚度的测量

在生产实践中，测量 SiO_2 厚度的方法有很多，如果精度要求不高，可采用比色法、腐蚀法等。如果有一定精度要求，则可以采用双光干涉法和电容电压法。在某些研究分析领域，已经采用了精度极高的椭圆偏振光法。下面分别介绍一下几种常用的氧化膜厚度测量方法。

1. 比色法

比色法是利用不同厚度的氧化膜，在白光照射下，会出现不同颜色的干涉色彩的现象来进行测量的，用金相显微镜观察并对照标准比色表，直接从其颜色上比较得出氧化膜的厚度。

这种方法很简单，但是很粗糙，只能粗略地估算出 SiO_2 膜的厚度。SiO_2 层厚度与颜色的关系见表 4-2。

表 4-2　不同氧化膜厚度的干涉颜色

颜色	氧化膜厚度/nm			
灰	10			
黄褐	30			
蓝	80			
紫	100	275	465	650
深蓝	150	300	490	680
绿	185	330	520	720
黄	210	370	560	750
橙	225	400	600	
红	250	435	625	

从表中可以看出，氧化膜的颜色随其厚度的增加呈现周期性的变化，对应同一颜色，可能有几种不同的厚度，因此这种方法有较大的误差。在具体操作时，需将生长了二氧化硅膜的硅片用氢氟酸进行腐蚀，观察其颜色变化，以确定其厚度。应当注意的是，当氧化膜厚度超过 750nm 时，色彩的变化就不很明显了，因此，这种方法只限于测量厚度在 1μm 以下的氧化层。另外，还应注意，表中所列的颜色是照明光源与眼睛均垂直于硅片表面时所观察的颜色，因此，在观察颜色时，应注意眼睛与光源的照射角度。

2. 双光干涉法

双光干涉法是利用氧化层台阶上干涉条纹的数目来求得氧化层厚度的一种方法。此法设备简单，测量准确。

测量前首先要制得氧化层台阶。具体做法如下：在已氧化过的硅片表面，用黑封胶或真空油脂，保护一定区域（约占硅片 1/3），然后将硅片放入氢氟酸溶液中，去除未被黑封胶保护的氧化膜。用有机溶剂（如甲苯、四氯化碳等），将黑封胶去除，这样，在硅片表面就出现了氧化膜的斜面。然后把单色光（λ 一定的光）垂直投射到斜面区域，这时在显微镜下即可观察到在斜面处有明暗相间的条纹，称为等厚干涉条纹。双光干涉法示意图如图 4-13 所示。

这种条纹的出现，是由于自 SiO_2 表面反射的光和自 SiO_2-Si 界面反射的光相互干涉的结果。因为折射率 n_{Si}（$n_{Si} \approx 3.4$）$> n_{SiO_2}$（$n_{SiO_2} \approx 1.5$）$> n_{air}$（$n_{air} \approx 1$），所以这两束反射光的光程

差等于$2n_{SiO_2}d$（d为二氧化硅膜厚度）。故当SiO_2斜面的某一高度d满足$2n_{SiO_2}d$ = 偶数 × $\lambda/2$时，即出现明亮干涉条纹。因此，从斜面尖端数起的第1亮条，所对应的SiO_2层厚度d_1应该满足

$$2n_{SiO_2}d_1 = 2\times\lambda/2$$

$$d_1 = \lambda/2n_{SiO_2}$$

而第2条所对应的SiO_2膜厚度d_2应该满足

$$d_2 = \lambda/n_{SiO_2}$$

依次类推有

$$d_3 = 3\lambda/2n_{SiO_2}$$

$$d_4 = 2\lambda/n_{SiO_2}$$

所以，每一亮条（或每一暗条）所对应的SiO_2膜的厚度为

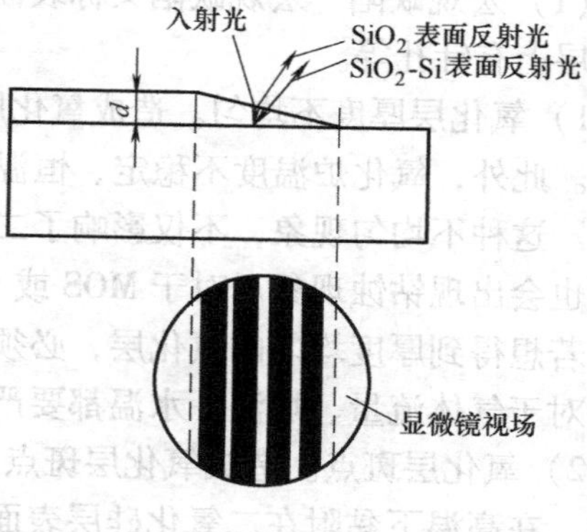

图4-13 双光干涉法示意图

$$d_2 - d_1 = d_3 - d_2 = \cdots\cdots = \lambda/2n_{SiO_2}$$

如果在整个斜面上显示的亮条纹（或暗条纹）为N，则SiO_2层的总厚度为

$$D = N\lambda/2n_{SiO_2}$$

若光源采用普通的可见光，则因其中绿光最强，可取λ = 540nm，$n_{SiO_2} = 1.5$，于是

$$D = N\times 180\text{nm}$$

很显然，为了读数精确，干涉条纹应当清楚。因此，要求斜面不能太窄，即斜面倾斜角不能太大，否则，条纹密集，难以读清。实践表明，采用48%的氢氟酸来腐蚀形成的斜面较为理想（不宜用缓冲的HF腐蚀液）。

3. 椭圆偏振光法

随着半导体技术的发展，对SiO_2膜的厚度的测量要求越来越精确，传统的测量方式已不能满足要求，而椭圆偏振光法就是能满足这一要求的较好方法，其测量精度很高，可以测出厚度只有1nm的薄膜。此外，椭圆偏振光法还是一种无破坏性的检测方法，测量过程中不用特殊制备样品，不用破坏样品表面，而且在测量薄膜厚度的同时，还可以测量出薄膜的折射率。

椭圆偏振光测量由椭圆偏振仪实现，其主要由光源发生器、起偏器（偏振片）组成。椭圆偏振光法是利用椭圆偏振光投射到样品表面，观察反射光偏振状态的变化，从而确定出样品上薄膜的厚度和折射率的。具体工作原理及过程，这里不再赘述，有兴趣者，请查阅相关资料。

椭圆偏振光法不仅用于测量Si上SiO_2膜的厚度和折射率，也可以用于测量其他衬底上的各种透明或半透明膜（如Si_3N_4、Al_2O_3、PSG膜及光刻胶膜等）的厚度和折射率。此外，还可以用于检验膜层的均匀性，帮助鉴别膜层的组分，测量物质的折射率和消光系数，研究表面层和表面处理过程（如氧化、腐蚀、吸附和催化等）。

4.7.2 氧化膜缺陷类型及检测

1. 氧化膜缺陷类型

二氧化硅膜的缺陷有宏观缺陷和微观缺陷两种。所谓宏观缺陷是指用肉眼可以直接观察

到的缺陷；所谓微观缺陷是指必须借助于测试仪器才能观察到的缺陷。

（1）宏观缺陷　宏观缺陷又称表面缺陷，主要包括：氧化层厚度不均匀、表面有斑点、氧化层上有针孔等。

1）氧化层厚度不均匀。造成氧化层厚度不均匀的主要原因是氧化炉管内氧气或水汽不均匀。此外，氧化炉温度不稳定、恒温区太短、水温变化不均匀等也都会造成氧化层厚度不均匀。这种不均匀现象，不仅影响了二氧化硅的掩蔽能力，也使得绝缘性能变差，而且光刻工序也会出现钻蚀现象。对于MOS或CMOS器件来说，其影响就更大了。

若想得到厚度均匀的氧化层，必须使恒温区长而稳定，石英舟必须严格控制在恒温区中间，对于气体流量、炉温、水温都要严格控制好。

2）氧化层斑点。造成氧化层斑点的原因是硅片表面处理得不干净，残留一些沾污杂质颗粒，在高温下黏附在二氧化硅层表面，形成局部黑点。石英管使用时间过长，处在高温下的石英管会产生白色薄膜，这种膜结构疏松，在大气流吹动或操作不当时会掉落在硅片表面，出现彩色斑点。在清洗硅片时，硅片上残留水迹，也会使其在氧化时出现花斑。

解决方法是严格处理硅片表面，对石英管进行严格的清洗，严格控制水温和氧气流量。

3）氧化层针孔。氧化层针孔的产生与氧化方法有关。一般情况下热氧化产生的针孔较少，只有当硅片质量不好（有严重的位错）时，扩散系数较大的杂质（如铜、铁），在位错线处不能很好地形成二氧化硅，于是就形成了氧化层针孔。

解决方法是严格清洗衬底材料，氧化前进行严格的清洗。

（2）微观缺陷　氧化膜的微观缺陷是指钠离子沾污和热氧化层错。

1）钠离子沾污。钠离子沾污主要来源于操作环境、去离子水及化学试剂、石英管道和气体系统。

操作环境是指操作室内的空气、设备、人员和生产工具。尽管操作是在洁净室内进行，操作人员穿戴洁净服装，生产工具进行严格清洗，但是沾污现象仍然普遍存在。

去离子水是直接跟硅片接触的，因而，水质的好坏可直接影响表面质量。生产上要求去离子水的电阻在18MΩ以上。有一个数据可以说明：5MΩ的去离子水，钠离子含量为1.5×10^{-9}个/cm^3；7MΩ的为0.8×10^{-9}个/cm^3；12MΩ的为0.5×10^{-9}个/cm^3。

化学试剂直接与硅片接触，因此对化学试剂的要求也很高。一般采用电子纯化学试剂或光谱纯化学试剂。

热氧化时，炉温很高，钠离子的扩散系数较大。在高温下，石英管内的钠离子就会穿过石英管壁而进入到二氧化硅层中。温度越高，这种现象越明显。实际生产中为克服这种问题，都采用双层石英管，并在夹层中通入惰性气体做保护。

在实际生产中，钠离子沾污是不可避免的，但是可以采取措施加以削弱。一般认为，只要将钠离子浓度降到10^{11}个/cm^2以下，器件的稳定性就可以得到保证。当含量超过10^{12}个/cm^2以上时，器件就面临不稳定。工艺中除了严格按照工艺规范以外，还要采取钝化措施，如采取掺氯氧化、淀积氮化硅膜和PSG膜等，对防止钠离子沾污都有一定的效果。

2）热氧化层错。在热氧化过程中，在硅中，特别是硅表面附近会产生一些缺陷（层错），国内外的研究人员对层错进行了大量的研究工作，对它有了一定的认识，但是依然有些问题没有解决，还有待进一步深入研究。

一般认为，氧化层错是由晶体中过剩间隙硅原子凝聚而演变成的弗朗克位错。至于间隙的硅原子来自哪里，有多种说法，但基于只有在氧化性气氛中热处理才有可能产生氧化层错，而在非氧化性气氛中处理一般不会出现的事实，研究人员都力图把间隙硅原子的来源与氧化（或氧的存在）联系起来。

热氧化层错的形成是在含氧的气氛中，由表面和体内某些缺陷先构成层错的核，然后在高温下核运动加剧，形成了层错。形成层错的原因很复杂，一般认为是硅片表面的机械损伤、离子注入的损伤、钠离子和氟离子沾污、点缺陷的凝聚及氧化物沉淀等造成的。热氧化层错的存在，会造成杂质的局部堆积，形成扩散"通道"，造成电极间的短路，严重地影响器件的电学性能。

研究发现，热氧化层错的产生与硅片表面的晶向有关系。对于〈111〉晶向，偏离角度增大，热氧化层错也增加。同时还发现，沿着某种方向，层错密度增加得很快。

解决热氧化层错的方法很多，如降低氧化炉温，采用低温氧化，还可以采用化学吸附法。

2. 氧化膜缺陷的检测

二氧化硅膜缺陷检测方法很多，常用的有表面观察法和氯气腐蚀法，现分别加以简要介绍。

（1）表面观察法　二氧化硅表面存在的斑点、裂纹、白雾和针孔等缺陷，以及膜厚的不均匀性，可以用肉眼或显微镜进行目检或镜检来鉴别。表面颜色一致，就说明表面均匀性好。白雾或裂纹直接可以观察到。斑点和针孔必须在显微镜下进行识别，它们表现为亮点或黑点。

（2）氯气腐蚀法　二氧化硅表面存在的针孔、裂纹等不连续缺陷，可用氯气腐蚀法检测。其检测装置示意图如图4-14所示。

检测过程如下：将氧化过的硅片加热至600～800℃，通入氯气（流量约为0.1L/min），反应时间10min左右，用惰性气体冲淡，取出硅片，放入氢氟酸中，将二氧化硅膜溶解，然后在显微镜下观察。氯气的作用是腐蚀硅，二者反应生成四氯化硅。氯气对二氧化硅无腐蚀作用，所以氧化膜表面若有不连续性缺陷，就可以在硅片上遗留下可见的腐蚀花斑。

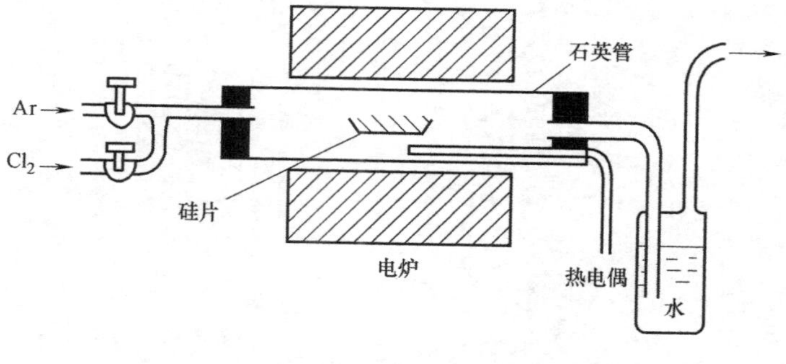

图4-14　氯气腐蚀法检测装置示意图

4.7.3　不同方法生成的氧化膜特性比较

在工艺生产中，虽然采用干氧氧化、湿氧氧化和水汽氧化都可以制备二氧化硅薄膜，但采用不同的氧化工艺，所制备出的薄膜性能有较大区别。

1）干氧氧化中，氧化速度较慢，氧化层结构致密；表面是非极性的硅氧烷（Si-O-Si）结构，所以与光刻胶的黏附性能良好，不易产生浮胶现象。

2）水汽氧化速度较快，但由于水汽的进入，使得氧化层中大量的桥键氧裂变为非桥键氧的烃基，所以氧化层结构疏松，质量不如干氧氧化的好，特别是其表面是极性的硅烷醇，它极易吸附水，极性的水不易沾润非极性的光刻胶，所以氧化层表面与光刻胶粘附性差。在工艺中，通常采用吹干氧（或干氮）热处理，硅烷醇可分解为硅氧烷结构，并排除水分。

3）湿氧氧化兼有干氧氧化与水汽氧化两种作用，因此其氧化速度及氧化层质量介于干氧氧化及水汽氧化之间。

本章小结

本章主要介绍了二氧化硅膜的各种制备方法及典型设备。二氧化硅膜在集成电路工艺中具有极其重要的作用，其制备方式除了传统的氧化法以外，还有新出现的淀积方式。但是各种方式制备出来的薄膜质量也不尽相同，应根据实际工艺需要，选择合适的制备方式，以制备出满足性能要求的二氧化硅膜。

本章习题

4-1　二氧化硅膜有哪些物理性质？

4-2　阐述二氧化硅膜在集成电路工艺中的作用。

4-3　阐述干氧氧化、湿氧氧化、水汽氧化的氧化过程及其特点。

4-4　影响二氧化硅氧化速率的因素有哪些？

4-5　掺氯氧化中氯元素有何作用？

4-6　进行氢氧合成氧化时，应注意哪些操作事项？

第5章　化学气相淀积

本章教学目标

- 熟悉淀积薄膜的特性。
- 了解薄膜淀积的不同技术和方法及CVD在薄膜淀积应用中的作用和定位。
- 能够解释化学气相淀积的原理。
- 掌握不同类型的CVD系统及各种CVD系统对薄膜淀积的优点和局限。
- 掌握常见的薄膜材料（如SiO_2、Si_3N_4和多晶硅等）的制备方法。
- 掌握外延层的作用和外延生长方法。

5.1 引言

芯片制造是一个平面加工的过程，其基本原理就是在硅片表面生长薄膜层，然后在薄膜上利用光刻和刻蚀工艺形成各种图形。第4章介绍的氧化工艺以及本章介绍的淀积工艺是完成在硅片表面生长薄膜层的主要方法。氧化工艺主要是通过消耗硅原子而生长出一层二氧化硅薄膜层。而淀积不用消耗硅原子，直接在硅片表面沉积一层薄膜。

5.1.1 薄膜淀积的概念

所谓薄膜，是指一种在硅衬底上生长的薄固体物质。薄膜与硅片表面紧密结合，在硅片加工中，通常描述薄膜厚度的单位是纳米（nm）。半导体制造中的薄膜淀积是指在硅片衬底上增加一层均匀薄膜的工艺。在硅片衬底上淀积薄膜有多种技术，主要的淀积技术有化学气相淀积（CVD）和物理气相淀积（PVD），其他的淀积技术有电镀法、旋涂法和分子束外延法。化学气相淀积（CVD）是通过混合气体的化学反应生成固体反应物并使其淀积在硅片表面形成薄膜的工艺。而物理气相淀积（PVD）是不需通过化学反应，直接把现有的固体材料转移至硅片表面形成薄膜的工艺。电镀法是制备铜薄膜时主要采用的淀积技术。旋涂法采用的设备是标准的旋转涂胶机，比CVD工艺更经济，通常用于制备低k（k指介电常数）绝缘介质膜。分子束外延法是一种制备硅外延层的较先进的淀积技术。

5.1.2 常用的薄膜材料

在半导体制造中所包含的薄膜材料种类很多，早期的芯片中大约含有数十种，而随着集成电路结构和性能的发展，芯片中薄膜材料种类也越来越多，如图5-1所示，这些薄膜材料在器件中都起到了非常重要的作用。总的来说，薄膜材料的种类可分为金属薄膜层、绝缘薄膜层和半导体薄膜层三种。

1）金属薄膜层在半导体制造中的应用主要是制备金属互连线，通常是铝（Al）、铝铜合

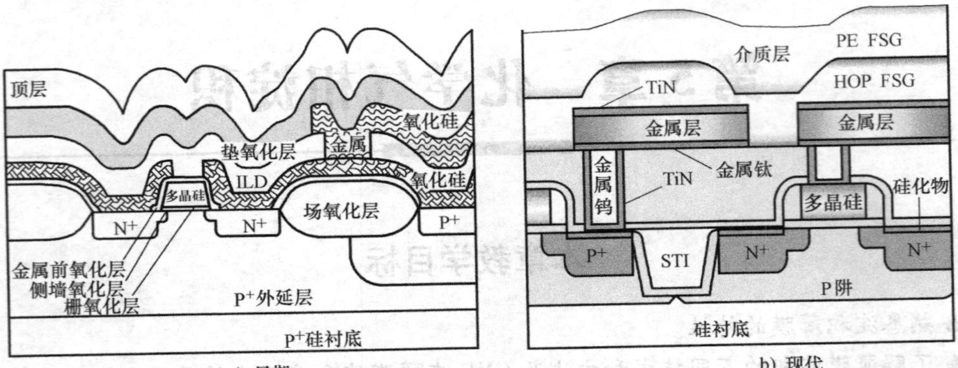

a) 早期　　　　b) 现代

图 5-1　早期和现代 MOS 结构中的各层薄膜

金、铜（Cu）以及在互连接触中作为某些特殊用途的难熔金属钛（Ti）、钨（W）和难熔金属硅化物（如 $TiSi_2$ 等）等。从半导体产生开始，铝或铝合金已经被用作互连线。然而现代工业界正在向铜金属化过渡，以增加芯片速度并减少工艺步骤。

2）常见的绝缘薄膜材料有二氧化硅（SiO_2）、掺杂二氧化硅（如 PSG、BPSG）、氮化硅（Si_3N_4）等。SiO_2 的用途在前面章节已经详细介绍过。SiO_2 作为金属层之间的介质层（ILD），充当两层导电金属或者相邻金属线条之间的隔离膜，通常使用化学气相淀积的方法制备。而 Si_3N_4 则因其有良好的致密性常被用做硅片最终钝化保护层和掩膜材料。

3）半导体薄膜材料主要有多晶硅、外延硅层等。掺杂的多晶硅常用于制备 MOS 管中的栅极，称为多晶硅栅。外延层是在硅衬底上使用淀积的方法生长的一层薄的单晶层，外延层在优化器件性能方面提供了很大的帮助。

5.1.3 半导体制造中对薄膜的要求

在图 5-1 中给出了制作一个早期 NMOS 管所需的淀积层。图中器件的特征尺寸远大于 1μm。由于特征高度的变化，硅片上的各层薄膜并不平坦，质量不高。这成为超大规模集成电路时代所需的多层金属、高密度芯片制造的限制因素。随着硅片加工向更高的芯片密度发展，特征尺寸缩小到 90nm 甚至更小，而且需要用到 6 层甚至更多层金属来做连接。这使得在硅片上可靠地沉积符合要求的薄膜材料至关重要。

为了满足器件性能的要求，在硅片加工中的薄膜必须具备以下特性：

1. 良好的台阶覆盖能力

理想的台阶覆盖是指薄膜在硅片表面各个方向上厚度一致，也称为共形台阶覆盖，如图 5-2a 所示。然而在实际的工艺过程中，如果不能够很好地控制，则很容易在尖角处以及沿着垂直侧壁到底部的方向出现厚度不均的情况，如图 5-2b 所示。这有可能因遮蔽效应而使台阶底部薄膜断裂。

2. 填充高的深宽比间隙的能力

通常用深宽比来描述一个小间隙（如槽或孔），深宽比定义为间隙的深度和宽度的比值，比如 2:1，这表示间隙的深度是宽度的两倍。一个间隙也可以用其开口部分的宽度来描述，如 0.25μm。

典型的高深宽比结构是金属层之间介质中的通孔，通常高深宽比通孔的薄膜淀积是使用填充能力较好的 CVD 法和使用金属钨作为填充材料，如图 5-3a 所示。深宽比的典型值大于 3∶1，高深宽比的结构难于淀积形成厚度均匀的膜，并且易产生夹断和空洞，如图 5-3b、c 所示。随着高密度集成电路尺寸的不断减小，对于高的深宽比的间隙可以进行均匀、无空洞填充，淀积工艺显得至关重要。

3. 良好的厚度均匀性

良好的厚度均匀性要求硅片表面各处薄膜厚度一致，厚度均匀性可分为片内均匀性、片间均匀性、批内均匀性以及批间均匀性，均匀性计算方法见 5.6。材料的电阻会随薄膜厚度的变化而变化。并且膜层越薄，就会有更多的缺陷，如针孔等，这会导致膜本身的机械强度降低。

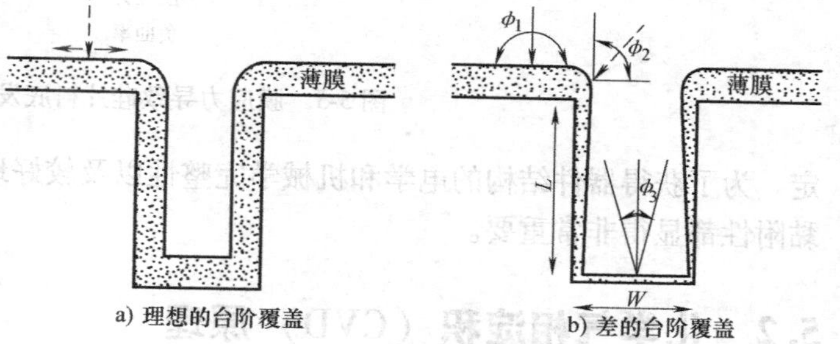

图 5-2　薄膜的台阶覆盖

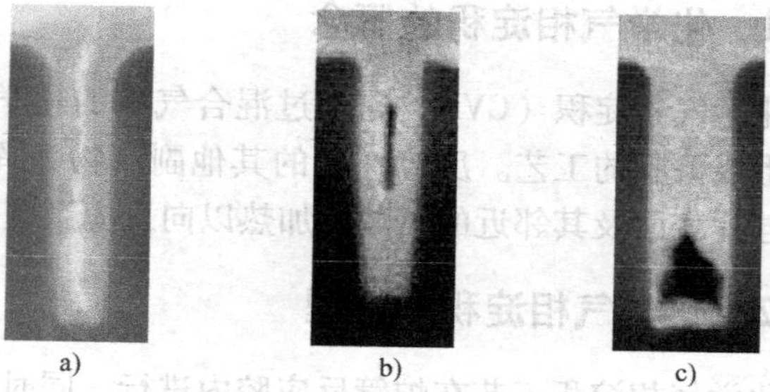

图 5-3　高深宽比通孔填充效果比较

4. 高纯度和高密度

薄膜淀积需要避免沾污物（如可动离子沾污）和颗粒，这需要洁净的薄膜淀积过程和高纯度的材料。对于某些关键的膜层要求其有较高的致密性。与无孔的膜相比，一个多孔的膜致密性低且在一些情况下折射率也更小。

5. 高度的结构完整性和低的膜应力

在淀积过程中，淀积物趋向聚集并生成晶粒，如图 5-4 所示。晶粒尺寸上的变化也会产生电性能和机械特性上的差异。同时晶粒尺寸与铝膜的电迁徙现象（将在第 6 章中介绍）有直接关系。膜应力是对淀积的薄膜的另一种特性上的要求。淀积时附加额外应力的薄膜将通过裂隙的形成而释放此应力。膜应力会使硅片衬底发生变形，如图 5-5 所示，严重时会导致开裂、分层或者空洞的形成。

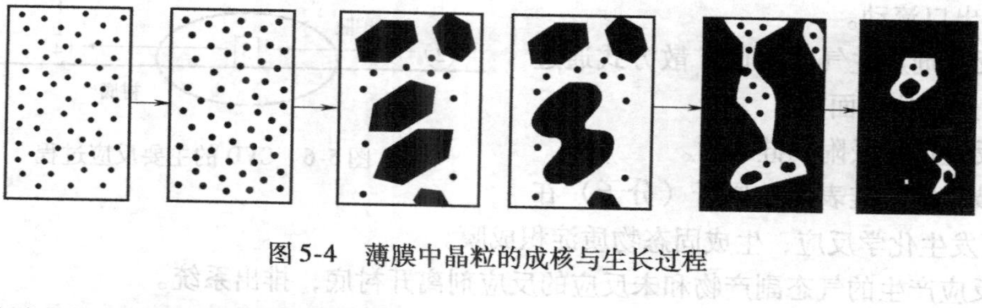

图 5-4　薄膜中晶粒的成核与生长过程

6. 对衬底材料或下层膜良好的黏附性

良好的黏附性是薄膜必须具备的重要特性之一。黏附性是为了避免薄膜分层和开裂，开裂的膜导致膜表面粗糙并且容易在开裂处引入杂质。对于起隔离作用的膜，开裂会导致电短路或者漏电流。薄膜表面的黏附性由表面洁净程度、薄膜能与之合金的材料类型等因素决

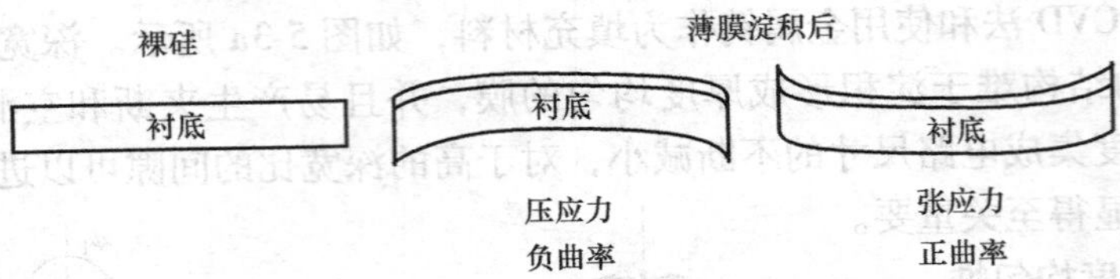

图 5-5 膜应力导致硅片衬底发生变形

定。为了获得器件结构的电学和机械学完整性以及较好地进行后续的工艺步骤，薄膜良好的黏附性都显得非常重要。

5.2 化学气相淀积（CVD）原理

5.2.1 化学气相淀积的概念

化学气相淀积（CVD）是通过混合气体的化学反应生成固体反应物并使其淀积在硅片表面形成薄膜的工艺。反应产生的其他副产物为挥发性气体，离开硅片表面并被抽出反应腔。硅片表面及其邻近的区域被加热以向反应系统提供附加的能量。

5.2.2 化学气相淀积的原理

化学气相淀积工艺在炉管反应腔内进行，同时必须使化学反应发生在硅片表面或者非常接近表面的区域（表面催化），这样可以生成高质量的薄膜。而如果反应发生在距离硅片表面较远的地方，会导致反应物粘附性差、密度低和缺陷多，这是必须避免的。以利用硅烷和氧气经过化学反应淀积 SiO_2 膜为例，其反应的生成物 SiO_2 淀积在硅片表面，同时生成了气态的副产物氢气，氢气经排气系统排出炉管外。反应式如下：

$$SiH_4 + O_2 \xrightarrow{加热} SiO_2 + 2H_2 \uparrow$$

化学气相淀积主要的反应过程如图 5-6 所示，主要包括以下 5 个步骤：

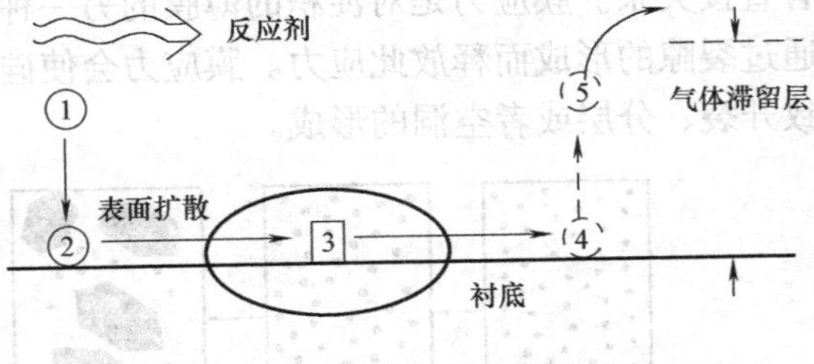

图 5-6 CVD 的主要反应过程

① 气态反应剂被输送至反应腔，以平流形式向出口流动。

② 反应剂从主气流区以扩散方式通过边界层到达硅片表面。

③ 反应剂被吸附到硅表面。

④ 被吸附到硅表面的原子（分子）在衬底表面发生化学反应，生成固态物质淀积成膜。

⑤ 反应产生的气态副产物和未反应的反应剂离开衬底，排出系统。

5.3 化学气相淀积设备

所有类型的化学气相淀积设备都由反应腔、气体传输系统、排气系统和工艺控制系统组成。根据反应腔中的压力和提供的反应能量的不同，化学气相淀积（CVD）设备可分为常压化学气相淀积（APCVD）、低压化学气相淀积（LPCVD）、等离子体辅助 CVD。其中等离子体辅助 CVD 包括等离子体增强 CVD（PECVD）和高密度等离子体 CVD（HDPCVD）两种。APCVD 和 LPCVD 可以用一炉管同时淀积大量硅片，进行批量加工。但是目前在硅片生产中采用的最先进的淀积设备是单一硅片工艺。

根据 CVD 反应腔加热模式的不同，反应腔可分为热壁反应腔和冷壁反应腔。热壁反应腔使用的加热方法是热电阻环绕着反应腔形成一个热壁反应器，不仅加热硅片，还加热硅片的支持物以及反应腔的侧壁。这种模式会在反应腔的侧壁上形成膜，因而要求经常清洗或者原位清除来减小颗粒沾污。冷壁反应腔只加热硅片和硅片支持物，反应腔的侧壁温度较低没有足够的能量发生淀积反应，在反应腔中可以采用如 RF 感应加热或者红外线加热方式。

5.3.1　APCVD

常压化学气相淀积（APCVD）是指在一个大气压下进行的一种化学气相淀积的方法，这是最初采用的 CVD 方法。这种方法工艺系统简单，工艺温度为 400 ~ 600℃，反应速度和淀积速度快（淀积速度可达 1000 nm/min），但其淀积的薄膜均匀性较差，气体消耗量大，且台阶覆盖能力差，因此 APCVD 常被用于淀积相对较厚的介质层（如 PSG 或 BPSG 等）。

APCVD 系统如图 5-7 所示，该设备采用传输装置来传送硅片，使其表面通过流动在反应器中部的反应气体。

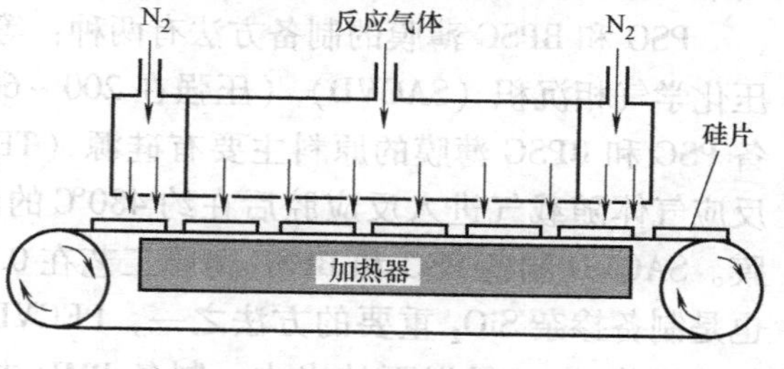

图 5-7　APCVD 系统

通常在高温环境时，硅片表面的反应速度比较快，此时反应对气流量要求比较高，淀积速度受气体流量限制，因此气流供给和硅片放置的设计显得比较重要，图 5-7 所示的系统能提供足够的气流以满足快速反应的要求。这导致 APCVD 有高的气体消耗量问题，并且需要经常清洁反应腔。

APCVD 最经常的应用是淀积 SiO_2 和掺杂的氧化硅（如 PSG、BPSG、FSG 等）。这些薄膜通常作为层间介质（ILD）、保护性覆盖物或者用于表面平坦化等。下面具体介绍利用 APCVD 制备 SiO_2 和掺杂 SiO_2 的方法。

1. SiO_2 的淀积

淀积 SiO_2 最常采用的方法有两种：硅烷（SiH_4）法和 TEOS-O_3 法。

1）硅烷（SiH_4）法是用 O_2 氧化 SiH_4 来淀积 SiO_2。反应式如下：

$$SiH_4 + O_2 \xrightarrow{加热} SiO_2 + 2H_2 \uparrow$$

纯 SiH_4 气体在空气中极其易燃且不稳定，因此为了更安全地使用 SiH_4，在 SiH_4 通入气路管道之前必须先通入氮气将气路里的空气排出，否则容易发生爆炸，并使用氩气或氮气将 SiH_4 稀释到很低含量（体积百分比一般是 2% ~10%）。反应可以在低温（约 400℃）下进行，主要用于铝连线上，作为 ILD 的 SiO_2 淀积。这种方法的台阶覆盖能力和间隙填充能力都很差，因此对于关键的 ULSI 应用来说，APCVD 方法并不适用。

2）TEOS-O_3 法是使用正硅酸乙酯（TEOS）与 O_3 反应淀积 SiO_2。反应式如下：

$$2Si(C_2H_5O_4)+3O_3 \rightarrow 2SiO_2+5H_2O\uparrow+4CO_2$$

正硅酸乙酯（TEOS）分子式为 Si（$C_2H_5O_4$），是一种有机液体。通常用一种输运气体（如氮气），传送 TEOS 气体混合物到达反应腔。臭氧 O_3 有很强的反应活性，可使 TEOS 分解，该反应可以在低温下（400℃）进行。用 TEOS-O_3 淀积的 SiO_2 膜多孔，因而通常需要回流工艺来去掉潮气并增加膜密度。回流增加了一个工艺步骤，增加了热预算。TEOS-O_3 法淀积的主要优点是比硅烷法有较优良的高深宽比槽（如浅槽隔离中的倒槽）的覆盖填充能力。

2. 掺杂 SiO_2 的淀积

前面介绍的介质层（ILD）可分为第一层金属前电介质（PMD）以及金属层间电介质（IMD）。通常采用掺杂的 SiO_2 作为第一层金属前电介质（PMD）。掺杂 SiO_2 是指在 SiO_2 中掺入磷、硼等化学物质。SiO_2 中掺入磷杂质（P_2O_5）称为磷硅玻璃（PSG），而掺入硼（B_2O_3）和磷（P_2O_5）则称为硼磷硅玻璃（BPSG），不掺杂的 SiO_2 称为硅玻璃（USG）。采用掺杂 SiO_2 的原因有以下两点：其一，PSG 和 BPSG 可吸收钠离子，以减少钠离子对器件的沾污。其二，PSG 和 BPSG 在高温条件下某种程度上具有像液体一样的流动能力，因此淀积 PSG 和 BPSG 薄膜后再进行回流工艺可使薄膜具有很好的填孔能力，并且能够使整个硅片表面平坦化，从而有利于光刻及后道工艺，以 PSG 为例的回流工艺如图 5-8 所示。

PSG 和 BPSG 薄膜的制备方法有两种：等离子体增强化学气相沉积（PECVD）和次大气压化学气相沉积（SACVD）（压强在 200 ~ 600Torr 之间）（1Torr = 133.322Pa）。SACVD 制备 PSG 和 BPSG 薄膜的原料主要有硅源（TEOS）、硼源（TEB）、磷源（TEPO）和 O_3 等。反应气体随载气进入反应腔后在约 480℃ 的温度下发生热分解并反应生成 PSG 或 BPSG 薄膜。SACVD 制备 PSG 和 BPSG 薄膜工艺在 0.13μm 以上技术中仍然在普遍使用。而 PECVD 也是制备掺杂 SiO_2 重要的方法之一，PECVD 由于存在等离子体而会对硅片造成一定的损伤。目前 65nm 及以下技术中，制备 PMD 电介质的主要方法是采用高密度等离子体工艺（HDPCVD）。

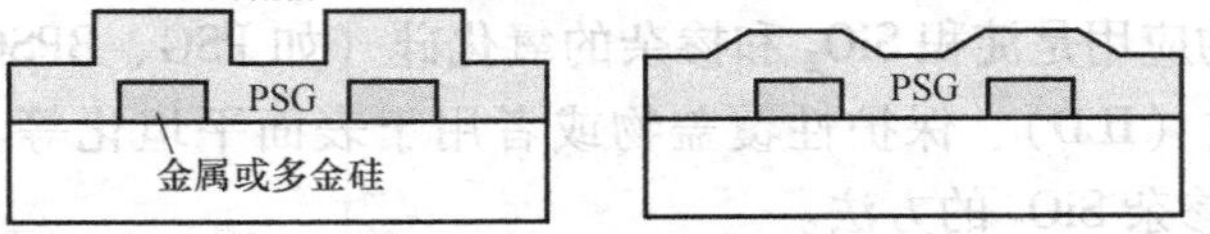

图 5-8 PSG 回流后表面平坦化

5.3.2 LPCVD

与 APCVD 相比，LPCVD 加入了真空系统，其真空度约 0.1 ~ 5Torr，反应温度一般为 300 ~ 900℃。反应腔内真空度被降低，其效果是明显增大了反应气体分子的平均自由程 λ（大量气体分子在两次碰撞之间路程的平均值，如图 5-9 所示），使气体分子更加容易扩散至硅片表面，硅片表面的反应气体非常充分。基于这种气体传输状态，反应腔内的气流条件并不重要，允许反应腔设计优化以得到更高的产量（例如，硅片可以密集摆放）。因此与 APCVD 不同的是，LPCVD 的淀积速度受到化学反应速度限制。LPCVD 系统有更低的成本、更高的产量、更好的膜性能及具有优良的台阶覆盖能力和均匀性（均匀性可达 5%），从而得到更加广泛的应用。

LPCVD 系统如图 5-10 所示，反应在标准的立式或卧式的反应炉中进行，大量硅片（150～200 片）垂直放置。装片后，反应腔被抽至高真空度，通入反应气体后，反应腔大气压强增至 0.5Torr 左右。当淀积结束后，关闭所有气体入口，再抽至高真空度，最后用氮气快速充满反应腔至大气压强以保持炉管洁净。

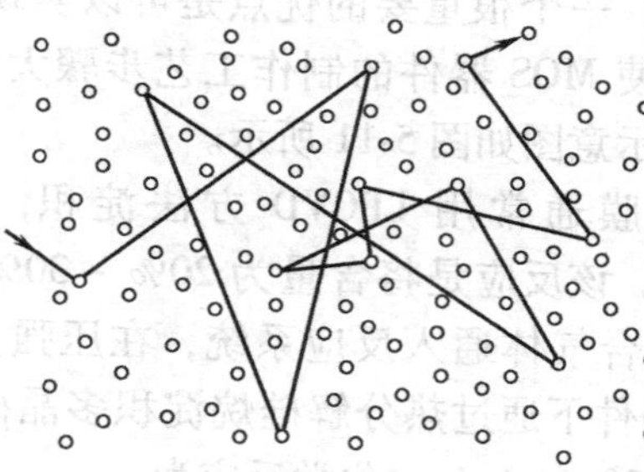

图 5-9 气体分子的运动轨迹

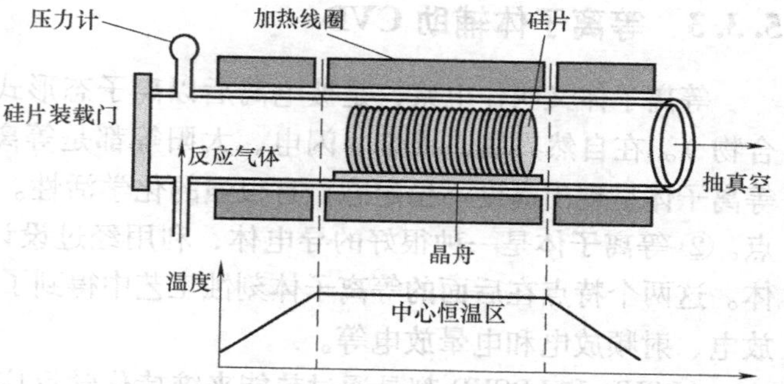

图 5-10 LPCVD 系统

为了在很长的反应腔体内获得均匀的温度控制，LPCVD 反应通常是热壁型的，这导致反应颗粒容易淀积在反应器的内壁上，以至反应炉管必须经常清洗。传统的管道清洁方法是取出脏的石英管，换上以前清洗过的管子，然后清洗刚取出的石英管以备后用。

LPCVD 常用于 SiO_2、Si_3N_4 和多晶硅薄膜的淀积。

1. SiO_2 的淀积

LPCVD 淀积 SiO_2 同样可采用硅烷（SiH_4）和 TEOS 气体作为硅源制备 SiO_2，与 APCVD 方法类似。不同之处在于 LPCVD 采用 TEOS 制备 SiO_2 是在低压及温度在 650～750℃下进行，并且不需加入 O_3，但是可以加入 O_2（也可以不加）。由于真空下气体分子在硅表面的快速扩散，因此 LPCVD 可以制作台阶覆盖能力和均匀性优异的 SiO_2（片内均匀性可达 0.6%）。TEOS 是液态源，需要利用载流气体（如 N_2、O_2 等）以鼓泡方式将其携带进入反应腔。

2. Si_3N_4 淀积

Si_3N_4 是类似于 SiO_2 的另一种常用的绝缘介质材料，通常被用作硅片最终的钝化保护层，因为它能很好地抑制杂质和潮气的扩散，也被用作刻蚀掩膜材料（称为硬掩膜）。Si_3N_4 有高的介电常数（即 k 值为 6.9，CVD 淀积的 SiO_2 的 k 值为 3.9），因而不能作为 ILD 绝缘介质，它会导致导体之间产生大的电容。

Si_3N_4 的制备通常是采用 LPCVD 系统，在约 800℃的条件下，通入二氯硅烷（$SiCl_2H_2$）和氨气（NH_3）进行 Si_3N_4 淀积。反应方程式如下：

$$3SiCl_2H_2 + 4NH_3 \xrightarrow{\text{加热}} Si_3N_4 + 6HCl\uparrow + 6H_2\uparrow$$

另一种制备 Si_3N_4 的方法是等离子体增强化学气相淀积（PECVD），通入的气体通常是 SiH_4、NH_3 和 N_2，其原理是将反应气体离子化并反应生成 Si_3N_4，之后使其淀积在硅片上。

3. 多晶硅淀积

在 MOS 器件中，栅电极的制备可以是金属，也可以是掺杂的多晶硅。掺杂的多晶硅栅电极与金属栅相比有很多优点。比如多晶硅熔点高，可进行后续的高温工艺；比金属栅有更高的可靠性；一个很重要的优点是可以实现自对准工艺，从而使 MOS 器件的制作工艺步骤大大减少，自对准工艺示意图如图 5-11 所示。

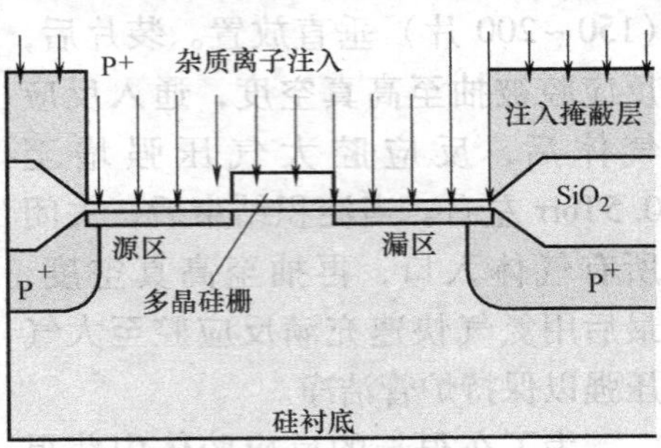

图 5-11 多晶硅栅自对准工艺示意图

多晶硅膜通常用 LPCVD 方法淀积，温度为 575～650℃，该反应是将含量为 20%～30% 的硅烷和氮气的混合气体通入反应系统，在压强为 0.2～1.0Torr 的条件下通过热分解硅烷淀积多晶硅。淀积速率为 10～20nm/min。化学反应为

$$SiH_4 \xrightarrow{\text{加热}} Si + 2H_2 \uparrow$$

5.3.3 等离子体辅助 CVD

等离子体又叫作电浆，是被电离后以离子态形式存在的气体（正离子和电子组成的混合物）。在自然界里，火焰、闪电、太阳等都是等离子体。等离子体有以下两个特点：① 等离子体呈现出高度不稳定态，有很强的化学活性。等离子体辅助 CVD 就是利用了这个特点。② 等离子体是一种很好的导电体，利用经过设计的磁场可以捕捉、移动和加速等离子体。这两个特点在后面的等离子体刻蚀工艺中得到了很好的利用。等离子体产生方法有辉光放电、射频放电和电晕放电等。

APCVD 和 LPCVD 都是通过热能来维持化学反应的。而等离子体辅助 CVD 主要依赖于等离子体的能量。使用等离子体辅助 CVD 的优点是：

1）有更低的工艺温度（250～450℃）。
2）对高的深宽比间隙有好的填充能力（用高密度等离子体 CVD）。
3）淀积的膜对硅片有优良的黏附能力。
4）有较高的淀积速率。
5）有较少的针孔和空洞，因而有较高的膜密度。
6）腔体可利用等离子体清洗。

等离子体辅助 CVD 可分为等离子体增强 CVD（PECVD）和高密度等离子体 CVD（HDPCVD）两类。

1. 等离子体增强 CVD

等离子体增强 CVD（PECVD）是以离子体能量为主来产生并维持 CVD 反应的，这使得 PECVD 允许在较低的反应温度（约 400℃以下）下进行。反应温度的降低可使很多工艺获得方便。例如：LPCVD 法淀积最终钝化层氮化硅时反应温度在 800℃以上。而铝（Al）的熔点约 660℃，因此不能用 LPCVD 法在 Al 上淀积氮化硅，此时低温的 PECVD 工艺被采用。

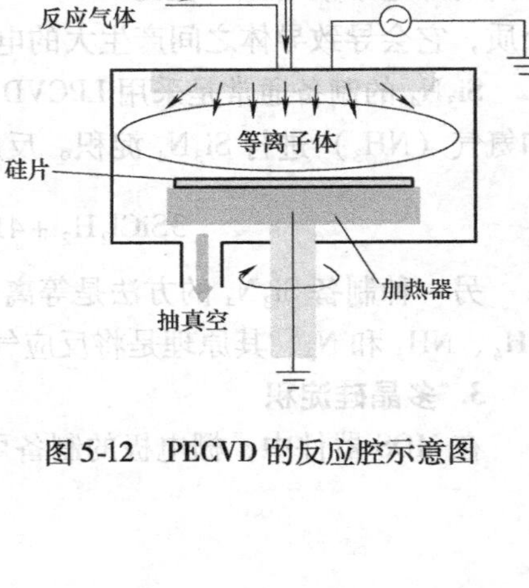

图 5-12 PECVD 的反应腔示意图

图 5-12 为 PECVD 的反应腔示意图。反应在真空腔中进行，硅片（一片或多片）被放置在下面的托盘

上，电极施加射频（RF）功率。当反应气体流入到反应腔中部时就会在RF的作用下形成等离子体，反应生成的气体副产物被抽出腔体。

PECVD是典型的冷壁等离子体反应，硅片被加热到较高温度而其他部分未被加热。冷壁反应可使产生的颗粒更少，可减少清洗的时间和次数。此外PECVD反应腔还具有在淀积前利用等离子体对硅片进行刻蚀清洗的功能。这种原位的清洗可清除在硅片装载过程中产生的污染。

PECVD法制备薄膜是使通入的气体在等离子体状态下反应，工艺温度低于400℃。以下是PECVD法制备SiO_2、SiN、PSG、BPSG等薄膜的反应式。

$$SiH_4 + N_2O \longrightarrow SiO_2 + \text{byproduct};\ (k \approx 3.9)$$

$$TEOS - Si(OC_4H_5)_4 \longrightarrow SiO_2 + \text{volatile organics}$$

$$SiH_4 + N_2 + NH_3 \longrightarrow SiN + \text{byproduct};\ (k \approx 7.0)$$

$$SiH_4 + 2H_2O + N_2 + P_2O_5 \longrightarrow P_2O_5 - SiO_2(PSG) + 3N_2 + 2H_2$$

$$SiH_4 + 2N_2O + N_2 + P_2O_5 + B_2O_3 \longrightarrow B_2O_3 - P_2O_5 - SiO_2(BPSG) + 3N_2 + 2H_2$$

PECVD制备的薄膜有很好的均匀性、良好的台阶覆盖能力和较少的针孔。然而PECVD对小尺寸的高深宽比间隙的填充能力不是很理想，此时通常采用高密度等离子体CVD（HDPCVD）。

2. 高密度等离子体CVD

随着半导体器件特征尺寸的显著减小，相应地也对芯片制造工艺提出了更高的要求，其中一个具有挑战性的难题就是绝缘介质在各个薄膜层之间进行均匀无孔的填充以提供充分有效的隔离保护，包括浅槽隔离（STI）、金属前绝缘层（PMD）、金属层间绝缘层（IMD）以及对小尺寸的高深宽比间隙的填充等。HDPCVD工艺自20世纪90年代中期开始被先进的芯片工厂采用以来，以其卓越的填孔能力、稳定的淀积质量、可靠的电学特性等诸多优点而迅速成为先进工艺的主流。

HDPCVD利用RF源在低压状态下制造出高密度的等离子体，等离子体在低压下以高密度混合气体的形式直接接触反应腔中硅片的表面。淀积过程中RF偏压被施加于硅片上，从而给反应腔中的高能离子定方向，推动高能离子脱离等离子体而直接接触到硅片表面，同时偏压也用来控制离子轰击硅片的能量。由于高密度的等离子体加上硅片偏压产生的方向性，使HDPCVD可以填充深宽比为4:1甚至更高的间隙。

（1）同步淀积和刻蚀　HDPCVD的一个突破创新之处就在于能在同一个反应腔中同步地进行淀积和刻蚀的工艺。具体来说，常见的HDPCVD淀积工艺通常是通入反应气体来实现淀积的。而如果在反应腔中加入Ar离子，则在硅片上偏压的条件下会使Ar离子加速并轰击硅片，从而实现刻蚀功能，在淀积和刻蚀的同步作用下实现对高深宽比的间隙进行填充，如图5-13所示。

（2）浅槽隔离　对于特征尺寸在0.35μm以上的器件，通常采用局部氧化（LOCOS）技术来隔离，如图5-14a所示。而浅槽隔离是深亚微米级器件之间的隔离技术，如图5-14b所示，通常使用的薄膜材料是不掺杂的硅玻璃（USG），主要由HDPCVD方法制备。随着半导体特征尺寸向65nm乃至更精细的结构发展，对浅槽隔离提出了更高的要求，个别器件的

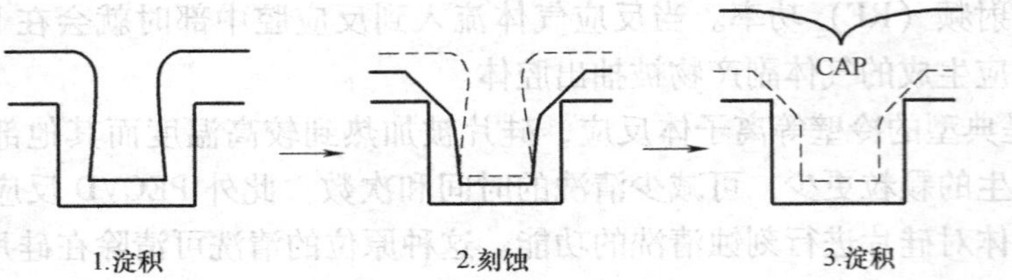

图 5-13 同步淀积和刻蚀

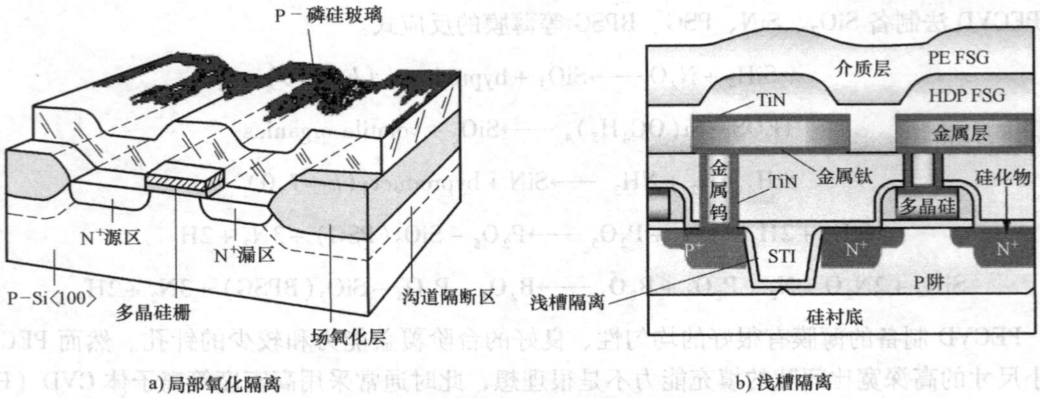

图 5-14 两种 MOS 器件间的隔离

浅槽结构的深宽比达到了 6∶1 甚至更高，这无疑对 HDPCVD 工艺是个巨大的挑战。人们在现有 HDPCVD 工艺的基础上，通过选择合适的工艺参数，引入新的反应气体（如氦气、氢气等）以及新的填充流程（采用同步淀积刻蚀和分步填充）等多种手段依然能很好地满足填孔的要求。

3. 多腔集成 CVD 设备

多腔集成是 CVD 设备系统的最新技术，如图 5-15 所示。整个 CVD 设备由多个反应腔组成并处于真空状态，每个腔体内部相对腔体外部有较高真空度。硅片在两种不同级别真空环境下的移动是通过加载互锁真空室（LOAD LOCK）来实现的。硅片经过的路径如图 5-15 中右侧框图所示。反应腔 A、B、C 分别用于淀积不同薄膜材料，冷却腔（COOL DOWN CHAMBER）的用途是将加工后的硅片冷却。由蛙式机械手将单个硅片依次传送至这些腔体中，实现不同薄膜的连续淀积。

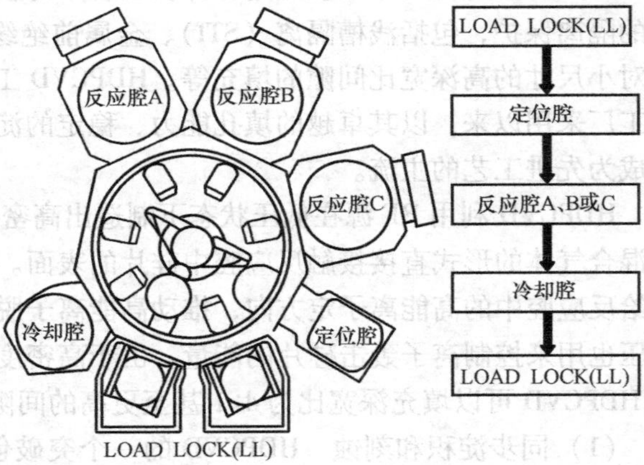

图 5-15 多腔集成 CVD 设备

5.4 CVD 工艺流程及设备操作规范

CVD 常用于淀积非金属材料，如 SiO_2、Si_3N_4、多晶硅、PSG、BPSG 等。下面以淀积

Si_3N_4 薄膜材料为例介绍常见的 CVD 工艺流程。Si_3N_4 在器件制造中可以用作局部氧化扩散掩蔽层、刻蚀的掩蔽层、绝缘介质层等。Si_3N_4 另一重要的性质是对 O_2、Al、Ga 特别是 H_2O 和 Na 的强力阻挡作用，使它成为一种较理想的硅片最终钝化保护材料。

Si_3N_4 作为局部氧化扩散掩蔽层的工艺流程如图 5-16 所示。第一步，如图 5-16a 所示，在硅衬底表面氧化生长薄的 SiO_2 层，再在其表面 LPCVD 淀积 Si_3N_4 层（约 400nm），详见 5.3.2 节中 Si_3N_4 淀积部分。第二步，利用光刻和刻蚀工艺制作出图 5-16b 所示的形状。第三步，清洗后进行高温场区氧化，在未被 Si_3N_4 掩蔽部分形成了约 1μm 的局部氧化隔离层，其作用是对相邻两器件之间进行隔离，如图 5-16c 所示。

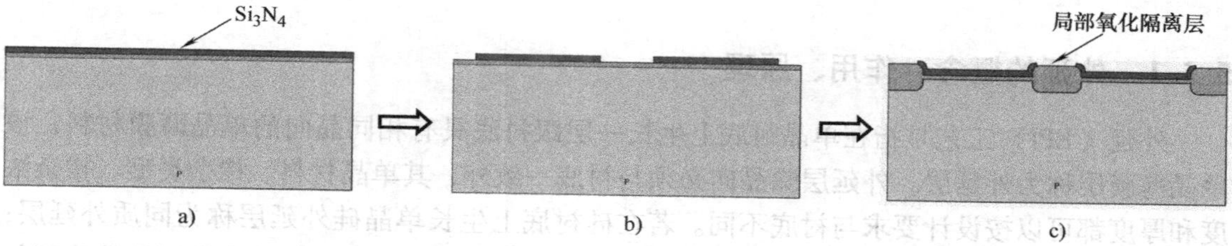

图 5-16　Si_3N_4 作为局部氧化扩散掩蔽层的工艺流程

Si_3N_4 作为钝化保护层的工艺结构如图 5-17 所示。由于铝（Al）的熔点约 660℃，因此不能用 LPCVD 法在 Al 上淀积氮化硅（工艺温度较高），因此起最终硅片钝化保护作用的 Si_3N_4 层通常采用低温（450℃以下）的 PECVD 工艺，反应气体通常是 SiH_4、NH_3 和 N_2。

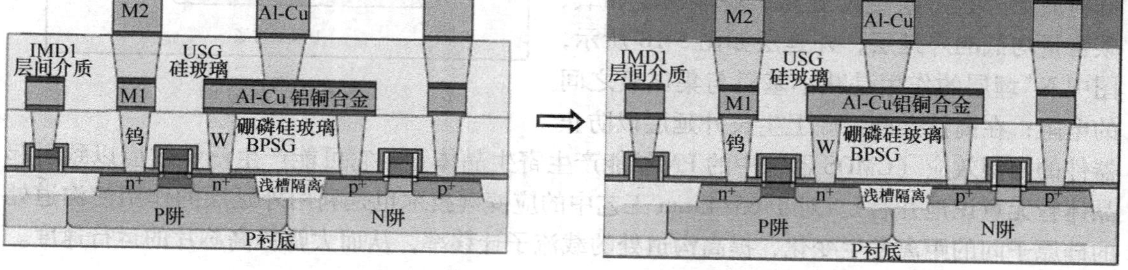

图 5-17　Si_3N_4 作为钝化保护层工艺结构

典型 PECVD 设备操作规范如下：

1. 准备工作

1）准备好清洗过并甩干的硅片，进行流程卡、生产批号、待生产工序等内容的核对工作。

2）检查设备的各项外围动力条件如纯水、压缩空气、氮气等是否正常。按照《PECVD 设备操作规程》的操作方法开启 PECVD 设备。

3）检查硅烷等各气路管道吹扫氮气是否在正常值范围，打开真空泵，打开硅烷、氨气、氮气。

2. 工艺操作

1）装片。取出“LOAD LOCK”门上的金属片架，将清洗好的硅片装入，同时用硅片定位器使所有硅片的定位面朝下，关闭“LOAD LOCK”门（“LOAD LOCK”是加载互锁真空室，指硅片从外界进入高真空度室的过渡腔）。

2）选择工艺菜单。进入编辑界面后，对实际需加工的硅片数等参数进行编辑，然后选择设定好的菜单，按“START”开始执行工艺。

3）卸片。工艺结束后从“LOAD LOCK”中取出硅片，并关闭“LOAD LOCK”门。

4）测量。对测试片进行质量检测（包括膜厚、折射率、应力和针孔密度等）。

5.5 外延

5.5.1 外延的概念、作用、原理

外延（EPI）工艺是指在单晶衬底上生长一层跟衬底具有相同晶向的单晶薄膜材料，该单晶薄膜层称为外延层。外延层除晶向必须与衬底一致外，其单晶材料、掺杂类型、掺杂浓度和厚度都可以按设计要求与衬底不同。若在硅衬底上生长单晶硅外延层称为同质外延层；若在硅衬底上生长锗外延层称为异质外延层；若在重掺杂衬底上生长轻掺杂外延层称为正外延；在轻掺杂衬底上生长的重掺杂外延层称为反外延。外延层的掺杂厚度、浓度、轮廓等属性容易控制而不受硅衬底影响，因此这为设计者在优化器件性能方面提供了很大的灵活性。

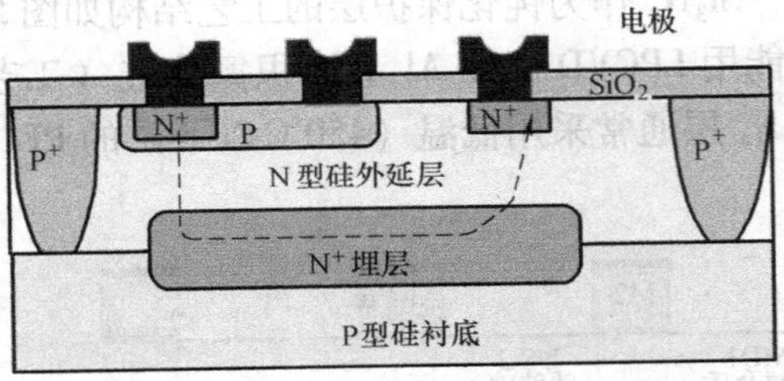

图5-18　外延层

外延层在集成电路制造中应用十分广泛，例如，硅片制造中为了改善器件的性能通常在硅衬底上外延一层纯度更高、缺陷密度和氧、碳含量均低的外延层，外延层如图5-18所示，图中N^+埋层的作用是减小基极与集电极之间的电阻；在高掺杂硅衬底上生长外延层以防止器件的闩锁效应（CMOS器件中的PN结能产生寄生晶体管，它可能产生闩锁效应以致引起晶体管无意识地开启）。对于65/45nm工艺中的应变硅技术也是利用外延层的作用使沟道处的硅原子间的距离发生变化，提高沟道处的载流子迁移率，从而大幅提高芯片的运行速度。

5.5.2 外延生长方法

外延生长有两个重要条件：一是必须去除表面的自然氧化层及硅片表面的杂质，如果表面有一层薄的二氧化硅、非晶态层表面或污染物，则会影响外延生长原子的正确定位，结果导致薄膜结构为多晶硅或形成缺陷较多的单晶；二是衬底的表面温度足够高（气相外延时），只有在高温的情形下，淀积在衬底上的硅原子才有足够的动能移动到适当的位置与衬底形成一致晶向的单晶，而低温淀积形成的薄膜为多晶。

集成电路通常采用气相外延（VPE）和分子束外延（MBE）两种方法。

1. 气相外延

硅片制造中最常用的硅外延方法是气相外延，其设备与CVD类似，根据反应炉结构不同，通常可分为卧式反应炉、立式反应炉和桶式反应炉，其示意图如图5-19所示。这些设备都是对硅片批量加工，但是如今先进的外延设备一般为单片反应腔，能在100s之内将硅

片加热到1100℃以上。外延反应可用的气体源包括 $SiCl_4$、SiH_2Cl_2（DCS）、$SiHCl_3$（TCS）。当反应温度为800~1150℃时，硅片表面通过含有所需化学物质的气体化合物，就可以实现气相外延。

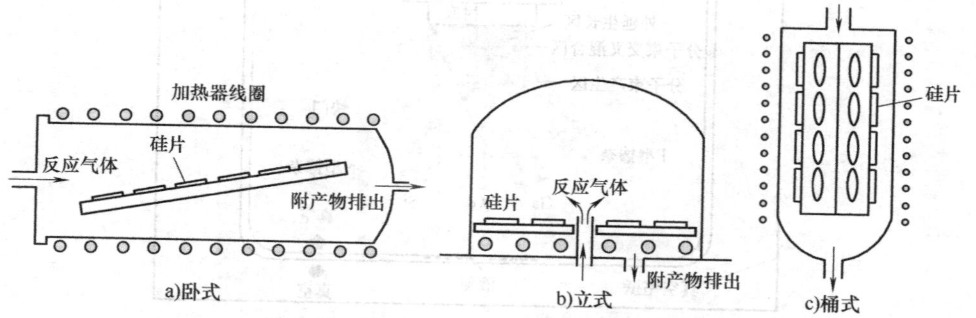

图5-19 卧式、立式和桶式反应炉示意图

硅气相外延主要的步骤如下：

1）清洁。在进行外延沉积之前一般都需要用 H_2 进行烘烤（bake）和清洗，其目的在于原位去除硅片表面的自然氧化层和其他杂质，为后续的外延沉积准备出洁净的硅表面状态。

2）换气。在硅片进入反应炉内之前，应先通入氮气将反应炉内的空气排出，净化反应炉，接着再通入氯化氢气体。

3）装炉。将清洁好的硅片放在已处理好的石墨加热器（即石墨基座）上，装入反应炉内。石墨基座被用来支撑硅片的同时起到加热的作用，且都使用射频加热方式。

4）原位抛光。在外延生长前，在高温下对反应管内的硅片用干燥氯化氢、溴或溴化氢进行原位抛光，其目的是用化学方法腐蚀掉硅片表面一薄层硅以去除氧化层，减少硅片表面缺陷和晶格损伤，通常抛光时间为5~10min。抛光反应式为

$$Si + 4HCl \rightarrow SiCl_4\uparrow + 2H_2\uparrow$$

5）外延生长。抛光结束后必须将附产物和反应气体排出，然后通入 $SiCl_4$、DCS或TCS等硅氯化物，同时掺杂气体（如 PH_3、AsH_3 或 B_2H_6）也一起被通入反应腔内从而实现对外延层进行掺杂。掺杂浓度由杂质气体浓度决定，外延层掺杂浓度为 10^{14} ~ 10^{20} 个/cm^3。此外，外延掺杂的另一方法是在外延结束后，采用离子注入或扩散的方式进行外延层掺杂。通入反应气体并确定好反应温度和气体流量后，反应腔就会产生必要的化学和物理反应并淀积掺杂的外延层。

6）取片。外延生长结束后通入氢气将反应气体排出，其目的是避免形成多晶硅，同时缓慢降温至室温。接着通入氮气将氢气排出后打开反应腔，取出硅片。

2. 分子束外延

分子束外延是一种在衬底上生长一层高质量的单晶材料的新技术。分子束外延通常用于在衬底上淀积GaAs外延层和硅外延层，需要超高真空和低温（500~900℃）的条件。

分子束外延系统设备示意图如图5-20所示，在超高真空条件下，由装有各种所需组分（如Ga、As、Si等）的炉子经电子束加热而产生的蒸气（类似下一章中的蒸发工艺），经小孔准直后形成的分子束或原子束，直接喷射到适当温度的单晶衬底上，同时控制分子束对衬

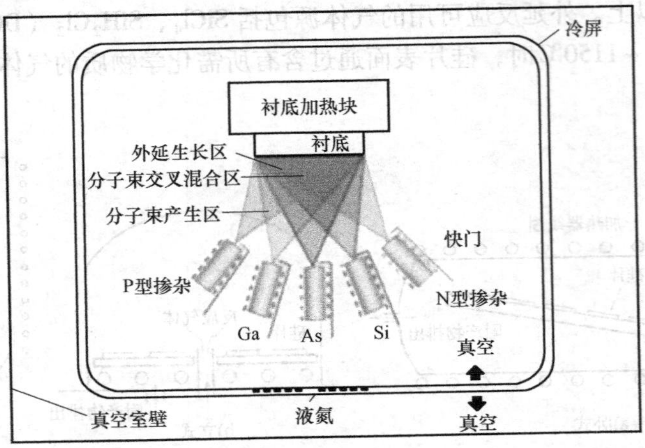

图5-20 分子束外延系统设备示意图

底的扫描，就可使分子或原子按晶体排列一层层地长在衬底上并形成薄膜。

与气相外延相比，分子束外延有以下特点：

1）超高真空工艺可以制备高质量（良好的均匀性、纯度和较低的晶体缺陷等）单晶薄膜。

2）低温生长，减少自掺杂。

3）薄膜厚度、成分和浓度可严格控制，可实现厚度在原子层级别的超薄薄膜沉积。

4）系统加入薄膜生长质量分析仪，可进行原位观察，实时反馈以控制生长。

5.5.3 硅外延工艺

外延层由于具有高纯度、低缺陷密度和氧、碳含量的特性，通常在硅衬底上生长一层外延层以改善器件的性能。利用硅外延制作双极型晶体管的工艺流程如图5-21所示。

1）P型硅衬底准备。

2）埋层扩散。首先利用氧化、光刻和刻蚀工艺在衬底表面形成一层SiO_2扩散掩蔽层。利用扩散或离子注入工艺在的SiO_2掩蔽层的阻挡下形成重掺杂的N型掺杂区，称为埋层。埋层的作用是减小基极与集电极之间的电阻，如图5-18所示。

3）外延层的形成。利用外延工艺在衬底表面生长一层外延层，该外延层具有良好的特性，将作为后续器件制作的基础。

4）制作隔离区。隔离区将对外延层上的各个器件之间进行隔离。首先利用光刻和刻蚀工艺在外延层表面形成一层掺杂掩蔽层，然后进行受主杂质硼（P型杂质）的高浓度掺杂，形成隔离区。

5）制作基区。利用光刻和刻蚀工艺形成基区和电阻的掩蔽层，并在掩蔽层的作用下进行受主杂质硼的掺杂以形成P型基区和电阻。

6）制作发射区。形成发射区和电容的掩蔽层，并进行施主杂质磷的高浓度掺杂，形成N^+型发射区和电容的下极板。

7）制作引线电极。首先对硅片重新氧化，并在氧化层中形成接触孔，然后利用蒸发工艺淀积一层金属铝，并利用光刻和刻蚀工艺制作出引线电极（互连线）和电容的金属极板。

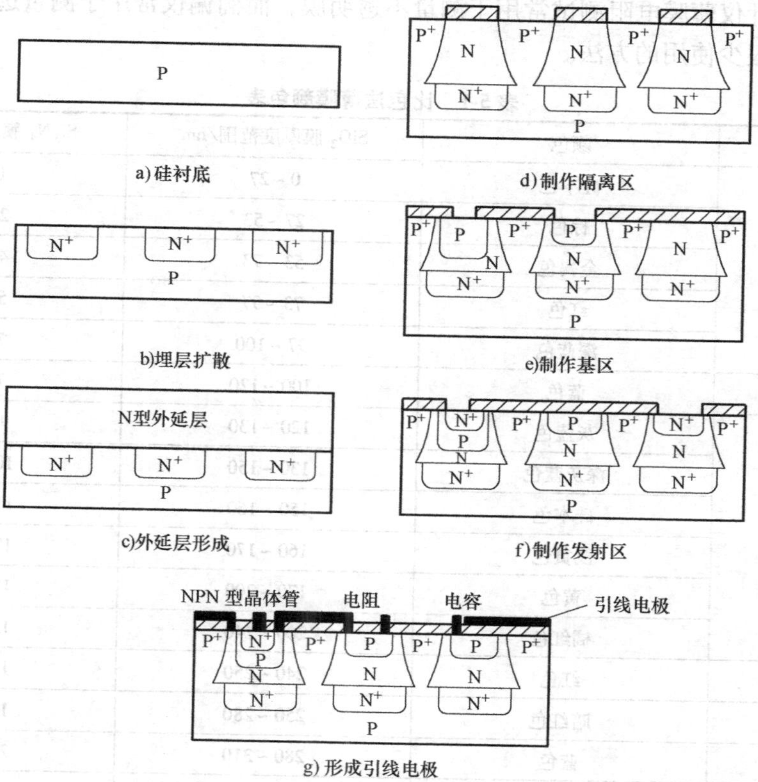

图 5-21　制作双极型晶体管的工艺流程

金属层下面的 SiO_2 层作为绝缘层和电容介质。

5.6　CVD 质量检测

在集成电路制造的每一个工艺步骤都有严格的质量测量，以保证芯片通过电学测试并满足使用中的可靠性规范。在淀积工艺的过程中通常需要对以下参数进行测量，包括膜厚、折射率、台阶覆盖率、均匀性、应力以及翘曲度等。对于一般的 SiO_2 膜只测膜厚、均匀性及折射率等；而对于有些掺杂的薄膜还要测一些 B、P 含量或方块电阻；而 Si_3N_4 膜还要测应力等。下面介绍常用参数的测量方法。

1. 膜厚

在整个半导体制造工艺中硅片表面有多种不同类型的膜，如金属、绝缘体、光刻胶和多晶硅等。也可划分为两个基本类型：不透明薄膜（如金属）和透明薄膜（如氧化硅膜）。膜厚是膜的关键质量参数。

膜厚的测量方法很多，如比色法常用于粗测，可根据薄膜颜色大致判断出薄厚，见表 5-1。

其他方法包括四探针仪薄膜电阻测试（方块电阻测量）、椭偏仪测试（见图 5-22）、扫描电子显微镜（SEM）剖面测试、XRF（X 射线荧光）测试、声波测试（不透明薄膜测试）

等。其中四探针仪薄膜电阻测试常用于测量不透明膜，而椭偏仪常用于测量透明膜，X 射线和声波测试是很少使用的方法。

表 5-1　比色法薄膜颜色表

级别	颜色	SiO_2 膜厚度范围/nm	Si_3N_4 膜厚度范围/nm
	硅本色	0 ~ 27	0 ~ 20
	棕色	27 ~ 53	20 ~ 40
	金褐色	53 ~ 73	40 ~ 55
	红色	73 ~ 97	55 ~ 73
	深蓝色	97 ~ 100	73 ~ 77
第一周期	蓝色	100 ~ 120	77 ~ 93
↓	灰蓝色	120 ~ 130	93 ~ 100
	深灰蓝色	130 ~ 150	100 ~ 110
	硅本色	150 ~ 160	110 ~ 120
	浅黄色	160 ~ 170	120 ~ 130
	黄色	170 ~ 200	130 ~ 150
	橘红色	200 ~ 240	150 ~ 180
第一周期	红色	240 ~ 250	180 ~ 190
	暗红色	250 ~ 280	190 ~ 210
第二周期	蓝色	280 ~ 310	210 ~ 230
↓	蓝绿色	310 ~ 330	230 ~ 250
	浅绿色	330 ~ 370	250 ~ 280
	橘黄色	370 ~ 400	280 ~ 300
第二周期	红色	400 ~ 440	300 ~ 330

2. 折射率

折射率是检测薄膜质量、组分及纯度的有效参数。折射率与厚度等参数都可用椭偏仪或干涉法进行测量。椭偏仪能测量很薄的膜（1nm），且精度很高，比干涉法高 1 ~ 2 个数量级。椭偏仪测量是一种无损测量，不必特别制备样品，也不损坏样品。椭偏仪测试示意图如图 5-22 所示。Si_3N_4 参考折射率约为 2，SiO_2 参考折射率约为 1.46。折射率过高意味着膜中 Si 含量高，而过低则意味着膜中多孔，易吸潮。

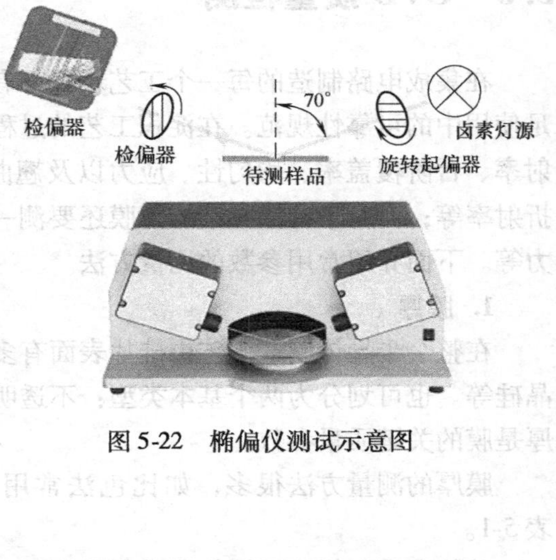

图 5-22　椭偏仪测试示意图

3. 台阶覆盖率

在扫描电子显微镜（SEM）上观察接触孔处金属层截面，测得台阶最薄处金属的厚度及平面上最厚处金属的厚度，则台阶覆盖率为

$$台阶覆盖率 = (台阶最薄处金属厚度/平面上最厚处金属厚度) \times 100\%$$

4. 均匀性

均匀性是指硅片上的厚度、反射率或薄膜电阻等参数的分布情况，通常可分为片内均匀性、片间均匀性、批间均匀性等。通常在硅片上的不同区域（或在片间不同硅片不同区域）选取5点、9点或49点对参数进行测量，如图5-23所示。这里只介绍片内厚度均匀性的测量和计算方法。

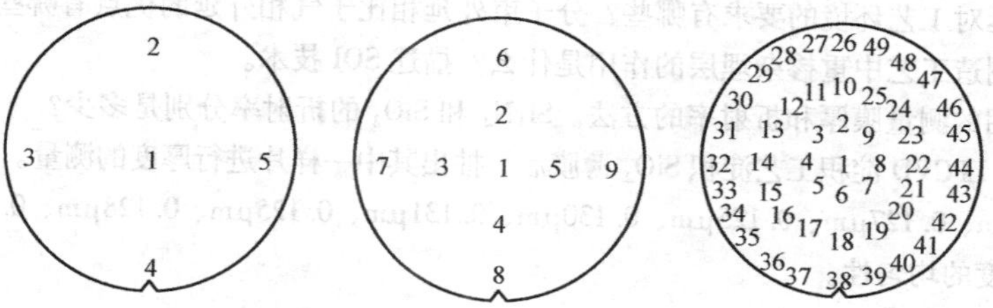

图5-23 硅片中测试点的选取

若选取5点或9点测量，在测量的数值中选取薄膜的最大厚度值 X_{max} 和最小厚度值 X_{min}，X_{ave} 为平均电阻值，$X_{ave}=(X_1+X_2+X_3+\cdots+X_9)/9$，则均匀性计算方法为

$$均匀性=(X_{max}-X_{min})/(2\times X_{ave})\times 100\%$$

49点测量是计算出标准偏差 σ（均方差）来衡量薄膜均匀性，计算方法为

$$\sigma=\sqrt{[(X_1-X_{ave})^2+(X_2-X_{ave})^2+\cdots+(X_N-X_{ave})^2]/(N-1)}$$

本章小结

淀积是一种在硅片表面增加一层薄膜的最常用的方法。而淀积形成的薄膜必须满足一定的加工要求，比如厚度均匀性、台阶覆盖能力、对高深宽比间隙的填充等。化学气相淀积（CVD）是淀积工艺中常用的方法，通常用于淀积绝缘介质。CVD通过热能或者等离子体辅助的化学反应在硅片表面淀积薄膜。CVD的反应器可分为APCVD、LPCVD、等离子体辅助CVD。APCVD主要用于淀积均匀的氧化层。LPCVD可以淀积各种膜，比如氧化硅、氮化硅、多晶硅，并且可以获得比APCVD更高质量的薄膜。LPCVD工艺不受反应气流的限制而使得硅片可以密集摆放获得更高的产量。等离子体辅助CVD包括PECVD和HDPCVD。PECVD比LPCVD的反应温度更低，但在填充高深宽比的间隙时受到限制。HDPCVD用于高集成度的IC制造，因为它可以在相对较低的温度下填充深宽比大的间隙。外延层常应用于双极型晶体管的制造，其主要生长方法包括气相外延（VPE）和分子束外延（MBE）。

本章习题

5-1 什么是薄膜？列举并描述可接受的薄膜的6个特性。

5-2 描述CVD技术，解释CVD系统中热壁反应器和冷壁反应器的差别。

5-3 列举淀积的5种主要技术。

5-4 比较APCVD和LPCVD的工艺特点，为什么LPCVD比APCVD更普遍？

5-5 说出 SiO_2、掺杂 SiO_2、Si_3N_4、多晶硅等薄膜淀积时所使用的气体源或杂质源。

5-6 简单描述自对准工艺。

5-7 解释 ILD、IMD 和 PMD。

5-8 PSG、BPSG、FSG 各是什么的缩写？掺杂 SiO_2 的优点是什么？描述 PSG 回流工艺。

5-9 PECVD 和 HDPCVD 相比于 LPCVD 有哪些优点？

5-10 比较并描述 STI 和 LOCOS 隔离。

5-11 描述同步淀积和刻蚀技术。

5-12 什么是外延（EPI）？说出外延的三种用途。

5-13 气相外延对工艺环境的要求有哪些？分子束外延相比于气相外延的优点有哪些？

5-14 在器件制造工艺中重掺杂埋层的作用是什么？描述 SOI 技术。

5-15 说出常用的测量膜厚和折射率的方法。Si_3N_4 和 SiO_2 的折射率分别是多少？

5-16 计算题：LPCVD 淀积工艺淀积 SiO_2 薄膜后，抽出其中一样片进行厚度的测量。经片内 9 点测试其厚度分别为 0. 128μm、0. 127μm、0. 125μm、0. 130μm、0. 131μm、0. 125μm、0. 128μm、0. 128μm、0. 129μm。试计算出其片内厚度的均匀性。

第6章 金属化

本章教学目标

- 能较好地解释金属化。
- 掌握铝等6种金属在芯片制造中的应用。
- 了解蒸发工艺原理及其特点。
- 能够描述溅射的物理过程，了解溅射的优点和缺点。
- 掌握常见的金属CVD的优点和应用。
- 掌握铜电镀工艺原理及双大马士革工艺流程。

6.1 引言

在硅片上制备完器件后接下来就是要使用金属互连线将所有器件连接起来以形成完整的电路系统，这就是金属化的主要任务。随着集成电路的发展，金属化工艺也越来越复杂。早期的金属化只是使用铝薄膜简单地将硅片上的器件连接起来，而现代金属化不管是在金属材料还是金属化结构方面与早期都有很大的不同。现代金属化互连材料引入了铝铜合金和铝硅合金以及铜金属材料。在金属与半导体表面接触上也在原来的基础上变得更加复杂，增加了如硅化物、阻挡层等金属层结构。这些更加复杂的金属化是为了提高集成电路性能和可靠性。

6.1.1 金属化的概念

在硅片上制造芯片可以分为两部分：第一，利用各种工艺（如氧化、CVD、掺杂、光刻等）在硅片表面制造出各种有源器件和无源元件。第二，利用金属互连线将这些元器件连接起来形成完整电路系统。金属化工艺（Metallization）就是在制备好的元器件表面淀积金属薄膜，并进行微细加工，利用光刻和刻蚀工艺刻出金属互连线，然后把硅片上的各个元器件连接起来以形成一个完整的电路系统，并提供与外电路连接接点的工艺过程。

6.1.2 金属化的作用

金属化在集成电路中主要有两种应用：一种是制备金属互连线，另一种是形成接触。

1. 金属互连线

金属互连线是指在硅片上利用导电材料，如铝、多晶硅或铜制成精细导线，进行芯片的电信号传输。精细导线是通过金属薄膜的淀积、光刻和刻蚀工艺制备。早期中、小规模集成电路的金属化工艺相对要简单一些，一般只需要单层金属布线。随着芯片内元器件密度不断增加，单层金属互连已不能够连接大量的元器件。解决这个问题的方法就是增加金属互连层数，也就是多层互连或称为多层金属布线。到目前为止，超大规模集成电路芯片上的金属层可达8层以上。各金属层间必须由层间介质（IDL）进行隔离和绝缘。这种层间介质一般是二氧化硅、氮化硅等绝缘性能非常好的材料。与单层金属布线相比，多层金属系统更昂贵，每制备一层金属同时需要利用平整化工艺（通常是化学机械抛光）使硅片表面和中间层平整化，这样才能制造出好的多层金属布线。

2. 接触

第一层（最底层）的金属互连线是与半导体（器件表面）相连接的。半导体与金属之间的接触可以有两种情形：肖特基接触和欧姆接触。在肖特基接触区会出现整流效应即单向导电性，在金属互连中出现这样的接触将使得集成电路不能正常工作。与肖特基接触对应的是欧姆接触，欧姆接触是指金属与半导体之间的电压与电流的关系具有对称和线性关系，而且接触电阻尽可能低，不产生明显的附加阻抗。金属化重要过程之一就是在金属互连线与半导体之间形成良好的欧姆接触。

在半导体制造中形成欧姆接触传统的方法有两种：扩散法和合金法。扩散法是在半导体中先扩散形成重掺杂区以获得 N^+N 或 P^+P 的结构，然后使金属与重掺杂的半导体区接触，形成欧姆接触。合金法是利用合金工艺对金属互连线进行热处理，使金属与半导体界面形成一层合金层或化合物层（如铝硅合金），并通过这一层与表面重掺杂的半导体形成良好的欧姆接触。

而现代集成电路制造主要方法是在半导体区表面增加一层难熔金属硅化物（如 WSi_2、$TaSi_2$、$TiSi_2$、$CoSi_2$ 等）以降低接触电阻。总之，现代半导体制造技术中，为了形成更加良好的接触，金属互连线与半导体区之间的接触越来越复杂，典型结构如图6-1所示。金属硅化物、钨塞、阻挡层金属等结构的引入对提高芯片性能和形成良好的接触也是必需的（后面章节介绍）。

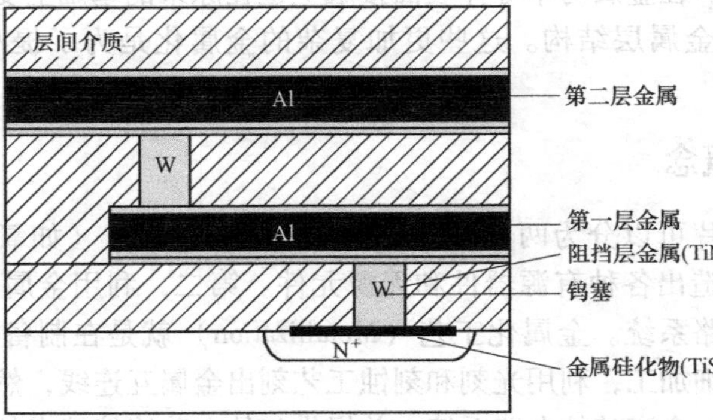

图6-1 金属互连线与半导体区之间的接触

6.2 金属化类型

金属化技术在中、小规模集成电路制造中并不是十分关键，但是随着芯片集成度越来越高，金属化技术也越来越重要，甚至一度成为制约集成电路发展的瓶颈。早期的铝互连技术已不能满足高性能和超高集成度对金属材料的要求，直到铜互连技术被应用才解决了这个问题。硅和各种金属材料的熔点和电阻率见表6-1。为了提高IC性能，一种好的金属材料必须满足以下要求：

1）具有高的导电性能和纯度。

2）与下层衬底（通常是二氧化硅或氮化硅）具有良好的粘附性。

3）与半导体材料连接时接触电阻低。

4）能够淀积出均匀而且没有“空洞”的薄膜，易于填充通孔。

5）易于光刻和刻蚀，容易制备出精细图形。

6）很好的耐腐蚀性。

7）在处理和应用过程中具有长期的稳定性。

表6-1　硅和各种金属材料的熔点和电阻率（20°C）

材　料	薄膜电阻率/μΩ·cm	熔点/℃
硅（Si）	$\approx 10^9$	1412
掺杂的多晶硅	500~525	1412
金（Au）	2.2	1064
铝（Al）	2.7	660
铜（Cu）	1.7	1083
钨（W）	8	3410
钛（Ti）	60	1670
钽（Ta）	13~16	2996
钼（Mo）	5	2620
铂（Pt）	10	1772

在半导体制造中使用的金属通常有以下种类：铝、铝铜合金、铜、阻挡层金属、硅化物和钨。

6.2.1　铝

与硅和二氧化硅一样，铝一直是半导体制造技术中最主要的材料之一。从集成电路制造早期开始就选择铝作为金属互连的材料，以薄膜的形式在硅片中连接不同器件。选择铝作为金属互连线是因为铝具有以下优势：

1）较低的电阻率。在20℃时，铝的电阻率为2.65μΩ·cm，尽管电阻率比铜、金、银稍高。但是导电性能还是比较好的，选择铝作为最普遍使用的互连线是综合了铝在各方面的优势。

2）铝价格低廉。相比高纯的铜、金、银等金属材料，纯铝的价格要低得多。

3）工艺兼容性。铝互连线的制备与常规的淀积、光刻和刻蚀等芯片制造工艺兼容。铝能很容易地淀积到硅片上，并且容易刻蚀而不影响下层薄膜。而铜无法被刻蚀，这也是铜长期以来一直没被采用的原因之一。

4）铝膜与下层衬底（通常是硅、二氧化硅或氮化硅）具有良好的粘附性。在加热时，铝容易与氧化硅反应，形成氧化铝（Al_2O_3），增加铝和氧化硅之间的附着。与铝相比，铜比较容易腐蚀，在硅和二氧化硅中较容易扩散，会影响器件的性能和可靠性。而金和银在氧化硅膜上的附着不好。

尽管铝作为互连线的材料有着众多优点，但是随着芯片集成度越来越高，互连线的特征图形尺寸越来越细，铝已不能满足现代高性能、高集成度的 VLSI 对互连线材料的要求。其根本原因是铝具有的电迁徙问题以及电阻率的限制，基于这两大问题，铝铜合金和铜作为互连金属材料得以应用。铝另一个问题是熔点较低，铝的熔点仅为 660℃，这导致在淀积完铝膜后不能再对硅片进行高温处理，所以通常铝淀积工艺须被安排在最后进行，这使工艺的灵活性有所降低。

6.2.2　铝铜合金

前文介绍到铝存在电迁徙问题。电流是通过导体内电子的移动产生的，电子在移动的过程中会与金属原子发生碰撞。在大电流密度的情形下，大量电子对金属原子的持续碰撞，会引起原子逐渐而缓慢的移动，这就是电迁徙现象。由于金属原子质量远远大于电子的质量，通常在导体横截面积较大的情况下，不会考虑电迁徙现象。但是由于互连线的特征图形尺寸越来越细，这时候铝互连电迁徙现象引发的问题就更加明显。铝原子的移动导致导体中某些位置原子的损耗，以至于产生空洞，最终引起互连线局部减薄或变细，直至产生断路。在导体的其他区域，铝原子堆积起来则形成小丘，外在表现为金属薄膜表面鼓出，如果有过多或大量的小丘形成，可能会与毗邻的连线短接在一起，如图 6-2 所示。这些情况都是芯片在使用一段时间后才经常发生。电迁徙已经变成影响芯片可靠性问题的重要因素，是集成电路中广泛研究的失效机制问题之一。

电迁徙问题的有效解决办法是由铝和铜形成合金，当铜的含量在 0.5% ~4% 之间时，互连线的电迁徙现象可以得到有效控制，从根本上增加了传输电流的能力。但当铜在铝中含量超过 8% 时，实际电迁徙将增加。而纯铜的抗电迁徙能力很好，所以如果采用铜互连技术基本就可以不用考虑电迁徙现象了。

使用铝铜合金缺点是增加了淀积设备和工艺的复杂性，合金材料存在不同的刻蚀速率，以及铝铜合金具有比铝更加高的电阻率，通常电阻率增加幅度达 25% ~30%。

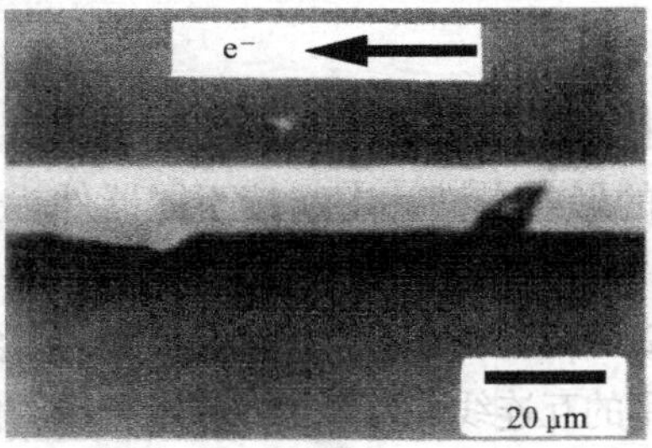

a) 断路

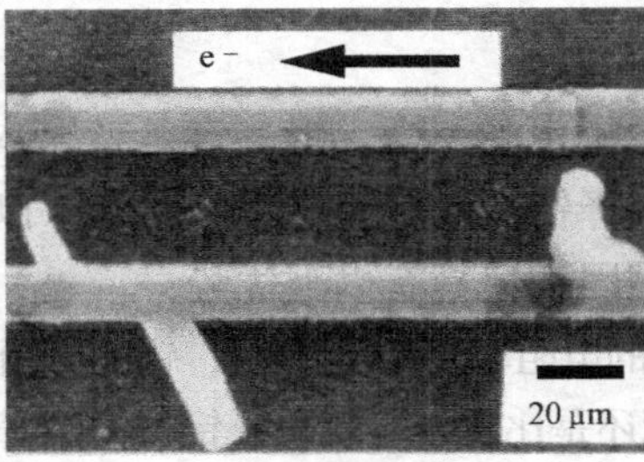

b) 短路

图 6-2　由电迁徙引起的铝互连线断路与短路现象

6.2.3　铜

1. 铜的优点

21 世纪初，铜互连技术在高性能、高集成度的 IC 中被广泛采用。铜互连技术取代铝互连已成必然，其根本原因是铜互连使芯片在性能方面取得非常明显的效果。金属化互连线中引入铜的优势有以下几点：

1）更低的电阻率。在 20℃ 时，互连金属线的电阻率从铝的 2.65μΩ · cm 减小到铜的

1.7μΩ·cm，电阻率减小的最终结果是减少了 *RC* 的信号延迟，增加了芯片的速度。

2）减少了功耗。电阻率的减小导致另一个结果是减少了互连线的电阻，降低了功耗。

3）更高的互连线集成密度。更高的集成密度需要更小的线宽支持。铜互连线的线宽更窄，每一层允许有更高的集成密度，这也意味着芯片上总的金属层数减少，制造成本明显下降。

4）良好的抗电迁徙性能。铜互连基本上可以忽略电迁徙问题。

5）更少的工艺步骤。与传统的工艺不同，制备铜互连线的方法称为双大马士革法。这种方法比传统的互连线制造工艺步骤减少20%～30%（该工艺方法将在6.4.2节详细介绍）。

随着器件尺寸变得越来越小，集成电路的运行也越来越快。当运行速度达到数百兆赫兹以上时，则要求金属系统有足够好的信号传输能力以防止信号延迟。*RC* 延迟时间常数是造成信号延迟的主要因素。其中 *R* 为互连线的电阻、*C* 为金属层间电容和互连线间电容。因此，为了减少信号延迟，人们致力于研究如何降低 *R* 和 *C* 值。而随着芯片集成度的提高，越来越细的金属互连线使 *R* 值变得更大，这与降低 *RC* 延迟的目的相违背。因此具有更低电阻率的铜在现代集成电路中被广泛采用。影响电容 *C* 值的因素主要是金属间的电介质材料的介电强度（*k*），因此新型的低介电强度的电介质开始被采用，如硅化钴（$CoSi_2$）。同时使用铜金属系统和低 *k* 电介质，能将 *RC* 延迟时间常数降低40%。

铜的另一个优点是熔点高。相比铝的660℃的熔点，铜的熔点为1083℃，前文介绍到铝膜淀积完后不能再对硅片进行高温处理，所以通常铝淀积工艺必须被安排在最后进行，这使工艺的灵活性有所降低，而铜的熔点较高，可适应高温处理。

2. 铜在实际实用中的一些难题

铜在提高集成电路性能方面确实比铝有着更好的优势，但是铜需要面对的一些难题使铜互连技术直到20世纪末一直没有被采用。引入铜需要面对的难题包括以下几个方面：

1）铜在氧化硅和硅中的扩散率很高。如果铜扩散进硅的有源区（如晶体管的源/漏/栅区）将引起结或者氧化硅漏电而损坏器件。

2）铜很难被刻蚀。由于铜不能与刻蚀工艺兼容，所以制备铜互连不得不采用有别于传统工艺的双大马士革工艺。

3）在小于200℃低温的空气中，铜很快被氧化，而且这一层氧化膜不会阻止铜进一步氧化。

在铜与氧化硅和硅之间淀积一层阻挡层金属以及使用钨填充塞做第一金属层与源、漏和栅区的接触，可以消除铜在氧化硅和硅中的扩散问题。而双大马士革法不需要刻蚀铜，这使得不需要考虑铜与刻蚀工艺的兼容性问题。实际上难题很早就已经被人们解决，然而铜互连技术迟迟未被应用于生产线。其主要原因是铝互连技术已经非常成熟，产品失效率和成本已经降到最低。而制备铜互连的双大马士革工艺完全与传统的工艺不同，新工艺的引入意味着新的生产线、新设备、新污染源、新程序以及不可预知的结果等，变化总会带来不可预见的问题，这对于半导体制造商来说增加了冒险的因素，因此铜互连技术直到21世纪初才被广泛应用。多层铜互连技术如图6-3所示。

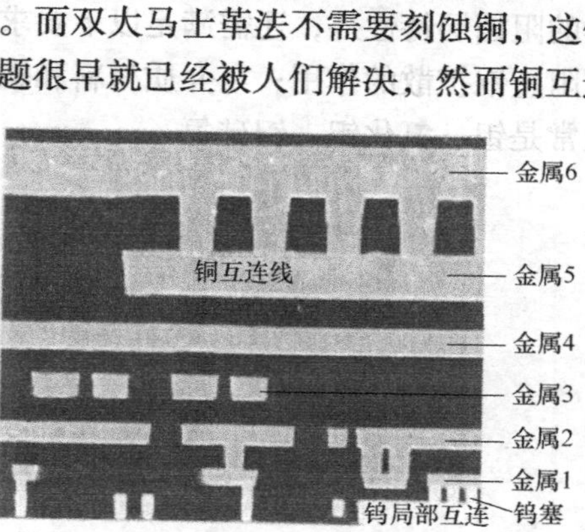

图6-3 多层铜互连技术

6.2.4 阻挡层金属

在上一节介绍到铜在硅和二氧化硅中都有很高的扩散率，如果铜扩散进入二氧化硅或硅中将破坏器件的性能，这也是铜互连迟迟未被采用的主要原因之一。事实上，很多金属与半导体接触并在高温处理时都容易相互扩散，比如铝和硅、钨和硅相互扩散。为了防止上下层材料相互扩散必须在它们中间引入阻挡层金属，如图6-4所示。阻挡层金属必须足够厚，以达到阻挡扩散的目的，通常对于特征尺寸为0.25μm的器件其阻挡层金属厚度约100nm，而对于0.18μm工艺水平的器件其阻挡层金属厚度约20nm。

阻挡层金属在半导体制造业中被广泛应用。良好的阻挡层金属应具有以下基本特性：

1）能很好地阻挡材料的扩散。

2）高电导率和很低的欧姆接触电阻。

3）在半导体和金属之间有很好的附着能力。

4）抗电迁徙能力强。

5）保证在很薄和高温下具有很好的稳定性。

6）抗侵蚀和抗氧化性好。

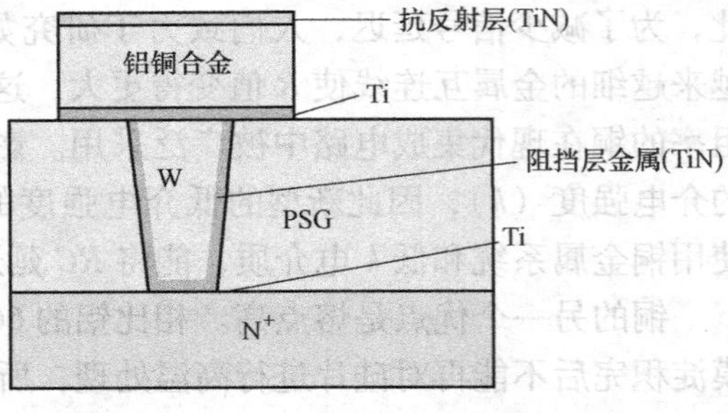

图6-4 阻挡层金属

用作阻挡层的金属通常是一些难熔金属及其化合物，如钛（Ti）、钨（W）、钽（Ta）、钛钨（TiW）、氮化钛（TiN）、氮化钽（TaN）、钽硅氮（TaSiN）等。TiW和TiN常用于硅和铝之间的扩散阻挡。其中TiN在铝互连处理过程中有优良的阻挡特性，因而被广泛应用于超大规模集成电路的制造中。TiN被淀积在钨和半导体区之间以阻挡钨和硅之间的扩散。而TiN和硅之间的接触电阻稍大，为了解决这个问题，在淀积TiN之前需要淀积一薄层钛，这层钛能与硅反应形成硅化钛而使接触电阻降低。TiN能够使用所有的淀积技术淀积在硅片表面，比如蒸发、溅射、CVD技术等。

对于铜互连技术来说，对阻挡层的要求更加严格。为了防止铜在二氧化硅和硅中扩散，必须由一层阻挡层把铜完全包装起来，如图6-5所示。作为铜的阻挡层金属材料除了满足基本的阻挡层特性外，还需满足以下要求：铜阻挡层必须很薄（约8nm）；能起到加固铜附着和阻止铜扩散的作用；与介质材料和铜的粘附性都很好；台阶覆盖性好等。铜的阻挡层金属通常是钽、氮化钽、钽硅氮。

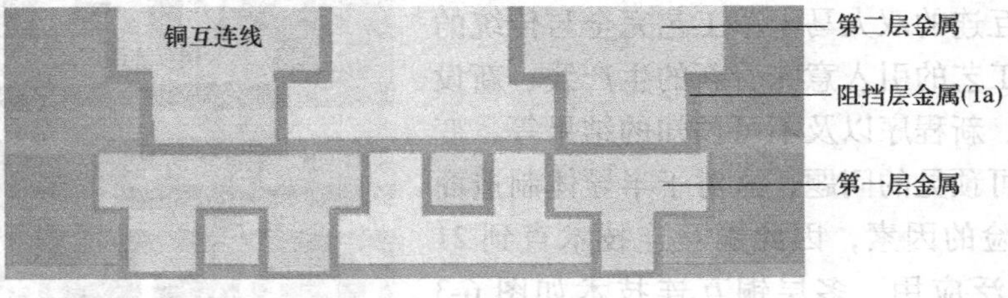

图6-5 铜的阻挡层金属

6.2.5 硅化物

1. 硅化物的形成原理

虽然电迁徙和材料扩散问题已经通过采用铝合金和阻挡层金属得到了解决，然而接触电阻的问题仍是铝金属化工艺的最大难题之一。为了提高芯片性能，必须减小源、漏和栅区硅接触电阻。减小接触电阻的有效方法在是与源、漏和栅区接触区引入硅化物。这里所指的硅化物是难熔金属与硅发生反应熔合时形成的。硅化物是一种具有热稳定性的金属化合物，其最大特点是使硅与难熔金属之间具有很低的接触电阻。

难熔金属与硅反应后就形成了硅化物，如 WSi_2、$TaSi_2$、$TiSi_2$、$CoSi_2$ 等。其中 $TiSi_2$ 是传统半导体制造中最普通的硅化物。硅化物通常有以下 3 种用途：①被用于晶体管硅有源区和金属层或钨填充塞之间的接触，提供很低的接触电阻，并能够紧紧地把钨和硅黏合在一起；②难熔金属被淀积到多晶硅表面与多晶硅反应，形成了多晶硅化物，这使得多晶硅栅极的接触电阻大大减小，从而降低了 *RC* 信号延迟；③硅化物也常被用于局部互连。硅化物在半导体器件中的用途如图 6-6 所示。

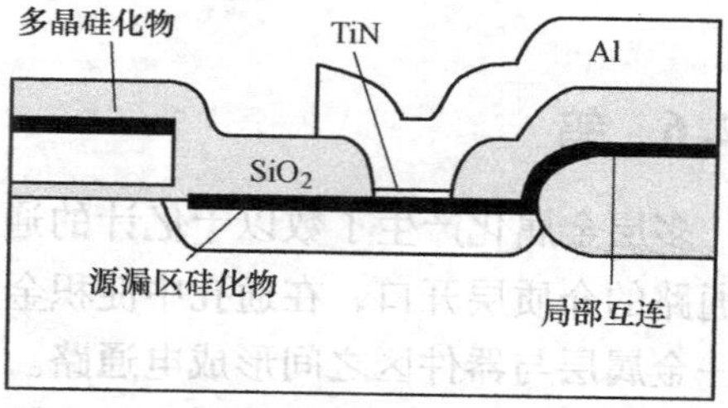

图 6-6 硅化物在半导体器件中的用途

硅化物的形成通常是先把难熔金属淀积在硅片上，然后进行高温退火处理以形成硅化物材料。当 Ti 在退火温度为 625 ~ 675℃之间时，形成的 $TiSi_2$ 为低温的 C49 相硅化物，其电阻率为 60 ~ 65μΩ · cm。把生成的 C49 相 $TiSi_2$ 进行第二次退火，退火温度为 800℃，则形成 C54 相的 $TiSi_2$，其电阻率比 C49 要低很多，仅为 10 ~ 15μΩ · cm，最终达到降低接触电阻的目的。然而对于 0.18μm 或更低尺寸的工艺，要求接触层更加薄，但硅化物接触层的电阻率会随着它的减薄而增加，因此 $TiSi_2$ 的应用受到限制。

$CoSi_2$ 经退火后，即使在 0.18μm 的工艺，它的接触电阻值仍能保持在 13 ~ 19μΩ · cm。其中主要的原因是它的颗粒尺寸小于 $TiSi_2$ 的 1/10，这使得它在特征图形尺寸很小时也容易形成较低的接触电阻。

2. 自对准方法形成硅化物

自对准方法常被用于在晶体管的源、漏和多晶硅栅区同时形成硅化物。其主要优点是避免了对准引起的误差。现以 $TiSi_2$ 为例来说明自对准形成硅化物的步骤，如图 6-7 所示，具体如下：

1）依次用有机溶液、稀释过的氢氟酸和去离子水除去硅片自然氧化层和表面杂质（也可使用氩离子溅射刻蚀去除），接着干燥硅片。

2）将硅片置于金属淀积腔内，在硅片上淀积一层厚度为 20 ~ 35nm 的金属钛薄膜。

3）对硅片进行第一次快速热退火，退火温度为 625 ~ 675℃。快速热退火后形成具有较高电阻率的 C49 相金属硅化物。

4）通过氢氧化铵和过氧化氢的湿法化学去掉所有未参与反应的钛。留下的 $TiSi_2$ 覆盖在源、漏和多晶硅栅区的顶部。然后进行第二次热退火，退火温度为 800 ~ 900℃之间。C49 相经过第二次热退火后形成了具有低电阻率的 C54 相金属硅化物。

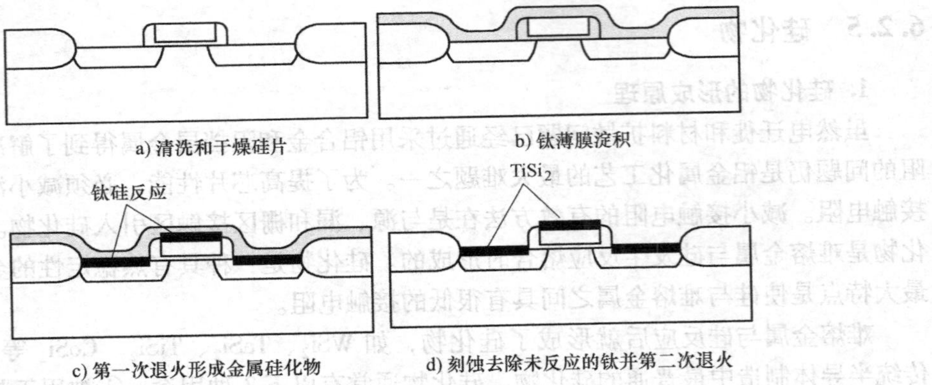

图 6-7 自对准形成硅化物的步骤

6.2.6 钨

多层金属化产生了数以十亿计的通孔（Via，也称过孔）。通孔是指两金属层之间形成电通路的介质层开口，在通孔中淀积金属后便形成孔填充塞。孔填充塞可使两层金属之间或第一金属层与器件区之间形成电通路。

目前被用于填充通孔最普遍的金属是钨（W），孔填充塞也称为钨塞。淀积钨最常用的是化学气相淀积（CVD）方法，CVD 法的优点是台阶覆盖能力强，因而 CVD 钨具有均匀填充高深宽比通孔的能力，这也是钨被用于通孔填充材料的原因。钨是难熔金属，熔点是 3417℃，因此也被看成是阻挡层以阻止硅和第一金属层之间的扩散。

6.3 金属淀积

金属淀积需要考虑的是如何将金属材料转移到硅片表面，并在硅片表面形成具有良好台阶覆盖能力、均匀的高质量薄膜。最初人们想到的是加热蒸发的方法，对金属材料进行加热使之沸腾后蒸发，然后淀积到硅片表面。然而利用这种方法形成的薄膜台阶覆盖能力和黏附力都较差，所以热蒸发法只限于早期的中小规模半导体集成电路制造中使用。为了适应现代超大规模集成电路制造的需要，人们随后又想到另一种将金属材料转移到硅片表面的方法，这种方法称为溅射。溅射是利用高能粒子去撞击金属靶材料，把金属原子从靶材料中撞击出来后淀积到硅片上，这种方法能形成有较好台阶覆盖能力的高质量薄膜。与化学气相淀积（CVD）不同，蒸发和溅射在形成金属薄膜的过程中没有化学反应，属于物理气相淀积（PVD）。

除蒸发法和溅射法以外，另外两种方法也常用于金属淀积：金属 CVD 和铜电镀。金属 CVD 主要用于淀积钨和铜（铜电镀前的铜种子层）。铜电镀则主要用于制备铜互连线时铜薄膜的淀积。综上所述，金属淀积的方法主要有蒸发、溅射、金属 CVD 和铜电镀。

6.3.1 蒸发

在半导体制造早期，蒸发法是最主要的金属淀积方法。然而为了获得更好的台阶附覆盖能力以及更高的淀积速率，从20世纪70年代的后期开始，在大多数硅片制造技术领域里溅射已经取代蒸发。尽管如此，在一些对薄膜台阶附覆盖能力要求不太高的中小规模集成电路制造中仍在使用蒸发法淀积金属薄膜。在封装工艺中，蒸发也被用来在晶片的背面淀积金，以提高芯片和封装材料的粘合力。

蒸发系统示意图如图6-8所示，蒸发是指在真空系统中，经过加热使金属原子获得足够的能量后便可以脱离金属表面的束缚成为蒸气原子，淀积在晶片上。蒸发设备主要组成部分有加热器、片架和真空系统。

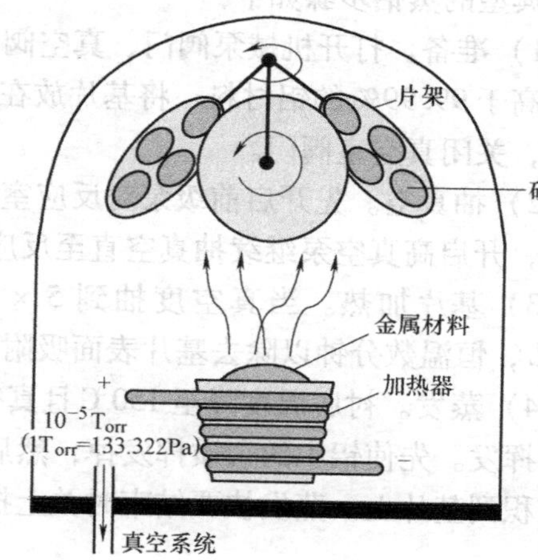

图6-8 蒸发系统示意图

1. 加热器

如何对金属材料进行快速的加热是在蒸发工艺中需要思考的问题。所以在蒸发设备中不同的加热方式也随之产生，主要加热方式有灯丝加热、石英坩埚加热和电子束加热，如图6-9所示。

从图中可以看到，灯丝加热方式主要是加热钨灯丝产生高温从而使缠绕在其上面的铝蒸发。而石英坩埚加热方式是利用射频线圈对石英坩埚进行加热，使坩埚里的铝材料蒸发。最典型的加热方式是利用经过偏转的高能电子对金属材料进行局部加热，在金属材料的加热区可看见一小块被加热的光斑。电子束加热方式因具有加热速度快、可蒸发难熔金属等优点而在蒸发设备中被广泛使用。

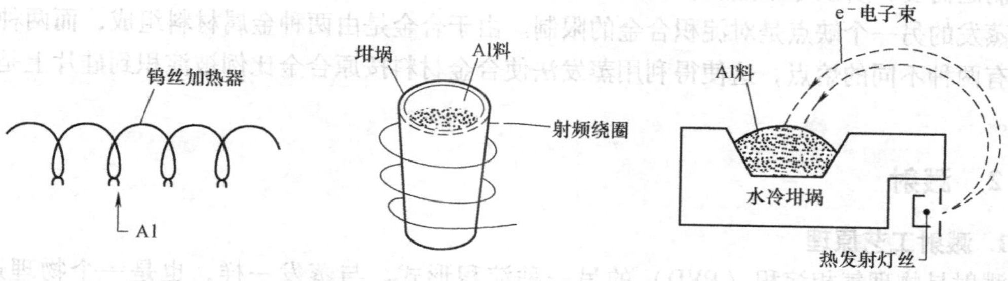

a) 灯丝加热方式　b) 石英坩埚加热方式　c) 电子束加热方式

图6-9 蒸发系统中的加热方式

2. 片架

片架作用是放置硅片，一般可以放置几块到几十块，所以蒸发工艺可以对硅片进行批量加工，如图6-8所示。片架的旋转方式有两种：片架的“公转”和硅片的“自转”。两种方式同时旋转的目的是在硅片上形成厚度均匀的金属薄膜，改善台阶覆盖能力。

3. 真空系统

真空系统在蒸发工艺中是必需的，它保证了淀积速率以及所形成金属薄膜的均匀性和纯度。铝膜蒸发淀积的真空要求是5×10^{-6}Torr以下。由图6-8可见，真空反应室是一个钟形的石英容器或不锈钢密封容器，它的真空环境是由位于其底部的一套真空系统实现的。真空系统可分为前级泵和高真空泵。前级泵通常是机械泵和罗茨泵，很难达到毫托以下数量级气压。高真空泵主要有涡轮分子泵、低温吸附泵和扩散泵等，可达 10^{-6}Torr 以下的数量级。抽真空的原则是先利用前级泵粗抽低真空，然后利用高真空泵抽高真空。

典型的蒸铝步骤如下：

1）准备。打开机械泵阀门、真空阀门、电源开关以及机械泵开关，开启钟罩；准备好纯度高于 99.99% 的铝材料；将基片放在衬底加热器上，使之位于蒸发源与基片之间；盖好钟罩，关闭真空室阀门。

2）抽真空。先开启前级泵对反应室进行粗抽，当反应室的压力小于 100mTorr 时，关前级泵，开启高真空泵继续抽真空直至反应室内达到预期的真空度。

3）基片加热。当真空度抽到 5×10^{-5}Torr 后，开始慢慢加热，使衬底温度升到约 400℃，恒温数分钟以除去基片表面吸附的杂质及污染，然后降温。

4）蒸发。衬底温度降至 150℃ 且真空度达到 5×10^{-5}Torr 以上后，加热纯铝使其熔化并开始挥发。先使铝中的杂质挥发掉，然后迅速增大加热电流到一定值，打开挡板，使纯净的铝淀积到基片上。蒸发快要结束时关上挡板，防止四铝化钨淀积到基片上，接着停止蒸发源加热。

5）取片。待衬底温度降至 150℃ 以下，关闭高真空阀和高真空泵电源。待温度降至 70℃ 以下时，打开真空室放气阀门，通入氮气，打开钟罩，取出硅片。

蒸发的最大缺点是不能产生均匀的台阶覆盖。虽然通过片架的"公转"加"自转"，在台阶覆盖方面取得了一些进步。但是在现代超大集成电路制造技术中，金属化需要能够填充具有高深宽比的孔，并且产生等角的台阶覆盖。然而蒸发技术在高深宽比的孔填充方面远远不能满足需要，所以导致蒸发在现代 IC 生产中被淘汰。

蒸发的另一个缺点是对淀积合金的限制。由于合金是由两种金属材料组成，而两种金属就会有两种不同的熔点，这使得利用蒸发法使合金材料按原合金比例被淀积到硅片上是不可能的。

6.3.2 溅射

1. 溅射工艺原理

溅射是物理气相淀积（PVD）的另一种淀积形式。与蒸发一样，也是一个物理过程，但是它对真空度的要求不像蒸发那么高，通入氩气前后分别是 10^{-7}Torr 和 10^{-3}Torr。溅射是利用高能粒子撞击具有高纯度的靶材料固体平板，按物理过程撞击出原子，被撞出的原子穿过真空最后淀积在硅片上。

溅射工艺示意图如图 6-10 所示，高纯靶材料（纯度要求 99.999% 以上）平板接地被称为阴极，衬底具有正电势，被称为阳极。在高电压作用下真空腔内的氩气经辉光放电后产生的高密度阳离子（Ar^+）被强烈吸引到负电极并以高速率轰击靶平板。从靶平板溅射出的原子在腔体中散开，最后停留在硅片和腔体壁上，这使得一些系统中清理腔体成为必要。停留在硅片上的原子逐渐成核并生长为薄膜。

溅射速率取决于溅射产额，即每个入射离子轰击靶极溅出原子的平均数，与入射离子的能量、质量以及入射角有关。当入射离子的能量在金属阈能附近（为 10～25eV）溅射时，

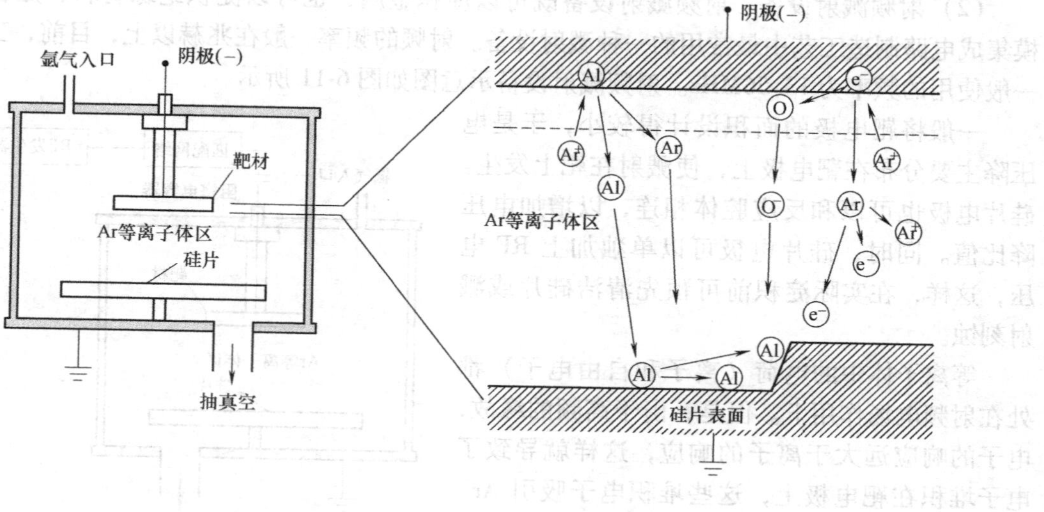

图 6-10 溅射工艺示意图

产额只有 $10^{-5}\sim10^{-4}$ 个原子/离子，随着入射离子能量的增加，溅射产额按指数上升。当离子能量为 $10^3\sim10^4$eV 时，溅射产额达到一个稳定的极大值；能量超过 10^4eV 时，由于出现明显的离子注入现象而导致溅射产额下降。

从溅射工艺原理不难看出，相比于蒸发，溅射工艺具有很多优点：

1）溅射工艺适用于淀积合金，而且具有保持复杂合金原组分的能力。例如，如果靶材料是含有 1% 铜的铝，那么淀积的薄膜也是含有 1% 铜的铝。

2）能获得良好的台阶覆盖。蒸发来自于点源，而溅射来自平面源并且可以从各个角度覆盖硅片表面。通过旋转硅片和加热硅片，台阶覆盖度还可以得到进一步优化。

3）形成的薄膜与硅片表面的粘附性比蒸发工艺更好。轰击出的原子在到达硅片表面时的能量通常比较高，因而所形成薄膜的粘附性较强。

4）能够淀积难熔金属。因为溅射不需考虑金属的熔点问题，所以能够淀积难熔金属。

5）能够在淀积金属前清除硅片表面沾污和本身的氧化层（被称为溅射刻蚀）。如果将硅片放置于靶材料位置，那么溅射系统所起的作用与离子刻蚀一样，能起清除硅片表面沾污和本身氧化层的作用，以此提高薄膜与硅片表面的粘附性。因此，溅射系统可以兼作衬底的清洁处理和对靶材料的溅射。

2. 溅射设备

溅射设备可分为直流二极溅射、射频（RF）溅射、磁控溅射和反应溅射等设备。这里主要介绍直流二极溅射、射频溅射和磁控溅射这 3 个比较具有代表性的溅射设备。

（1）直流二极溅射设备 直流二极溅射设备是最早被采用的溅射设备。二极是指一个阳极、一个阴极，靶材放置于阴极处，基片置于阳极处。在阴、阳两极间加上 1.5 ~ 7kV 的直流电压，使室内的氩气辉光放电产生离子，最终达到溅射的目的，这种溅射设备结构、工艺都很简单。然而如果要溅射绝缘体就无法完成，这主要是因为绝缘体放置于阴极上后，直流电压无法导致辉光放电产生离子。所以直流二极溅射不适合集成电路制造，集成电路制造大多采用射频溅射和磁控溅射。

（2）射频溅射设备　射频溅射设备既可以淀积金属，也可以淀积绝缘材料，是在大规模集成电路制造工艺中最常用的一种溅射设备。射频的频率一般在兆赫以上，目前，工业界一般使用的频率为13.56MHz。射频溅射设备示意图如图6-11所示。

一般将靶电极的面积设计得较小，于是电压降主要分布在靶电极上，使溅射在靶上发生。硅片电极也可以和反应腔体相连，以增加电压降比值。同时，硅片电极可以单独加上RF电压，这样，在实际淀积前可预先清洁硅片或溅射刻蚀。

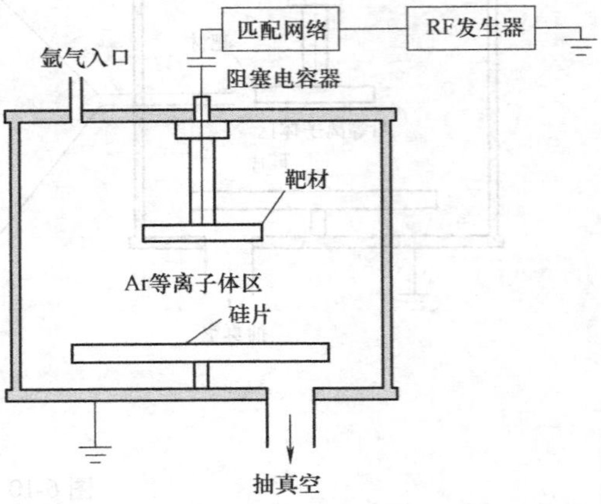

图6-11　射频溅射设备示意图

等离子体中的电荷（离子和自由电子）都处在射频电场作用下。但是，由于高频的缘故，电子的响应远大于离子的响应，这样就导致了电子堆积在靶电极上，这些堆积电子吸引Ar^+轰击靶，从而导致对绝缘或非绝缘靶材料的溅射。这种电子相对于离子的较大响应所导致的电子在靶电极上堆积的现象称为自偏置效应。

射频溅射最大的优点是可以溅射各种材料的薄膜，从导体到绝缘体、从元素到化合物、从普通材料到高熔点材料都可以溅射。

（3）磁控溅射设备　直流二极溅射离化率低，射频溅射离化率有所提高，但不显著。磁控溅射就是在靶的周围和后面安装磁体，以俘获并限制电子在靶前面的运动。这种设置增加了电子与气体分子之间总的碰撞次数和离子在靶上的轰击率，产生了更多的二次电子，进而增加了等离子体中电离的速率。最终的效果是增加了等离子体的密度，淀积速率提高了数10倍。

3. 典型溅射设备操作步骤

1）清洗程序：

① 用BOE溶液（溶液中水与HF缓冲液的体积比为90:1）腐蚀，温度为23℃，用时为60s。

② 去离子水冲洗6次。

③ 甩干。

④ 用去离子水冲洗，然后用热氮气吹干。

2）在“KEY”模式下输入操作者使用号，操作屏立刻进入“SERVICE”模式。

3）在操作屏“SERVICE”模式下按下“SELECT RECIPE”键，选择所要求的菜单，选好菜单后打开溅射系统的RF电源和RF网络匹配电源。

4）在操作屏“SERVICE”模式下按下“STANDBY”键和“ENABLE HEATERS”键，然后观察“EUOTHERM”温度控制计，待温度升高到设定值后，才能按“BEGIN AUTO”键，当屏幕上出现“NORMAL MODE”时，按“LOAD”键。当机器发出悦耳的“叮咚”声时，可以打开装片门，把金属片架放进装片台上。**注意：全属片架底部的小缺口必须嵌入传送链上的销子，片架两边必须平稳地嵌在两根传动道轨上。**然后关上装片门，这时自动溅射就开始了。

5）当第一盒硅片在溅射时，如果要对第二盒硅片进行溅射，只要按下操作屏“LOAD”键。当屏幕出现“LOAD/UNLOAD CASSETTE”时，可以重复前一片架装片办法打开装片门，把片架放进装片台，然后关上装片门即可对第二盒硅片进行自动溅射了。装片台上至多允许同时有两盒硅片。

6）当第一盒子25片硅片溅射快结束时，屏幕会出现“UNLOAD/LOAD CASSETTE”。此时可以打开卸片门，把硅片从装片台上取下，然后关上卸片门即可。如果装片台上同时有两盒片架，只需按操作屏上“LOAD”键。当屏幕出现“UNLOAD/LOAD CASSETTE”时，即可打开卸片门，然后把硅片从装片台上取出。

7）关闭溅射系统RF电源。按操作屏上的“STANDBY”键，并使操作屏回到“KEY”模式。当测量参数达到要求时，才能做正式硅片（开腔过后靶材表面会有水汽，所以打假片是必需的，通常打假片的数量为50~100片不等）。

6.3.3 金属CVD

对于金属薄膜，更多的是选择物理气相淀积（PVD）法进行淀积，即蒸发和溅射。然而，化学气相淀积（CVD）工艺在获得优良的等角台阶覆盖和对高深宽比通孔无间隙式的填充等方面有着明显的优势。当器件的特征尺寸减小到0.15μm或更小时，金属CVD的优势更加突出。所以在某些金属层结构中使用金属CVD的方法进行淀积可以得到更好的效果，比如制备具有高深宽比的钨塞和要求等角台阶覆盖的薄铜种子层等。

1. 钨CVD

钨因具有良好的抗电迁徙能力和导电性能，而被广泛用于各种器件构造，包括接触阻挡层、MOS管的栅极互连（局部互连）和通孔填充。在多层铝互连技术中，单个微芯片中数以十亿计的通孔使用金属钨填充，工作性能稳定，是形成有效的多金属层系统的关键。然而由于大马士革铜金属化工艺的引入，使钨作为金属层间通孔填充塞的用途受到限制，但钨作为第一层金属与半导体之间的孔填充塞仍然很重要。

溅射淀积钨的成本比较低，但方向控制较差，使得钨淀积在通孔中的质量产生不均匀性，这也是CVD成为淀积钨首选方法的原因。低压化学气相淀积（LPCVD）是一种通用的方法，它不需要造价昂贵、维护复杂的高真空泵，而且提供了优良的台阶覆盖和较高的生产效率。淀积钨最普通的反应是气体六氟化钨（WF_6）与氢气（H_2）反应，其反应式为

$$WF_6 + 3H_2 \longrightarrow W\downarrow + 6HF\uparrow$$

在淀积钨之前需要先淀积两层薄膜：一层是钛膜，另一层是氮化钛膜。淀积钛膜的目的是降低接触电阻，通常是使用溅射法进行淀积。而为了获得较好的台阶覆盖，常使用CVD淀积氮化钛膜。氮化钛膜起阻挡层和黏结层的作用，阻止钨与硅之间的扩散和保证钨与下层材料之间良好的黏结性。在淀积完钨后，由化学机械抛光（CMP）对钨薄膜进行平坦化。

2. 铜CVD

铜CVD最普遍的应用是在铜电镀工艺制备铜互连线之前淀积一层薄种子层。铜种子层是一层淀积在扩散阻挡层（以钽为基础的阻挡层）顶部的薄层，厚度为50~100nm。为了获得良好的铜互连线，有良好台阶覆盖能力并且连续、没有针孔和空洞的铜种子层是至关重要的。如果铜种子层不连续，就可能在电镀铜时产生空洞。而CVD法具有的优势使其成为

淀积铜种子层的主要方法。

CVD 法制备铜膜，首先必须选择合适的前驱物，目前常选择铜化合物。这类化合物经过化学反应生成的铜原子会淀积成膜。

6.3.4 铜电镀

电镀（ECP）是工业上传统的镀膜工艺之一。但是因电镀制膜法存在较大污染和难以控制的工艺过程，在半导体制造中一直未被采用，直到铜互连技术的出现。铜电镀工艺具有成本低、工艺简单、无须真空支持、增大电流可提高淀积速率等优点，已成为现代完成铜互连薄膜淀积的主要工艺。

铜电镀工艺是采用湿法化学品和电流将靶材上的铜离子转移到硅片表面的过程。铜电镀系统由电镀液、脉冲直流电流源、铜靶材（阳极）和硅片（阴极）等组成，如图 6-12 所示。电镀液由硫酸铜、硫酸和水组成，呈淡蓝色。当电源加在铜靶（阳极）和硅片（阴极）之间时，溶液中产生电流并形成电场。铜靶（阳极）中的铜发生反应转化成铜离子并在外加电场的作用下向硅片（阴极）定向移动，到达硅片（阴极）时，铜离子与阴极的电子反应生成铜原子并镀在硅片表面，反应如下：

$$Cu^{2+} + 2e^- \longrightarrow Cu$$

铜的淀积速率和质量与传输到硅片表面的电流和电解液有关，因此为了在硅片上沉积一层致密、无孔洞、无缝隙、分布均匀以及良好的高深宽比沟槽填充的铜薄膜，必须严格控制好时间、电流和电解液。

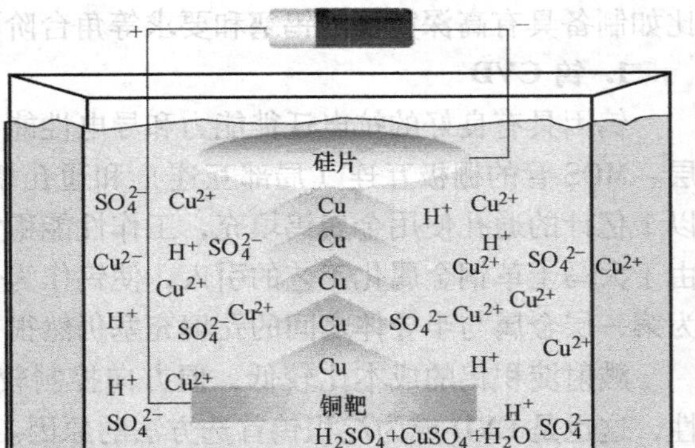

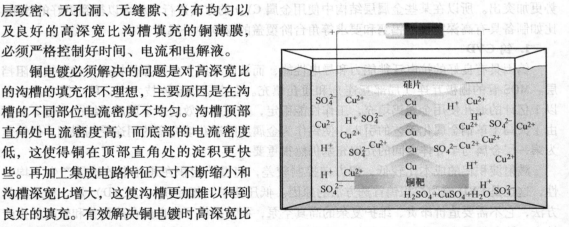

图 6-12 铜电镀原理示意图

铜电镀必须解决的问题是对高深宽比的沟槽的填充很不理想，主要原因是在沟槽的不同部位电流密度不均匀。沟槽顶部直角处电流密度高，而底部的电流密度低，这使得铜在顶部直角处的淀积更快些。再加上集成电路特征尺寸不断缩小和沟槽深宽比增大，这使沟槽更加难以得到良好的填充。有效解决铜电镀时高深宽比的沟槽填充问题有两种方法。

1. 脉冲电镀法

这种方法使用交互电压波形进行淀积-刻蚀工艺以提高填充能力。其通过加一个振荡电场并控制方波幅度，获得淀积/刻蚀序列，在高电流密度区，铜能被稍微清除（刻蚀）以维持铜间隙填充能力的平衡。

2. 添加剂法

在电镀液中加入有机添加剂是改善高深宽比沟槽的填充性能非常关键的因素，填充性能与添加剂的成分和浓度密切相关，关于添加剂的研究一直是电镀铜工艺的重点之一。目前集成电路铜电镀的添加剂供应商有 Enthone、Rohm&Haas 等公司，其中 Enthone 公司的 ViaForm 系列添加剂目前应用较广泛。ViaForm 系列包括三种有机添加剂：加速剂（Accelerator）、抑制剂（Suppressor）和平坦剂（Leverler），如图 6-13 所示。

当晶片被浸入电镀槽中时，添加剂立刻吸附在铜种子层表面，沟槽内首先进行的是均匀性填充。接着，当加速剂（A）达到临界浓度时，电镀开始从均匀性填充转变成由底部向上的填充。此时，抑制剂（S）大量吸附在沟槽的开口处，在和氯离子（Cl^-）的共同作用下，通过扩散-淀积在阴极表面上形成一层连续抑制电流的单层膜，通过阻碍铜离子扩散来抑制铜的继续沉积，抑制沟槽开口处的铜沉积，防止出现空洞。加速剂（A）吸附在铜表面和沟槽底部，降低电镀反应的电化学反应势，促进快速沉积反应。当沟槽填充过程完成后，表面吸附的平坦剂（L）开始发挥作用，抑制铜的继续沉积，以减小表面的粗糙度。

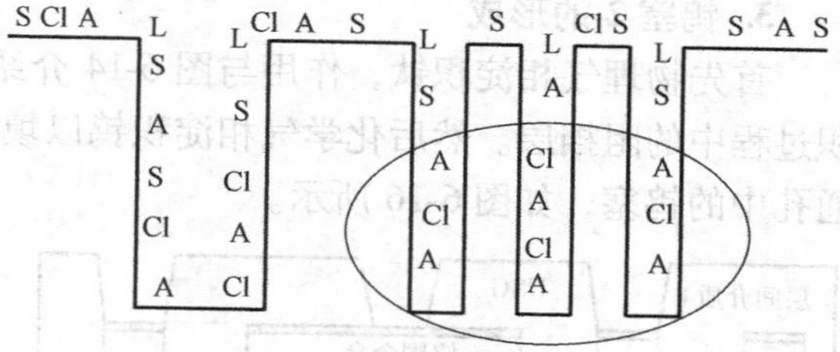

图 6-13 沟槽中的三种添加剂和氯离子

在铜电镀过程中，对沟槽填充过程产生影响的主要是加速剂、抑制剂和氯离子，填充过程完成后对镀层表面粗糙度产生影响的主要是平坦剂。为实现无空洞和无缺陷电镀，除了改进添加剂的单个性能外，还需要确定几种添加剂同时存在时各添加剂浓度的恰当值，使三者之间互相平衡，才能达到良好的综合性能，得到低电阻率、结构致密和表面粗糙度小的铜镀层。

铜电镀金属化对半导体制造业来说是一个新的过程，仍有一系列问题有待解决。但是它发展迅速，技术也逐渐成熟，为铜互连技术的采用起到关键性的作用。

6.4 金属化流程

半导体制造技术中金属互连正在经历一场根本性的变化，在某些高性能的IC芯片中，传统的铝金属化技术正在逐渐被铜金属化技术替代，铜金属化的引入将改变传统的金属化流程，取而代之的是新型的双大马士革法制备铜互连线的工艺流程。

6.4.1 传统金属化流程

传统的互连金属是铝铜合金（99%铝，1%铜），并用SiO_2作为层间介质隔离层。以下是制备第二层金属的传统铝互连技术的工艺流程，该过程中铝被淀积为薄膜，然后被刻蚀掉（减去）以形成电路。

1. 第一层金属（金属1）

如图6-14所示，Al-Cu合金（金属1）已经制备完成。该金属层结构被称为三明治结构，分别由钛、铝铜合金和氮化钛组成。其中钛提供了钨塞与金属铝之间的良好键合和阻挡扩散作用。氮化钛则充当下一次光刻中的抗反射层。金属1通过钨塞1与半导体器件表面连接。

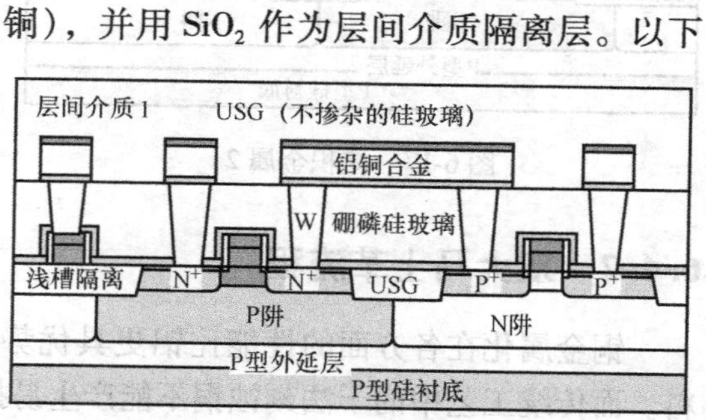

图 6-14 第一层金属

2. 通孔2的形成

干法刻蚀SiO_2层，形成第二层金属与第一层金属之间的连接通孔（通孔2），如图6-15

所示。

3. 钨塞2的形成

首先物理气相淀积钛，作用与图6-14介绍的一致。化学气相淀积氮化钛，充当钨的淀积过程中的阻挡层。然后化学气相淀积钨以填充通孔，形成钨塞2n，最后CMP磨平，留下通孔中的钨塞，如图6-16所示。

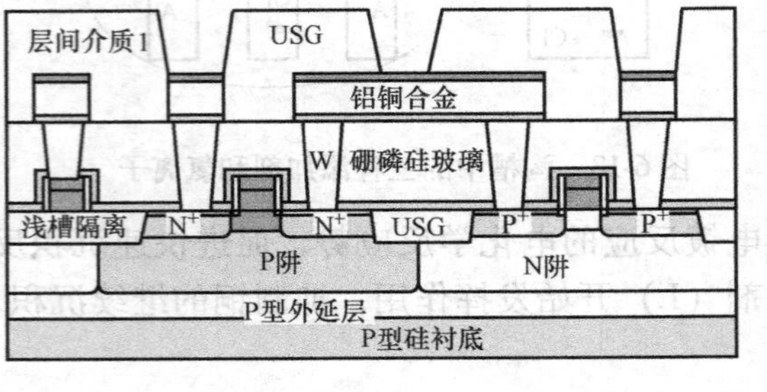

图6-15　形成通孔2

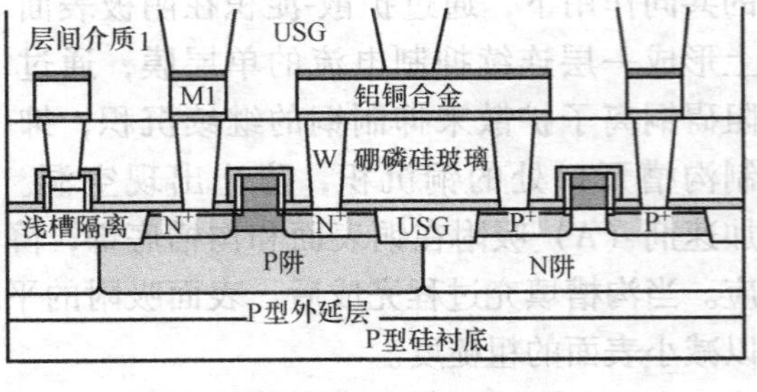

图6-16　形成钨塞2

4. 淀积金属2

用溅射法分别淀积一层钛、铝铜合金和氮化钛，形成三明治结构的第二层金属（金属2），如图6-17所示。

5. 刻蚀出互连线

利用等离子体刻蚀机刻蚀出金属2的互连线，如图6-18所示，重复以上流程制备金属3和金属4。

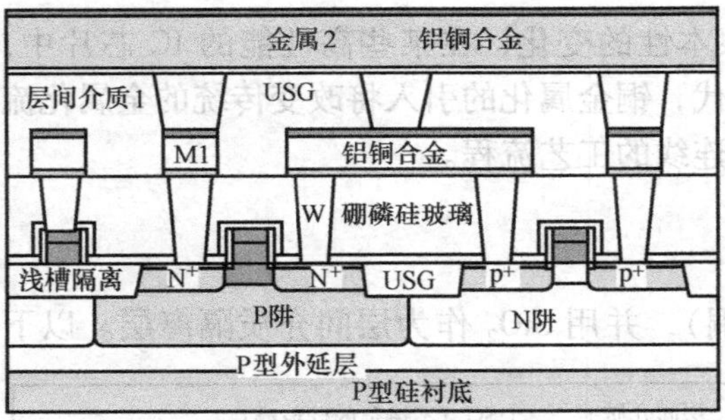

图6-17　淀积金属2

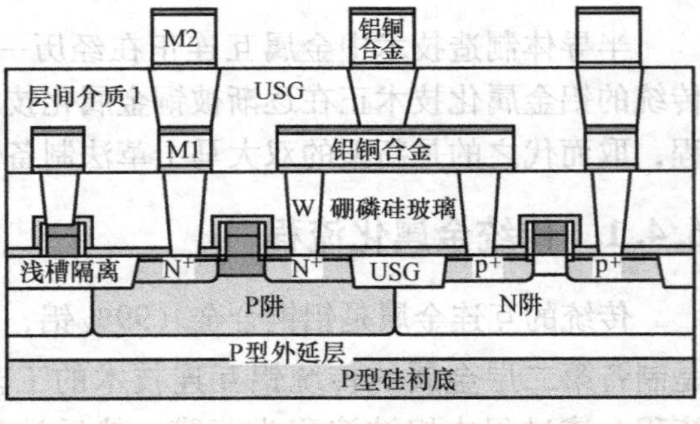

图6-18　刻蚀金属2

6.4.2　双大马士革流程

铜金属化在各方面的性能比铝更具优势，半导体产业正在实现用铜做微芯片的互连材料。而传统工艺中的干法刻蚀铜不能产生易挥发的副产物，因此铜不适合干法刻蚀，这个问题直接导致铜金属化不能采用传统的工艺流程进行。双大马士革工艺是通过层间介质刻蚀形成孔和槽，确定好线宽和图形间距，然后将铜淀积至刻蚀好的图形，再经过化学机械抛光除掉多余的铜。利用这种方法不需要金属刻蚀而且通孔和引线同时被制备好，所以使用双大马士革法完成铜金属化成为最佳选择。

以下是双大马士革法制备第二层金属（金属2）的典型工艺流程。

1. 层间介质淀积

在第一层金属（Cu）上用旋涂法淀积两层绝缘介质层，并使用HDPCVD淀积出致密的、没有针孔的刻蚀阻挡层（SiC或SiN），如图6-19所示。

2. 金属2的线槽刻蚀

利用光刻、刻蚀工艺刻蚀SiO_2至刻蚀阻挡层，刻出金属2线槽的图形，如图6-20所示。

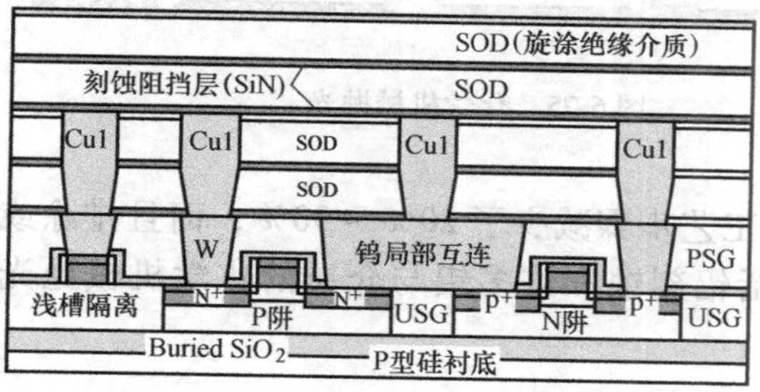

图6-19 层间介质淀积

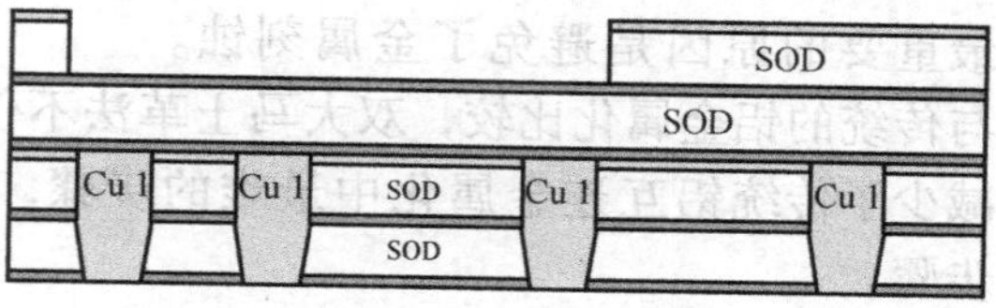

图6-20 刻蚀金属2的线槽

3. 金属层间通孔刻蚀

继续刻蚀掉刻蚀阻挡层和SiO_2层，形成金属2与金属1之间的介质层通孔图形，完成互连线的线宽和图形的刻蚀，如图6-21所示。

4. 淀积阻挡层金属

在槽和通孔的底部及侧壁用离子化的PVD淀积铜扩散阻挡层（钽和氮化钽），如图6-22所示。

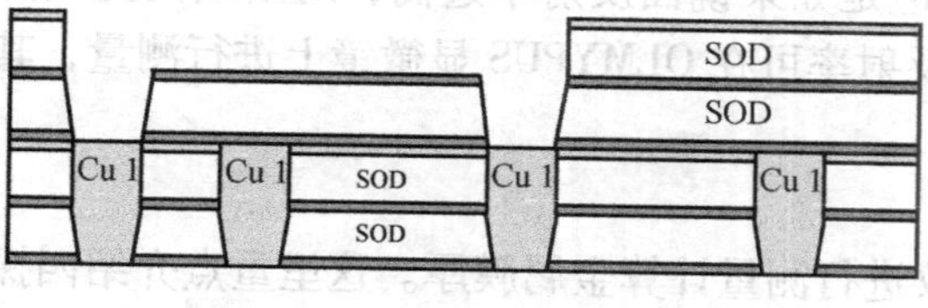

图6-21 刻蚀通孔

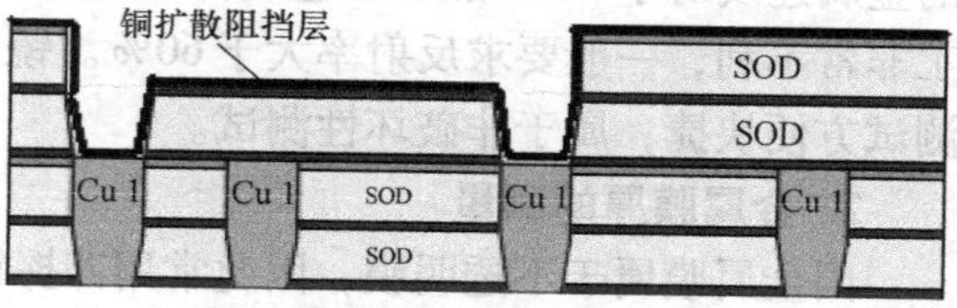

图6-22 淀积阻挡层金属

5. 淀积铜种子层

如图6-23所示，用CVD淀积连续的铜种子层，种子层必须是均匀的并且没有针孔。铜种子层的淀积有利于在下一步铜电镀工艺中形成良好的对高深宽比通孔的填充。

6. 铜电镀

用电镀法淀积铜填充，既填充通孔窗口也填充槽，如图6-24所示。

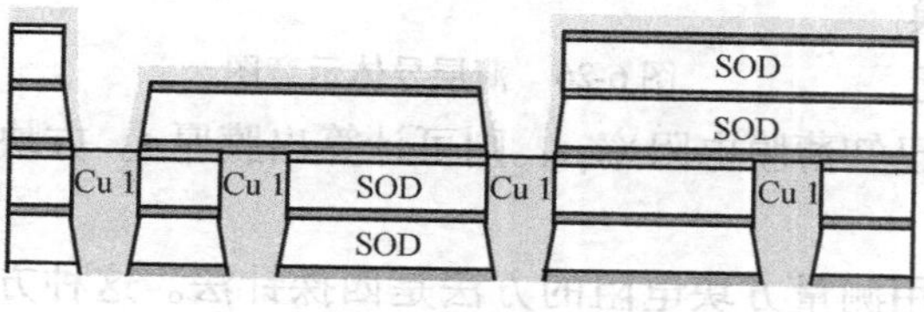

图6-23 淀积铜种子层

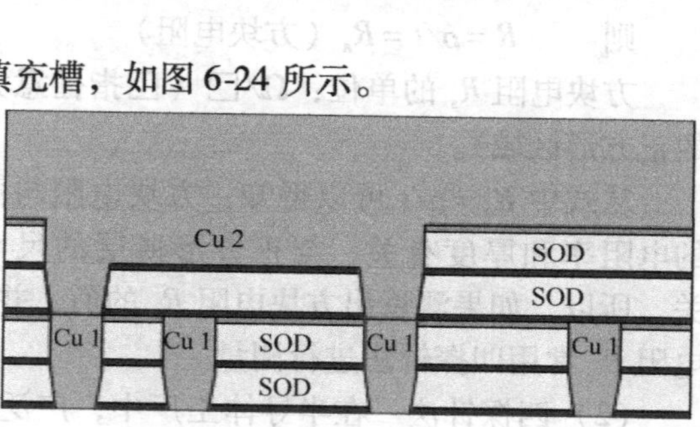

图6-24 铜电镀

7. 用 CMP 清除额外的铜

如图 6-25 所示，用化学机械抛光（CMP）清除额外的铜。这一过程平坦化了表面并为下道工序做了准备，CMP 后即形成了金属 2 的电路。重复以上流程可制备金属 3、金属 4 等。

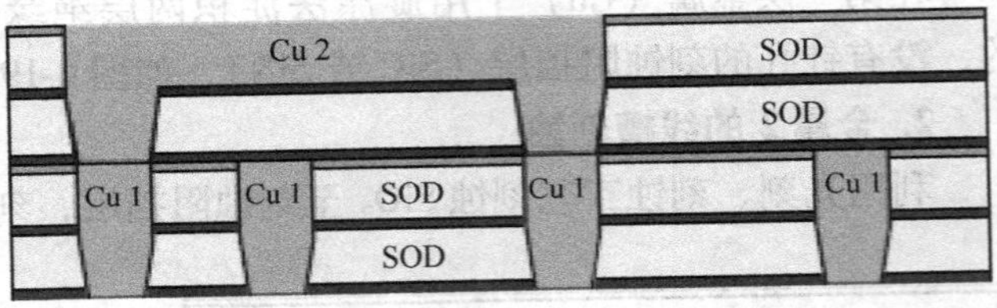

图 6-25　化学机械抛光

对铜金属化应用双大马士革法最重要的原因是避免了金属刻蚀。与传统的铝金属化比较，双大马士革法不仅使工艺步骤减少了 20% ~30%，而且排除或减少了传统铝互连金属化中最难的步骤，包括铝刻蚀和许多铝与介质的化学机械抛光步骤。

6.5　金属化质量控制

金属薄膜质量测试中常规的测量包括金属膜的表面光滑度（反射率）、膜厚、台阶覆盖率、均匀性等。台阶覆盖率、均匀性的测试方法参见 5.5 节，这里介绍反射率测量和四探针仪测膜厚的方法。

1. 反射率的测量

镜面反射率直接表征了金属膜的表面光滑度，金属表面越光滑，反射率越高。高度平滑的金属连线对于 VLSI 加工工艺而言至关重要，但是如果镜面反射率过高，对后续的光刻加工非常不利，一般要求反射率大于 60%。镜面反射率可在 OLMYPUS 显微镜上进行测量，其测试方便快捷，属于非破坏性测试。

2. 金属膜厚的测量

因金属膜属于不透明膜，因此常用四探针仪进行测量计算金属膜厚。这里重点介绍四探针仪薄膜电阻测试（方块电阻测量）。

（1）方块电阻　估算导电膜厚度一种最实用的方法是测量方块电阻 R_s。薄层导体示意图如图 6-26 所示。

对于薄层电阻：　$R=\rho L/A=\rho L/(wt)$

而对于一个正方形的薄层电阻：$L=w$

则　$R=\rho/t=R_s$（方块电阻）

方块电阻 R_s 的单位：Ω/□（□指任意大小的正方形区域）。

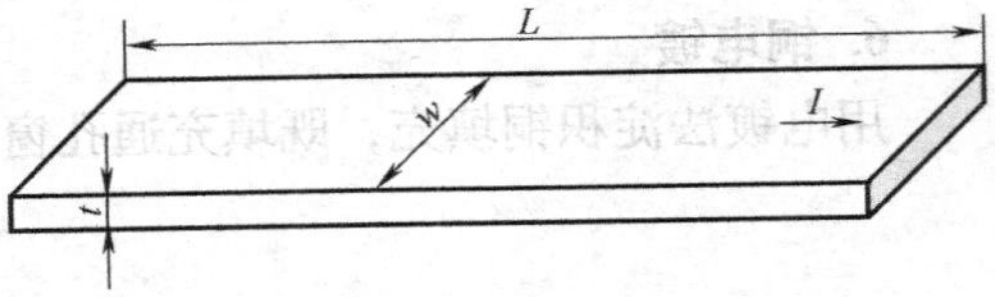

图 6-26　薄层导体示意图

从式中 $R_s=\rho/t$ 可以得知：方块电阻与薄膜的电阻率和厚度有关，与正方形薄层的尺寸无关。所以，如果测量出方块电阻 R_s 的值，并且已知薄膜电阻率 ρ，则可计算出膜厚 t。方块电阻 R_s 常用四探针法进行测量。

（2）四探针法　在半导体工厂中，广泛使用测量方块电阻的方法是四探针法。这种方法是把 4 个在一条线上的探针等距离放置，让它们依次接触硅片，如图 6-27 所示。在外面的两根探针之间施加已知的电流值（I），可测得里面两根探针之间形成的电压（U）。

方块电阻与电流电压之间的关系式如下所示：

$$R_s = 4.53U/I$$

式中，4.53是由探针距离引起的常数。一些公司计算时直接从公式中忽略，而仅仅测量硅片的U/I值。

四探针法广泛用于确定薄膜厚度，假设硅片上薄膜的电阻率均一，它比台阶测试、声波测试等方法更为快捷、经济。

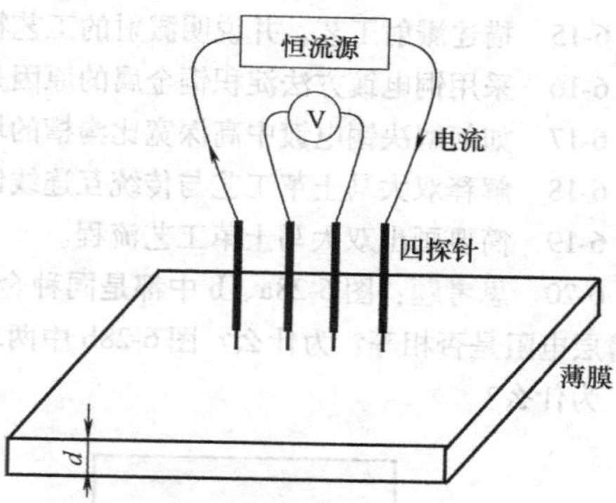

图6-27 四探针仪示意图

本章小结

金属薄膜淀积的目的是在芯片上形成良好的互连线，然后把硅片上的各个元器件连接起来形成一个完整电路系统。现代集成电路的互连和接触的结构中通常含有多种金属来满足不同的性能要求或解决互连线制造所遇到的问题。比如铝铜合金是为了解决铝互连遇到的电迁移现象；阻挡层金属可阻挡不同材料之间的扩散问题；金属硅化物可提供良好的欧姆接触；CVD淀积钨易于淀积高深宽比的通孔等。金属薄膜淀积的常用方法是蒸发、溅射、金属CVD以及铜电镀。溅射已经取代蒸发而成为现代金属淀积最主要的工艺之一。溅射的原理是利用等离子体轰击靶材以撞击出原子并淀积在硅片表面形成薄膜。用CVD法淀积金属有良好的均匀性和填充能力，常用于填充钨和铜种子层。铜电镀主要是为了制造铜金属互连线所选择的铜淀积工艺。由于铜难于被刻蚀等问题，铜互连线的制作与传统的铝金属化工艺不同，其制作采用双大马士革法在介质中刻蚀通孔和槽，利用铜电镀工艺淀积铜，填充这些通孔和槽，然后通过化学机械抛光（CMP）清除额外的铜。

本章习题

6-1 解释欧姆接触，并说明形成欧姆接触的常用方法。

6-2 列出并描述集成电路制造中对金属薄膜的要求。

6-3 列出半导体制造中使用的金属种类，并说明每种金属的用途。

6-4 解释铝已被选择作为微芯片互连金属的原因。

6-5 哪种金属已经成为传统互连金属线？什么是它的取代物？

6-6 描述结尖刺现象，如何解决结尖刺问题？

6-7 描述电迁徙现象，如何解决电迁徙问题？

6-8 列出并讨论引入铜金属化的原因。

6-9 互连金属转向铜时所面临的三大主要挑战是什么？

6-10 什么是阻挡层金属？说出使用阻挡层金属的原因。哪种金属常被用作阻挡层金属？

6-11 定义硅化物，并解释难熔金属硅化物在硅片制造业中地位比较重要的原因。

6-12 画出并解释自对准硅化物形成的工艺流程。

6-13 解释钨填充塞被采用的原因，描述在通孔中淀积钨的方法。

6-14 描述蒸发工艺，并说明蒸发工艺的缺点。

6-15 描述溅射工艺，并说明溅射的工艺特点。

6-16 采用铜电镀方法淀积铜金属的原因是什么？

6-17 如何解决铜电镀中高深宽比沟槽的填充问题？

6-18 解释双大马士革工艺与传统互连线制作的不同之处。

6-19 简要画出双大马士革工艺流程。

6-20 思考题：图6-28a、b中都是同种金属薄膜材料，厚度一致。图6-28a中两块都是正方形，试问其薄层电阻是否相等？为什么？图6-28b中两块具有相同的宽长比，但线宽不同，试问其薄层电阻是否相等？为什么？

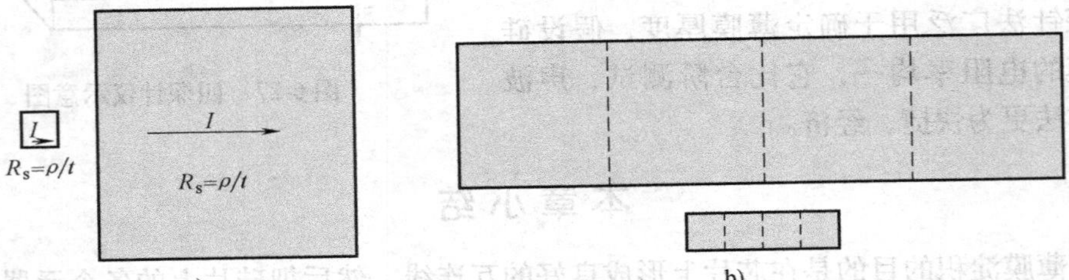

图6-28 题6-20图

第7章　光　　刻

本章教学目标

- 了解光刻工艺的基本原理。
- 掌握光刻工艺的基本步骤及各步骤的操作过程。
- 掌握光刻胶的基本组成和分类。
- 了解光刻设备的工作原理和使用。
- 掌握光刻工艺的质量控制。

7.1　引言

光刻工艺是集成电路制造中最关键的工艺之一。光刻是一种复印图像和化学腐蚀相结合的综合性技术。图7-1是半导体制造工艺流程，由图7-1看出光刻工艺是晶圆加工过程的中心。

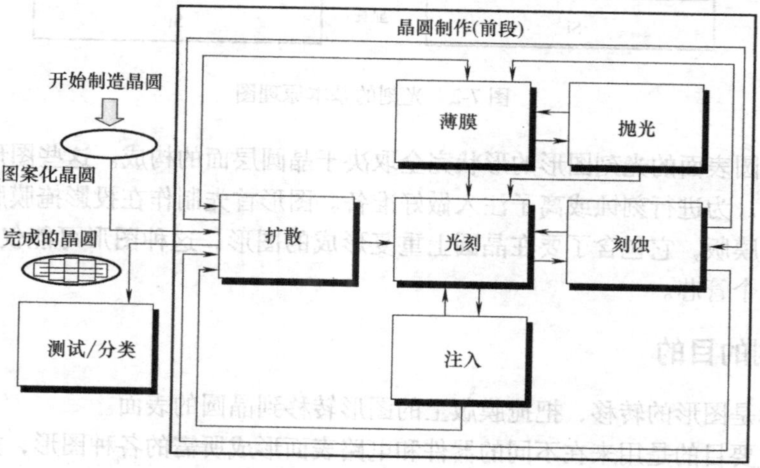

图7-1　半导体制造工艺流程

光刻的本质是把临时电路结构复制到以后要进行刻蚀和掺杂的晶圆上。这些结构首先以图形形式制作在被称为光刻掩膜版的石英膜版上，光刻工艺首先将事先做好的光刻掩膜版上的图形精确地、重复地转移到涂有光刻胶的待腐蚀层上，然后利用光刻胶的选择性保护作用，对需腐蚀图层进行选择性化学腐蚀，从而在表面形成与光刻版相同（或相反）的图层。

随着集成电路向更高集成度和更小尺寸的方向发展，集成电路的图形越来越复杂，要求光刻的分辨率和精度越来越高，同时，光刻质量也直接影响到集成电路的成品率和电路的性能，特别是在超大规模集成电路中更是如此。

光刻使用光敏光刻胶材料和可控的曝光在晶圆表面形成三维图形。光刻实际是指将图形转移到一个平面的任一复制过程。

7.1.1　光刻的概念

光刻处于晶圆加工过程的中心，一般被认为是集成电路（IC）制造中最关键的步骤，需要高性能以便结合其他工艺获得高成品率。

光刻是通过一系列生产步骤将晶圆表面薄膜的特定部分除去并得到所需图形的工艺。光刻的基本原理图如图 7-2 所示。由图 7-2 可以看出，光刻过程实际是图形由掩膜版转移到晶圆表面的过程。

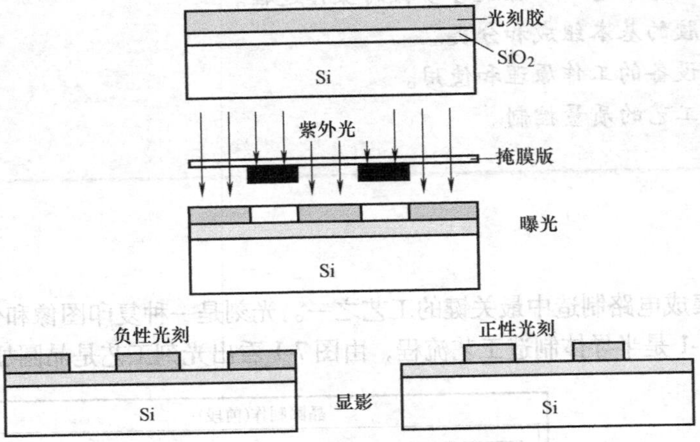

图 7-2　光刻的基本原理图

转移到晶圆表面的光刻图形的形状完全取决于晶圆层面的构成。这些图形被转移到光敏光刻胶材料上，为进行刻蚀或离子注入做好准备。图形首先制作在投影掩膜版上，投影掩膜版是一个石英膜版，它包含了要在晶圆上重复形成的图形，这种图形可能仅包含一个管芯，也可能包含几个管芯。

7.1.2　光刻的目的

光刻实际是图形的转移，把掩膜版上的图形转移到晶圆的表面。

光刻的主要目的是用来在不同的器件和电路表面形成所需的各种图形，如经常用到的局部掺杂的掩蔽图形、互连连接的金属线图形等。

光刻工艺的目标主要包括在晶圆表面建立尽可能接近设计规则中所要求的图形和在晶圆表面正确地定位图形。

在晶圆生产的过程中，为了能形成所需要的器件，需要在晶圆的局部位置进行掺杂以形成导电类型不同的区域，需要进行掩蔽掺杂，因此需要利用光刻在晶圆表面的区域有选择地去除一部分表面保护层（一般是二氧化硅）。

7.1.3　光刻的主要参数

在光刻工艺中，主要的参数有特征尺寸、分辨率、套准精度和工艺宽容度等。

1. 特征尺寸

光刻技术决定了在晶圆上的特征尺寸数值，特征尺寸（CD）一般指的是MOS管的最小栅长，光刻中的特征尺寸常用来描述工艺技术的节点或称为某一代，目前比较常见的工艺特征尺寸包括0.18μm、0.09μm和最新的0.045μm。减小特征尺寸可以在单个晶圆上布局更多的芯片，这样将大大降低制造成本从而提高利润。

2. 分辨率

光刻中一个重要的性能指标是每个图形的分辨率。分辨率是指将晶圆上两个邻近的特征图形区分开来的能力。晶圆上形成图形的实际尺寸就是特征尺寸，最小的特征尺寸就是关键尺寸，但并不是说晶圆上的每个线条尺寸都是这个特征尺寸。

分辨率还受到焦深（*DOF*）的影响。所谓焦深即是光焦点周围的一个范围，在这个范围内图像连续地保持清晰。焦深的示意图如图7-3所示。焦深的数学方程式为

$$DOF=\frac{\lambda}{2(NA)^2} \tag{7-1}$$

式中，λ为曝光的波长；NA为光学系统的数值孔径。

当数值孔径增加后，透镜可以捕捉更多的光学细节并且增加系统的分辨率，由式(7-1)可以看出，如果分辨率增加了，那么焦深就会减小。在亚微米特征尺寸的工艺中增加分辨率是必要的，但由此减小的焦深会严重影响光学系统的工艺宽容度。

因此在目前的半导体业界，既要获得更好的分辨率来形成特征尺寸的图形，又要保持合适的焦深，这也是目前比较大的一个挑战。

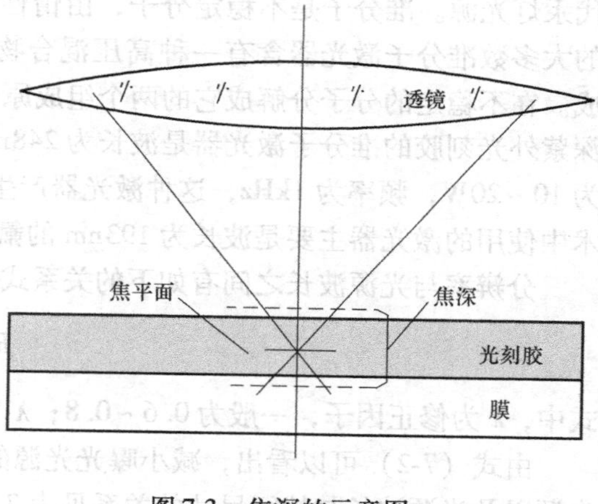

图7-3 焦深的示意图

3. 套准精度

光刻工艺要求晶圆表面上存在的图案与掩膜版上的图形精确对准，这种特性指标就是套准精度。由于掩膜版上的图形要每一层都层层对准地转移到晶圆上，因此对准工艺十分关键，当图形形成要多次用到掩膜版时，任何套准误差都会影响到晶圆表面上不同图案之间总的布局宽容度。晶圆表面上不同图案之间总的布局宽容度称为套准容差。而大的套准容差会减小电路密度，限制了器件的特征尺寸，从而降低了IC的性能。

对准误差是由掩膜版和晶圆之间不良的对准引起的，不同种类的对准误差会影响套准容差。还有一种是管芯与管芯之间距离上的差异，它可以由温度的变化引起。这些误差可以在现代的对准系统中采用整场对准或者逐场对准的方式来进行改善并控制其变化。

4. 工艺宽容度

在光刻的工艺过程中，还有很多工艺是可变量，例如设备的设定、材料的种类、人为的操作、机器的对准还有材料随时间的稳定性等。工艺宽容度指的是光刻工艺能始终如一地处理符合特定要求产品的能力。获得最大的工艺宽容度就可以提高工艺并生产更好的器件，为了获得最大的工艺宽容度，工艺工程师就要不断调整不同的工艺变量。

7.1.4 光刻的曝光光谱

曝光光源的能量要能激活光刻胶，并将图形从掩膜版中转移到晶圆表面。由于光刻胶材料可与紫外光所对应的特定波长的光发生反应，因此目前紫外光一直是形成光刻图形常用的能量源。

曝光光线的波长越短就越能实现较小的特征尺寸。由于特征尺寸的不断减小，目前的曝光光源主要是紫外光（UV），用于产生曝光光源的主要是汞灯和准分子激光，最先进的还有X射线、电子束和离子束。

高压汞灯作为紫外光光源被使用在所有常规的I线步进光刻机上。曝光光源的一个重要方面是光强，单位面积的功率即是光强。光强和曝光时间的乘积是光刻胶表面获得的曝光能量，或曝光的剂量，单位是 mJ/cm^2。典型的I线光刻胶通常需要的曝光光源的能量是 $100mJ/cm^2$。如果曝光时光强降低了，就要相应地增加曝光的时间。

准分子激光可以在248nm深紫外及以下的波长提供较大的能量，所以目前已经基本取代汞灯光源。准分子是不稳定分子，由惰性气体原子和卤素构成，如氟化氩（ArF）。现在的大多数准分子激光器含有一种高压混合物，混合物由跃进到激发态的两种或更多成分组成。在不稳定的分子分解成它的两个组成原子的时候，激光辐射发生激发态衰变。通常用于深紫外光刻胶的准分子激光器是波长为248nm的氟化氪（KrF）激光器。其典型的功率范围为10~20W，频率为1kHz，这种激光器产生高能脉冲辐射光对光刻胶曝光。下一代光刻技术中使用的激光器主要是波长为193nm的氟化氩（ArF）激光器。

分辨率与光源波长之间有如下的关系式：

$$R = \frac{k\lambda}{NA} \tag{7-2}$$

式中，k 为修正因子，一般为0.6~0.8；λ 为光源的波长；NA 为光学系统的数值孔径。

由式（7-2）可以看出，减小曝光光源的波长可以提高系统的分辨率。目前常用的曝光光源以及光源波长与特征尺寸的关系见表7-1。

表7-1 常用的曝光光源以及光源波长与特征尺寸的关系

UV 波长/nm	波长名	UV 发射源	特征尺寸/μm
436	G线	汞灯	0.5
405	H线	汞灯	0.4
365	I线	汞灯	0.35
248	深紫外（DUV）	汞灯或氟化氪准分子激光器	≤0.25
193	深紫外（DUV）	氟化氩准分子激光器	≤0.18
157	真空紫外（VUV）	氟准分子激光器	≤0.15

7.1.5 光刻的环境条件

在晶圆的批量生产中，光刻机对环境的要求非常苛刻，特别是现在的深亚微米尺寸的生产线。微小的环境变化就可能导致器件的各种缺陷。光刻设备有一个要求非常严格的密封室以控制各种条件，例如温度、振动、颗粒沾污和大气压力等。

1. 温度

在光刻工艺过程中温度的控制是非常关键的。温度对掩膜版载台、光学元件、光源、晶圆载台和对准系统等所有方面都能产生影响。一般情况下典型的温度控制系统把温度变化控制在0.1℃以内。因此，高温照明系统和产生热量的电源系统都要放在远离对准和曝光设备的位置。

光刻设备不同，对应的温度要求也不同，因此光刻机的厂家会给出光刻机的具体温度要求。一般情况下，光刻机的镜头要保持在23℃，不能有很大的偏差，整个光刻机内部的温度可以在23℃上下浮动一定的偏差，要求不是很严格。

2. 振动

振动将会对定位、对准、聚焦和曝光等产生影响。如果发生振动，可能会引起定位错误，可能导致对准产生偏差，也可能导致光源聚焦不均匀而引起曝光不均匀。一般情况下，在光刻设备中支撑光刻设备的地板要采用减振器，并且与其他生产设备保持一定的区域隔离。像成像装置也有自己的特殊装置来减小振动的影响，如气动隔离装置和动量吸收结构。

3. 颗粒沾污

光刻设备特别是深亚微米尺寸的光刻设备都要放在具有一定洁净度要求的环境中，很小的颗粒对于深亚微米尺寸的器件都可能导致缺陷。一般情况下光刻设备都要设计成内部能够保持1级或更好的净化环境，在设备制造中所有的设备都要采用产生颗粒非常少的原材料。如果设备需要润滑剂，也要使用低气体压力的润滑剂使排放气体降至最少。晶圆和投影掩膜版传送是由设备中的自动传送系统的机械手实现的。空气电磁线圈向外排放气体时应避免把颗粒散发到设备内部。

4. 大气压力

大气压力的变化可以影响投影光学系统中空气的折射率，同时也影响步进光刻机台子定位的激光干涉计，由此会导致线宽的不均匀控制和极差的套准精度问题。因此设备制造商通常会加上压力传感器来监控环境的大气压力，压力测量数据被反馈给计算机用于控制调整气体压力。

7.1.6 掩膜版

掩膜版是晶圆生产过程中非常重要的一部分。比较常用的是光刻掩膜版和投影掩膜版。光刻掩膜版包含了整个晶圆的芯片阵列并且通过单一的曝光转印图形，一般用于较老的接近式光刻机或扫描对准投影机中。投影掩膜版是一种局部透明的平板，在它上面有将要转印到晶圆上的一部分图形（例如几个芯片的图形），因此需要经过分步重复在整个晶圆表面形成覆盖，一般用于分步重复光刻机和步进扫描光刻机。

在芯片生产的过程中，所有的晶圆图形都来自于掩膜版图形，因此投影掩膜版的质量在深亚微米光刻中是非常关键的角色。

1. 投影掩膜版的材料

用于深亚微米光刻的投影掩膜版的衬底材料一般是熔融石英，这种材料始终用于深紫外光刻中，因为它在深紫外光光谱部分（248nm 和 193nm）有高光学透射。这种熔融石英具有非常低的温度膨胀，意味着在温度改变时尺寸是相对稳定的。

淀积在投影掩膜版上的不透明材料通常是一薄层铬，铬层在熔融石英表面形成晶圆电路的基层图形。铬的厚度通常小于100nm，并且是通过溅射淀积的，有时会在铬层上形成一层氧化铬（大约20nm）抗反射层。

2. 投影掩膜版的缩影和尺寸

投影掩膜版被用在步进光刻机和步进扫描光刻机系统中，需要缩小透镜来减小形成图案时的套准精度。一般情况下投影掩膜版的缩小比例为5:1或4:1。

当前大部分投影掩膜版都是$6\times6\text{in}^2$的，投影掩膜版厚度通常是0.09~0.25in。

3. 投影掩膜版的制造

通常在投影掩膜版上形成图形的方法是使用电子束，把电子文档格式存储的原始图形利用直写技术绘制成版图。这个过程包含巨大的数据量，而且在投影掩膜版上绘图的时间可能要几个小时。

电子束直写的方式能直接把高分辨率的图形转印到投影掩膜版表面，在电子束光刻中电子源束产生很多电子，这些电子被加速并聚焦成图形投射到投影掩膜版上，电子束可以通过磁方式或电方式被聚焦，电子束可以扫描整个掩膜版，也可以扫描需要形成图形的区域。

投影掩膜版的制作过程和晶圆的制作过程很相似，首先清洗干净掩膜版，然后旋转掩膜版在其上涂布上合适的光刻胶，进行软烘，继续曝光并显影，最终的图形表面用湿法或干法刻蚀去掉铬薄层（先进的掩膜版生产采用干法刻蚀）。

使用掩膜版时可能存在很多的损伤来源，例如投影掩膜版表面掉铬、表面擦伤、静电放电（ESD）和灰尘颗粒。如果一个空中悬浮颗粒落在投影掩膜版上的关键区域，就会损害电路并造成成像缺陷，可以用一个极薄的透光膜保护表面，这种薄膜称为保护膜。

保护膜材料对光是透明的，可以使用不同的材料和厚度，如乙酸硝基氯苯厚度为0.7μm，聚酯炭氟化合物厚度为12μm。

7.2 光刻工艺的基本步骤

光刻工艺是一个复杂的过程，其中有很多影响其工艺宽容度的工艺变量。为了方便起见，这里将光刻工艺分成8个基本的步骤，这8个基本的步骤是：气相成底膜、旋转涂胶、软烘（前烘）、曝光、烘焙、显影、坚膜（后烘）、显影检查。在晶圆制造厂中这些步骤常称为操作。基本工艺步骤如图7-4所示。

1. 气相成底膜

光刻前的晶圆首先要进行清洗，然后在晶圆表面形成一层底膜，以增强晶圆和光刻胶之间的粘附性。

在成底膜之前晶圆表面必须是清洁和干燥的。因此清洗的晶圆要进行脱水烘焙，脱水烘焙后晶圆要立即用六甲基二硅胺烷（HMDS）进行成膜处理，六甲基二硅胺烷膜可以起黏附促进剂的作用。

六甲基二硅胺烷膜可以用浸润液分滴并通过旋转、喷雾或气相的方法来形成。

浸润液分滴并旋转方法的示意图如图7-5所示。浸润液分滴并旋转的方法一般常用于处理单个晶圆，温度和用量很容易控制，但系统需要排液和排气装置。这种方法的缺点是HMDS的消耗量比较大。

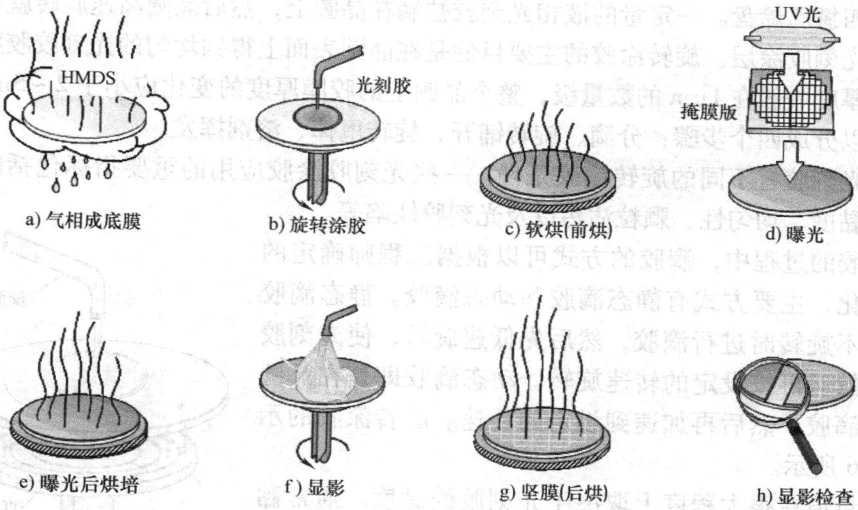

图 7-4 光刻的基本工艺步骤

喷雾方法是用一喷嘴喷雾器在晶圆表面上沉积一层细微的雾状 HMDS。这种方法的优点是喷雾有助于去除晶圆表面的颗粒杂质，缺点是处理时间比较长，而且 HMDS 的消耗量比较大。

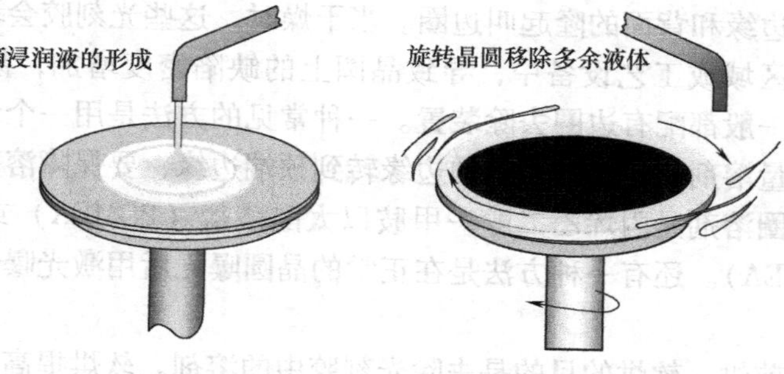

图 7-5 浸润液分滴并旋转方法示意图

气相成底膜方法是在晶圆表面形成 HMDS 膜的最常用方法，一般在 200 ~ 250℃下用约 30s 的时间完成。其优点是没有与晶圆直接接触，减少了来自液体 HMDS 的颗粒污染的可能性，HMDS 的消耗量也比较少。气相成底膜操作方法主要有两种：一种是先进行脱水烘焙，然后将单个晶圆置于热板上，通过加热传导熏蒸形成底膜，优点是晶圆由里向外烘焙，密度缺陷比较低，均匀性和可重复性比较好；另一种是用一个以氮气为携带气体的真空腔，晶圆被放在烘箱内的石英载片台上，加热的腔体抽真空后充入氮气携带的 HMDS 蒸气到达一个预先设定的压力，处理完成后，腔体被抽空，并充入氮气到常压的水平。

2. 旋转涂胶

气相成底膜后，晶圆表面要立即采用旋转涂胶的方法涂上液相光刻胶材料。

晶圆被固定在一个真空吸附载片台上，它是一个表面上有很多真空孔以便固定晶圆的平的金属或聚四氯乙烯盘。一定量的液相光刻胶被滴在晶圆上，然后晶圆高速旋转就可以得到一层均匀的光刻胶涂层。旋转涂胶的主要目的是在晶圆表面上得到均匀的光刻胶胶膜的覆盖层，胶膜的厚度一般在1μm的数量级，整个晶圆上的胶膜厚度的变化应小于2～5nm。旋转涂胶主要可以分成四个步骤：分滴、旋转铺开、旋转甩掉、溶剂挥发。

不同的光刻胶有不同的旋转涂胶条件。一些光刻胶涂胶应用的重要指标包括时间、速度、厚度、黏度、均匀性、颗粒沾污以及光刻胶缺陷等。

旋转涂胶的过程中，滴胶的方式可以根据工程师确定的参数进行变化，主要方式有静态滴胶和动态滴胶。静态滴胶是指载片台不旋转时进行滴胶，然后先低速旋转，使光刻胶均匀铺开，然后再按设定的转速旋转。动态滴胶即是在晶圆慢速旋转时滴胶，然后再加速到设定的转速。旋转涂胶的示意图如图7-6所示。

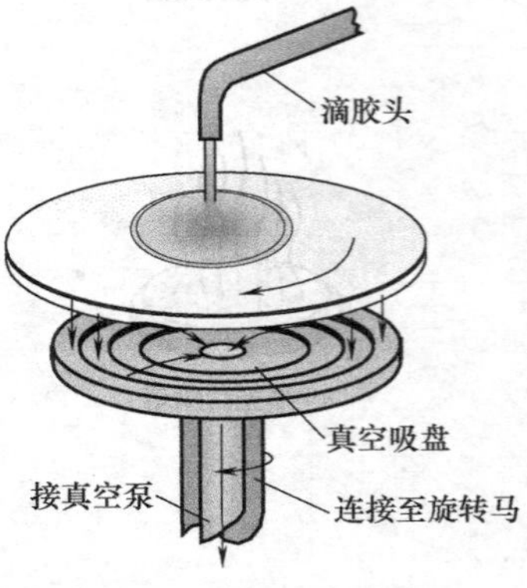

图7-6 旋转涂胶示意图

滴胶的量值在很大程度上取决于光刻胶的黏度。通常黏度越小的光刻胶越可以得到较薄的胶膜厚度。

光刻胶胶膜的厚度和均匀性是非常关键的参数。厚度并不是由滴胶的量来控制的，因为绝大部分的光刻胶都飞离了晶圆（只有小于1%的光刻胶留在晶圆表面）。影响厚度的关键参数是转速和光刻胶的黏度。黏度越高转速越低，则光刻胶胶膜就越厚。

在晶圆旋转的过程中，由于离心力的存在，光刻胶向晶圆的边缘流动并流到晶圆的背面。光刻胶在晶圆边缘和背面的隆起叫边圈。当干燥时，这些光刻胶会剥落并产生颗粒，并且有可能落在电路区域或工艺设备中，导致晶圆上的缺陷密度增加，甚至会导致设备的故障。旋转涂胶设备一般都配有边圈去除装置。一种常见的方法是用一个装配的喷嘴，在旋转晶圆的底侧喷出少量溶剂，溶剂从倾斜的边缘转到顶端边缘，要保障溶剂不能到达光刻胶的正面，典型的去边圈溶剂是丙烯乙二醇一甲胺以太醋酸盐（PGMEA）或乙烯乙二醇一甲胺以太醋酸盐（EGMEA）。还有一种方法是在正常的晶圆曝光后用激光曝光晶圆的边缘。

3. 软烘

软烘也被称为前烘，软烘的目的是去除光刻胶中的溶剂。软烘提高了晶圆的粘附性，提升了晶圆上光刻胶的均匀性，在刻蚀的过程中得到了更好的线宽控制。

目前典型的软烘条件是在热板上90～100℃烘焙30s，不过不同的光刻胶所需的软烘条件也是不同的。软烘工艺的原理示意图如图7-7所示。

软烘工艺需要确定优化的工艺设置。优化软烘工艺设置是为了得到更好的特征尺寸控制，改善光刻胶的侧墙角度，提高分辨率，改善对比度以及得到更宽的工艺宽容度。

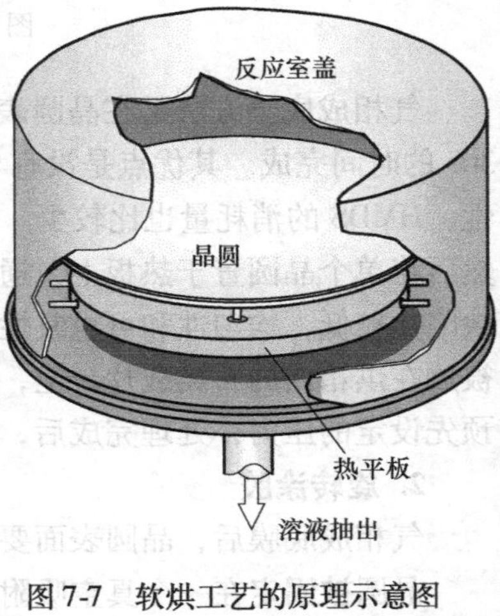

图7-7 软烘工艺的原理示意图

4. 曝光

软烘后要进行曝光。曝光前首先要进行对准操作，即掩膜版与涂好光刻胶的晶圆进行位置对准（如果晶圆表面已经做了图形，要进行套准)。一旦对准，即可进行曝光操作，把掩膜版图形转移到涂胶的晶圆上。

对准和曝光的重要质量指标为线宽分辨率、套准精度、颗粒和缺陷。

现代光刻设备是以光学光刻为基础，主要包括一个紫外（UV）光源、一个光学系统、一个掩膜版、一个对准系统和一个涂胶的晶圆，其光学系统在深亚微米光刻中占有核心地位。而光学光刻的关键设备是分步重复光刻机（指的是光刻机，通常称为步进光刻机）。近来使用 DUV 光刻胶后，光刻机也转变为步进扫描光刻机。曝光设备的结构示意图如图 7-8 所示。

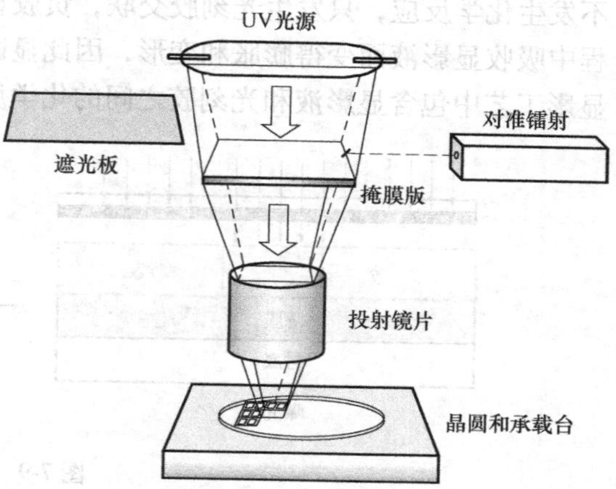

图 7-8 曝光设备的结构示意图

在曝光的过程中，从光源发出的光通过对准的掩膜版。掩膜版上有透明和不透明的区域，这些区域形成了要最终转移到晶圆表面的图形。

在曝光的过程中，深紫外光光源的能量均匀性是很关键的。曝光控制主要是通过使用能量剂量监控器在晶圆表面监控紫外光的光强来进行控制的。

从早期的晶圆制造到现在，光刻设备可以分为以下五类：接触式光刻机、接近式光刻机、扫描投影式光刻机、分步重复光刻机和步进扫描光刻机。

5. 烘焙

曝光后的晶圆从曝光系统转移到晶圆轨道系统后，需要进行短时间的曝光后烘焙（PEB）。为了促进关键光刻胶的化学反应，必须对 CA（化学放大）DUV 光刻胶进行烘焙。对于基于 DNQ（重氮萘醌）化学成分的常规 I 线胶，进行烘焙的目的是提高光刻胶的粘附性并减少驻波。

在整个烘焙的过程中，CA DUV 光刻胶的曝光区域变得可以溶解在显影液中，烘焙的温度均匀性和持续时间是影响 DUV 光刻胶质量的重要因素。过量的变化将影响光刻胶中的酸催化反应。

基本的操作是晶圆被放在自动轨道系统的一个热板上，处理的温度和时间需要根据光刻胶的类型来确定。典型的烘焙温度在 90～130℃之间，时间为 1～2min。对于特殊的 DUV 光刻胶，热板温度变化和烘焙的范围是关键因素，因为它们将影响显影工艺中特征尺寸的大小。

6. 显影

显影是非常关键的步骤，光刻胶上的可溶区域被化学显影液溶解掉，将可见的岛或者窗口图形留在晶圆的表面。显影的重点是形成的特征尺寸要能达到相应的规格要求。显影示意图如图 7-9 所示。

如果不能正确地控制显影工艺，光刻胶图形就会出现问题，这些问题会对产品的成品率产生消极影响，在随后的刻蚀工艺中暴露缺陷。显影的主要问题有以下三种类型：显影不足、不完全显影和过显影。显影不足的线条比正常显影的线条要宽并且在侧面有斜坡；不完全显影会在衬底上留下应该在显影过程中去掉的剩余光刻胶；过显影会去除太多的光刻胶，引起图形变窄或不好的外形。

根据光刻胶的不同，显影时也对应分为负胶显影和正胶显影。负胶显影工艺过程中几乎不发生化学反应，只发生光刻胶交联，负胶显影工艺的一个主要问题是光刻胶由于在清洗过程中吸收显影液而变得膨胀和变形，因此显影后的光刻胶的侧墙变得膨胀和参差不齐。正胶显影工艺中包含显影液和光刻胶之间的化学反应，从而溶解已曝光的光刻胶。

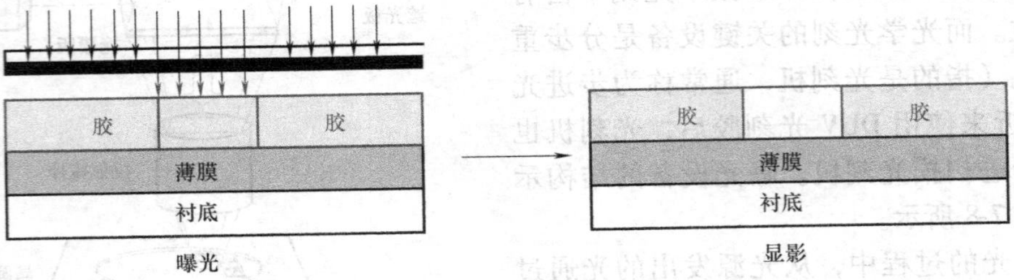

图 7-9　显影示意图

常见的显影方法有连续喷雾显影和旋覆浸没显影。连续喷雾显影可以在同一晶圆轨道系统中实现。当一个或多个喷嘴把显影液喷洒到晶圆表面时，真空吸盘上的单个晶圆以很慢的速度旋转。喷嘴喷雾模式和晶圆旋转速度是实现晶圆之间光刻胶溶解率和均匀性的可重复性的关键可变因素。旋覆浸没显影与喷雾显影使用相同的基本设备，喷到晶圆上的少量显影液形成一种水坑形状，为了在整个晶圆表面形成一个水坑形状，需要足够多的显影液，但不能有过量的显影液，以免影响晶圆的背面湿度。在吸热盘上的晶圆可以固定或慢慢旋转。

光刻胶被显影液溶解后，用去离子水清洗晶圆并旋转甩干，清洗的主要目的是去除显影后晶圆两面剩余的所有化学药品。

在显影的过程中，必须要控制好几个关键的显影参数：显影温度、显影时间、显影液量、真空吸盘、清洗、排风和显影液浓度。显影液最适宜的温度是15～25℃，误差必须被控制在±1℃以内；显影液量也会影响显影成功与否，不充分的显影液会导致残渣，过量的显影液会造成浪费；晶圆吸盘必须要平稳，以保持其覆盖的均匀性。

7. 坚膜

坚膜也称为后烘。由于曝光后的晶圆要进行显影，晶圆要接触一定量的显影液溶剂，坚膜就是要挥发掉存留在光刻胶中的各种溶剂，以提高光刻胶对晶圆表面的粘附性。

由于所有的曝光已经完成，坚膜温度可以达到溶剂的沸点，以有效地蒸发掉溶剂。通常坚膜的温度对于正胶是130℃，对于负胶是150℃。

对于DNQ酚醛树脂光刻胶，可以通过深紫外光曝光进行坚膜，曝光使正胶树脂发生交联形成一层很薄的表面硬壳，增加光刻胶的热稳定性。

8. 显影检查

一旦光刻胶在硅片表面形成图形，就要检查所形成的光刻胶图形的质量。检查主要是查找光刻胶有缺陷的硅片，并查看光刻胶的工艺性能是否满足规范要求。

显影检查主要包括对光刻胶的粘附性和光刻胶质量的检查。光刻胶粘附性不好导致易脱落，同时在后续的工艺中也会引起问题，引起光刻胶粘附性不好的原因主要有硅片表面沾污、硅片表面的底膜质量不好、硅片表面有潮气等。光刻胶质量问题主要包括针孔、溅落（胶滴落在光刻胶体层上）和起皮（光刻胶顶层有一层不溶的干胶薄层）。引起光刻胶质量不好的原因主要有硅片或掩膜版有沾污、涂胶机排风量不合适、涂胶机分滴喷嘴的回收不良、涂胶旋转速率太高等因素。

7.3 正性光刻和负性光刻

7.3.1 正性光刻和负性光刻的概念

光刻包括两种基本的工艺类型：正性光刻和负性光刻。正性光刻是把与掩膜版上相同的图形复制到晶圆上。负性光刻是把与掩膜版上图形相反的图形复制到晶圆表面。正性光刻与负性光刻的光刻效果如图 7-10 所示。

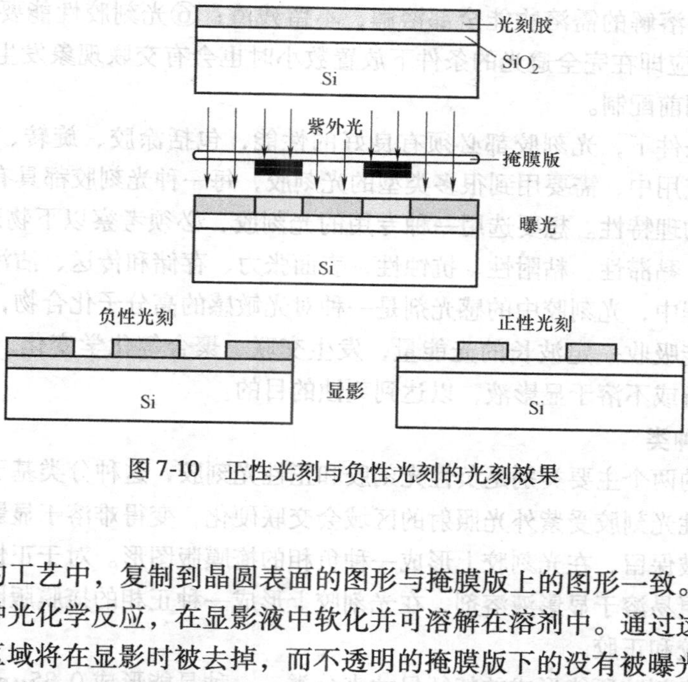

图 7-10 正性光刻与负性光刻的光刻效果

1. 正性光刻

在正性光刻的工艺中，复制到晶圆表面的图形与掩膜版上的图形一致。被紫外光曝光后的区域经历了一种光化学反应，在显影液中软化并可溶解在溶剂中。通过这种曝光方法，曝光的正性光刻胶区域将在显影时被去掉，而不透明的掩膜版下的没有被曝光的光刻胶仍保留在晶圆上。由于形成的光刻胶的图形与掩膜版上的一致，所以这种光刻胶被称为正性光刻胶。

2. 负性光刻

负性光刻的基本特征是当曝光后，受到光照的光刻胶会因为交联而变得不可溶解于显影液，并且会硬化。一旦硬化，交联的光刻胶就不能在溶剂中被洗掉。由于光刻胶上的图形与掩膜版上的图像相反，所以这种光刻胶被称为负性光刻胶。

由于光刻胶的性质区别，所对应的掩膜版也是不同的，可以根据掩膜版的外观来进行描述。如果有一块掩膜版，其石英板上大部分被铬覆盖，这种掩膜版指的是暗场掩膜版。而对应的亮场掩膜版有大面积的透明的石英，只有很细的铬图形。比较正性光刻和负性光刻所用的掩膜版，如果一个用正性光刻胶的特定掩膜层需要用到亮场掩膜版，那么具有相同图形的暗场掩膜版就要被用到负性光刻胶。

7.3.2　光刻胶

光刻胶，也称光致抗蚀剂，其质量的好坏对光刻有很大的影响，因此在集成电路的制造中必须要选择和配置合适的光刻胶。

1. 光刻胶的组成及原理

光刻胶一般由感光剂（光致抗蚀剂）、增感剂和溶剂组成。感光剂是一种对光敏感的高分子化合物，当它受适当波长光照后，就能吸收一定波长的光能量，然后发生交联和聚合等化学反应，使光刻胶性质发生改变，以达到下一步刻蚀的目的。因此光刻胶必须具有如下特点：①光刻胶能被方便地涂敷在衬底表面以形成连续的薄膜，并能和衬底表面形成很好的黏附；②分辨率要高，以使形成的图形线条清晰；③对特定波长的光有较强的光敏性，即感光度要高，感光度用 S 表示。④对腐蚀衬底所用的腐蚀液要有足够的抗腐蚀能力；⑤受光照后，显影液对需要溶解的需溶物能全部溶解，不留残渣；⑥光刻胶性能要稳定，不能有暗（光）反应。暗反应即在完全避光的条件下放置数小时也会有交联现象发生，因此一般情况下光刻胶是在使用前配制。

在各种工艺条件下，光刻胶都必须有良好的性能，包括涂胶、旋转、烘焙、显影和刻蚀。在晶圆工艺应用中，需要用到很多类型的光刻胶，每一种光刻胶都具有与光刻工艺要求直接相关的自身物理特性。想要选用一种专用的光刻胶，必须考察以下物理特性：分辨率、对比度、敏感度、黏滞性、粘附性、抗蚀性、表面张力、存储和传送、沾污和颗粒。

在曝光的过程中，光刻胶中的感光剂是一种对光敏感的高分子化合物，当它受到一定波长的光照后，就能吸收一定波长的光能量，发生交联、聚合等化学变化，使光刻胶改变性质，从而可以溶解或不溶于显影液，以达到刻蚀的目的。

2. 光刻胶的种类

光学光刻胶的两个主要类别是负性光刻胶和正性光刻胶，这种分类基于光刻胶是如何响应紫外光的。负性光刻胶受紫外光照射的区域会交联硬化，变得难溶于显影液溶剂中，显影时这部分光刻胶被保留，在光刻胶上形成一种负相的掩膜版图形。对于正性光刻胶，其受紫外光照射的区域更易溶于显影液溶剂，在光刻胶上形成一种正相的掩膜版图形。因此，有时也分别简称为负胶和正胶。

也可以按照光刻胶所能形成的特征尺寸来分类。一种是能形成 0.35μm 及以上的传统光刻胶，另一种是适用于深紫外（DUV）波长的化学放大光刻胶。深紫外化学放大光刻胶可以形成 0.25μm 及以下的特征尺寸。

3. 光刻胶的使用存储

光刻胶的存储寿命关系到光刻胶的使用效果。光刻胶的成分会随着时间和温度的变化而发生变化。通常负性胶的存储寿命比正性胶的寿命短（负性胶易于自动聚合成胶化团），从热敏性和老化情况来看，正性胶在封闭条件下存储是比较稳定的。另外，如果光刻胶保存在较高的温度下，光刻胶也会发生交叉链接。这两种因素都会增加光刻胶中微粒的浓度。采用适当的运输和存储手段，在特定的条件下保存，以及使用前对光刻胶进行过滤，都有利于解决光刻胶的老化问题。

7.3.3 正性光刻和负性光刻的优缺点

根据在光刻工艺中使用的光刻胶的不同，可以将光刻工艺分为正性光刻和负性光刻。

负性光刻采用负性光刻胶制作图形，由于负性光刻胶涂层对环境因素不那么灵敏，且具有很高的感光速度、极好的粘附性和腐蚀能力，成本低，适用于工业化大生产。目前刻蚀5μm左右线条主要使用负性光刻胶。负性光刻胶的主要缺点是分辨率较低，不适于细线条光刻。

正性光刻采用正性光刻胶制作图形，正性光刻胶有较高的固有分辨率（1μm，甚至更小）、较强的抗干法腐蚀能力和抗热处理能力。正性光刻胶利用溶质的水溶液进行显影，因而可使溶胀现象减至最小。此外，正性光刻胶可涂得很厚（2~3μm）而不影响其分辨率，因此具有良好的台阶覆盖。在3μm左右线条的光刻中，负性胶已逐步被正性胶所代替。但是，正性光刻胶的粘附性差、抗湿法腐蚀能力差，而且成本高。

7.4 光刻设备简介

从早期的晶圆制造以来，光刻设备经历了几代的发展，每一代又以当时获得的特征尺寸分辨率所需的设备类型为基础。主要的光刻设备分为以下五代：接触式光刻机、接近式光刻机、扫描投影光刻机、分步重复光刻机和步进扫描光刻机。

7.4.1 接触式光刻机

接触式光刻机是SSI（小规模集成电路）时代（20世纪70年代）的主要光刻手段，它被用于线宽尺寸约为5μm及以上的生产中，现在接触式光刻机已经基本不再被使用。接触式光刻的示意图如图7-11所示。

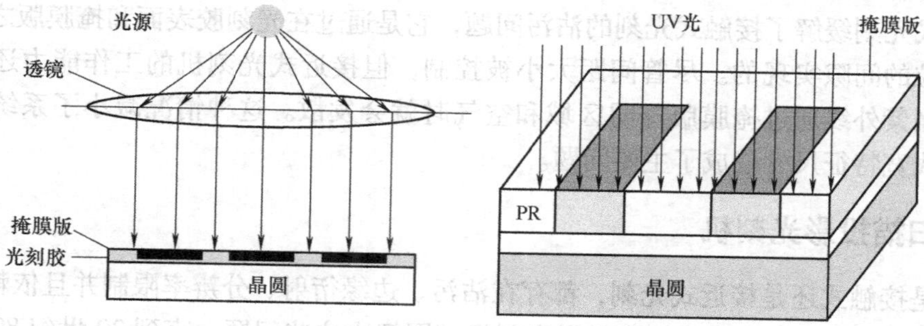

图7-11 接触式光刻示意图

接触式光刻机的掩膜版包括了要复制到晶圆表面的所有芯片图形。晶圆表面被涂上光刻胶，并被装到一个由手动按钮控制并可以左右上下移动和旋转的台子上。掩膜版和晶圆通过分立视场显微镜同时观察，操作者用手动控制台子进行定位就可以把掩膜版图形和晶圆上的图形对准了。

接触式光刻系统依赖人操作，因为掩膜版和光刻胶是直接接触的，所以容易被污染。颗粒沾污损坏了光刻胶层、掩膜版，因此每做一定次数的光刻操作就要更换掩膜版。另外，颗粒周围的区域都存在分辨率问题。由于接触式光刻中一块掩膜版在整个晶圆上形成图形，对准时整个晶圆的偏差又必须在所需容差之内，因此当晶圆尺寸增加时就有套准精度问题。

接触式光刻能在晶圆表面形成高分辨率的图形，因为掩膜版和晶圆是直接接触的，距离非常近，这种接近减少了图像失真。但接触式光刻非常依赖于操作者，因此在重复操作上存在一定的问题。

7.4.2 接近式光刻机

接近式光刻机是从接触式光刻机发展过来的，并且在20世纪70年代的SSI时代和MSI（中规模集成电路）早期普遍使用。这种光刻机如今仍然在生产量小的老生产线中使用，一些实验室和生产分立器件的生产线中也有使用。接近式光刻的示意图如图7-12所示。

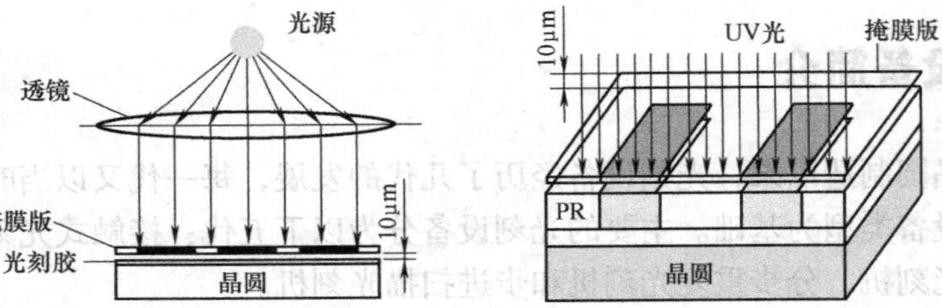

图7-12 接近式光刻的示意图

在接近式光刻中，连续复制整个晶圆图形，掩膜版与光刻胶不直接接触，与光刻胶表面接近，在掩膜版和晶圆表面光刻胶之间大致有2.5～25μm的间距，光源产生的光是被准直的，这意味着光束是彼此平行的。

接近式光刻缓解了接触式光刻的沾污问题，它是通过在光刻胶表面和掩膜版之间形成可以避免颗粒的间隙实现的。尽管间距大小被控制，但接近式光刻机的工作能力还是被减小了，因为当紫外线通过掩膜版透明区域和空气时就会发散。这种情况减小了系统的分辨能力，减小线宽特征尺寸就成了主要问题。

7.4.3 扫描投影光刻机

不管是接触式还是接近式光刻，都存在沾污、边缘衍射、分辨率限制并且依赖操作者等问题。20世纪70年代出现的扫描投影光刻机试图解决这些问题，直到20世纪80年代初扫描投影光刻机开始占据主导地位。现在这种光刻机仍在较老的晶圆生产线中使用，它们适用于线宽大于1μm的非关键层。

扫描投影光刻机是利用反射镜系统把有1:1图像的整个掩膜版图形投影到晶圆表面。由于掩膜版是1倍的，图像就没有放大或缩小，并且掩膜版图形和晶圆上的图形尺寸相同。

紫外光线通过一个狭缝聚焦在晶圆上，能够获得均匀的光源。掩膜版和涂胶的晶圆被放置在扫描架上，并且一致地通过窄紫外光束对晶圆上的光刻胶曝光。由于发生扫描运动，掩膜版图像最终光刻在晶圆表面。

扫描投影光刻机的一个主要挑战是制造良好的包括晶圆上所有芯片尺寸的1倍掩膜版。如果芯片中有亚微米特征尺寸，那么掩膜版上也需亚微米尺寸，因此这种光刻方法很困难，因为掩膜版的亚微米尺寸很难做到无缺陷。

7.4.4　分步重复光刻机

分步重复光刻机是20世纪90年代用于晶圆制造的主流精细光刻设备，主要用于图形的特征尺寸小到0.35μm和0.25μm。这种设备投影一个曝光场，然后步进到晶圆上另一个位置重复曝光。分步重复光刻的示意图如图7-13所示。

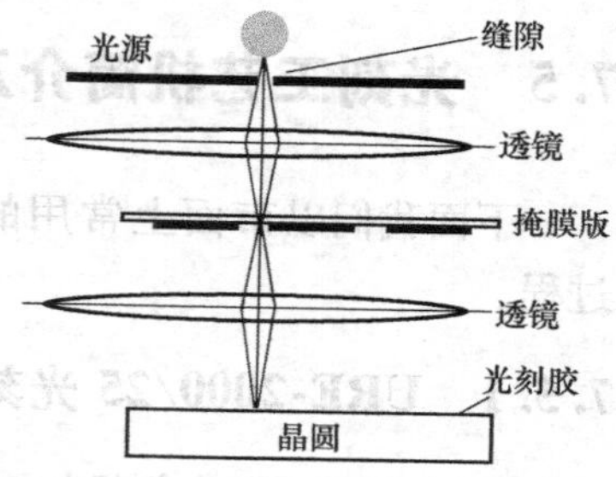

图7-13　分步重复光刻示意图

分步重复光刻机使用投影掩膜版，一个曝光场内对应有一个或多个芯片的图形。其光学投影曝光系统使用折射光学系统把版图投影到晶圆上。

分步重复光刻机的一大优势是它具有使用缩小透镜的能力。I线分步重复光刻机的投影掩膜版图形的尺寸是实际像的4倍或10倍。

在曝光过程中的每一步，都会把投影掩膜版通过投影透镜聚焦到晶圆表面，使晶圆和掩膜版对准。穿过投影掩膜版上透明区域的紫外光对光刻胶曝光，然后步进到晶圆下一个位置重复全部过程，最终把所有芯片阵列复制到晶圆表面。由于一次只曝光晶圆的一小部分，所以对晶圆的平整度和几何形状变化的补偿比较容易。

7.4.5　步进扫描光刻机

步进扫描光刻机是一种混合设备，融合了扫描投影光刻机和分步重复光刻机的技术，是通过使用缩小透镜扫描一个大曝光场图像到晶圆上的一部分来实现光刻的。使用步进扫描光刻机的优点是增大了曝光场，同时可以获得较大的芯片尺寸。透镜视场只要是一个细长条就可以了，在步进到下一个位置前，它通过一个小的、校正好的26×33mm² 像场扫描一个缩小的掩膜版（通常是4倍）。大视场的另一个优点是有机会在投影掩膜版上多放几个图形，因此一次曝光可以多曝光些芯片。步进光刻的示意图如图7-14所示。

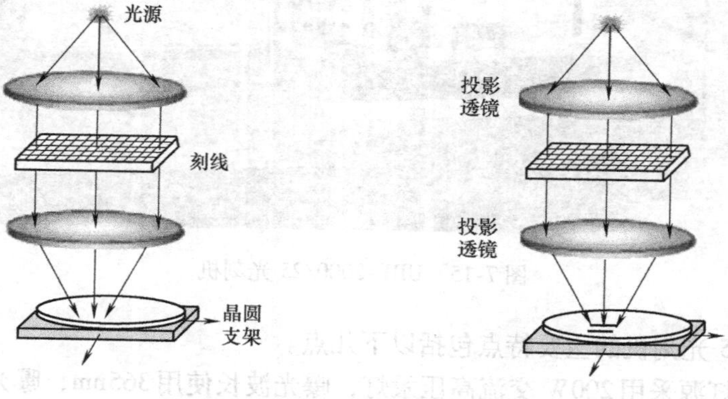

图7-14　步进光刻的示意图

另一个重要的优点是具有在整个扫描过程中调节聚焦的能力，使透镜缺陷和晶圆平整度变化能够得到补偿。这种扫描过程中改进的聚焦控制产生了整个曝光场内改善的特征尺寸均匀性控制。

最重要的挑战是增加了机械容许偏差控制的要求，因为要对晶圆和投影掩膜版台子的运动进行控制。步进扫描光刻机必须把晶圆和投影掩膜版同时沿相反的方向精确移动。在扫描和步进执行过程中，定位容差不能超过几十纳米。

7.5 光刻工艺机简介及操作流程

下面我们以市面上常用的 URE-2000 系列光刻机为例，简要介绍光刻机的基本使用过程。

7.5.1 URE-2000/25 光刻机简介

URE-2000/25 光刻机如图 7-15 所示。

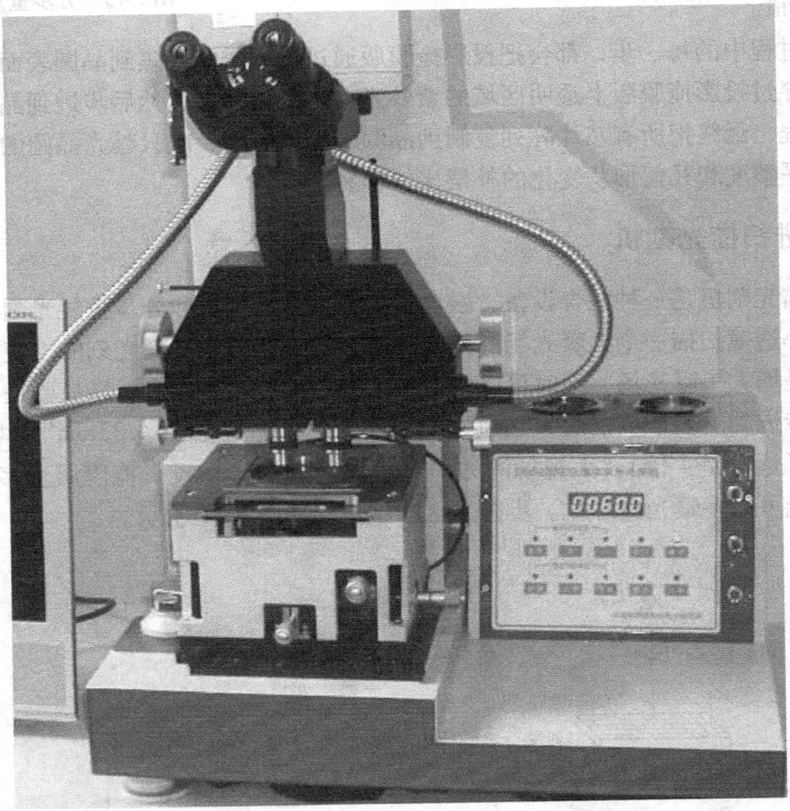

图 7-15 URE-2000/25 光刻机

URE-2000/25 光刻机的主要特点包括以下几点。

（1）灯源 灯源采用200W 交流高压汞灯，曝光波长使用365nm，曝光面积为 100mm × 100mm（可扩展为 150mm × 150mm）。曝光系统采用积木错位蝇眼透镜实现均匀照明和平滑衍射效应。

掩膜面的最大照度可达 $10mW/cm^2$（用 365nm 探头测量，曝光面积为 $100mm^2$），照度可通过曝光系统内部的可变光栏进行调节。

（2）对准　对准采用双目双视场对准显微镜（可添加 CCD 对准系统），对准显微镜有三对目镜和三对物镜可以互换，组合后最大放大倍数为 375 倍。对准物镜轴距可在 20 ~ 63mm 之间变化。在目镜中可单独观察到一个视场的像，也可同时观测到两个视场的像。

机器由单片机系统通过主机上的控制面板进行操作（如带 CCD 的对准系统则通过主计算机进行操作）。

（3）工件台　工件台可带动掩膜样片一起做 X、Y 整体运动（关掉工件台真空），也可 X、Y 整体运动锁紧（关掉工件台真空）。样片相对于掩膜可做 X、Y、Z、θ_x、θ_y、θ_z 六维运动，其中 X、Y、Z 通过手轮调节，θ_x、θ_y、θ_z 分别通过球气浮调节。工作台共有 2.5in、3in、4in、5in 四种掩膜吸盘。

（4）主要性能指标

1）曝光面积：75mm × 75mm（可扩展为 ϕ100mm）。

2）分辨力：1 ~ 1.2μm（胶厚 2μm 的正胶）。

3）最大胶厚：300μm（SU8 胶）。

4）套刻精度：±0.6μm。

5）掩膜样片整体运动范围：X，15mm，Y，15mm。

6）掩膜尺寸：2.5in、3in、4in（可扩展至 5in）。

7）样片尺寸：直径 ϕ 15 ~ 100mm；厚度 0.1 ~ 6mm。

8）照明均匀性：±3%（75mm × 75mm 范围）。

9）掩膜相对于样片运动行程：X，±3mm；Y，±3mm；θ，±6°。

10）汞灯功率：200W（直流）。

11）曝光方式：定时（可倒计时曝光，定时范围为 0.1 ~ 999s）和定剂量。

12）对准光学系统调焦范围：1.5mm。

13）曝光面功率密度：$13mW/cm^2$。

7.5.2 光刻机操作流程

URE－2000/25 光刻机的操作步骤主要包括以下几步。

（1）汞灯位置调节　在换灯后或灯位置变动时会改变照明的均匀性和照明的光强，这时调节三维灯座台，使汞灯球体位于椭球镜的第一焦点上，这时照明强度最大，均匀性最好。

（2）开机准备

1）供给机器的电源配电插座应有 220V 的供电能力，在总电源插头插上后，机柜已通电。

2）开启空气压缩机和真空泵，要求：供气压力大于 0.4MPa（表压），真空度高于 −0.06MPa。

（3）开机　正常工作时，先按“汞灯电源”红色按钮，启辉汞灯，如其指示灯亮，但汞灯未点燃（也属正常），可再按“触发”按钮，将汞灯点燃。汞灯点燃 30min 后才能稳定。按下“控制电源”红色按钮，控制电源打开，几秒钟后面板上的“复位”键指示灯亮，曝光时间显示默认值“0060.0”，表明控制系统工作正常。

(4) 上片　将样片放到承片台上，打开“小硅片”气动开关（对于4in片，还需打开“大硅片”气动开关），样片被吸紧，反时针旋转曝光间隙调节手轮，使样片低于掩膜面。将掩膜放到掩膜吸盘上，按“掩膜”按钮（指示灯亮），掩膜被吸紧。

(5) 调平　按“气浮”按钮（指示灯亮），球气浮吹气，顺时针旋曝光间隙调节手轮直至样片与掩膜贴紧，再按“气浮”按钮（指示灯灭），球气浮被锁紧，样片被调平，在球气浮被锁紧的过程中掩膜和样片间会分离一定的间隙，可直接进行对准。

(6) 曝光时间设定　按下“设定”键，指示灯亮，同时曝光时间（或剂量）显示的百位数字闪烁，可按“+”“-”键对曝光时间的第一位数调整，调整好后，再次按“设定”键可进行下一位数字调整，当调整完最后一位时，再按“设定”键，退出“时间—剂量”设定，按“时间”或“剂量”键，可进行曝光操作（倒计时或定剂量曝光）。

曝光过程中，显示窗显示曝光状态的倒计时。

(7) 对准调节

1）显微镜对准。一般来说调平完成被锁紧后（关“气浮”），掩膜和样片间存在一定的间隙，可直接进行对准，但如果调平顶紧的力过大或过小，则调平完成被锁紧后，对准间隙可能过大或过小，这种情况下，可旋转调焦手轮，调节出合适的对准间隙，即保证掩膜和样片的对准标记都能成清晰像，且做对准运动时掩膜和样片不摩擦（掩膜和样片不一起运动）。

对准台分三部分，下层为整体运动台（样片和掩膜一起做整体运动，能保证掩膜和样片对准标记进入到显微镜的视场内，也可用于增大曝光面积）；中层为转动台，调节旋转手轮可使承片台相对掩膜旋转；上层为相对运动台，旋转其手轮，可使掩膜相对于样片做X、Y对准运动。对准显微镜的使用见“显微镜使用说明书”。

2）CCD对准。调平完成后首先分离出合适的对准间隙。

对于薄胶：其操作基本和显微镜对准一样，所不同的是其观察采用的是计算机监视器。

对于厚胶：首先移动整体运动台，掩膜对准标记进入到CCD对准系统的测量视场内（最好两个标记基本都位于CCD视场的中心），通过计算机采集掩膜对准标记的像并保存。调焦，使样片对准标记在计算机监视器上成清晰像，调节对准手轮（使掩膜和样片相对运动X、Y、θ），使样片对准标记与保存的掩膜对准标记的像相一致。

(8) 关机　关机的顺序和开机相反，先关掉控制系统电源，再关掉汞灯电源。

(9) 操作注意事项

1）不要在控制系统工作的情况下启辉汞灯，以免损坏电气系统。

2）工作过程中出现控制紊乱或死机，按面板上“复位”键，几秒钟后，系统重新复位。

3）汞灯要及时更换，以免出现其他事故。汞灯的寿命一般为200~300h。一般说来，如汞灯位置处于最佳状态，可变光栏又开到最大位置，而照明面的光强（365nm）小于$7mW/cm^3$，则必须更换汞灯。

4）如按下汞灯电源汞灯没有启辉，这时按机柜上绿色触发键来启辉汞灯，如多次按下后仍然不能点燃汞灯，可能环境温度太低，或汞灯寿命已到，如环境温度没有问题，更换新灯后，仍然不能起辉汞灯，请与厂家联系。

5）操作本机器要尽量避免眼睛对着曝光光源看，也要尽量避免手被曝光光源照射，否则会对身体造成一定危害。

7.6 光刻质量控制

光刻工艺在晶圆生产过程中是非常关键的工艺，因此要很好地控制光刻质量。

7.6.1 光刻胶的质量控制

光刻胶的质量控制主要体现在粘附性、胶膜厚度等方面。

光刻胶与晶圆黏附不好，会导致光刻胶的起皱或脱落，影响后面的曝光。引起粘附性问题的主要因素一般有以下几点：晶圆表面沾污、晶圆表面有潮气或烘焙时间过长。

光刻胶的厚度要均匀，否则也会影响曝光的程度。引起厚度不均匀的主要因素有以下几点：旋转涂胶时的速度不均、旋转涂胶的时间短等。

如果光刻胶中有针孔或者溅落，也会导致曝光出现问题。

7.6.2 对准和曝光的质量控制

对准和曝光的质量控制主要体现在光源的强度、光源的聚焦、图形的分辨率和投影掩膜版的质量控制上。

光源的强度和光源的聚焦如果不均匀，将会导致曝光时光刻胶的曝光不均匀，显影时将会影响图形的形状。

图形的分辨率不好一般是由光源的聚焦不好、光学系统不好等原因造成。

掩膜版的质量也会影响到显影后的图形，如果掩膜版本身有缺陷或擦伤、掩膜版图形本身有缺陷、铬脱落等，将会严重地影响显影后图形的形状。

7.6.3 显影检查

显影检查是为了找出光刻胶中成形图形的缺陷。继续进行随后的刻蚀或掺杂之前必须要进行检查以去除有缺陷的晶圆。

显影后检查出有问题的晶圆，可以有两种处理办法：如果是由先前操作造成的晶圆问题，则要把晶圆报废；如果缺陷与光刻胶中的图形质量有关，那么晶圆可以返工，去胶后继续光刻。将晶圆表面的光刻胶剥离，然后重新进行光学光刻工艺的过程称为晶圆返工。

显影检查主要是查看晶圆光刻胶表面是否存在缺陷和沾污，并查看特征尺寸是否符合要求，同时还要查看图形套准是否符合要求。

只有没有任何质量问题的晶圆才可以继续进行下面的刻蚀和掺杂等工艺。

本章小结

本章主要讲述了光刻工艺的基本原理、工艺流程等。光刻工艺原理部分主要讲述了光刻的概念、目的和光刻的工艺参数及光刻的环境条件要求。光刻的工艺流程部分主要讲述了光刻工艺的具体步骤及每一工艺步骤的基本原理、工艺过程和工艺操作。最后讲述了光刻的质量控制和常用光刻设备的参数及基本应用。

本章习题

7-1　简述光刻的基本概念。

7-2　简述光刻工艺的基本参数。

7-3　简述光刻工艺的基本环境要求。

7-4　简述光刻工艺的基本工艺步骤。

7-5　简述光刻胶的基本组成和特性要求。

7-6　简述常用的光刻设备。

第 8 章　刻　　蚀

本章教学目标

- 了解刻蚀的工艺要求。
- 熟悉湿法刻蚀、干法刻蚀各自特点。
- 掌握湿法工艺腐蚀 SiO_2、Si_3N_4、金属铝等常用薄膜的腐蚀原理、腐蚀过程。
- 掌握干法工艺腐蚀 SiO_2、Si_3N_4、金属铝等常用薄膜的腐蚀原理、腐蚀过程。
- 能安全使用常用化学腐蚀液。
- 能进行各种湿法腐蚀设备、干法腐蚀设备的安全操作和基本维护。
- 能进行湿法及干法腐蚀后的质量检测。

8.1　引言

光刻（Photolithography）工艺把掩膜图形转移到待加工的晶圆上，这时晶圆上只是有了集成电路的形貌，为了把器件的结构转移到晶圆上，就需要对光刻后的晶圆进行刻蚀。其主要内容是把经过曝光、显影后光刻胶微图形裸露出的薄膜去掉，即在下层材料上重现与光刻胶相同的图形。

本章主要介绍湿法腐蚀、干法腐蚀的刻蚀原理，重点讲解 SiO_2、Si_3N_4、金属铝、金属硅化物等常用薄膜的湿法腐蚀、干法腐蚀过程及刻蚀工艺，同时介绍相关的化学腐蚀液及干法刻蚀设备。由于干法刻蚀相对于湿法方式有很大的优越性，本章将重点讲解干法刻蚀技术。

8.1.1　刻蚀的概念

刻蚀（Etching）是把进行光刻前所淀积的薄膜（厚度为数十到数百纳米）中没有被光刻胶覆盖和保护的部分，用化学或物理的方式去除，以完成转移掩膜图形到薄膜上面的目的，如图 8-1所示。

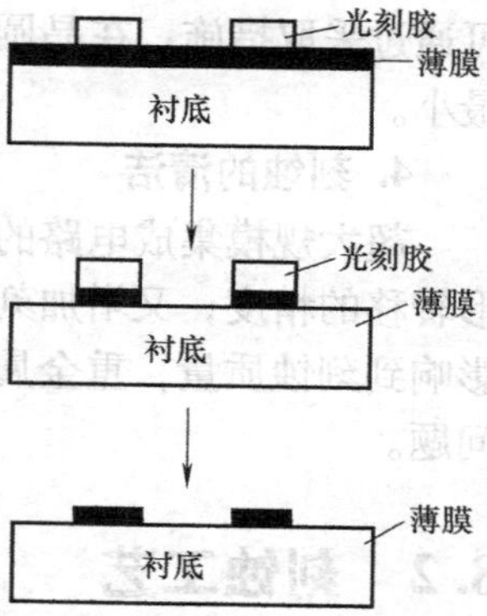

图 8-1　刻蚀图形转移示意图

光刻和刻蚀是图形转换中非常重要的两个环节。

从工艺技术上分类，刻蚀分为湿法刻蚀（Wet Etching）和干法刻蚀（Dry Etching）。

1）湿法刻蚀是利用合适的化学试剂将未被光刻胶保护的晶圆部分分解，然后形成可溶性的化合物以达到去除的目的。湿法刻蚀是借助刻蚀液和晶圆材料的化学反应，因此可以借助化学试剂的选取、配比、温度等控制来达到合适的刻蚀速率和良好的刻蚀选择比。

2）干法刻蚀是利用辉光（Glow Discharge）的方法产生带电离子以及具有高浓度化学活

性的中性原子和自由基，这些粒子和晶圆进行反应，从而将光刻图形转移到晶圆上。

8.1.2 刻蚀的要求

1. 图形转换的保真度高

在刻蚀时，通常在纵向刻蚀的同时，也会有横向（侧向）刻蚀，但这种横向刻蚀在工艺中是不希望出现的。因此，在工艺中，就要严格控制这种侧向刻蚀，使之越小越好。

设纵向刻蚀速率为 v_r，侧向刻蚀速率为 v_i，若 $v_i=0$，则表明腐蚀仅在纵向进行，即不同方向的刻蚀特性明显不同，称为各向异性；若 $v_r\neq0$，表示刻蚀纵向和侧向都有，则不同方向的刻蚀特性相同，称为各向同性。

所谓图形保真度高，就是侧向刻蚀速率 v_i 较小，也就是说，掩膜版上的图形不失真地转移到硅片表面上。

2. 选择比

图 8-1 所示是在十分理想的情况下的刻蚀，即光刻胶和衬底在刻蚀过程中不参与反应，也就是说不会被刻蚀。但事实上，光刻胶与衬底，在整个刻蚀过程中，也会参与反应，也会被刻蚀掉一部分，这种现象是不希望出现的。因此，在刻蚀过程中，要求光刻胶和衬底的刻蚀速率十分缓慢。

在半导体器件和集成电路制造过程中，结构中常含有多种不同材料的薄膜都需要刻蚀，为了严格控制每一层刻蚀图形的转移精度，并避免对某层材料的刻蚀影响其他各层，就需要控制不同材料的刻蚀速率。工艺中常用选择比（即刻蚀过程中对被刻蚀材料层与其他材料层如光刻胶和衬底的刻蚀速率之比值）来描述这种控制，在超大规模集成电路制造中，一般要求腐蚀过程具有高选择比。

3. 均匀性

现在商业化生产的晶圆直径往往大于 12in，而且刻蚀的是小于等于 1mm 的微细图形。这种大直径硅片上的薄膜厚度一旦不均匀，就会引起刻蚀速率的不均匀，将直接导致图形转移的不均匀性。而且随着晶圆直径的增大，这种不均匀性就会越来越明显。

若膜厚最厚处未刻净，则需延长刻蚀时间，但是延长时间后，则会造成膜较薄处过腐蚀，这样，图形转移的精度就会受到影响。为了保证在大直径晶圆上的腐蚀速率的一致性，可通过采取措施，在晶圆最厚处，使得其腐蚀速率最大；在晶圆最薄处，使得其腐蚀速率最小。

4. 刻蚀的清洁

超大规模集成电路的图形非常精细，在刻蚀过程中，任何人为引入的污染，既影响到图形转移的精度，又增加刻蚀后清洗的复杂性。如干法刻蚀中，通常会出现聚合物再凝结，将影响到刻蚀质量，重金属沾污会在接触孔上造成漏电。所以在刻蚀过程中，需要防止沾污问题。

8.2 刻蚀工艺

8.2.1 湿法刻蚀

最早的刻蚀技术是利用溶液与薄膜间所进行的化学反应，来去除薄膜未被光刻胶覆盖的部分，从而达到刻蚀的目的，这种刻蚀方式就是湿法刻蚀技术。湿法刻蚀又称湿化学腐蚀，其腐蚀过程与一般化学反应相似。由于腐蚀样品上没有光刻胶覆盖部分，因此，理想的腐蚀应当是对光刻胶不发生腐蚀或腐蚀速率很慢。刻蚀不同材料所选取的腐蚀液是不同的。

湿法刻蚀具有以下3个特点：

1）湿法刻蚀的反应生成物必须是气体或能溶于刻蚀剂的物质，否则会造成反应生成物沉淀，从而影响刻蚀正常进行。

2）湿法刻蚀是各向异性的，刻蚀中腐蚀液不但浸入到纵向方向，而且也在侧向进行腐蚀。这样腐蚀后得到的图形结构像一个倒八字形，而不是理想的垂直墙。

3）湿法刻蚀过程伴有放热和放气过程。放热造成刻蚀局部温度升高，引起化学反应速率增加，一旦温度剧烈增加，又反过来使刻蚀速度增加，则反应处于不受控制的恶性循环中，使得刻蚀效果变差。因此，在刻蚀时，往往采用搅拌或超声波等方法来消除局部温度升高。放气会造成局部气泡凝聚，使得刻蚀速率变慢，甚至刻蚀停止。在加工时，也可以通过搅拌来赶走气泡，有时也可以在腐蚀液中加入少量氧化剂去除气泡。

湿法刻蚀可分为3个步骤进行：

1）反应物扩散到被刻蚀材料的表面。

2）反应物与被刻蚀材料反应。

3）反应后的产物离开刻蚀表面扩散到溶液中，随溶液被排除。

在这三个步骤中，进行最慢的一步起着决定刻蚀速率的关键作用，也就是说，该步骤的速率即是反应速率。一般来讲，第一步和第二步相对来说要慢些，所以，视不同情况，扩散或化学反应速率的快慢，将决定整个湿法刻蚀的速率。

湿法刻蚀在工艺中，除了用于各种薄膜的腐蚀以外，还可用于清洗和去胶。

抛光片在外延前，需要通过腐蚀工艺去除衬底表面残留的杂质和氧化层。在工艺中，用到的各种设备，如氧化炉、扩散炉、淀积设备等，在操作前，也要采用腐蚀方式，以去除残留在系统内壁的杂质和氧化层等。但利用湿法清洗很容易造成一些易氧化的材料在清洗过程中被氧化，所以现在，大都采用干法方式进行芯片和系统的清洗。

早期在工艺中广泛采用的去胶方式就是溶剂去胶。具体操作是：把带有光刻胶的硅片浸在适当的溶剂内，使聚合物膨胀，然后把胶擦除。去胶剂一般是含有氯的烃化物，如三氯乙烯等。这些化合物含有较多的无机杂质，因此，会在衬底表面留下微量杂质，在制备MOS器件时，可能会引起不良后果。但是采用湿法腐蚀去胶，可在常温下进行，避免高温下的铝层发生变化。

8.2.2 干法刻蚀

干法刻蚀是以等离子体来进行薄膜刻蚀的一种技术。在干法刻蚀过程中，不涉及溶液，所以称为干法刻蚀。

相对于湿法刻蚀的各向同性刻蚀而言，干法刻蚀的优点在于是各向异性的刻蚀。

干法刻蚀可分为物理刻蚀和化学刻蚀。

1）物理刻蚀是利用辉光放电将气体（比如氩气）解离成带正电的离子，再利用偏压将带正电的离子加速，轰击在被刻蚀薄膜的表面，从而将被刻蚀物质的原子轰击出去。该过程完全是物理上的能量转移，所以称之为物理刻蚀，也叫作溅射刻蚀。其特点在于具有良好的方向性，并可获得接近垂直的刻蚀结构。但是由于离子是全面均匀地溅射在晶圆表面上，则晶圆表面上所有材料都将被刻蚀，因而造成刻蚀选择性低；同时由于被溅射轰击出的物质不是挥发性物质，容易再度沉积在被刻蚀薄膜的表面。因此，在超大规模集成电路中，很少单独使用完全的物理刻蚀。

2）化学刻蚀又叫作等离子刻蚀，它与物理刻蚀完全不同，它是利用等离子体，将反应气体解离，然后借助离子与薄膜之间的化学反应，把裸露在等离子体中的薄膜，反应生成挥发性的物质而被真空系统抽离。因为它用化学反应进行刻蚀，所以类似于化学反应的湿法刻蚀，因此具有选择性好的特点，同时又由于有离子轰击，又保持了各向异性的特点，因此，这是一种十分理想的刻蚀方式。有人也把这种刻蚀方式称为反应离子刻蚀，即 RIE，这是一种介于物理刻蚀与化学刻蚀之间的一种干法刻蚀技术。也就是说，它既有物理的作用，也有化学的作用，随着人们对此的深入研究，等离子刻蚀已经成为干法刻蚀的主流方向。

为了对干法刻蚀有比较深入细致的了解，这里简单介绍一下等离子体的相关知识。

1. 等离子体的概念

物质的状态是可以变化的，在一定的温度和压力条件下，固、液、气三态的互相转变早已为人们所熟知。若采取某种手段，如加热、放电等，使气体分子离解和电离，当电离产生的带电粒子密度达到一定的数值时，物质状态便又出现新变化，这时的电离气体已不再是原来的气体了。

首先在组成上，电离气体与普通气体明显不同。后者是由电中性的分子或原子组成的，而前者则是带电粒子和中性粒子组成的集合体。

更重要的是在性质上，这种电离气体与普通气体有着本质的区别。首先它是一种导电流体而又能在与气体体积相比拟的宏观尺度内维持电中性；其二，气体分子间不存在静电磁力，而电离气体中的带电粒子间存在库仑力，由此导致了带电粒子群的种种集体运动；其三，作为一个带电粒子系，其运动行为会受到磁场的影响和支配等。因此，这种电离气体是有别于普通气体的一种新的物质聚集态。按照聚集态的顺序，列为物质第四态。鉴于无论部分电离还是完全电离，其中的正电荷总数和负电荷总数在数值上总是相等的，故称之为等离子体。

简而言之，等离子体就是指电离气体，它是电子、离子、原子、分子或自由基等粒子组成的集合体。

当然，并非任何电离气体都能算作等离子体，因为只要热力学温度不为零，任何气体中总是可能有少许原子电离的。因此，准确地说，只有当带电粒子密度达到其建立的空间电荷满足能够限制其自身运动时，带电粒子才会对体系性质产生显著影响，这样密度的电离气体才转变成等离子体。

还需指出，把电离气体视为等离子体，是一种狭义的定义，并非等离子体的全部。广义的等离子体还应包括正电荷总数和负电荷总数相等的其他许多带电粒子系，如电解质溶液中的阴阳离子、金属晶格中的正负离子和电子气、半导体中的自由电子和空穴等也都构成等离子体。

2. 等离子体的产生方式

宇宙星球、星际空间及地球高空的电离层等都有等离子体存在，本书所涉及的等离子均为人为产生的等离子体。

人为产生等离子体的方式主要有：

（1）气体放电法　通常把在电场作用下，气体被击穿而导电的现象称为气体放电，如此产生的电离气体称为气体放电等离子体。根据所加电场的不同频率，气体放电可分为直流放电、低频放电、高频放电和微波放电等多种方式。而直流放电又根据放电中占主导地位的基本过程及放电时的特有现象可分为汤生放电、电晕放电、辉光放电、弧光放电等。其中，辉光放电是一种稳定的自持放电，是目前低温等离子体化学领域广泛采用的放电形式。

（2）射线辐照法　射线辐照法是利用各种射线或粒子束辐照，使得气体电离而产生等离子体。射线或粒子束可以是利用放射性同位素发出的 α、β、γ 射线，或是利用 X 射线、带电离子束等。

此外，还有光电离法、激光等离子体和热电离法。

8.2.3　两种刻蚀方法的比较

湿法刻蚀是在水溶液下进行的，所以刻蚀速度较快，同时选择度较高，但刻蚀时是各向同性腐蚀，也就是说，除了在纵向进行腐蚀以外，在横向上也会有腐蚀，这样就造成图形转换时保真度较低，因此，湿法刻蚀不能满足超大规模集成电路制造的要求。

相反，干法刻蚀是利用高能粒子进行轰击而实现的，因此其纵向刻蚀速率远远大于横向刻蚀，因此干法刻蚀是各向异性腐蚀，但是在进行离子轰击时，刻蚀不但在被刻蚀的薄膜上进行，也可以在不需要被刻蚀的薄膜上进行，因此其选择性较差。所以，干法刻蚀虽然能获得相当准确的图形转移，但必定会牺牲部分刻蚀的选择性。

图 8-2 所示为湿法刻蚀与干法刻蚀的刻蚀效果的比较，从图中可以看出，干法刻蚀是各向异性腐蚀，而湿法刻蚀是各向同性腐蚀。

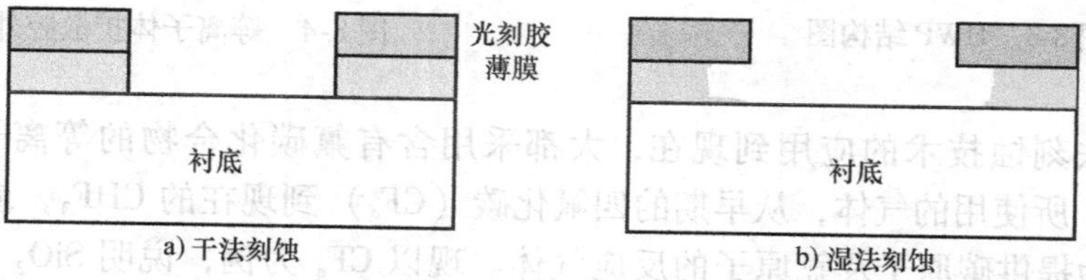

图 8-2　干法刻蚀与湿法刻蚀效果的比较

8.3　干法刻蚀的应用

由于干法刻蚀的各向异性腐蚀的优点，在超大规模集成电路中，干法刻蚀主要用于各种薄膜的腐蚀。下面就工艺中常用的薄膜干法刻蚀过程进行简要介绍。

8.3.1　介质膜的刻蚀

集成电路工艺中所广泛用到的介质膜主要是 SiO_2 膜及 Si_3N_4 膜。

1. 二氧化硅的干法刻蚀

SiO_2 在集成电路制造中应用得十分广泛，主要应用在 MOS 器件中起隔离作用的场氧化层、MOS 器件的栅电极氧化层、金属间的介电材质层、钝化层等。因此，干法刻蚀对 SiO_2 膜的刻蚀远比其他材质机会多得多。

SiO_2 的干法刻蚀采用螺旋波等离子体刻蚀机（HWP），其结构图如图 8-3 所示。

HWP 有两个腔。上方的是由石英制成的等离子体来源腔，外围包着单圈或双圈的天线，用以激发 13.56MHz 的横向电磁波；另外在石英腔绕 2 组线圈，用来产生纵向磁场，并与之前所产生的电磁波耦合产生共振形成螺旋波。当螺旋波的波长与天线的长度相同时便可产生共振。因此波可以把能量完全传给电子，从而获得高密度的等离子体。然后等离子体扩散到刻蚀腔中，离子外加 RF 偏压加速，从而获得较高的离子轰击能量。另外，等离子体扩散腔外围绕着大小相等、方向相反的永久磁铁，如图 8-4 所示，其目的在于避免离子或电子撞击腔壁。

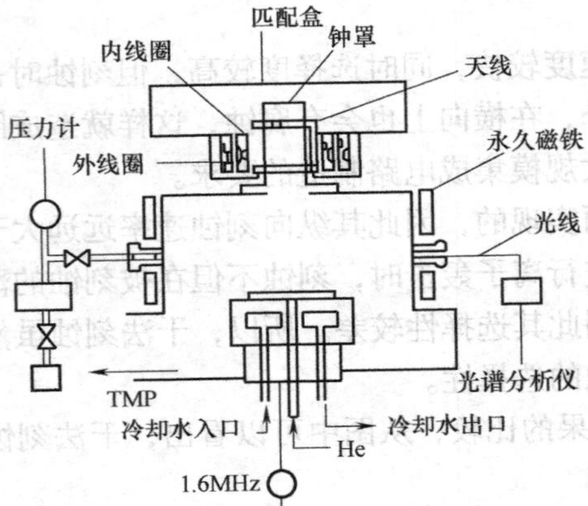

图 8-3 HWP 结构图

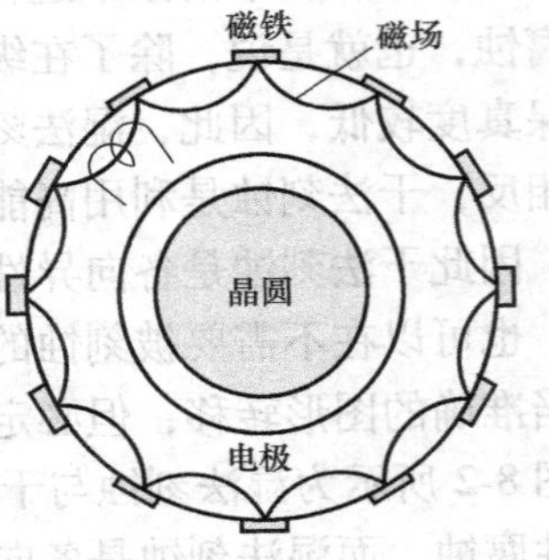

图 8-4 等离子体扩散腔外的磁铁

从早期的干法刻蚀技术的应用到现在，大都采用含有氟碳化合物的等离子体来进行 SiO_2 的干法刻蚀。所使用的气体，从早期的四氟化碳（CF_4）到现在的 CHF_3，或是 C_2F_6 和 C_3F_8，都可以作为提供碳原子及氟原子的反应气体。现以 CF_4 为例，说明 SiO_2 的等离子体刻蚀过程。

在容器内充以 CF_4，当压强与所提供的电压合适时，等离子体所特有的辉光放电现象立即产生，而 CF_4 将被等离子内的高能量电子（约 100eV 以上）所轰击，产生各种离子、原子团及原子等，其中 F 原子和 CF_2 分子都要发生化学反应，其反应式如下：

$$CF_4 \xrightarrow{\text{等离子体}} 2F + CF_2$$

$$SiO_2 + 4F \longrightarrow SiF_4 + 2O$$

$$Si + 4F \longrightarrow SiF_4$$

$$SiO_2 + 2CF_2 \longrightarrow SiF_4 + 2CO$$

这些反应就把 SiO_2 中的 Si 原子和 F 原子生成具有挥发性的 SiF_4。

这种作用虽然有化学反应，但只要调整好 CF_4 等离子对硅片表面薄膜的离子轰击及所生成的高分子化合物，就可以获得一个具有高刻蚀速率、高选择比、对二氧化硅进行异向刻蚀的反应离子刻蚀。

在上述等离子体刻蚀中，往往加入少量的氧和氢，其作用分别如下：

（1）氧的作用 在 CF_4 中加入氧后，氧会和 CF_4 反应释放出 F 原子，因而可增加 F 原子的含量，即增加了 Si 与 SiO_2 的刻蚀速率，并消耗掉部分 C，使得等离子体中碳与氟的比例下降。反应式如下：

$$CF_4 + O \longrightarrow COF_2 + 2F$$

图 8-5 为 O_2 所占百分比与 Si 和 SiO_2 的刻蚀速率的关系。

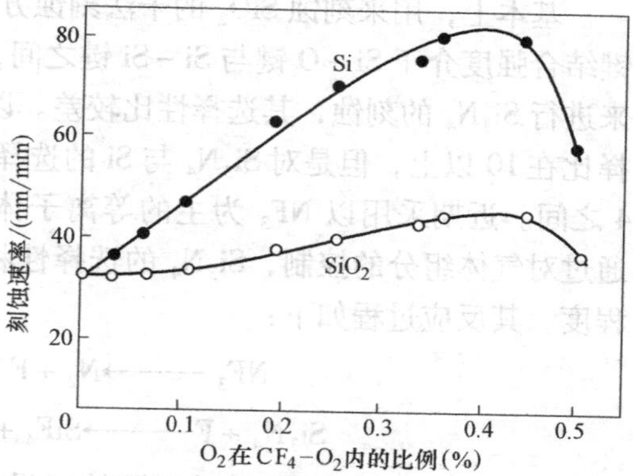

图 8-5 O_2 所占百分比与 Si 和 SiO_2 的刻蚀速率的关系

从图中可以看到：氧添加后对 Si 的刻蚀速率提升要比 SiO_2 的刻蚀提升还要快。当氧添加超过某一特定值时，二者的刻蚀速率开始下降，那是因为气相的氟原子再结合反应形成氟分子使得自由氟原子含量减少，其反应如下：

$$2O + F \longrightarrow FO_2$$

$$FO_2 + F \longrightarrow F_2 + O_2$$

可见加入氧后，SiO_2 对 Si 的刻蚀选择比将下降。

（2）氢的作用 如果在 CF_4 中加入氢气，同样，氢气将被离解成氢原子，并将与氟原子反应生成氟化氢，其反应式如下：

$$H_2 \longrightarrow 2H$$

$$H + F \longrightarrow HF$$

虽然 HF 也会腐蚀 SiO_2，但是刻蚀速率与氟相比要慢得多，因此，加入氢气后，对 SiO_2 的腐蚀速率会稍微下降，然而对 Si 而言，腐蚀速率下降得更为明显，如图 8-6 所示。因此加入氢气，可以提高 SiO_2 对 Si 的刻蚀选择比。

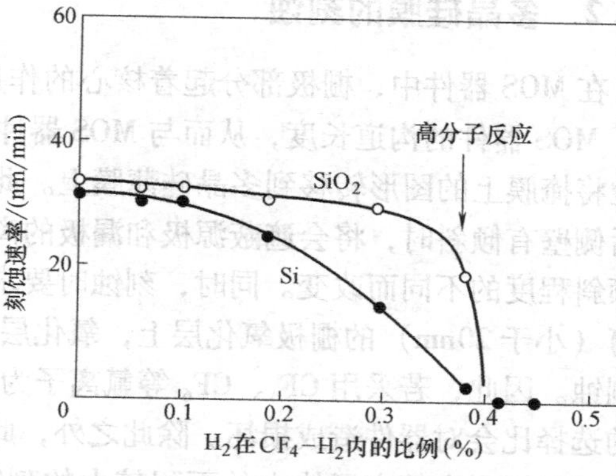

图 8-6 H_2 所占百分比与 Si 和 SiO_2 刻蚀速率的关系

但当氢加入得太多时，因为聚合物的产生，从而妨碍了 Si 或 SiO_2 与 F 或 CF_2 的接触，使得刻蚀停止。

在目前的半导体刻蚀制备中，大多数的干法刻蚀都采用 CHF_3 与氯气所混合的等离子体来进行 SiO_2 的刻蚀，这是因为 CHF_3 具有较佳的选择性，有时也加入少量的氧气来提高其刻蚀速率。此外，SF_6 和 NF_3 也可以用来作为提供氟原子的气体，因为其不含碳原子，所以不会在 Si 表面形成高分子聚合物。

值得注意的是，SiO_2 的刻蚀也不是一定要得到非常接近 90°的轮廓才行。假如 SiO_2 刻蚀之后进行金属膜的沉积，接近直角的 SiO_2 轮廓将会造成金属沉积的困扰，尤其是在溅镀的时候，因其阶梯覆盖能力不良，填缝不完全而留下空洞（Void）。所以，SiO_2 的控制，除了必须注意 SiO_2 与其他材质间的选择性以外，其各向异性的控制也必须与其他工艺相配合，以调整合适的 RIE 后的轮廓。当然，也不能牺牲刻蚀速率和刻蚀的均匀性。

2. 氮化硅（Si_3N_4）的干法刻蚀

在现在半导体工艺中，Si_3N_4 的用途主要有两个：一是在对晶圆加工的初期，在已生长有一层很薄的 SiO_2 层的硅片上，以 LPCVD 法，加一层 Si_3N_4。这层 Si_3N_4 经过光刻与干法刻蚀来转移掩膜的图形，作为场氧化层制作的屏蔽膜。另一个作用是通过 PECVD 法淀积一层 Si_3N_4，作为器件的保护膜（或称为钝化膜）。

基本上，用来刻蚀 SiO_2 的干法刻蚀方法都可以用来刻蚀 Si_3N_4 膜，但是由于 Si－N 键的键结合强度介于 Si－O 键与 Si－Si 键之间，因此，若采用 CF_4 或是其他含氟的气体等离子体来进行 Si_3N_4 的刻蚀，其选择性比较差。以 CHF_3 的等离子体为例，其对 SiO_2 与 Si 的刻蚀选择比在 10 以上，但是对 Si_3N_4 与 Si 的选择比则只有 3～5，对 Si_3N_4 与 SiO_2 的选择比仅在2～4 之间。近期采用以 NF_3 为主的等离子体来进行 Si_3N_4 的刻蚀，通过对气体组分的控制，Si_3N_4 的选择性将可以提高到能接受的程度。其反应过程如下：

$$NF_3 \longrightarrow N_2 + F$$

$$Si_3N_4 + F \longrightarrow SiF_4 + N_2$$

在工艺中，Si_3N_4 通常采用圆筒形设备进行刻蚀。图 8-7 为一个双层同轴的金属圆筒，内筒布满了小孔。射频功率就加在内外圆筒之间，等离子体就在此产生，那些长寿命的活性基穿过内筒小孔到达硅片表面起到刻蚀作用。圆筒形反应室压力较高，这有利于刻蚀的均匀性，但也会导致各向同性的刻蚀。

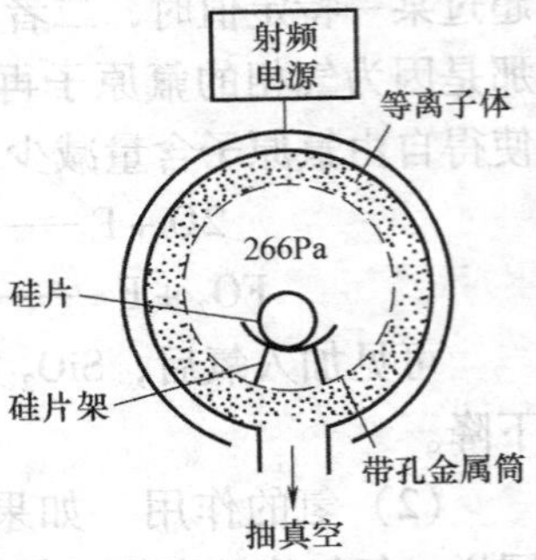

图 8-7　圆筒形结构示意图

8.3.2　多晶硅膜的刻蚀

在 MOS 器件中，栅极部分起着核心的作用，因此栅极的宽度需要严格控制，因为它代表了 MOS 器件的沟道长度，从而与 MOS 器件的特性息息相关。因此，多晶硅的刻蚀必须严格地将掩膜上的图形转移到多晶硅薄膜上。此外，刻蚀后的轮廓也很重要，如栅极多晶硅刻蚀后侧壁有倾斜时，将会遮蔽源极和漏极的离子分布，造成杂质分布不均匀，通道的长度将随倾斜程度的不同而改变。同时，刻蚀时要求 Si 对 SiO_2 的选择性要高，如果多晶硅覆盖在很薄（小于 20nm）的栅极氧化层上，氧化层被穿透，氧化层下面的源－漏极间的 Si 将很快被刻蚀。因此，若采用 CF_4、CF_6 等氟离子为主的等离子体来刻蚀多晶硅，则不太合适，较低的选择比会对器件造成损坏。除此之外，此类气体还具有负载效应，负载效应是指当被刻蚀的材料裸露在等离子体中的面积较大的刻蚀速率比面积小的慢，也就是局部腐蚀速率不均匀。

若改用 Cl_2，则会提供比氟原子好得多的各向异性腐蚀，除了 Cl_2，还可以采用 HCl、$SiCl_4$ 等。使用含氯气体刻蚀多晶硅还有一个好处是，氯所形成的等离子体对 Si 和 SiO_2 刻蚀的选择性都比较好。Cl_2 与多晶硅的反应式如下：

$$Cl_2 \longrightarrow 2Cl$$

$$Si + 2Cl \longrightarrow SiCl_2$$

$$SiCl_2 + 2Cl \longrightarrow SiCl_4$$

中间生成物 $SiCl_2$ 会形成一层聚合物保护膜：

$$nSiCl_2 \longrightarrow [SiCl_2]_n$$

此保护膜可以保护侧壁，形成各向异性刻蚀，为兼顾刻蚀速率和选择比，也可使用 SF_6，并在此气体中添加 CCl_4 或 $CHCl_3$，SF_6 的比例越高，刻蚀速率就越快；而 CCl_4 或 $CHCl_3$ 的比例越高，对于 SiO_2 的选择比就越高，则更容易实现各向异性刻蚀。

除了氯和氟气体以外，溴化氢（HBr）也是现在常用的腐蚀气体之一，因为在小于 0.5μm 的制程中，栅极氧化层的厚度小于 10nm，此时以 HBr 来刻蚀的多晶硅对 SiO_2 的选择比将高于以 Cl 为主的等离子体。

上面介绍的是 MOS 器件中的栅极多晶硅的刻蚀，但是，在使用多晶硅时，衍生出的一个问题是，即使多晶硅经过重掺杂，其电阻值还是很高，并不适合作为 MOS 器件的金属层之用。目前的解决方法是在二氧化硅上面，再增加一层与多晶硅相当的金属硅化物，称为硅化金属（silicide）。因为硅化金属的导电性能很好，整个以硅化金属和多晶硅组成的导电层，称为多晶硅化金属，其中，硅化钨是最早也是最为普遍使用的一种金属硅化物（还有硅化钛）。

由于硅化物是由两层物质组成，所以其刻蚀要远比 SiO_2 和 Si_3N_4 复杂得多，单一的等离子体对其刻蚀速率不一致，所以必须分两步进行，以便对某一种材质进行刻蚀。

首先是对金属硅化物进行刻蚀。这个步骤除了要去除未被光刻胶保护的硅化金属外，还要去除硅化金属在空气中形成的“天然氧化层”。氟原子和氯原子都可以和各种过渡金属反应形成具有挥发性的化合物，所以气体 CF_4、SF_6、Cl 及 HCl 等都可以用作硅化金属的反应气体。以 WSi_2 为例，形成的气体可以是 WF_4 及 WCl_4。

当第一层的金属硅化物腐蚀完毕后，接下来就应该腐蚀多晶硅了，腐蚀多晶硅可采用上文所述的方式进行刻蚀。

8.3.3 金属的干法刻蚀

金属铝是目前半导体器件及集成电路制造中应用最多的导电材料。因为铝的导电性能良好，价格低廉，而且铝膜的淀积和刻蚀都比较方便，所以铝电极几乎占了所有半导体器件及集成电路中的导电体。但是，随着元器件的集成度和工艺的进一步提高，采用金属铝作为电极引线也遇到了困难。这是由于在高温下，硅原子和铝原子容易向彼此间扩散，从而产生被称为“尖刺”的现象，导致铝引线与 MOS 管接触不好。此外，当铝线线条宽度设计得十分细小时，由于电迁移现象，引发铝原子的移动，使得铝丝断开。因此，后来，人们采用铜线来取代铝线，也有采用铝-硅-铜合金来代替金属铝的。但是，铝还是目前集成电路和半导体器件中主流的导电引线。

1. 铝的刻蚀

氟化物不适合铝的刻蚀，因为所形成的化合物 AlF_3 的挥发性很低，目前大都采用氯化物，如 $SiCl_4$、CCl_4 等气体与氯气混合气体来进行刻蚀。铝和氯反应生成具有挥发性的三氯化铝（$AlCl_3$），随着腔内气体被抽出。一般铝的刻蚀温度比室温稍高，三氯化铝的挥发性更好，可以减少残留物。铝的等离子体刻蚀原理如下：

$$2Al(s) + 3Cl_2(g) \longrightarrow 2AlCl_3$$

上述反应中所生产的 $AlCl_3$ 具有挥发性，可随气体逸出。**注意：**铝很容易和空气中的氧或水汽反应，形成 3～5nm 厚的氧化铝层。此氧化铝层化学性质不活泼，隔绝了氧和铝的接触，保证铝不再被氧化。另一方面，在铝的刻蚀初期，这一层氧化膜同样也隔绝了氯与铝的接触，阻碍了刻蚀的进行。所以铝的初期刻蚀也要分两个步骤进行：先把表面的 Al_2O_3 膜去掉，然后再刻蚀铝。

当表面的氧化层去除以后，接下来就可以进行铝的刻蚀。生产上大多采用 BCl_3—Cl_2 混合气体来进行铝的刻蚀。刻蚀的氯原子来自 Cl_2。

在刻蚀过程中，BCl_3 是常用的添加气体，其主要目的有两个：第一，BCl_3 极易和空气中的氧和水汽反应，因此可以吸收腔内的水汽及氧气；第二，BCl_3 在等离子体内可形成 BCl_x 原子团及 BCl_3^+（正离子），其中 BCl_3^+ 是产生离子轰击的重要离子来源之一。BCl_x 和氯原子进行化学反应称为再结合反应：

$$BCl_x + Cl \longrightarrow BCl_{x+1}$$

这个反应在没有暴露于离子轰击下的表面进行，如铝金属薄膜刻蚀后的侧壁上进行。在侧壁上进行的这个反应，将消耗掉侧壁上的氯原子，使得由于氯原子浓度降低而减少侧面的铝的刻蚀，从而使得 BCl_3—Cl_2 等离子体对铝的各向异性刻蚀能力大大增加。在 Cl_2 内加入 BCl_3，可以提高铝刻蚀的各向异性。在反应中加入 CF_4 或 CHF_3，也因为可以在铝的侧壁上覆盖一层高分子聚合物薄膜，来进一步减少氯原子与位于铝线侧面的铝原子的反应，使得 BCl_3—Cl_2 对铝的各向异性刻蚀能力更好。

2. 铝合金的刻蚀

当铝-硅-铜合金经氯离子刻蚀以后，合金表面侧壁还有氯气残留以及未被真空系统排除的 $AlCl_3$，同时，$AlCl_3$ 会与光刻胶膜发生反应，一旦晶圆离开真空设备后，这些生成物将会与空气中的水分反应形成 HCl，HCl 进一步刻蚀铝合金而产生 $AlCl_3$，只要所提供的水汽足够，铝的腐蚀将被不断进行，在含铜的铝合金中此现象更严重。要减少刻蚀后的腐蚀，可采用下列措施：

1）将晶圆用大量的去离子水清洗。

2）刻蚀之后，晶圆还在真空中时以氧气等离子体将掩膜去除并在铝合金表面形成氧化层来保护铝合金。

3）在晶圆移出刻蚀腔前，以氟化物的等离子体做表面处理，如 CF_4、CHF_3，将残留的氯置换成氟，形成 AlF_3，或在铝合金表面形成一层聚合物来隔离铝合金与氯的接触。

3. 钨的回蚀

金属铝的导电性能较好，而且易以溅射方式进行沉积，所以铝是半导体制造过程中最便宜的金属材料。但是铝的台阶覆盖能力较差，当器件特征尺寸进入到亚微米数量级时，以溅射方式所得到的金属铝无法完美地填入接触窗而造成接触电阻较高，甚至无接触，从而造成器件报废，因此在半导体金属制备中使用 CVD 法沉积耐热金属填入接触窗，取代部分铝合金，这种方法称为接触插塞。

用作接触插塞的金属主要有钨、钛、白金、钼等过渡性金属，其中以钨应用最为广泛。

为克服金属铝和介电层的附着力问题并降低接触电阻及提高器件的可靠性，在金属铝沉积前用 CVD 法淀积 Ti 及 TiN，再以快速热处理法产生钛硅化合物（$TiSi_2$），以降低接触电阻。Ti/TiN 在金属化制备中成为粘着层，接着以 CVD 法沉积钨使其填入到接触孔窗中。因为 CVD 法的台阶覆盖性好，在接触窗不会产生空洞，但沉积的厚度必须使接触窗填满。然后以干法刻蚀将介电层表面覆盖的金属钨去掉，留下接触窗内的钨，至此形成接触窗插塞，这个干法刻蚀过程成为“钨回蚀”，接着沉积铝并制作铝线的图形后才算完成金属化。

钨的氟化物具有很好的挥发性，WF_6 的沸点为17℃，所以之前所用到的氟化物气体，如 CF_4、SF_6、NF_3 等都可以作为钨回蚀的腐蚀气体。其反应如下：

$$W + 6F \longrightarrow WF_6$$

4. 铜的刻蚀

在集成电路制造工艺中，铜的刻蚀是比较困难的。因为铜和氯反应所生成的 $CuCl_2$ 并不是一种挥发性能力很强的物质，所以铜的刻蚀不能用化学反应的方式进行，而必须以等离子体内的离子，对铜进行溅射，才能通过物理的方式将其除去。这就是虽然铜的导电性能远比铝好，但是尚不能被半导体器件或集成电路制造广泛接受的原因。

当然，适当调高反应温度、提高 $CuCl_2$ 的挥发性，还是可以达到提高氯化物等离子体对铜的刻蚀能力。

8.3.4 光刻胶的去除

晶圆表面薄膜材料腐蚀完毕，必须将光刻胶去除掉，这一工序称为去胶。常用的去胶方法有溶剂去胶、氧化去胶和等离子体去胶，下面分别加以阐述。

1. 溶剂去胶

把带有光刻胶的硅片浸在适当的溶剂内，使聚合物膨胀，然后把胶去除，称为溶剂去胶。去胶溶剂一般是含有氯的烃化物，如三氯乙烯等。这些化合物含有较多的无机杂质，因此会在衬底表面留下微量杂质，在制备MOS器件时，会引起不良后果。另外，其洗涤周期长，操作较麻烦，故很少采用。这种方法的优点是在常温下进行，不会使铝层发生变化。

2. 氧化去胶

氧化去胶是指利用氧化剂把光刻胶去掉。这种方法使用十分普遍，也称为湿法去胶，常用的氧化剂为硫酸。它使光刻胶中的碳被氧化而析出来。但是，碳的析出会影响硅片的表面质量，因此，通过在硫酸中加入过氧化氢（H_2O_2），使碳氧化成 CO_2 析出。典型的氧化去胶的去胶液的配方是：$H_2SO_4 : H_2O_2 = 3:1$，也有人用硫酸和重铬酸钾配合使用。

氧化去胶的优点是洗涤过程十分简单，即用去离子水冲洗就可以。但要注意的是，氧化剂对衬底表面也有腐蚀作用（尽管十分轻微），所以后来也有改用Ⅰ号液（$H_2O_2 : NH_4OH : H_2O = 5:2:1$）来去胶的。

反刻铝的湿法去胶是用发烟硝酸，将硅片在里面浸泡2~3min，然后用去离子水冲洗，接着用丙酮棉花擦洗。也可以放到二甲苯或丙酮中浸泡，使之软化，然后用丙酮棉花擦洗。

目前常常把去胶和合金放在一起做，也就是将要去胶的硅片放入450~530℃氧化炉中，通以大量氧气，使光刻胶生成 CO_2、H_2O 等挥发性物质并被随之排出。这种方法十分简单，不需要硫酸等化学试剂，并能与合金结合在一起，简化了工艺。但要注意的是，操作时炉温不能过高，否则会引起结的特性变化或铝层被氧化。

3. 等离子体去胶

等离子体去胶是近几年发展起来的一种新的去胶工艺。它不需要化学试剂，也不需要加温，因此，器件的结特性和铝层都不会受到影响，有利于提高产品质量和器件可靠性。等离子体去胶设备如图8-8所示，主要由高频信号发生器、铝平板电容器和机械泵等组成。

高频信号发生器产生11～12MHz的高频信号，接到石英管壁外的铝平板电容器或感应线圈上。外加的高频电磁场使通入石英管中的氧气在高频电场作用下电离，形成等离子区。其中，活化的原子态氧，占10%～20%，它们活性大、氧化能力强，将与光刻胶发生反应，使之变成CO_2、CO、H_2O和其他挥发性氧化物而被机械泵排出，达到去胶的目的。

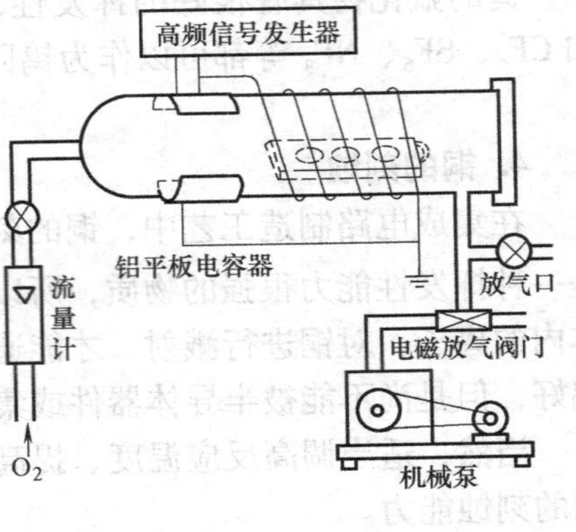

图8-8　等离子体去胶设备

进行等离子体去胶的一些典型工艺流程及参数如下：

1）系统真空度要达到3×12^{-2}Torr，然后通入氧气，并用针型阀门调节流量。

2）高频信号源的频率是11～12MHz，输出功率为150～200W。

3）通入氧气的流量为8～30mL/min。

在去胶过程中，氧气流量大小直接影响去胶速度。当氧气流量为零时，去胶速率很小。逐渐增大氧气流量，去胶速度也随之增加。这说明在去胶过程中，氧气的作用是非常明显的，在辉光电离区，氧气电离后有可能生成臭氧与光刻胶反应。当氧气流量增加时，活性氧原子数也增加，去胶速度加快，同时辉光的颜色也会从淡红色变为发亮。如氧气流量过大，电离十分剧烈，石英管温度上升，这样温度过高，会对金属起不良作用。因此，为了保证衬底温度不超过150℃，氧气流量应控制在8～30mL/min范围内。

去胶速率除了与氧气流量有关外，还随着输出功率增大而加快。原因是功率大，氧电离能力增强，活化剂原子数也增多，这样去胶速度大大提高。但要注意的是，石英管内衬底温度上升与屏极电压成正比，即屏极电压升高，温度也高，所以在生产中，要视具体情况选定适当的条件，确保去胶质量。

8.4　刻蚀设备

虽然等离子体的物理刻蚀是各向异性刻蚀的，但是其选择性很差，而单纯的反应刻蚀虽然选择性好，但又是各向同性刻蚀，因此，目前最主流的方式，还是将二者结合起来的一种刻蚀方式，即反应离子刻蚀（RIE）。下面就北京金盛微纳科技有限公司所生产的ICP-98A型全自动反应离子刻蚀机来进行介绍。

图8-9　ICP-98A型全自动反应离子刻蚀机外观图

其外观图如图8-9所示。该设备通过物理与化学相结合的方法，对很细的线条（亚微米以下）进行刻蚀以形成精细的图形。该系统具有选择比较好、刻蚀速度较快、重复性好、性价比较高等特点。可刻蚀的材料主要有Poly-Si、Si、SiO_2、Si_3N_4、W、Mo、GaN、GaAs等。通过对真空系统、工作压强、射频电源匹配、气体流量及工艺过程的全自动控制，使工艺的重复性、稳定性、可靠性得到有效保证，从而获得较高的刻蚀速率，并能精确地控制图形的剖面。该设备主要由三大部分组成，即控制系统、真空系统和离子刻蚀系统。

其中，刻蚀系统是整个设备的核心部件，提供了刻蚀时所需的刻蚀等离子体。根据不同的刻蚀需求，等离子体可以是 F^+（氟离子）、Cl^-（氯离子）等气态离子。控制系统用于设置刻蚀腔室的离子能量及真空度。该刻蚀机性能参数见表 8-1。

表 8-1 ICP-98A 型全自动刻蚀机性能参数

型号	ICP-98A
真空系统	分子泵系统
刻蚀腔数量	2 腔室
刻蚀室规格	ϕ400mm × 100mm
刻蚀材料	Poly-Si、Si、SiO_2、Si_3N_4、W、Mo、GaN、GaAs 等
刻蚀速率	0.1 ~ 1μm/min（与刻蚀材料和工艺有关）
刻蚀不均匀性	≤ ±5%
自动化程度	真空系统、下游压力闭环控制、射频电源、气体流量、工艺过程全自动控制
人机界面	Windows 环境、触摸屏操作
操作方式	全自动方式、半自动方式

8.5 干法刻蚀工艺流程及设备操作规范

下面以无锡华润上华科技有限公司采用 NF_3（三氟化氮）进行 Si_3N_4 薄膜的 RIE 工艺为例，介绍其刻蚀工艺流程及设备操作规范。

1. 开机准备

1）由于设备维护、紧急情况等引起设备停机，在再开机前需要做如下检查工作：

① 检查真空泵气路是否通畅，若有堵塞，报告设备工程师及时处理。

② 检查气源瓶内气源是否充足，若有不足情况，及时更换气源瓶。

③ 刻蚀腔室清洗。由于前次刻蚀过程会在刻蚀腔体内部残留污染物，因此在进行下一次刻蚀前，需将残留物去除，一般可采用 Cl^- 等离子体去除腔室内壁的残留污染物。

2）设备检查完毕后，开机，输入用户名和密码，进入系统操作界面。

2. 工艺实施

1）参数设置。开机后，首先进行参数设置，需设置以下参数：

① Reflect Pwr（射频功率）设置。

② RF matcher 中的 Load set（负载组）设置。

2）上片。

① 上片员工佩戴好干净的尼龙手套，同时外面再套一副 PVC 手套。

② 把硅片放在 Tray（料盘）的腔体内，要注意轻拿轻放，防止出现崩边、缺角，待刻蚀的一面朝上。

③ 作业人员放满 100 片硅片后，检查硅片是否都放在料盘腔体内。若有硅片在料盘内

摆放不平整，需重新调整其位置。

④ 检查完毕后，将 Tray 推入刻蚀腔体内，进行 RIE 处理。

3）刻蚀。所有工序检查完毕之后，作业人员单击上料机控制系统的“Wafer injection”按钮，出现“wafer 100 pcs OK?”字样，再单击右侧“OK”按钮，则系统自动进入 RIE 工序，直到刻蚀过程结束。

4）卸片。

① 操作人员把刻蚀结束的硅片，用吸笔选择一个角吸出来放到片盒内，硅片要避免手指碰触，以免污染硅片表面或使硅片碎裂。

② 把硅片都整理好流到下道工序，其中吸笔要保持清洁，定时擦拭。

3. 工艺注意事项

1）员工在上下片时，严禁裸手接触硅片。

2）员工使用的手套要求保持清洁，切勿佩戴手套触摸脸部或硅片以外的物品。

3）上片之前需要对来料外观进行检查，若发现外观不良及时通知相关人员。

4）员工上料时注意轻拿轻放，避免崩边、缺角，以一个边缘为基准，放到 Tray 的腔体内。

5）工序产品有异常气味、异常颜色需要通知相关人员。

4. 工艺异常处理流程

1）手指印。

① 检查来料外观。

② 检查插片员工手套使用情况。

③ 调整原则：

A. 若为来料问题，隔离，通知相关技术人员。

B. 若为插片时裸手接触硅片造成，责令其改正并将硅片隔离，统一处理。

2）脏片。

① 查看 Tray 等与硅片接触物是否脏污。

② 查看来料是否有脏污。

③ 查看设备情况。

3）颜色异常：发黄，不均匀。

① 查看工艺菜单，看是否有异常。

② 查看来料记录，确定是否与来料有关。

8.6　刻蚀的质量控制

干法刻蚀不像湿法刻蚀有很高的选择比，过度的刻蚀可能会损伤下一层材料，因此刻蚀时间就必须准确无误地掌握。另外，机器的情况稍微改变，如气体流量、温度、晶圆上的材料差异等，都会影响刻蚀时间的控制，因此必须经常检查刻蚀速率的变化，以确保刻蚀的顺利进行。使用终点检测器可以计算刻蚀结果的正确时间，进而准确地控制刻蚀时间，以确保多次刻蚀的再现性。

常用的终点检测方式有三种：光学放射频谱分析（OES）、激光干涉测量（Laser Interferometry)、质谱分析（Mass Spectroscopy）。

1. 光学放射频谱分析

光学放射频谱分析法是通过分析气体放电过程中处于激发态的原子核的外层电子返回基态时所发射的特征谱线的强度来确定终点，如图 8-10 所示。

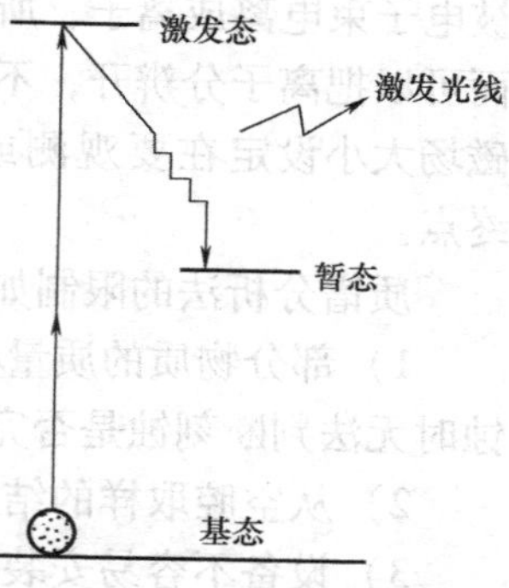

图 8-10 光学放射频谱分析法原理

特征谱线可由刻蚀腔壁的开窗观测，不同原子激发的光线波长不同，光线强度的变化反映了等离子体中原子或分子浓度的变化。用单色仪或光电倍比器来检测这些特征光谱线的强度变化，可以分析出薄膜被刻蚀的情况。

光学放射频谱分析仪是最常用的终点检测器，因为它可以很容易地加在刻蚀设备上面而不影响刻蚀的进行，而且可对反应的微小变化做出反应，还可以提供有关刻蚀反应过程中许多有用的信息。另一方面，它也有一些缺陷和限制：一是光线强度正比于刻蚀速率，所以对刻蚀速率较慢的刻蚀而言，将变得难以检测；二是当刻蚀面积很小时，信号强度不足而使终点检测失败。

2. 激光干涉测量

激光干涉测量用来检测透明的薄膜厚度的变化，停止时即是刻蚀终点。厚度的测量原理是利用激光垂直射入透明薄膜，射入薄膜前被反射的光线和穿透薄膜后被下层材料反射的光线发生干涉，薄膜的反射率（n）、入射激光的波长（λ）及薄膜厚度（Δd）符合下列条件：

$$\Delta d = \lambda/2n$$

此时形成的干涉加强，接收到的信号有一最大值。反之则因为干涉相消，信号有一最小值。另外，每刻蚀一 Δd，就有一个最大值出现。图 8-11 是一个激光干涉测量图形，激光波长是 253.7nm，被刻蚀材料是 SiO_2，箭头所指是刻蚀终点，测量所用时间，可获得即时的刻蚀速率。

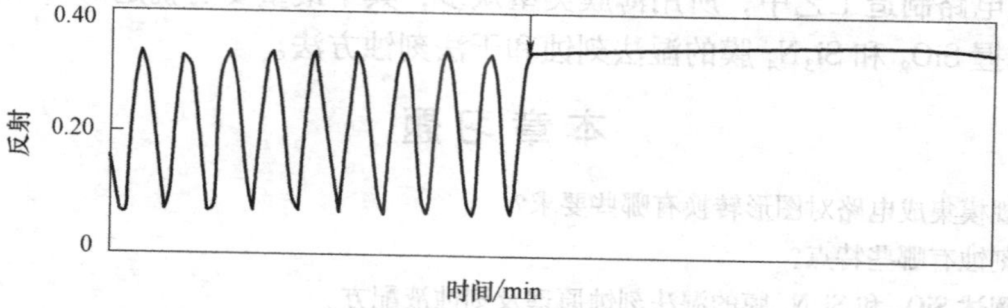

图 8-11 激光干涉测量图形

激光干涉测量也有一些限制，如：

1）激光束要聚焦在晶圆的被刻蚀区，且该区域的面积应足够大。

2）必须对准在该区域上，因而增加了设备镜片的设计难度。

3）被激光照射的区域温度升高而影响刻蚀速率，造成刻蚀速率与不受激光照射区域的不同。

4）如果被刻蚀的表面粗糙不平，则所测得的信号将很弱。

3. 质谱分析

质谱分析法利用刻蚀腔壁上的洞来对等离子体中的物质成分进行取样，取得的中性粒子被电子束电离成离子，所得的离子再经过电磁场而偏转，不同质量的离子偏转程度不同，因而可以把离子分辨开，不同的离子可借助场强不同的电磁场而收集到。当在终点检测时，将磁场大小设定在要观测或分析所需要的磁场的大小，观测计数的连续变化即可得知刻蚀终点。

质谱分析法的限制如下：

1）部分物质的质量/电荷比相同，如 N_2、CO、Si 等，使得检测同时拥有这些成分的刻蚀时无法判断刻蚀是否完成。

2）从空腔取样的结果会影响刻蚀终点的检测。

3）设备不容易安装到各种刻蚀机上。

在实际的终点检测过程中，往往是将多种检测方式结合起来使用。以多晶硅栅极刻蚀终点检测为例，根据刻蚀过程分的四个阶段，采用不同的终点检测方式。为了有效进行多晶刻蚀，利用 OES 终点检测方法检测具有很高选择比的刻蚀过程，这样既保证了多晶硅的充分刻蚀，又有效保护了栅氧层。

目前工艺上所采用的 LEP400 型干法刻蚀终点检测仪，是可以在线实时监控刻蚀深度的检测设备，具有提前预报终点、精度高（±0.67nm）、应用范围广、晶圆可视、可以智能控制刻蚀机的停止或开始等特点。LEP 检测方法是终点检测的新方法，相比于 OES 的优点是可以在同一种材料中检测刻蚀深度。

本章小结

本章主要介绍了各种常用半导体工艺中用到的薄膜的湿法刻蚀和干法刻蚀原理、过程及相关刻蚀设备。湿法刻蚀相比干法刻蚀而言，操作较为方便，且选择比较高，但其属于同向腐蚀，因此，在 VLSI 制造工艺中，难以满足要求，现在干法刻蚀已成为 ULSI 制造中的主流技术。在集成电路制造工艺中，所用薄膜类型众多，其中最重要的就是 SiO_2 和 Si_3N_4 膜，因此，要重点掌握 SiO_2 和 Si_3N_4 膜的湿法刻蚀和干法刻蚀方法。

本章习题

8-1　超大规模集成电路对图形转换有哪些要求？

8-2　湿法刻蚀有哪些特点？

8-3　分别阐述 SiO_2 和 Si_3N_4 膜的湿法刻蚀原理及刻蚀液配方。

8-4　用湿法刻蚀方式刻蚀 SiO_2 膜时，为何要添加 NHF_4？

8-5　阐述干法刻蚀的原理。

8-6　干法刻蚀有哪几种刻蚀方法？各有何特点？

8-7　干法刻蚀有哪些优点？

8-8　阐述 SiO_2、Si_3N_4、多晶硅、金属铝膜的干法刻蚀原理、刻蚀气体及刻蚀过程。

8-9　如何用湿法方式进行去胶？

8-10　阐述等离子体去胶原理及过程。

第9章 掺　杂

本章教学目标

- 了解半导体中掺杂的意义和掺杂工艺流程。
- 掌握结深、杂质浓度分布和扩散系数等基本概念的含义。
- 掌握扩散的基本步骤和扩散工艺评估的主要参数。
- 了解主要的杂质源。
- 理解扩散的主要工艺参数及其对结深、方块电阻的控制。
- 了解扩散设备的基本组成。
- 掌握剂量、射程等基本概念的含义。
- 理解离子注入主要工艺参数对剂量、射程的影响。
- 了解离子注入基本组成。
- 了解离子注入法相对于扩散法的优点。

9.1 引言

在前面已经介绍了在半导体中哪怕引入一点点杂质也会大大改变半导体的导电性，本章就要介绍给半导体引入指定杂质的工艺过程，也就是掺杂。掺杂的目的就是改变半导体的导电类型，形成N型层或P型层，以形成PN结和各种半导体器件，从而形成半导体集成电路，或改变材料的电导率。经过掺杂，杂质原子将要代替原材料中的部分原子，材料的导电类型决定于杂质的化合价，如硅中掺入五价的磷（施主杂质）将成为N型半导体，掺入三价的硼（受主杂质）将成为P型半导体。

掺杂的方法有两种：热扩散和离子注入。热扩散法是最早使用也是最简单的掺杂工艺，热扩散是利用高温驱动杂质进入半导体的晶格中，并使杂质在半导体衬底中扩散，这种方法对温度和时间的依赖性很强，于20世纪50年代开始研究，20世纪70年代进入工业应用阶段，随着VLSI超精细加工技术的发展，现已成为各种半导体掺杂和注入隔离的主流技术。离子注入是通过把杂质离子变成高能离子来轰击衬底，从而把杂质注入半导体衬底中的掺杂方法。

半导体制造中的污染无时无刻不在，所以掺杂之前要对衬底进行清洗等处理。大部分的掺杂是在半导体衬底中指定的区域掺杂——选择性掺杂，也就是有些区域需要掺杂，其他区域不掺杂。怎样实现选择性掺杂呢？那就是在掺杂之前在半导体衬底表面生长一层掩蔽膜（这层掩蔽膜具有阻挡杂质向半导体衬底中扩散的能力），然后对掩蔽膜进行光刻和刻蚀，去掉衬底上面待掺杂区域的掩蔽膜，不掺杂区域的掩蔽膜要保留下来，得到选择扩散窗口。然后放入高温扩散炉中进行掺杂，则在窗口区就可以向半导体衬底中扩散杂质，而其他区域被掩蔽膜屏蔽，没有杂质进入，这样就能实现对半导体衬底中的选择性扩散。掺杂完成后要进行检测。图9-1是在N型衬底中掺入受主杂质形成P型掺杂区的流程图。

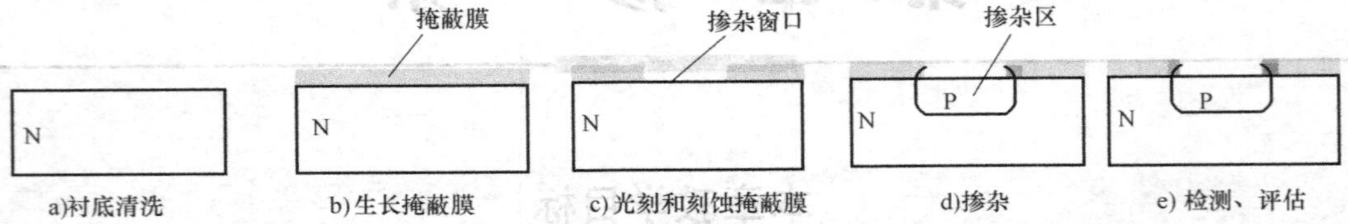

图9-1　掺杂工艺流程

9.2　扩散

9.2.1　扩散原理

扩散是物质的一个基本性质，原子、分子和离子都会从高浓度向低浓度处进行扩散运动。一种物质向另一种物质发生扩散运动需满足两个基本条件：第一有浓度差；第二提供足够的能量使物质进行扩散。在半导体制造中，利用高温热能使杂质扩散到半导体衬底中。

1. 扩散机制

杂质在硅晶体中的扩散机制主要有：间隙式扩散和替位式扩散（空位扩散）。存在于晶格间隙的杂质称为间隙式杂质，这种杂质原子大小与Si原子大小差别较大，杂质原子进入硅晶体后，不占据晶格格点的正常位置，而是从一个晶格间隙运动到另一个晶格间隙而扩散前行，这种方式的杂质扩散称为间隙式扩散，镍、铁等重金属元素采用此种方式，如图9-2a所示。占据晶格位置的外来原子称为替位杂质，这种杂质原子或离子大小与Si原子大小差别不大，它沿着硅晶体内晶格空位跳跃前进扩散，杂质原子扩散时占据晶格格点的正常位置，不改变原来硅材料的晶体结构，这种扩散称为替位式扩散，硼、磷、砷等采用此种方式，如图9-2b所示。

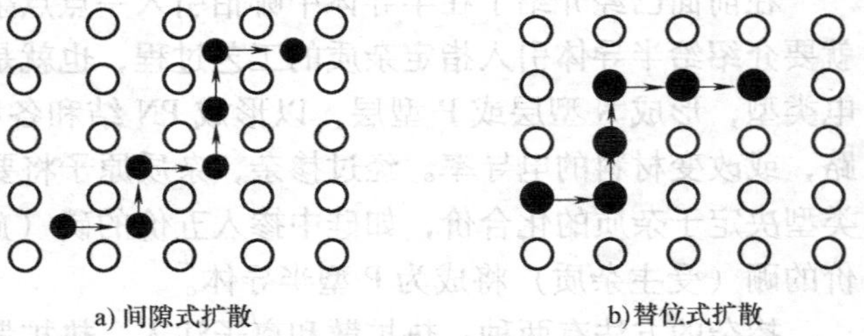

图9-2　杂质在硅晶体中的扩散机制

2. 扩散系数

扩散系数表示一种物质在另一种物质中扩散运动的速度的大小，用D表示。D越大，扩散移动的速度越快。D与扩散温度T、杂质浓度N、衬底浓度N_B、扩散气氛、衬底晶向、缺陷等因素有关。在硅中，杂质的扩散系数随温度的升高而增大。

$$D = D_0 e^{-E/kT}$$

式中，T为热力学温度；k为波尔兹曼常数；E为扩散激活能；D_0为频率因子。

在同样的扩散条件下，同种杂质在不同物质中扩散速度不同，例如，杂质硼、磷在二氧化硅中的扩散系数远小于在硅中的扩散系数，在1100℃左右，磷在硅中的扩散系数为其在二氧化硅中的1000倍左右；不同杂质在同种物质中扩散速度也不同，如杂质在硅的扩散中，杂质以间隙式扩散的速度比以替位式扩散的速度快，扩散系数大，如金、铜、镍等常以间隙式扩散在硅的晶格空隙中运动，具有高的扩散系数；而杂质砷和磷通常以替位式扩散在硅的晶格空隙中运动，移动速度较慢。

常用的P型杂质为铝、镓、硼，其在硅中的扩散系数依次由大到小。常用的N型杂质为磷、砷，磷在硅中的扩散系数比砷大。

3. 杂质浓度分布

半导体衬底经过掩蔽膜生长和光刻、刻蚀后，掩蔽膜上会留出掺杂窗口，露出半导体衬底。在扩散炉里，半导体衬底在高温条件下暴露在具有一定杂质浓度（N_q）的指定杂质气体中，杂质就会扩散到半导体衬底中。扩散示意图如图9-3所示。

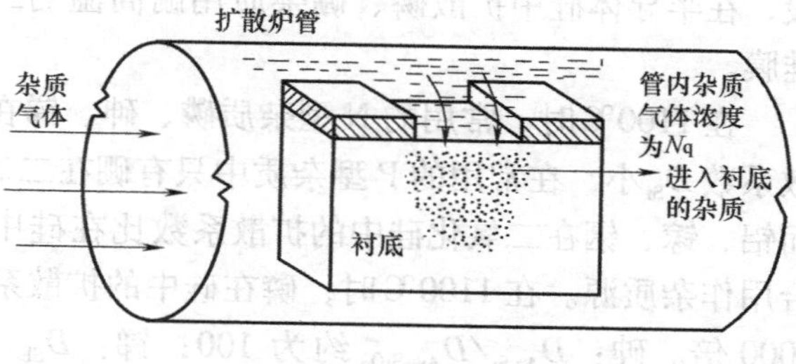

图9-3 扩散示意图

在扩散过程中，炉温和时间是很重要的工艺参数，控制扩散过程的温度和时间就可以得到想要的杂质浓度分布和杂质深度。衬底表面的杂质浓度高，越往深处杂质浓度越低，也就是沿深度方向杂质是不均匀分布的，杂质浓度与深度的关系曲线称为杂质浓度分布曲线。杂质浓度分布曲线不是一条直线，而是一条曲线。杂质浓度分布如图9-4所示。

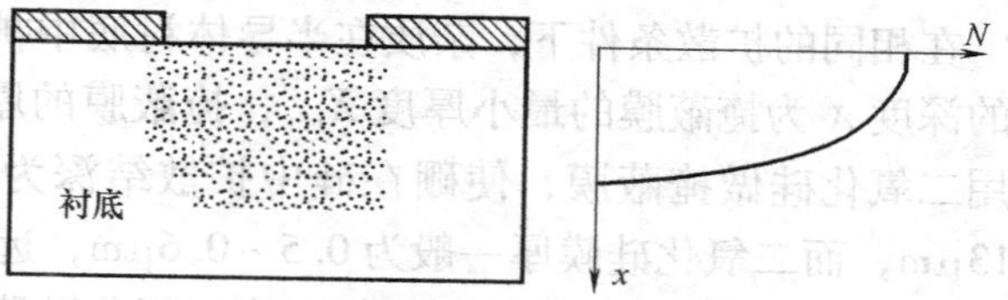

图9-4 杂质浓度分布

半导体衬底可以是本征半导体，也可以是P型或N型半导体。掺杂后半导体中同一区域可能存在两种杂质，在这一区域中，当施主杂质浓度大于受主杂质浓度时就为N型半导体，当施主杂质浓度小于受主杂质浓度时就为P型半导体。

4. 结深

这里以在均匀掺杂的N型半导体衬底（杂质浓度为N_D）中掺入硼杂质形成P型区域为例来描述结深的意义。扩散炉中硼杂质气体浓度N_q大于N_D，在衬底中硼杂质浓度用$N_A(x)$表示，是深度x的函数，在衬底表面处，$N_A(x) = N_A(0) > N_D$，空穴的浓度大于电子的浓度，随着x增大，$N_A(x)$在减小，空穴的浓度在降低，当$x = X_j$时，空穴的浓度等于电子的浓度，深度X_j就为结深。在结深处，净掺杂浓度为0，也就是$N_A(X_j) = N_D$，如图9-5所示。掺杂要形成一定的杂质浓度分布和结深。

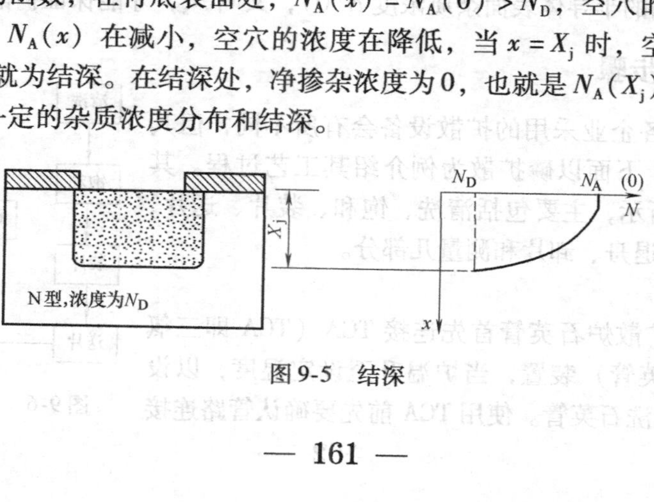

图9-5 结深

5. 掩蔽膜

掩蔽膜的作用是阻止杂质扩散到半导体衬底中，对杂质起掩蔽作用。因为杂质扩散在高温中进行，当杂质向半导体衬底扩散的同时也向掩蔽膜中扩散，所以要达到掩蔽杂质的作用，掩蔽膜要满足三个最基本的条件：第一，所选用的掩蔽膜材料必须在掺杂工艺中耐高温，不能融化；第二，所选用的杂质元素在掩蔽膜中的扩散系数必须比其在半导体衬底中的扩散系数小；第三，掩蔽膜必须具有足够的厚度。这样在相同的扩散条件下，杂质在半导体衬底中扩散达到希望的结深 X_j 时，而在掩蔽膜中扩散的深度却很小，没有扩透掩蔽膜。一般，在半导体硅中扩散磷、硼杂质用耐高温的二氧化硅或氮化硅做掩蔽膜，通常用二氧化硅膜。

在1100℃时，常用的N型杂质磷、砷、锑在二氧化硅中的扩散系数 D_{SiO_2} 比在硅中的扩散系数 D_{Si} 小，在常用的P型杂质中只有硼在二氧化硅中的扩散系数比在硅中的扩散系数小，而铝、镓、铟在二氧化硅中的扩散系数比在硅中的大得多。所以在P型杂质中，只有硼适合用作杂质源。在1100℃时，磷在硅中的扩散系数 $D_{P\text{-}Si}$ 约为在二氧化硅的扩散系数 $D_{P\text{-}SiO_2}$ 的1000倍。砷：$D_{As\text{-}Si}/D_{As\text{-}SiO_2}$ 约为100；锑：$D_{Sb\text{-}Si}/D_{Sb\text{-}SiO_2}$ 约为10；硼：$D_{B\text{-}Si}/D_{B\text{-}SiO_2}$ 约为200左右。

在相同的扩散条件下，杂质在半导体衬底中扩散达到希望的结深 X_j 时，在掩蔽膜中扩散的深度 X 为掩蔽膜的最小厚度 X_{min}，掩蔽膜的厚度要大于掩蔽膜的最小厚度 X_{min}。例如，利用二氧化硅做掩蔽膜，使硼在硅中扩散结深为2μm时，硼在二氧化硅中的扩散深度为0.13μm，而二氧化硅膜厚一般为0.5～0.6μm，远大于硼在二氧化硅中的扩散深度，满足要求。但并不是掩蔽膜厚度越厚越好，当二氧化硅膜的厚度过厚时，有可能引起 SiO_2/Si 界面处产生裂痕，使二氧化硅膜失去对杂质的掩蔽作用和对硅的钝化作用，造成器件性能的不稳定。

先要根据扩散条件、达到的结深计算出掩蔽膜的最小厚度，然后放出余量，再根据实验来修正得到生产时实际的掩蔽膜厚度，现在这一方面已经积累了丰富的经验。

6. 固溶度

杂质的固溶度是指在一定温度下，杂质能够溶入半导体中的最大浓度。杂质的固溶度与温度有关，杂质在半导体中的最大固溶度是杂质在半导体中所能达到的最大溶解度。杂质在半导体中的最大固溶度为在半导体中杂质扩散限定了最大浓度。杂质在半导体中的最大固溶度一定要大于要达到的半导体表面杂质浓度 $N(0)$，又叫 N_s，才能保证扩散的发生。

9.2.2　扩散工艺步骤

实际生产中，各企业采用的扩散设备会有所不同，但其工艺过程大致相同，下面以磷扩散为例介绍其工艺过程。其工艺过程如图9-6所示，主要包括清洗、饱和、装片、送片、回温、扩散、关源/退舟、卸片和测量几部分。

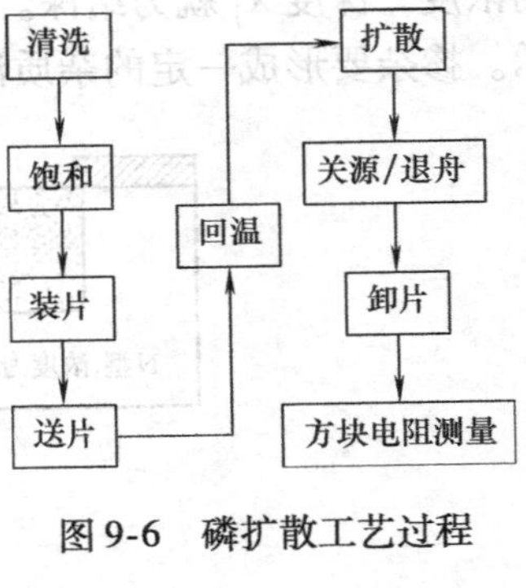

图9-6　磷扩散工艺过程

1. 清洗

初次扩散前，扩散炉石英管首先连接TCA（TCA即三氯乙烷，用于清洗石英管）装置，当炉温升至设定温度，以设定流量通TCA 6h清洗石英管。使用TCA前先要确认管路连接的正确性。清洗开始时，若在手动状态下要先开 O_2，再开 TCA；清洗结束后，先关 TCA，再关 O_2。清洗结束后，进行饱和，待扩散。

2. 饱和

每班生产前或长时间不生产时，须对石英管进行饱和。炉温升至设定温度时，以设定流量通小 N_2（携源）和 O_2，使石英管饱和，约 60min 后，关闭小 N_2 和 O_2。初次扩散前或停产一段时间以后恢复生产时，需使石英管在 1050℃下通 TCA 2h 后通源饱和 1h 以上。

3. 装片

戴好防护口罩和干净的乳胶手套，将清洗甩干的硅片从传递窗口取出，放在净化装片台上。用石英吸笔依次将硅片从硅片盒中取出，插入石英舟。每一槽装 2 片，若发现硅片表面脏将干净的一面做扩散面。

4. 送片

用舟叉将装满硅片的石英舟放在碳化硅臂浆上，保证平稳，缓缓推入扩散炉。注意不要把扩散和钝化的石英制品混用。

5. 回温

打开 O_2，等待石英管升温至设定温度。

6. 扩散

打开小 N_2，以设定的流量通入小 N_2（携源）进行扩散。注意监视屏幕上的气体流量图，发现异常时要第一时间通知相关人员处理。

7. 关源/退舟

扩散结束后，计算机自动关闭小 N_2 和 O_2，将石英舟缓缓退至炉口，降温以后，用舟叉从臂浆上取下石英舟，并立即放上新的石英舟，进行下一轮扩散。如没有待扩散的硅片，将臂浆推入扩散炉，尽量缩短臂浆暴露在空气中的时间。

8. 卸片

等待硅片冷却后，用石英吸笔均匀地取 5 片进行方块电阻的测试。将合格的硅片从石英舟上卸下并放置在硅片盒中，放入传递窗。将返工的硅片单独放置，下班后一起交清洗间处理。

9. 测量

扩散时，一般会把一些小的晶圆（陪片）和待扩散的晶圆一起放在扩散炉中进行扩散，在陪片上进行工艺评估检测，陪片的导电类型和掺杂物相反，这样掺杂后会形成 PN 结或者 NP 结。陪片分别放在舟上的不同位置，对整批晶圆的掺杂情况进行采样。评估时陪片上的氧化层要去掉。

评估测量的主要参数有杂质浓度（测方块电阻）、结深和表面污染。

方块电阻是反映扩散层质量是否符合设计要求的重要工艺指标之一，用 R_S 或 $R_\square$（方块电阻）来表示，用四探针可以方便测试。R_S 的数值直接反映了扩散后在硅片内的杂质量的多少。

杂质原子在高温下的扩散运动是从高浓度向低浓度运动，即杂质是沿着浓度梯度降低的方向进行扩散的，杂质向深度方向扩散的同时也发生各个方向的运动，比如沿表面的横向扩散，使掺杂区域的横向尺寸大于掺杂窗口，如图 9-7a 所示，这是不希望出现的，理想掺杂是扩散区域表面的横向尺寸和掺杂窗口一样大，如图 9-7b 所示，一般横向扩散是结深的 75% ~85%，即横向尺寸 $Y=(75\%\sim85\%)X_j$。

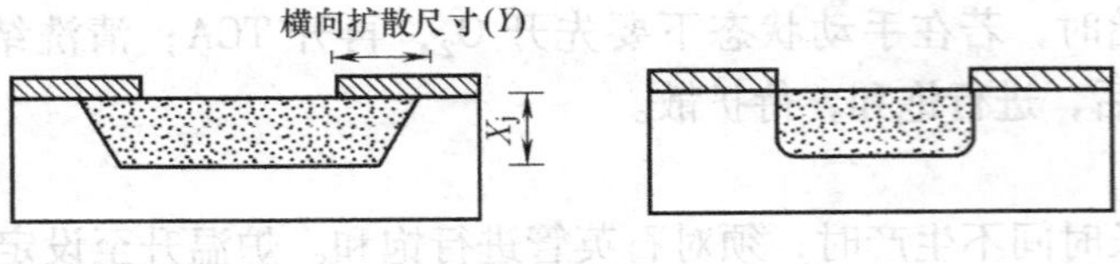

图 9-7 扩散的横向扩散与理想情况

9.2.3 扩散设备、工艺参数及其控制

半导体设备发展很快，扩散设备已经智能化。图 9-8 是一款扩散设备外观（通常叫扩散炉）。

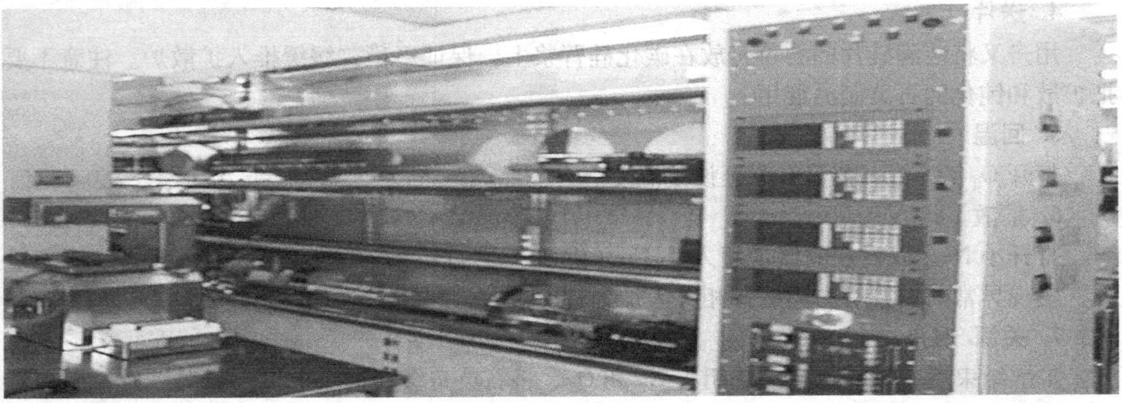

图 9-8 扩散设备外观

扩散设备是半导体器件及集成电路制造过程中用于对晶圆进行扩散、氧化、退火及合金等工艺的热加工工艺设备。

1. 扩散设备

下面以我国青岛奥博仪表设备有限公司生产的扩散设备为例介绍扩散设备的组成及功能，这是目前我国国产的比较先进的扩散设备。

该设备具有手动控制/自动运行功能；有实现升温、恒温和降温的智能程序控制；具有人工智能 PID 调节功能、故障自动检测报警、PID 参数自整定、偏移量修正（多点修正）等诸多功能，完全能够满足半导体生产企业对高温硅晶体处理的苛刻要求。

图 9-9 是单管控制结构，可以扩展到多个炉管。

（1）技术指标

1）适用硅片：ϕ100mm、ϕ150mm、ϕ200mm、ϕ300mm。

2）炉管数量：1 ~ 4 管（由客户定）。

3）净化工作台：台面采用进口不锈钢面板。

4）气路流量计：标配为浮子流量计，可选件为质量流量计。

大 N_2：0 ~ 10L/min；

小 N_2：0 ~ 5L/min；

O_2：0 ~ 5L/min；

A_r：0~5L/min。

5）气密性指标：阀门压力调节到 29psi（1psi = 6.895kPa），24h 后压力减小到不大于 1.4psi。

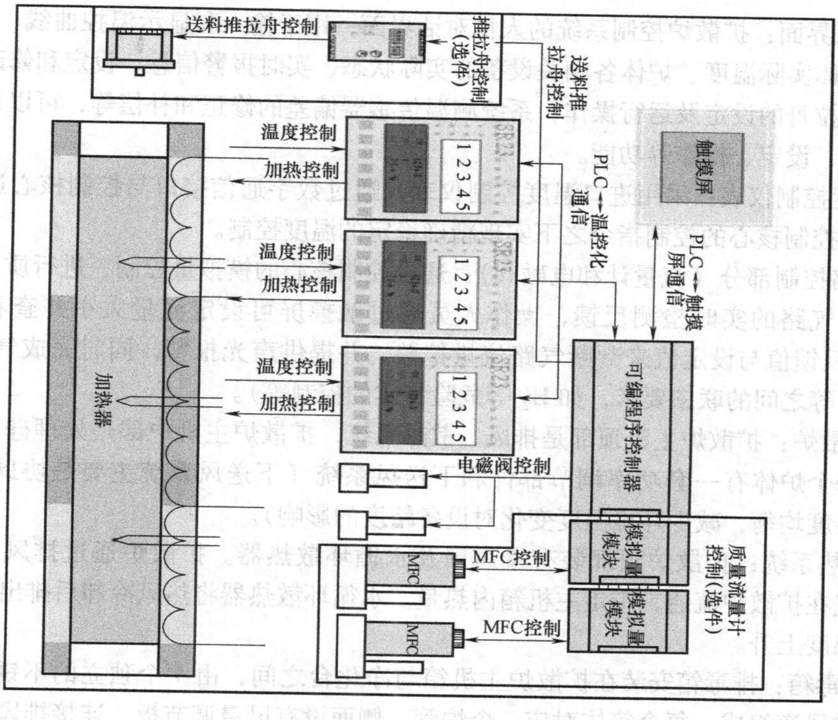

图 9-9 单管控制结构

6）气路管件：采用内抛光不锈钢气路管线及优质阀门，SWAGELOK 接口。

7）工作温度范围：600~1300℃。

8）温度传感器：S 型热电偶。

9）长期工作温度：1200~1286℃。

10）恒温区长度及精度：800~1300℃，800mm/±0.5℃；400~800℃，800mm/±1℃。

11）单点温度稳定性：800~1300℃，800mm/±0.5℃/48h；400~800℃，800mm/±1℃/48h。

12）升温速度范围：400~1300℃，0.5~15℃/min，可控可设定编程，最大升温速率为 15℃/min。

13）降温速度范围：1300~800℃，0.5~5℃/min，可控可设定编程，最大降温速率为 5℃/min。

（2）扩散设备的组成及功能　扩散设备主要由控制系统、扩散炉、散热系统、排毒箱、工作台、加热炉体系统、推拉舟送料系统等 7 个部分组成。

1）控制系统：由可编程序控制器、人机界面、温度控制仪表和气路控制部分组成。

① 可编程序控制器：系统的智能控制核心单元，采用高稳定性、高可靠性、可编程、可升级的控制器，控制设备运行，负责系统的工艺运行控制、温度检测、热电偶故障检测、超温报警、温控仪参数设定、推拉舟控制、气路质量流量计控制、气路故障检测、工艺要求

的各种联锁控制、实时报警等，采用计算机监控，在计算机故障或关闭情况下，系统能够正常运行。计算机系统可同时监控几个炉管的运行状态，记录运行数据，设定、操作各管运行。

② 人机界面：扩散炉控制系统的人机对话界面，用于输入和显示温控曲线、设定气路，实时显示炉体实际温度、炉体各相关设备的实际状态、实时报警信息，设定和修改各工艺控制参数，推拉舟的设定及运行操作，系统测温传感器偏差的修正和补偿等，可以通过触摸屏来完成查看、设定、操作等功能。

③ 温度控制仪表：采用进口温度控制仪表，通过数字通信接口与控制核心进行实时数据交换，在控制核心的控制指令之下实现精确稳定的温度控制。

④ 气路控制部分（流量计和电磁阀）：通过控制核心的模拟量控制，进行质量流量控制器的设定和气路的实时检测反馈，操作人员通过触摸屏可设定流量大小并查看实际流量（系统根据反馈值与设定值来判断气路流量偏差，并提供声光报警，同时完成气路与气路、气路与温度等之间的联锁要求，如 H_2 等危险气体的控制等）。

2）扩散炉：扩散炉主机顶部是排风、散热系统，扩散炉主机中部是处理硅片的多个加热炉体，每个炉体有一套功率调节部件和下送风系统（下送风系统主要是协助顶部排风，使主机内温度均衡，减少环境温度变化对设备精度的影响）。

3）散热系统：扩散炉顶部装有排风扇及水循环散热器。扩散炉通过排风、下送风系统，使空气在扩散炉流通，带走主机箱内热量。水循环散热器将热风冷却后排出主机箱，避免厂房内温度上升。

4）排毒箱：排毒箱安装在扩散炉主机箱与净化台之间，由4个独立的不锈钢箱体和4个独立的排风道组成。每个箱体对应一个炉管，侧面设有风量调节板，连接排风道。

5）工作台：工作台台面全部采用进口不锈钢加工制作而成，提供一个小型工作环境。

6）加热炉体系统：用优质高温加热丝绕制加热器，使用寿命长，加热温度均匀，采用隔离变压器，大电流低电压供电，长寿命可控硅触发控制加热。

7）推拉舟送料系统：采用进口步进电动机及驱动器做运动执行机构，在控制核心的控制之下，根据设定参数自动控制推拉舟进舟、出舟和速度变化（速度参数可通过触摸屏直接设定）。此项可根据用户要求设计安装。

（3）主要操作界面　该扩散设备的主要操作画面如图9-10～图9-22所示。

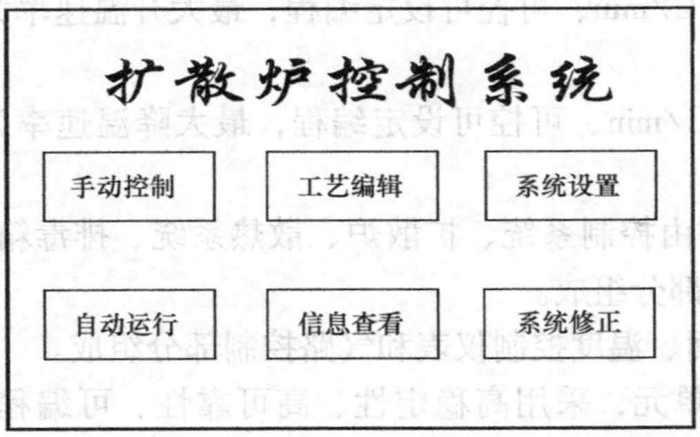

图9-10　扩散设备的控制系统主菜单画面

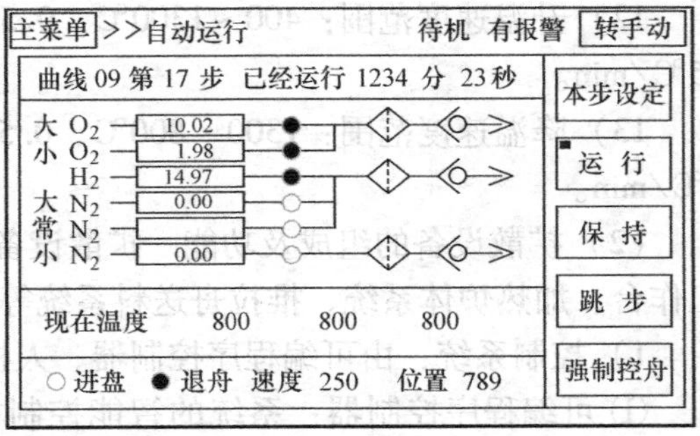

图9-11　自动运行控制画面

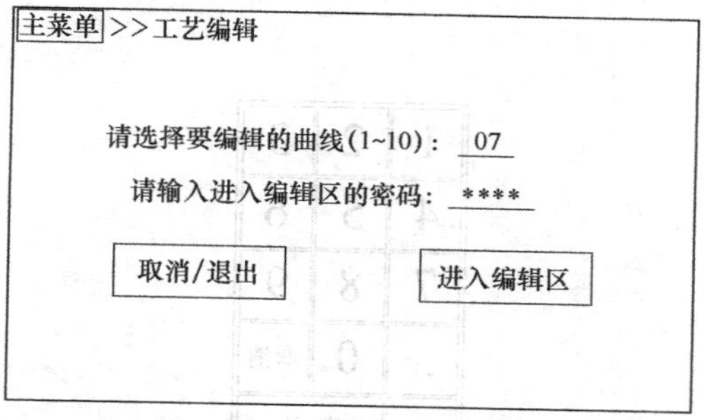

图 9-12 工艺曲线编辑进入画面——密码输入

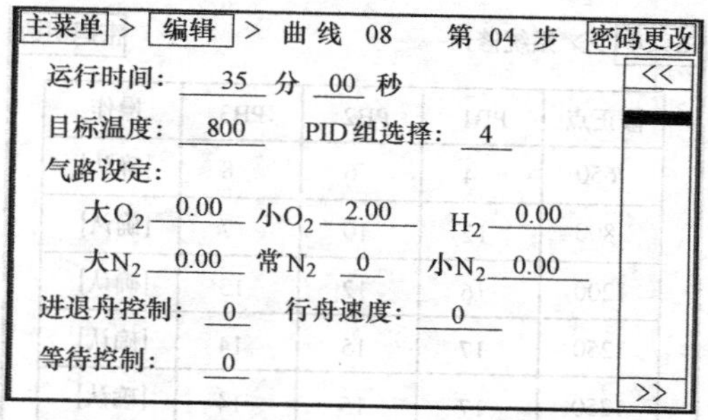

图 9-13 工艺曲线编辑画面——设定工艺参数

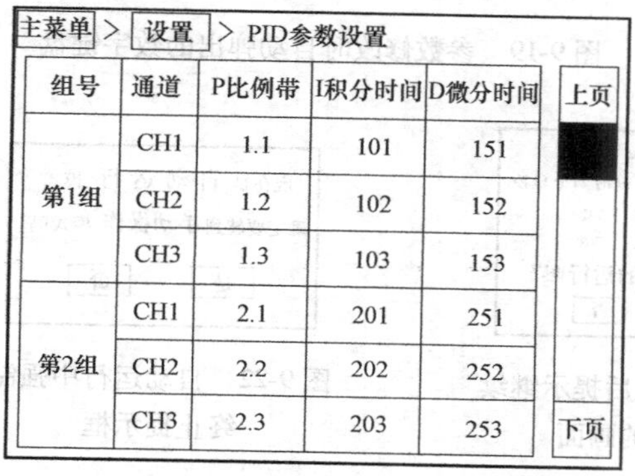

图 9-14 PID 参数设置画面

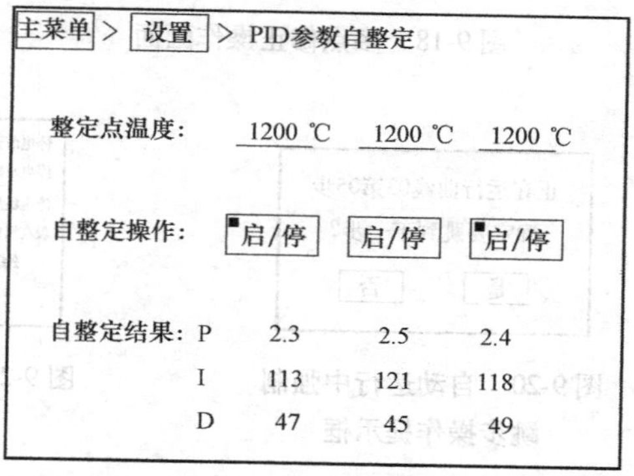

图 9-15 PID 参数自整定操作画面

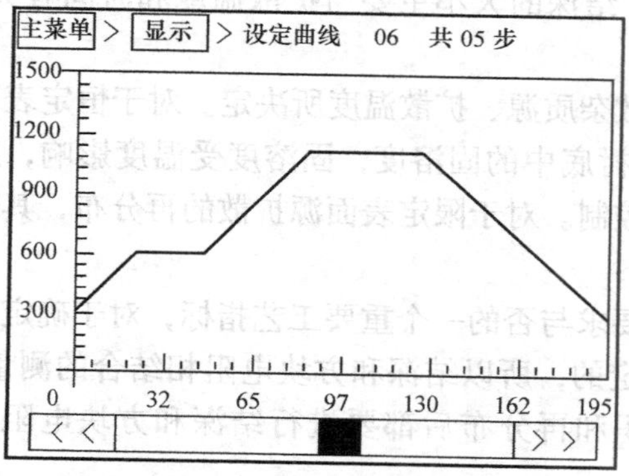

图 9-16 工艺温度设定曲线查看画面

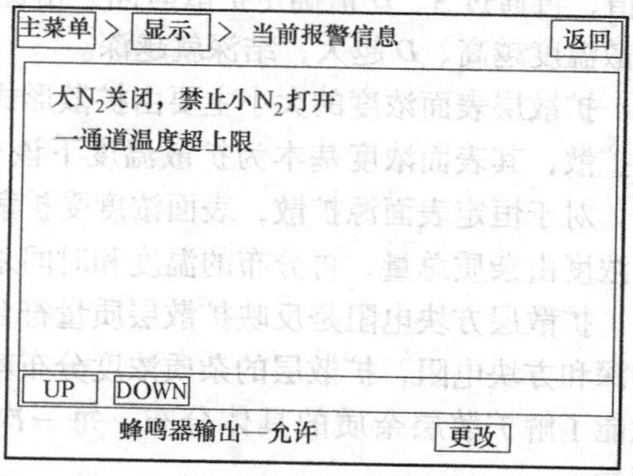

图 9-17 报警信息查看画面

2. 扩散工艺参数、控制及应用

(1) 工艺参数 掺杂时间、掺杂温度、杂质源流量是很重要的工艺控制参数。直接控制着扩散层质检参数如结深、扩散层方块电阻、表面杂质浓度 N_s 的大小。

结深是器件中很重要的几何参数之一，如双极型器件，基区扩散和发射区扩散两次结深之差就决定了晶体管的基区宽度，而基区宽度的大小直接影响电流放大倍数 β 和特征频率 f_T 等电参数的大小。结深和扩散系数 D、时间 t 之间满足扩散定律，即 $X_j = A\sqrt{Dt}$，其中 A 是表面杂质浓度和衬底浓度的比值（N_s/N_b）的函数，工程上，可以通过 N_s/N_b 的比值和温度

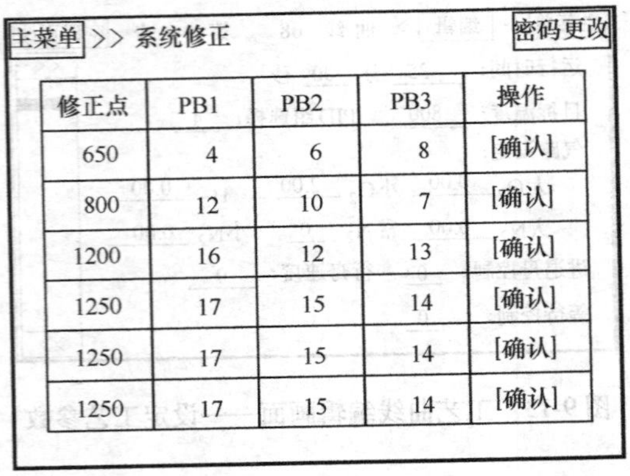

主菜单 >> 系统修正
密码更改
修正点 PB1 PB2 PB3 操作
650 4 6 8 [确认]
800 12 10 7 [确认]
1200 16 12 13 [确认]
1250 17 15 14 [确认]
1250 17 15 14 [确认]
1250 17 15 14 [确认]

图 9-18　多点修正操作画面

图 9-19　参数修改时自动弹出的数字键盘

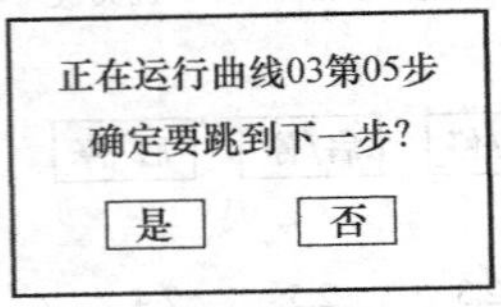

正在运行曲线03第05步
确定要跳到下一步?

图 9-20　自动运行中强制跳步操作提示框

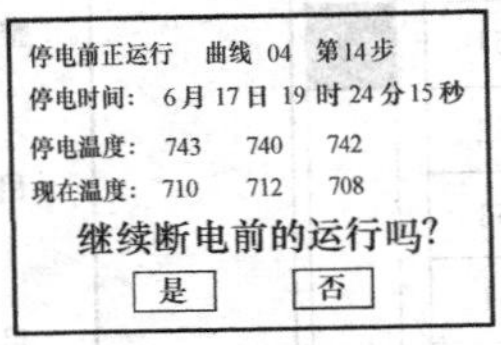

停电前正运行　曲线 04　第14步
停电时间：　6月17日 19时24分15秒
停电温度：　743　740　742
现在温度：　710　712　708
继续断电前的运行吗?
是
否

图 9-21　断电后提示继续运行时的画面

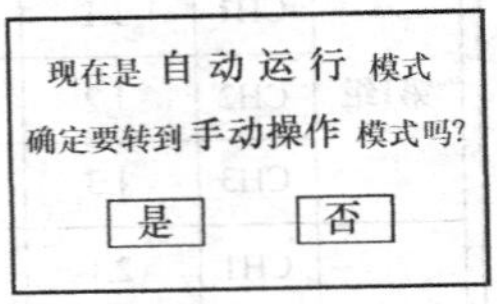

现在是 自动运行 模式
确定要转到 手动操作 模式吗?

图 9-22　自动运行中强制终止提示框

在工程图表中查出 A、D 的值，算出理论上的结深。然后通过二、三次实验确定更准确的 A、D 值，再通过 A、D 值确定扩散时间。由此看出，结深的大小主要与扩散温度和时间有关，扩散温度越高、D 越大，结深就越深。

扩散层表面浓度的大小主要由扩散形式、扩散杂质源、扩散温度所决定。对于恒定表面源扩散，其表面浓度基本为扩散温度下该杂质在衬底中的固溶度，固溶度受温度影响，所以，对于恒定表面源扩散，表面浓度受扩散温度控制。对于限定表面源扩散的再分布，其表面浓度由杂质总量、再分布的温度和时间来决定。

扩散层方块电阻是反映扩散层质量符合设计要求与否的一个重要工艺指标，对于确定的结深和方块电阻，扩散层的杂质浓度分布就是确定的，所以结深和方块电阻相结合的测量，就能了解扩散层杂质的具体分布。每一次预淀积和再分布后都要进行结深和方块电阻的测量。

表面杂质浓度 N_s 是半导体器件的一个重要结构参数，在半导体器件设计和制造分析问题时经常用到它，表面浓度的直接测量比较困难，一般通过放射性示踪或 C-V 测试技术，工程上常用查图求解法间接得到。

(2) 工艺控制及应用　扩散是最早用于掺杂的一种方法，随着 IC 规模的快速发展，集成度越来越高，扩散已不能适应超大规模、巨大规模集成电路浅结、小尺寸、准确的掺杂浓度的需要，但其设备便宜、工艺非常成熟，仍在许多方面应用，如在分立器件、光伏器件、中小规模集成电路中仍广泛应用。扩散炉不仅用于掺杂，而且可用于氧化、退火及合金等工艺的热加工工艺。扩散工艺按照作用可以分为掺杂、推阱、退火，不同工艺的作业炉管在配置上稍有不同。磷扩散掺杂的控制精度较低，它已经渐渐地退出了工艺制作的舞台。但是在一些要求不高的工艺步骤仍然在使用，如多晶硅掺杂，向多晶硅中掺入大量的磷杂质，使多晶硅具有金属导电特性，以形成MOS的“M”（Metal，金属），或作为电容器的一个极板，或形成多晶硅电阻（之所以不用离子注入主要是出于经济的原因），还有如N^+淀积磷掺杂以形成源漏结和扩散电阻。

1）磷掺杂。

①影响磷扩散的因素：

A. 炉管温度和源温：炉管温度会影响杂质在硅中的固溶度，从而影响掺杂电阻；PBr_3是挥发性较强的物质，温度的大小会影响源气的挥发量，使源气蒸气压发生变化，从而影响掺杂杂质总量，因此必须保证温度稳定。

B. 程序的编制：磷源流量设置的大小决定了淀积时间的长短，使推结的时间变化，从而影响了表面浓度和电阻。

C. 时间：一般不易偏差，取决于时钟的精确度。

D. 排风：排风不畅，会使掺杂气体不能及时排出，集中在炉管之内，使掺杂电阻难于控制。

② 磷扩散工艺控制：

A. 拉恒温区控制温度：定期拉恒温区以得到好的温度控制。

B. 电阻均匀性：电阻均匀性可以反映出温度或气体的变化以及时发现工艺和设备发生的问题，在进行换源、换炉管等备件的更换时，需及时进行该QC（质量检测）的验证工作，以确定炉管正常。

C. 清洗炉管及更换内衬管：由于在工艺过程中会有偏磷酸生成，在炉口温度较低处会凝结成液体，并堆积起来，会腐蚀炉管甚至流出炉管后腐蚀机器设备。

③常见问题及处理：

A. 推阱炉管均匀性及膜厚变化。

问题1：膜厚异常，但均匀性良好。

对策：首先，检查测量结果是否准确、仪器工作状态是否正常，然后：

- 检查气体流量、工艺温度是否正常。
- 检查炉管的气体接口是否正常。
- 如使用控制片，检查控制片是否用对。
- 和动力部门确认，操作时气体供应有无出现异常。
- 对于外点火的炉管，请检查点火装置的各处连接是否正常，然后进行TORCH点火实验。

问题2：部分晶圆或部分测试点膜厚正常，但整体均匀性差。对策：

- 如使用控制片，检查控制片。
- 检查炉门、排风是否正常。

B. 推阱时程序中断。对策：

- 检查炉管的作业记录，找出中断的真正原因。
- 根据作业记录中剩余时间的多少确定返工时间。
- 必须减去升降温的时间补偿。

C. 磷掺杂后，电阻均匀性变差。对策：

- 检查排风有无变化。
- 检查炉管的温度有无大的偏差。
- 检查源温有无大的波动。
- 检查 MFC 的流量有无波动。

2）推阱。由于 CMOS 电路是由 PMOSFET 和 NMOSFET 组成，因此需要在一种衬底上制造出另一种型号的衬底，才可以在一种型号的硅片上同时制造出 NMOS 管、PMOS 管。在形成阱的工艺中，因为阱具有较大的结深，所以一般用离子注入法来进行预淀积形成杂质总量，然后用扩散炉进行杂质推进，这一步叫推阱工艺，可以在硅片上制出 P 阱、N 阱。由于推阱一般需要有一定的结深，而杂质在高温下的扩散速率较大，因此推阱工艺往往需要在较高的温度（1150℃）下进行，以缩短工艺时间，提高硅片的产出率。

① 推阱工艺主要参数：结深、膜厚和表面浓度。结深比较关键，必须保证正确的温度和时间；注入能量和剂量一定后，生长氧化膜主要为光刻对位提供方便，同时会改变晶圆表面的杂质浓度，过厚或过薄均会影响 NMOS 管或 PMOS 管的开启电压；表面浓度主要受制于推阱程序的工艺过程，如高温的温度、工艺的时间、氧化和推结的前后顺序。

② 影响推阱的工艺参数：

A. 温度：易变因素，决定了扩散系数的大小，对工艺的影响最大。

B. 时间：一般不易偏差，取决于时钟的精确度。

C. 程序的设置：先氧化后推阱与先推阱后氧化得出的表面浓度是不同的，因此阱电阻就会有很大的差别。

D. 排风与气体流量：排风对炉管的片间均匀性，尤其是炉口有较大的影响。气体流量的改变会影响氧化膜厚，从而使表面浓度产生变化，直接影响器件的电参数。

③ 推阱工艺控制：阱电阻用来监控推阱后 N（或 P）阱电阻的大小，阱电阻的大小会对制作在 N（或 P）阱里的场效应晶体管的栅极开启电压及击穿电压造成直接影响；但电阻控制片的制作由于有一定的制作流程，因此电阻有时会受制备工艺的影响。

（3）设备维护及工艺维护

1）定期拉恒温区以得到好的温度控制。

2）BT（可动离子）测量：BT 项目可以检测到可动离子数目，及时掌握炉管的沾污情况，防止炉管受到可动电荷粘污，使大批晶圆受损。

3）片内均匀性：保证硅片中每个芯片的重复性良好。

4）片间均匀性：保证每个硅片的重复性良好。

5）定期清洗炉管：清洗炉管，可以减少重金属离子、碱金属离子的沾污，同时也能减少颗粒，保证氧化层质量。

6）定期检测系统颗粒。

9.2.4　常用扩散杂质源

扩散用的杂质源按其在常温常压下的形态可分为三类：液态、气态、固态。扩散时杂质源要被汽化然后用惰性气体携带送入炉管中。

1. 液态源

硼源多采用溴化硼（BBr_3），磷源多采用氯氧化磷（$POCl_3$），液态源储存在控温长颈石英瓶中。液态源扩散是采用惰性气体（氮气、氩气）携带加热汽化后的杂质源气通入扩散炉，同时，反应气体（氧气）也送入扩散炉中，高温反应形成氧化物淀积在衬底表面，进而使杂质扩散进入晶圆深处。

$$4BBr_3 + 3O_2 \rightarrow 2B_2O_3 + 6Br_2 \uparrow$$

$$4POCl_3 + 3O_2 \rightarrow 2P_2O_5 + 6Cl_2 \uparrow$$

如用三氯氧磷作开管液态扩散源，反应气体为氧氮混合气体，氧促使三氯氧磷分解为五氧化二磷，源温 0～40℃，表面浓度可达 5×10^{21} 个原子/cm^3；用三氧化二磷和氧化钙作磷钙玻璃源进行箱法扩散，扩散温度下杂质源处于液态，氧化钙占 20% 左右时，其玻璃体熔点约为 800℃，扩散在干氧中进行，表面浓度可达 $10^{16}\sim10^{21}$ 个原子/cm^3。

2. 气态源

气态源一般是杂质原子的氢化物。砷源多用三氢化砷（AsH_3），硼源多用乙硼烷（B_2H_6）。这些气体在加压的容器中混合稀释到不同的浓度后直接送入气体管路，接入扩散炉中。其优点是压力阀可精确控制气体流量，洁净度高，并因为比液态源使用时间长而被运用于大直径晶圆的扩散，其缺点是气体管路中易生成二氧化硅污染炉管与晶圆。

3. 固态源

固态源有三种：氧化物粉末、杂质块和粉末状氧化物与溶剂的混合物。目前应用较多的是气态源和液态源，固态源不常用。

1）硼扩散。固态硼扩散源的常用方法有：三氧化二硼在甲醇或无水乙醇中的饱和溶液做涂层扩散，或将三氧化二硼溶在乙二醇甲醚中形成饱和溶液，涂在硅片表面，在 1250℃下，在空气中进行扩散，扩散后抛入氢氟酸中分开硅片，扩散的表面浓度可达 2×10^{21} 原子/cm^3；将重掺杂硼的硅单晶（或多晶）打碎磨成细粉进行闭管扩散，扩散的表面浓度由掺硼单晶硅的电阻率来控制，扩散表面浓度可达 $2.0\times10^{17}\sim7\times10^{20}$ 个原子/cm^3；用纯三氧化二硼作为箱法扩散源，三氧化二硼在扩散温度下，蒸气压高，在硅表面易生成难去除的有色薄层或斑点，使器件的击穿电压降低，需加入一定量的高纯二氧化硅粉对蒸气压做适当的控制与调节，混合物源需现用现配，否则扩散层表面浓度会下降，表面浓度可达 $10^{20}\sim10^{21}$ 个原子/cm^3。

2）铝扩散。常用真空闭管扩散法进行铝扩散，如图 9-23 所示。扩散温度下，高纯度铝易与石英起反应，致使石英管内的铝蒸气压降低，表面浓度仅为 $10^{16}\sim10^{17}$ 个原子/cm^3，远低于铝在硅中的最大固溶度，因此考虑将铝源放在高纯度三氧化二铝中进行闭管扩散，表面浓度可达 10^{19} 个原子/cm^3，为防止石英管在高温下塌陷，可选择采用三套管法或在石英管中加焊石英条，如图 9-24 所示。

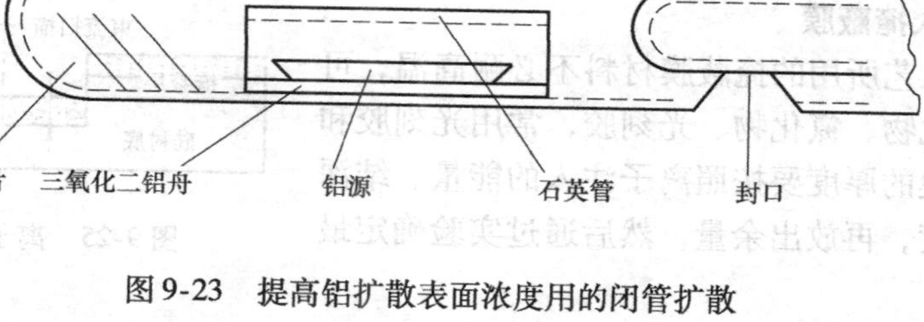

图 9-23 提高铝扩散表面浓度用的闭管扩散

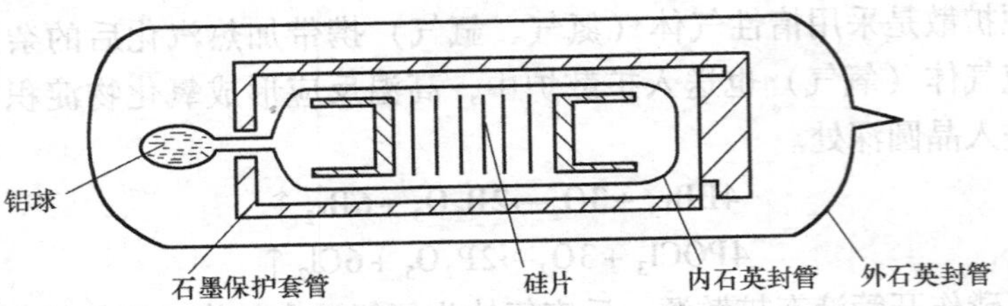

图 9-24　三套管闭管扩散

3）磷扩散。磷是半导体工艺中很重要的一种N型杂质，其扩散方法有：用五氧化二磷作为开管扩散的扩散源，载运气体为氮气，扩散装片时需加热脱水（否则易因吸水而导致表面浓度下降），直至炉壁上所出现的沉淀物消失，源温在215～300℃时，表面浓度达到10^{21}个原子/cm^3。

9.3　离子注入

离子注入掺杂技术是现代先进的掺杂技术，而且已是比较成熟的工艺。在超高速、微波和中大规模集成电路制备中，器件的结深和基区的宽度，都小到只有零点几微米，杂质浓度分布也有更高的要求（有的甚至要求杂质浓度很低），这靠普通的扩散工艺是难以达到的。而离子注入工艺恰好能弥补扩散工艺的不足，制造出理想的PN结来。

离子注入掺杂技术的掺杂源种类多，可以灵活地选择掺杂源，掺杂浓度范围大，并且掺杂剂量和空间定位具有准确性，使得离子注入技术成为掺杂技术的主流。现代的集成电路制造要求几十道的离子注入工艺，从轻掺杂到重掺杂，离子注入都能准确控制。离子注入掺杂技术由离子注入机完成。

9.3.1　离子注入原理

离子注入是将被掺杂的杂质原子或分子进行离子化，经磁场选择和电场加速到一定的能量，形成一定电流密度的离子束流后被直接打进（扫描注入）半导体晶圆内部去。具有一定动能的离子射进硅片内部后，由于硅片内原子核和电子的不规则作用，以及和硅原子多次的碰撞，而使得注入的离子能量逐渐受到消耗，离子注入速度减慢，在硅片内部移动到一定的距离就停止在硅片内某一位置上，形成PN结。如果把离子注入机比作步枪，把被注入杂质离子比作子弹，那么，离子注入就好像用步枪打靶子一样，将离子强迫打进硅片中去，即实现了离子注入，如图9-25所示。

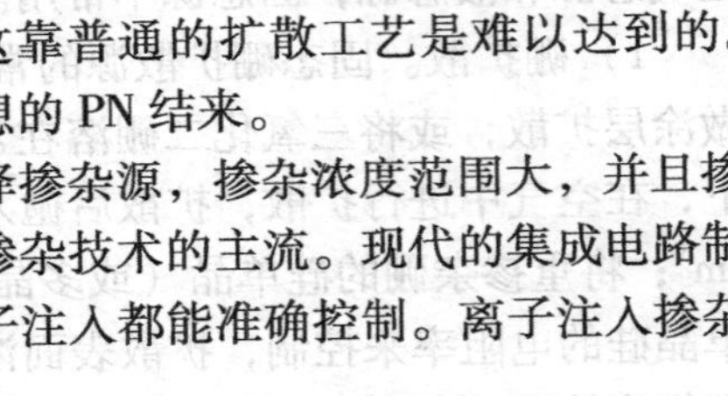

图 9-25　离子注入原理图

1. 离子注入掩蔽膜

离子注入工艺所用的掩蔽膜材料不必耐高温，可以是金属、氧化物、氮化物、光刻胶，常用光刻胶和氧化硅。掩蔽膜的厚度要按照离子注入的能量、结深计算出最小厚度，再放出余量，然后通过实验确定最佳厚度。

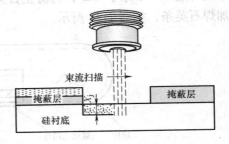

2. 杂质离子种类

现在离子注入使用的受主杂质主要是硼，杂质源通常为 BF_3（三氟化硼），注入机要将杂质源离子化后，一般以 B^+ 或 BF_2^+ 离子的形式注入衬底中。主要使用的施主杂质是磷、砷，杂质源通常分别为 PH_3（三氢化磷）和 AsH_3（三氢化砷），经离子源离子化后一般以 P^+、As^+ 的形式注入衬底中。在高能离子注入机和中束流离子注入机中的某些高能应用采用多电荷离子，如 P^{2+}、P^{3+}、As^{2+}、B^{2+} 等。随着器件缩小，为了防止掺杂离子扩散，近来也使用 In（铟）、Sb（锑）注入，杂质源为 $InCl_3$（三氯化铟）和 Sb_2O_3（三氧化二锑），In 主要用于 Halo/Pocket 注入，以降低掺杂浓度和减小阈值电压。离子种类不仅会影响衬底的电特性，还会由于粒子的大小及质量不同，影响注入深度。

3. 杂质浓度分布

用离子注入法在硅片内部形成的杂质分布与用扩散法形成的杂质分布有很大的不同，用扩散法获得的杂质分布通常为余误差函数分布或高斯分布，而用离子注入法获得的杂质分布，其浓度最大值并不在硅片表面，而是在深入到硅体内一段距离的地方。这段距离的大小与注入离子能量的大小有关，在一般情况下，杂质浓度的最大值在离开表面约 100nm 处。离子注入法之所以会形成如此形式的杂质分布，是由于杂质离子被电场加速注入硅片以后，受硅原子的阻挡被耗尽了动能，才停留在硅体内。实际上，杂质离子的动能是按一定几率分布的，各个杂质离子的动能各不相同，能量大的离子或能量小的离子都是少数，而能量居中的离子占多数，这些离子将在硅体内形成高斯分布。

在有掩蔽介质存在的情况下，离子注入的杂质分布近似扩散再分布以后的高斯分布，其近似程度取决于掩蔽介质膜的厚度及注入离子能量的大小。

9.3.2 离子注入的重要参数

1. 剂量与束流密度

剂量为单位面积上所注入的杂质离子个数，通常用离子个数/cm^2 表示，典型的注入剂量在 10^{11} ~ 10^{16} 数量级之间。剂量是衡量注入的杂质浓度的一个参数。

束流大小（束流密度）是注入时，离子束的电流密度，是单位时间内硅片上所接受的电荷数，通常用 mA 或 A 表示。注入剂量 D、束流大小 I 以及注入时间 t 的关系可用以下方程表示：

$$D = \frac{It}{Aeq}$$

式中，A 为注入面积；q 为离子的价数；e 为一个电荷电量。

由此看出，在同样的硅片面积下，注入的束流大小和注入时间直接决定剂量的大小，束流越大、注入时间越长，达到的剂量越大。所以，控制束流大小和注入时间是达到期望的剂量的关键工艺控制参数。同时要达到注入的均匀性，离子注入过程就要进行实时剂量监控，一般用法拉第杯传感器测量离子束的电流来监控剂量（又叫束流测量器）。控制束流大小及稳定性、扫描稳定性、注入角度的控制是实现理想杂质分布的主要因素。

2. 射程与注入能量

离子注入晶圆中，由于多次的碰撞而使得动能消耗，而在晶圆某一位置上停了下来，这时离子运动的方向就会偏离其起始方向，因此离子注入的实际路程是曲线。离子注入的射程定义为离子实际路程在晶圆法线方向上的投影。射程又称作注入深度，它和扩散中的结深对应。

注入能量是注入离子在打入硅片前所达到的能量。一般注入机会对注入的离子进行两次加速，使注入的离子能量达到期望的值。注入能量取决于加速电极之间的电势差，直接决定离子的射程。加速的电势差越大，注入离子的能量越大，注入深度越深。

3. 注入角度

离子注入是靠高的动能将离子打入的，这就会产生一些问题，比如沟道效应、晶体缺陷、颗粒污染等，这是不希望出现的。

（1）沟道效应　单晶硅原子的排列是长程有序的，当杂质离子穿过晶格间隙的通道注入而不与电子和原子核发生碰撞（能量损失少）而减速时，杂质离子将进入硅中很深的地方，大大超过了预期的射程，即超过了设计的结深，这就叫发生了沟道效应，如图9-26中的A离子路径。沟道效应对于浅结注入影响非常严重。沟道有轴向沟道和面向沟道。

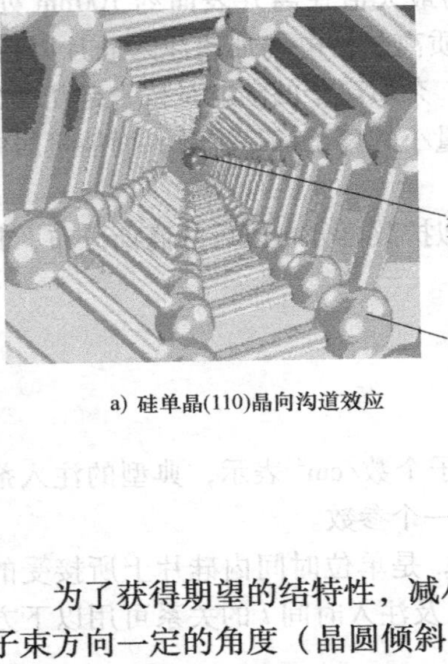

a) 硅单晶(110)晶向沟道效应

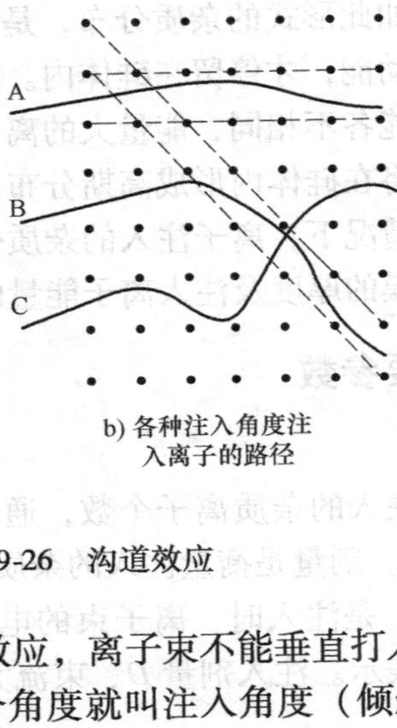

b) 各种注入角度注入离子的路径

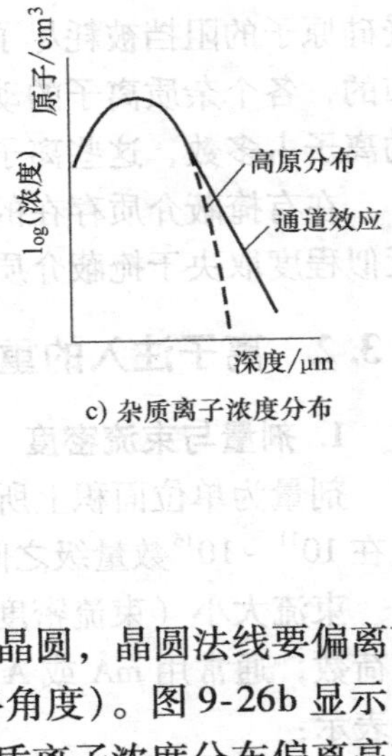

c) 杂质离子浓度分布

图9-26　沟道效应

为了获得期望的结特性，减小沟道效应，离子束不能垂直打入晶圆，晶圆法线要偏离离子束方向一定的角度（晶圆倾斜），这个角度就叫注入角度（倾斜角度）。图9-26b显示了各种注入角度注入离子的路径。图9-26c显示了因为沟道效应使杂质离子浓度分布偏离高斯分布。

注入角度是决定掺杂离子表面分布、掺杂均匀性的关键参数，这主要是因为沟道效应和注入阴影的原因。

有三种常用的方法可以控制沟道效应：倾斜晶圆、掩蔽氧化层、硅预非晶化，如图9-27所示。

1）倾斜晶圆：（100）晶向的硅片注入角度常偏离7°，能够获得对注入射程很好的控制。超浅结注入（小于1keV）采用倾斜角度几乎不能控制沟道效应。注入过程必须经常旋转晶圆，有助于减小沟道效应。（110）晶向的晶圆，倾斜硅片15°~35°比较有效。

2）掩蔽氧化层：注入之前在硅片上生长一层薄的氧化层（10~40nm），这层氧化层是非晶化的，当离子注入后和二氧化硅原子碰撞使离子方向变的随机，因此可以减小沟道效

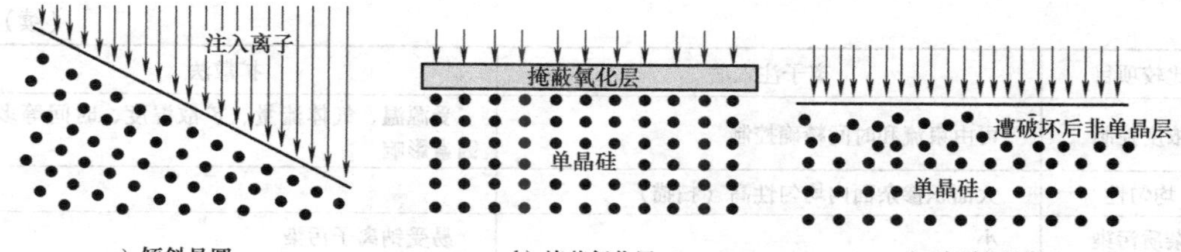

a) 倾斜晶圆 b) 掩蔽氧化层 c) 硅预非晶化

图9-27 抑制沟道效应的方法

应。但有研究表明，这层氧化层可能影响注入的均匀性。影响掩蔽氧化层控制沟道效应能力的因素主要有注入能量、杂质种类、氧化层厚度和离子束方向。

3）硅预非晶化：在注入之前，用一种方法损坏硅表面一薄层的单晶结构，使硅表面呈非单晶态，这就叫预非晶化。通常用注入惰性气体离子，在衬底表面形成一层非晶层。这样随后注入的离子先到达非晶层，有效地减小沟道效应，这种方法对低能量注入非常有效。

（2）注入阴影 前面讲到通过旋转硅片或倾斜硅片可以减小沟道效应，但同时带来一个问题，即注入阴影。当硅片倾斜后，离子束将不垂直于硅片，这样离子束打向硅片表面的光刻胶时，光刻胶沿离子束方向在硅片表面投影产生一个阴影，这个阴影将不能注入离子。这就叫注入阴影，它将影响注入的均匀性和质量，如图9-28所示。注入阴影与光刻胶高度成正比，某些关键尺寸（沟道长度）异常就是因为这个原因造成的。

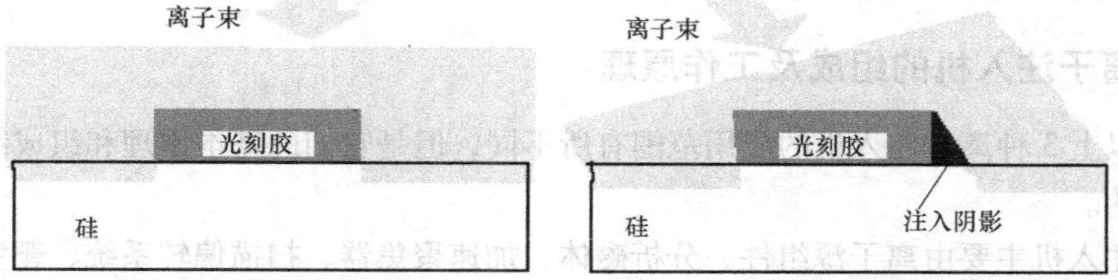

a) 硅片和离子束无夹角的注入 b) 离子束和硅片有夹角的注入

图9-28 硅片倾斜时的注入阴影

9.3.3 离子注入掺杂工艺与扩散掺杂工艺的比较

离子注入工艺相对扩散工艺具有许多优点，见表9-1。

表9-1 离子注入掺杂工艺与扩散掺杂工艺的比较

比较项目	离子注入法	扩散法
温度	低温工艺，小于125℃也可进行	高温（800~1200℃）
掩蔽层	金属、光刻胶、二氧化硅、氮化硅	耐高温材料，一般为二氧化硅
可用掺杂源	各种掺杂源均可	要考虑许多因素，一般采用硼、磷、砷、锑
结特性	能制作浅结、超浅结（小于125nm），结深易控制，适于突变结	适于制作深结（几微米到几十微米）、缓变结
掺杂浓度	杂质纯度高、注入浓度范围广	受杂质固溶度影响

（续）

比较项目	离子注入法	扩散法
浓度控制	可由束流和时间精确控制	受源温、气体流量、扩散温度、时间等多种因素影响
均匀性	大面积掺杂面内均匀性高（扫描）	
杂质污染	小	易受钠离子污染
横向扩散	很小，几乎没有	有横向扩散
晶体损伤	大	小

9.4 离子注入机

离子注入机按照使用工艺的不同，并根据应用领域、注入剂量和能量的范围不同，传统上分为高能量（High Energy）、大束流（High Current）、中束流（Medium Current）等3种。

1）高能量注入机所得到的离子束具有较高能量。一般单价离子在通过特殊加速处理后，其能量可以达到500keV~1.2MeV，但掺杂浓度较低，主要用于较深的硅衬底深阱掺杂。

2）大束流注入机能获得较大的离子束电流，其掺杂浓度较大，但是深度较浅，主要用于器件中的源漏极掺杂和LDD（Lightly Deeped Drain）掺杂。

3）中束流注入机则能获得中等能量和电流的离子束，被广泛用于除深阱掺杂和源漏掺杂以外几乎所有的离子掺杂工艺。

9.4.1 离子注入机的组成及工作原理

虽然以上3种离子注入机的应用范围有所不同，但是它们的基本原理和组成结构大体上还是相同的。

离子注入机主要由离子源组件、分析磁体、加速聚焦器、扫描偏转系统、靶室及终端台和真空系统7大部分组成，如图9-29所示。

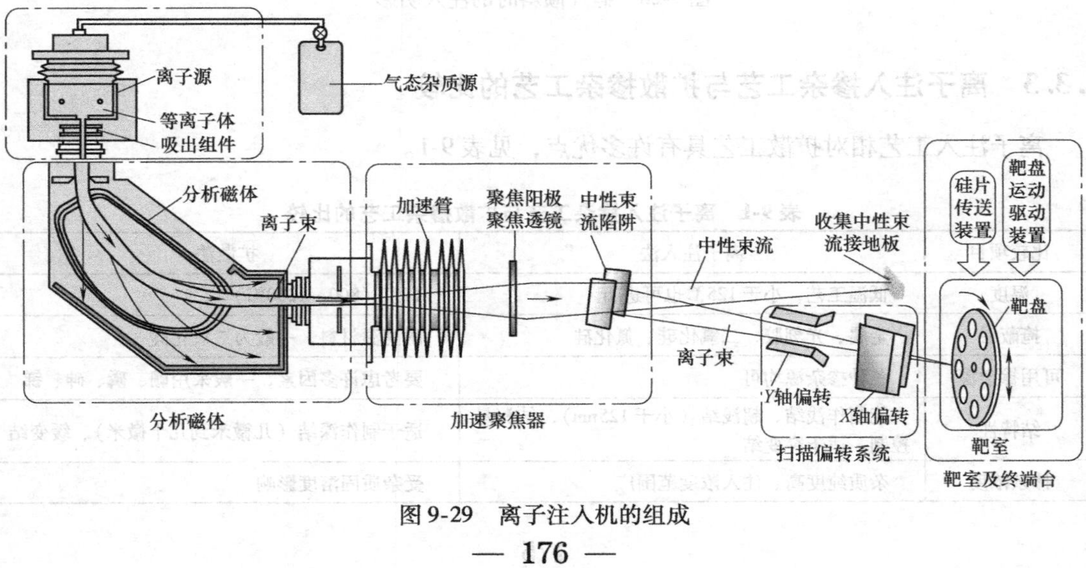

图9-29 离子注入机的组成

9.4.1.1 离子源组件

杂质源要成为气体才能送进离子源，把杂质源变为气体一般用蒸发器。

离子源是离子注入的心脏，离子源的目的是把要注入的杂质原子电离成为离子，形成注入离子束，并输出具有一定动能（速度）的正离子束。所谓电离就是打掉原子外围的一个或几个电子，使原子成为带一个或几个正电荷的离子，这样的离子才能在电场中被加速。为此，杂质源要具有图9-30中的4个作用才能达到预期的目的。

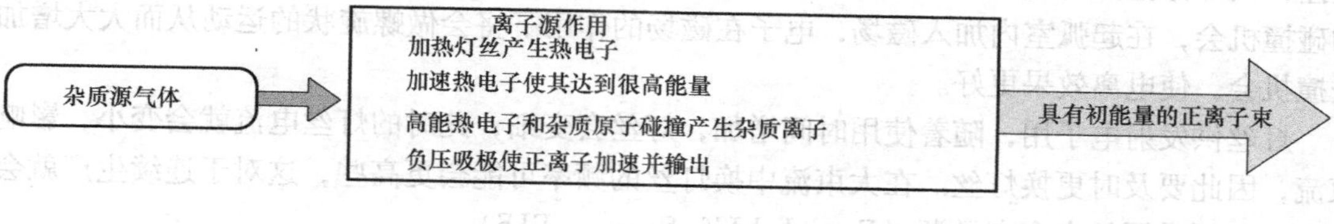

图9-30 离子源作用

1. 离子源

离子源主要由电弧反应室、负压吸极、高频振荡线圈和辅助磁场等组成。电弧反应室是用钼材料制成的腔体，内有灯丝、吸极、反射板（电子反射器），其盖板上的狭缝供束流通过，反应室处在磁场中。电弧反应室结构及原理如图9-31所示。

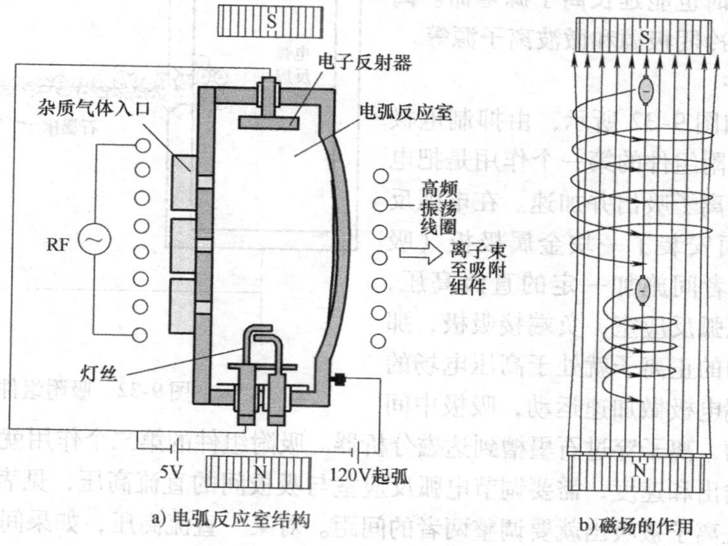

图9-31 电弧反应室结构及原理

电弧反应室的作用就是产生离子。由连接杂质气瓶的气管将掺杂气体导入离子源中的电弧反应室。在反应室一端的灯丝通入电流加热（如图9-31a中的5V）并激发出热电子，这些热电子在电场（在反应室和灯丝之间的正电压电场，如图9-31a中的120V）和磁场（电弧反应室外的可调电磁铁）的共同作用下做高速螺旋运动（以增加自由电子的射程），从而获得足够使杂质原子发生激发和电离的能量。当这些高能电子和中性杂质原子发生碰撞时，会把杂质原子的外层电子打出来，使杂质原子变成离子。这一过程连续不断，就会有大量的杂质离子产生。

离子源磁铁是两块电磁铁，它是两个带铁心的线圈，位于离子源腔的上下两端。离子源磁铁的准确位置就是要保证磁力线能穿过起弧室，其作用是增加电离并稳定等离子体。离子源电弧反应室中的阴极本是向四周无规则地发射电子，如果加上起弧电压电子就会向离电弧反应室最近的壁做定向运动，在运动过程中碰撞气体分子而产生离子。但这里面有一个问题，电子的运动轨迹是一条最短的直线，也就是说仅能在电子直线运动的范围内与气体分子碰撞，大部分范围内气体分子将没有机会被碰撞，影响电离效果。为了增加电子与气体分子的碰撞机会，在起弧室内加入磁场，电子在磁场的作用下将会做螺旋状的运动从而大大增加碰撞机会，使电离效果更好。

灯丝供发射电子用，随着使用时间增加，灯丝会变细，此时的灯丝电流就会变小，影响束流，因此要及时更换灯丝。在大束流中换灯丝的频率可能会更高些，这对于连续生产就会有影响，可采用长寿命离子源（Extended Life Source，ELS）。

电子反射器是为了增加电子与气体分子碰撞的机会，使气体分子充分电离，产生更多的离子。一般通过调整起弧电流，可以调整束流的大小，增加起弧电流就会使电离所需的电子增加，就能产生更多的离子，电离效果更好。

RF源的作用是在磁场中激活气体分子，能够在较低的等离子温度下产生更高的离子束电流密度，同时也能延长离子源寿命。离子源的设计还有冷阴极源和微波离子源等。

2. 吸附组件

吸附组件如图9-32所示，由抑制电极和吸极组成。吸附组件的第一个作用是把电弧反应室内的正离子吸出并加速。在电弧反应室盖板的前面安装了一块金属极板（吸极），并在这两者间施加一定的直流高压，高压的正端接电弧反应室，负端接吸极，那么电弧反应室内的正离子就处于高压电场的作用下而向负端电极做加速运动，吸极中间装有一块石墨槽，离子穿过石墨槽到达磁分析器。吸附组件的第二个作用就是聚焦。为了满足不同的能量输出和速度，需要调节电弧反应室与吸极间的直流高压，见表9-2。对不同的电压，为了保证离子被吸出就要调整两者的间距。对某一直流高压，如果间距大，电场力就小，吸引离子的能力就降低，离子从起弧室出来就呈发散状，使穿过吸极的离子量减少。如果将间距调小，电场力加大，吸引离子的能力就增加，离子从起弧室出来就集成一束，使穿过吸极的离子量增加，这就是吸极的聚焦作用。但是，并不是两者的间距越小越好，如果间距太小将造成高压放电，另外间距太小将使焦点后移，从吸极出来的束流将会发散，所以间距应调整到使焦点正好在高压吸极处。吸极的第三个作用就是使离子束中性化。离子束中含有大量的正离子，这些正离子间也存在作用力，它们要互相排斥，体现在离子束的形状上，它是随着束流长度的增加而越加发散，显然束流发散对离子注入将产生不利影响。为了克服束流发散，在束流中要掺入适量的电子，使离子束整个成中性，那么这些电子从哪里来？当

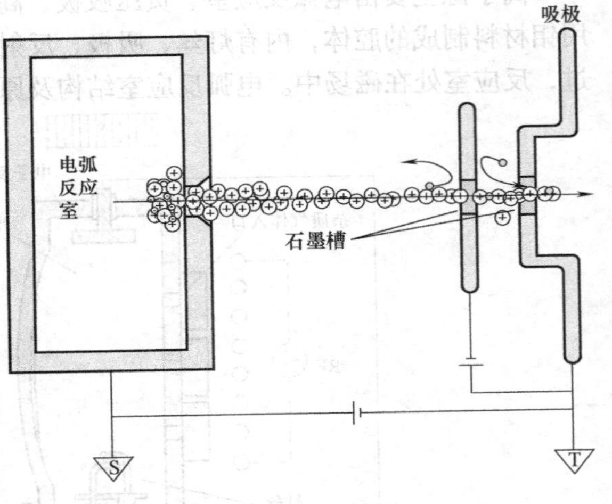

图9-32 吸附组件

离子束穿过高压吸极的狭缝时，它会撞击狭缝四周的石墨件而产生二次电子，这些电子就充入到束流中，充当了中和离子的角色。

表 9-2 离子速率与吸极电压

离子	吸极电压/kV	离子相对速率/mile/h
$11B^+$	200	4×10^6
$75As^+$	200	1.6×10^6
$11B^+$	40	1.79×10^6
$75As^+$	40	0.6×10^6

注：1mile/h = 0.44704m/s。

目前广泛使用的离子源主要有 Bernas 和 IHC 两种，它们的工作原理大体相同。Bernas 离子源的灯丝在电弧反应室内并暴露在等离子体中，而 IHC 离子源则多一个偏置电源以吸引灯丝热电子轰击阴极，是一种非直接加热方式。因为 IHC 离子源经过二次轰击后能够得到更多的电子，所以很大程度上提高了灯丝产生热电子的效率，也延长了离子源的使用寿命，IHC 离子源原理图如图 9-33 所示。

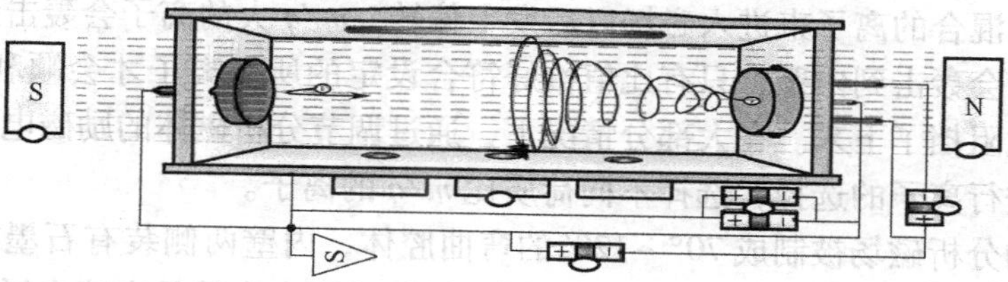

图 9-33 IHC 离子源原理图

9.4.1.2 分析磁体

离子源中产生的离子通常不是单独一种离子，而是多种离子，图 9-34 所示就是硼源 BF_3（三氟化硼）分子被电离后产生的主要阳离子，但所需要的只是一种杂质离子。因此，必须采用分析磁体对离子束进行质量分离，选出所需的单一离子。在分析磁体中，离子束流在与磁场垂直的平面内以恒定速度在真空中运动。由电磁学原理可知，此时带电粒子受洛仑兹力的影响做匀速圆周运动。对于不同质量的离子，其匀速圆周运动的半径是完全不同的。分析磁体就是根据不同离子其运动半径不同的原理，将不同的离子一一分离开来，把不需要的杂质离子滤除掉，只把所需要的一种杂质离子挑选出来送进加速器进行加速。分析磁体如图 9-35 所示。

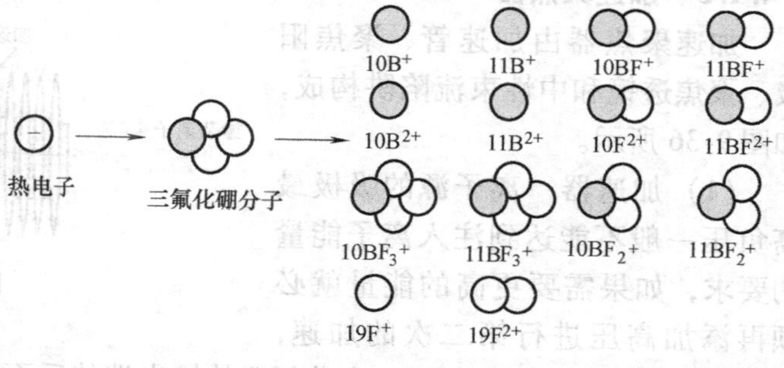

图 9-34 BF_3（三氟化硼）分子被电离后产生的主要阳离子

分析磁体是离子注入机中对离子筛选的主要部件，主要由一段弧形的真空腔体和上下一对磁铁组成。当带电离子被吸极电场加速后会获得一定的能量 E：

$$E = qU = \frac{1}{2}mv^2$$

式中，q 为离子的电荷量；U 为吸极电场的电压；m 代表离子质量；v 代表离子速度。

当带电离子在磁场中运动且运动方向和磁场方向垂直时，带电离子将受洛仑兹力的影响做圆周运动，即

$$qvB = \frac{mv^2}{R}$$

由此可得 $BR = \sqrt{\frac{2mU}{q}}$

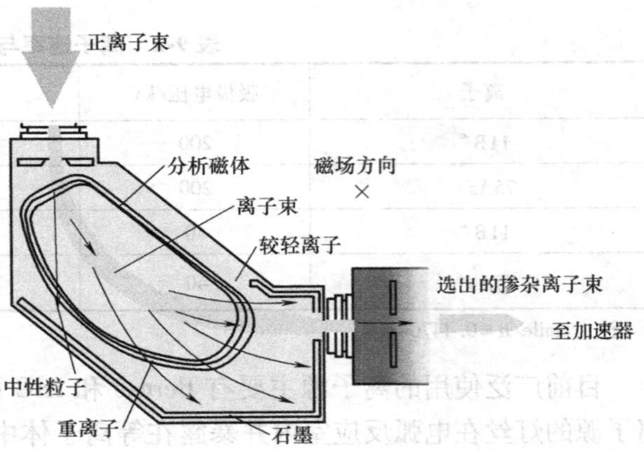

图 9-35　分析磁体

式中，B 代表磁场强度；R 为圆周运动的半径，也就是分析磁体的曲率半径。对于不同的离子，将各参数代入上面的公式中，会得到不同的曲率半径 R。离子注入机的分析磁体的曲率半径 R 一般是固定的，只有满足上式的离子方能进入可变狭缝，选择出要注入的杂质离子。混合的离子束进入磁场以后发生偏转，m/q 大的离子会轰击到分析磁场的外壁，而小的离子会轰击到内壁，只有比值恰好符合设定的所需离子才会顺利通过这一区域，而非所需离子被阻挡了下来。在大部分情况下，通过调节分析磁体的励磁电流而改变磁场强度的办法，来进行离子的选择，选择不同荷质比 m/q 的离子。

最为常见的分析磁场被制成70°~120°的弯曲腔体，内壁两侧装有石墨挡板。在与离子路径垂直的方向上下各有一个通电磁铁，分析磁场的强度大小就是由这个通电磁铁的电流来调节设定的。某些机型还会分别设计质量分析和能量分析两个分析磁场，以提高工艺的纯度和精度。为了避免相邻质量元素、同位素以及多价离子（团）的影响，分析磁体的端口缝隙被设计为可调节，以满足不同程度的需要。

9.4.1.3　加速聚焦器

加速聚焦器由加速管、聚焦阳极、聚焦透镜和中性束流陷阱构成，如图 9-36 所示。

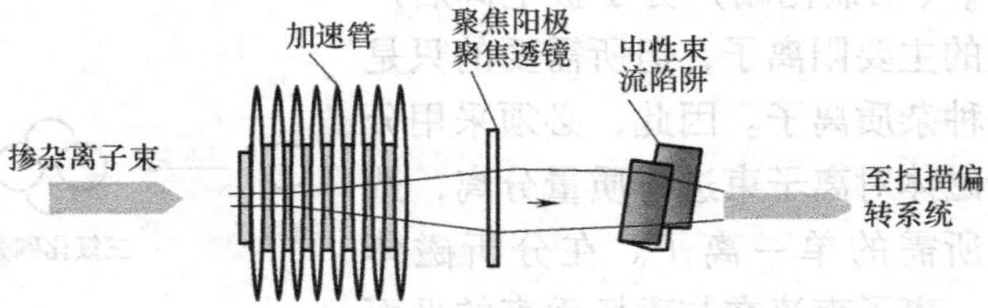

图 9-36　加速聚焦器

（1）加速器　离子源的吸极最高负压一般不能达到注入离子能量的要求，如果需要更高的能量就必须再添加高压进行第二次的加速，完成此功能的就是后加速器。在分析磁体输出端的后面再设一个电极（高压吸极），在两者间加上一定的高压，高压的正端接分析磁体，负端接电极，那么分析磁体输出端的离子在高压电场的作用下做进一步的加速，这就是加速器的作用。

加速器是一种线性设计，由一系列被介质隔离的电极组成，室内真空，如图 9-37 所示。电极间总的电位差将叠加在一起，总电压越高，离子的能量和速度越大。

例如：注入 B 离子，如果加速器加速电压为 300kV 直流高压，离子源吸极电压最高电

压是40kV高压，则注入离子能量就可达到340keV。

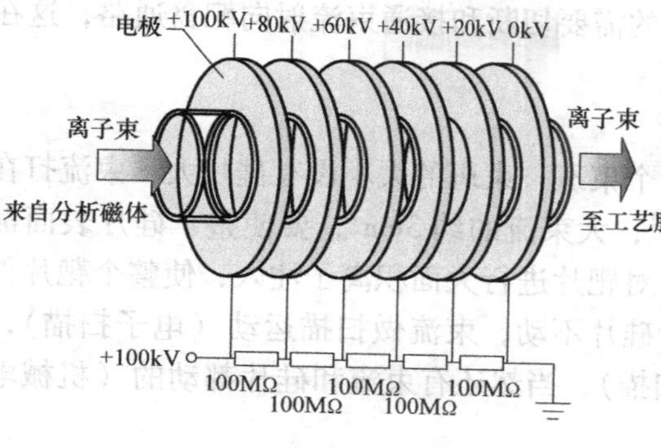

a) 加速器原理图

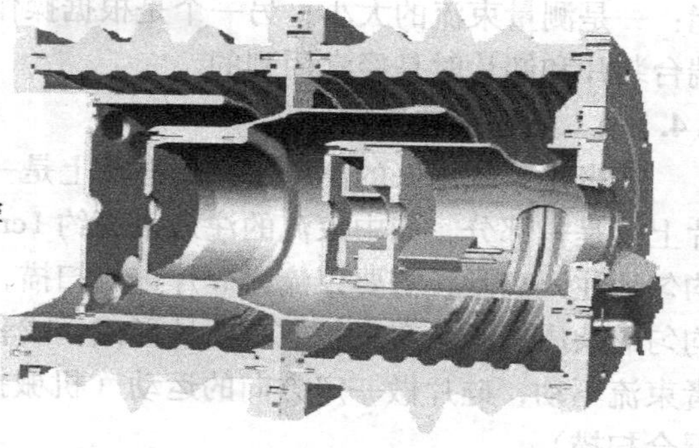

b) 加速器实物图

图9-37 加速器

（2）聚焦透镜 在分析磁体与后加速高压吸极间，安装了绝缘环以及其他机械结构从而使分析磁体与后加速高压吸极间的距离被拉长了，束流在这一段过程中由于束流中正离子的相互排斥而使束流发散，为此要对束流聚焦，同时使离子束中性化。常用电磁聚焦透镜加以聚焦，用束流中性化电子浴发生器来中和束流电性。

电磁聚焦透镜是由两块电磁铁组成，两块电磁铁的线圈相互串联，两块电磁铁的中间夹有一个长孔石墨块，束流就穿过这个石墨块而到达后加速高压吸极。电磁聚焦透镜安装在绝缘环上，在分析磁体与后加速高压吸极间。其聚焦原理是：带正电粒子进入磁场后受洛伦兹力的作用会向一个方向偏转，如果改变磁场方向它又会向另一个方向偏转，如果将一组磁场方向相反的两块磁铁组合在一起，那么处于不同磁场中的带电粒子会向同一个方向相向而行，从而被压缩在两个磁场的中间。电磁透镜正是运用了这样的道理实现了束流的聚焦，如图9-38所示。

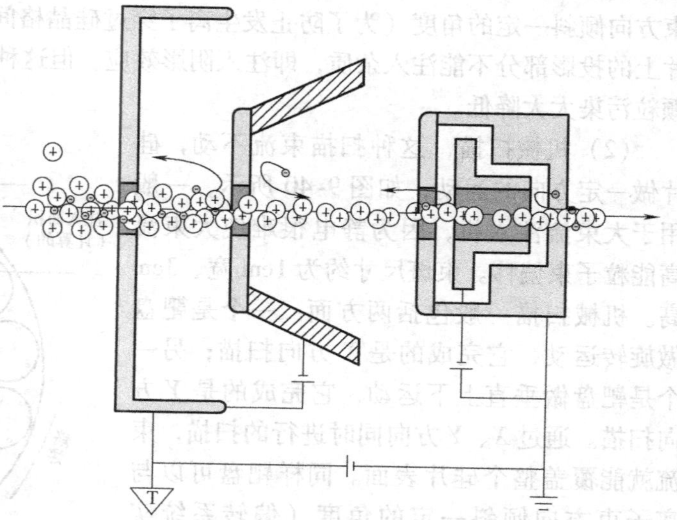

图9-38 电磁聚焦透镜原理

离子束流的成分中正离子占了绝大部分，由于正离子大量地注入硅片上，硅片上就累积了很高的电势，这会对硅片造成很坏的影响，它将击穿硅片内的电路而使之成为废品。另一方面，由于正离子间的相互作用而发生了所谓“束流膨胀”，这对设备和注入工艺也都会带来不好的影响。为了控制这种情况的发生，在束流的末端设置了电子浴发生器，它会产生一定数量的电子进入到束流中，使束流对外呈中性，这样一方面消除了硅片正电势的累积，另一方面起到聚拢正离子的作用。中性束流将沿直线行进，被接地的中性束流收集板收集。

当束流射入靶室前，要对束流进行测量，用束流测量器来实现。束流测量器实现两种功能：一是测量束流的大小；另一个是根据操作的需要切断和接通束流射向靶盘通路，这在终端台装片和卸片时是经常用到的。

9.4.1.4　扫描偏转系统

从聚焦系统出来的离子束打到硅片上是一个束斑，束斑的大小没有硅片大，束流打在硅片上仅是一部分，如中束流的注入束斑约 $1cm^2$，大束流的约 $3cm^2$，要使整个硅片表面都能均匀地注入离子，需要束流对硅片进行扫描，对靶片进行大面积离子注入，使整个靶片得到均匀的杂质离子分布。扫描有两种形式，或者硅片不动，束流做扫描运动（电子扫描），或者束流不动，硅片做一定方向的运动（机械扫描），当然还有束流和硅片都动的（机械电子混合扫描）。

(1) 电子扫描　电子扫描是在一套 X-Y 电极上加特定电压，使离子束发生偏转，注入固定的硅片上，如图 9-39 所示，若 X 电极被设为负压，正离子束就会向 X 电极方向偏转。把两组电极放在合适的位置，并连续调整电压，偏转的离子束就能扫描整个硅片。电子扫描使束斑每秒在横轴方向移动 15000 次，纵向移动 1200 次。这种扫描需要来回扫描几次才能均匀覆盖整个硅面，同时硅片和离子束不垂直，而是与离子束方向倾斜一定的角度（为了防止发生离子穿过硅晶格间隙的沟道效应），导致光刻胶在硅片上的投影部分不能注入杂质，即注入阴影效应。但这种扫描方式因为不需要移动硅片而使颗粒污染大大降低。

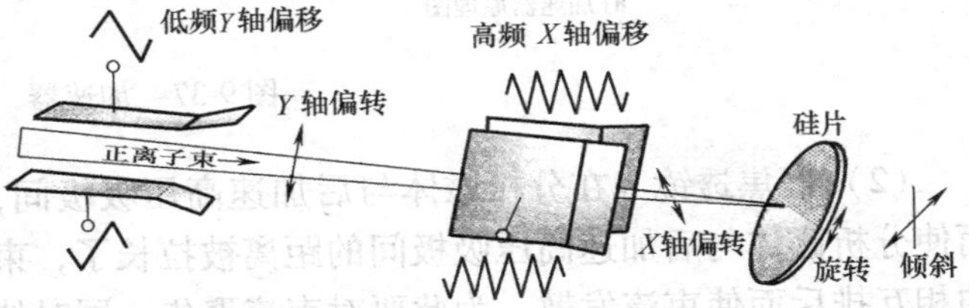

图 9-39　电子扫描

(2) 机械扫描　这种扫描束流不动，硅片做一定方向的运动，如图 9-40 所示，一般用于大束流注入机，因为静电很难使大束流高能粒子束偏移。束斑尺寸约为 1cm 宽、3cm 高。机械扫描一般包括两方面：一个是靶盘做旋转运动，它完成的是 X 方向扫描；另一个是靶盘做垂直上下运动，它完成的是 Y 方向扫描。通过 X、Y 方向同时进行的扫描，束流就能覆盖整个硅片表面。同样靶盘可以与离子束方向倾斜一定的角度（偏转系统实现），减小沟道效应。机械扫描在很大面积上有效地平均了离子束能量，减弱了硅片由于吸收离子能量而升温，但机械装置可能产生较多的颗粒污染。

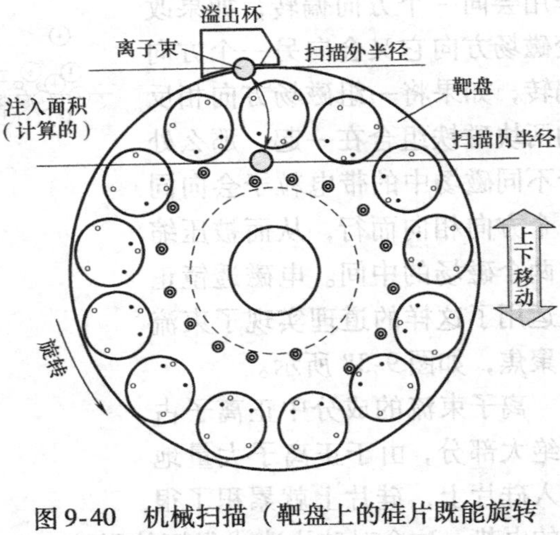

图 9-40　机械扫描（靶盘上的硅片既能旋转又能上下移动，还能翻转进行扫描）

(3) 混合扫描　混合扫描系统中，硅片放置在轮盘上旋转，同时轮盘下面的轨道在 Y 轴方向运动，离子束在静电（或电磁）的作用下沿 X 轴方向扫描。这种方法常用于中低电流注入，每次注入一个硅片。

(4) 偏转系统　当杂质离子在离子注入机内部的管道前行时，会与系统中的残余气体分子碰撞，将电荷转给这些气体分子而变成中性原子。中性原子不受扫描器静电偏转板的作用，所以不发生偏转而一直打在靶片中心，使靶片中心浓度高于周围，引起注入不均匀。因此，一般离子注入机都在扫描器后面装有偏转板，使离子束偏离原来行进方向后再注入靶片，这样仍按原方向行进的中性原子对靶片不起注入作用，从而保证了杂质离子在硅片表面的均匀注入。

9.4.1.5　靶室及终端台

1. 靶室

靶室内有靶盘和测量电荷的束流检测器。

(1) 靶盘　离子注入的最终目标是将离子注入硅片上，所以需要把硅片安放在一个地方，让离子束流能注入进去，这个地方就是靶盘。根据不同的设计靶盘可做成单片注入，也可做成多片同时注入。采用多片同时注入靶盘，可大大提高设备的工作效率。靶盘根据硅片尺寸的不同安放的数量也不同，比如200mm硅片可安放13片。多片靶盘实际是由多块金属板块组装而成的一个圆盘，在圆盘的外圈处按等分布置了13个金属圆衬垫用以装载硅片，金属圆衬垫的边缘有三个卡子分别卡住硅片，衬垫内有冷却水管用以冷却硅片，在13个衬垫间还有一个长孔，使束流通过到达背面的束流检测器，整个靶盘通过中心的转轴传递旋转能量并支撑圆盘，如图9-41所示。为便于维护，靶盘腔门可开启。

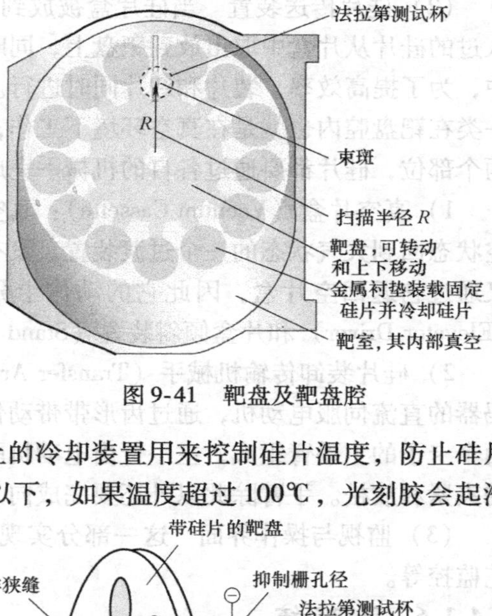

图9-41　靶盘及靶盘腔

靶盘腔作为一个机械架构，上面还安装了不少运转驱动部件、硅片传递机械手、束流检测器等。靶盘及终端台的另一个作用就是硅片的装载和卸载，它通过多个机械手的操作来完成。

离子束轰击硅片的能量有一部分会转化为热能使硅片温度升高，要加以控制。在金属衬垫上的冷却装置用来控制硅片温度，防止硅片温度过高而引起问题。通常硅片温度控制在50℃以下，如果温度超过100℃，光刻胶会起泡脱落，在去胶的时候很难清洗干净，在大剂量注入时尤为明显；同时超过100℃，器件的电学特性受到影响，发生部分退火，改变硅片的方块电阻。影响注入过程硅片温度的因素有离子束能量、注入时间、扫描速度和硅片尺寸等。

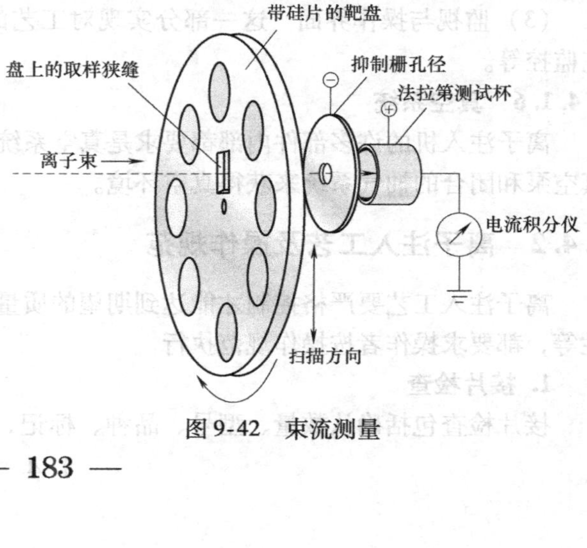

图9-42　束流测量

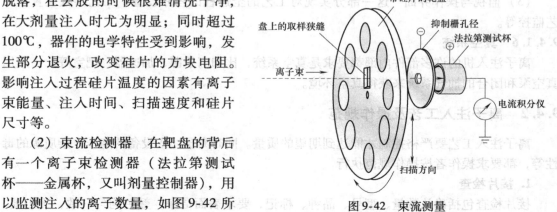

(2) 束流检测器　在靶盘的背后有一个离子束检测器（法拉第测试杯——金属杯，又叫剂量控制器），用以监测注入的离子数量，如图9-42所示

示。测量头是一个金属的杯状物，内衬石墨块，上下两端装有两块永久磁铁，当离子进入后受到磁场的作用而向旁边的石墨块偏转，如果把石墨块通过一根导线接地，导线中就有电流，因累积在石墨块上的正离子产生了正电势，在正电势的作用下，电子就通过导线进入到石墨块去中和正离子，直至正电势为零。因为一个电子基本中和一个离子，所以只要计量出电子的数量也就知道了离子的数量。这个计量电子数量的装置就是剂量控制器，它串接在石墨块的接地线中。

为了抑制二次电子造成的电流读数的误差，常采用抑制电场和磁场来减小误差。

2. 终端台

终端台可分为靶盘运动驱动装置、硅片传送装置、监视与操作界面三大部分。

(1) 靶盘运动驱动装置　靶盘运动驱动装置提供靶盘做旋转运动（Rotary Drive）、往复直线运动（Linear Drive）以及靶盘两个方向的偏转（Gyro Drive）的动力。

为了得到较好的注入效果，往往将硅片的平面调成与束流成一定角度的位置。硅片的倾斜有两种，一种是垂直方向的倾斜叫 Alpha，另一种是水平方向的偏转叫 Beta。靶盘腔是可以实现 X 轴和 Y 轴方向转动的活动部件，分别通过两个直流伺服电动机的丝杆来带动靶盘腔的转动。靶盘腔的偏转角度范围都是 $-11°\sim+11°$，通过位置检测传感器来实现范围控制。

(2) 硅片传送装置　当硅片盒被放到移动片盒台上后，需要通过一系列的操作将没注入过的硅片从片盒中取出放到靶盘上，同时又要把注入好的硅片从靶盘上取下送回到空片盒中，为了提高效率，装片和卸片同时进行。为了区分各部位的操作，按工作状况分为两类：一类在靶盘腔内也就是在真空环境下工作；另一类在靶盘外也就是在大气环境下工作。在这两个部位，硅片都要通过各自的机械手完成装卸片的操作。

1) 真空片盒（Vacuum Cassette）：真空片盒是让硅片从大气状态进入到真空状态或从真空状态回到大气状态的一个过渡装置。没有注入的硅片要通过它进入到靶盘，注入好的硅片又通过它返回空片盒，因此它的动作十分频繁。真空片盒由两部分组成，片架升降装置（Elevator Driver）和片盒倾斜装置（Stand Driver）。

2) 硅片装卸传输机械手（Transfer Arm）：和前面的电动机驱动一样，它是一套具有编码器的直流伺服电动机，通过齿形带带动传输手臂的旋转。手臂由带有一个卡子的副手臂和两个卡子的主手臂组成，主手臂由电动机驱动完成手臂旋转，而副手臂由气缸驱动完成硅片的夹紧和放松。手臂除此以外还要完成向上/向下、向前/向后的运动。

(3) 监视与操作界面　这一部分实现对工艺的全过程的程序设置、工艺参数设置、工艺监控等。

9.4.1.6　真空系统

离子注入机的许多部件内部都要求是真空系统，比如离子源、加速器、靶室等。一般用真空泵和闭合的抽气系统来获得真空环境。

9.4.2　离子注入工艺及操作规范

离子注入工艺要严格控制才能达到期望的质量。同时离子注入设备的高压、杂质源的毒性等，都要求操作者按操作规范执行。

1. 接片检查

接片检查包括确认数量、型号、品种、标记，要求表面洁净，颜色均匀一致，无划痕、水痕、酸痕，光刻图形良好。检查方案按工艺文件执行，并做好接片记录。一般为抽检，检查频率按文件执行（如每25片抽检5片）。

2. 注入工艺操作

1）按设备操作顺序和规范进行设备检测、工具检测与准备，如设备工艺腔和工具的清洁；显示器、指示灯及各种指示表头等要正常，电压、电流及真空度等各种运行参数要到达工艺规范要求。

2）杂质气源检测与准备：指示灯、真空度及气体流量调节等要达到工艺规范要求。

3）待注入硅片准备：用倒筐器把待注入片倒入注入专用筐，把待注的片筐放入传输系统的进片位置，并将一个空片筐放在传片系统的输出端接片。

4）再次核对设备、气源等各项指标并校正。

5）离子注入：待片子进到注入室时，按操作程序开始注入。注入过程中，在操作记录上记录日期、批号、品种、数量、注入离子种类、注入能量、注入剂量、注入面积、束流、注入时间及操作者。

6）当注入完后，系统会报警，按下“END”键，并使设备有关表头、有关参数转换到结束状态设定值。注入完后关掉气源，此时工艺操作结束。

7）注入结束后，填好设备运行记录。

8）将硅片倒入原片筐，用真空镊子从背面吸片，目检表面，确认全部正常后，下传下道工序。

3. 工艺操作注意事项

1）接传片以及工艺操作过程中，必须戴一次性手套，并且要求一副一次性手套使用最多不能超过45min，操作过程中不论任何原因造成手套损坏，或触摸、抓拿其他物体（除盛片台、盛片筐、传片盒、真空镊子、随工单、专用记录笔以外的物体），都必须更换一副新的一次性手套。

2）接片时盛片筐、传片盒必须是干净的，无论片量大小传片盒必须是对硅片无挤压的黑色双筐传片盒。

3）换筐时必须等筐升到位才可以拿下片筐，否则容易碎片、卡片。

4）过程检验时必须使用真空镊子吸取硅片背面进行操作，任何情况下不得接触硅片正面。

5）超过一天不使用或交叉注入不同类型离子源时，必须进行先行假片注入，待所测方块电阻值合格后才能进行正式片操作，操作时保证先入先出的原则。

6）传片时必须保证盛片筐、传片盒是干净的，并且保持原传片装置清洁。

7）当操作出现异常问题时，“ERROR”黄灯会报警，表示不正常或有其他问题，此时不能碰任何按键，应立即通知调度找维修人员处理。

8）注入机进行注入时，不能在机器两侧及后面走动，严禁触及与控制面板无关的按键。

4. 安全注意事项

离子注入机是集高压、剧毒、辐射于一体的工艺设备，为了保证人身和设备安全，所有人员必须严格遵守以下条款：

1）所有钥匙开关在开启之后必须立即取下钥匙。

2）高压端加上高压后，严禁打开防护罩，需要修理高压端或更换离子源时，必须先戴好防毒面具，把高压端断开，并用放电棒对高压端、离子源及相关部分放电，进行这些操作时，至少有两人在场。

3）离子源使用的 BF_3、PH_3 都是剧毒气体，因此注入时必须打开排风系统。

4）不管任何情况造成机械泵停止工作，都要及时打开放气阀，防止机械泵返油。

5）在紧急情况下需要停机时，关掉总电源“MAIN POWER”，意外情况下可以按下红色的“EMERGENCY POWER OFF”按键。

6）不能在高于额定能量、束流的条件下运行。在高能量、大束流注入时，不要在机器背面及四极透镜处停留。

7）清洗离子源或换灯丝时，必须在带有强排风的操作箱里进行，且要保证排风良好，对于清洗下来的杂物和被污染的手套应按规定处理，不能乱扔乱放。

8）注入操作结束及清洗离子源、换灯丝后，应立即用清洗剂洗手。

9）未经许可不能打开气瓶、气箱和调节任何阀门，换气瓶时，必须至少有两人在场，离子源冷却 1h 后才能取出。

10）熟练掌握紧急遇险与紧急情况的处理。

9.4.3 离子注入使用的杂质源及注意事项

1. 杂质源

1）磷化氢是一种无色的可燃的剧毒气体，并带有一股腐烂的鱼臭味。磷化氢对人体危害极大，一旦误吸，会影响人体的中枢神经系统和血液。磷化氢中毒的症状是胸部有一种压抑的感觉、头痛、眩晕、虚弱无力、没有胃口，并且口渴。

2）氟化硼是一种无色的气体，它在潮湿的空气中发出烟雾并带有一种刺激且令人窒息的臭味。它是不易燃的，并且也不支持燃烧。它通常作为一种不能液化的气体包封在气瓶里。它非常易溶于水并伴随反应（生成氟化硼一水化合物），并且比空气重。氟化硼对呼吸道有很大的刺激性，应避免皮肤或眼睛裸露在氟化硼中或吸入氟化硼。

2. 注意事项

离子源使用的 BF_3、PH_3 等都是剧毒气体，领取时，必须检漏，注入时必须开排风系统。未经允许，不能打开气瓶、气箱和调节任何阀门，换气瓶时，必须至少有两人在场，离子源冷却 1h 后，才能取出。清洗离子源或换灯丝时，必须在带有强排风的操作箱里进行，且要保证排风良好，对于清洗下来的渣物和被污染的手套等物要按规定处理，不能乱扔。注入操作结束及清洗离子源或换灯丝后，应立即用清洗剂洗手。严禁操作过程中在操作区内吃食物及喝饮料，吃饭前必须洗净手和脸。离子源气体管路系统必须气密性良好，一旦发现源气泄漏，立即关掉气阀，进行相关处理。离子注入机正在离子注入时，离子源附近辐射最强，对人体有危害，因此，禁止到注入机后面区域。

9.5 退火

由于离子注入会损伤衬底，使电子－空穴对的迁移率及寿命大大减小，此外，被注入的离子大多不是以替位形式处在晶格位置上。为了激活离子，恢复原有迁移率，必须在适当的温度下使半导体退火，如图 9-43 所示。退火能够修复晶格缺陷，还能使杂质原子移动到晶格格点上，激活杂质。一般，修复晶格缺陷大约需要500℃，激活杂质需要950℃。杂质的激活与时间和温度有关，时间越长，温度越高，杂质激活的越充分。硅片的退火方法常用的有高温热退火和快速热退火。

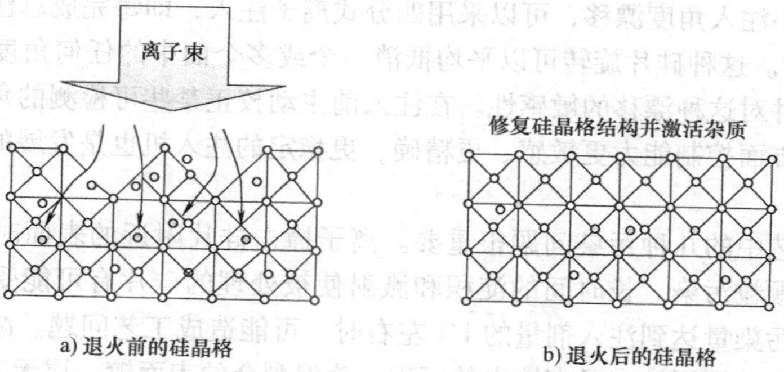

图9-43 退火

高温热退火是一种传统的退火方式，用高温炉把硅片加热到800~1000℃并保持30min。在这种退火过程中，注入杂质会因扩散而变宽，这是不希望出现的。

快速热退火（RTA）是极快地升温到目标温度，并在这个温度和氩气或氮气环境下加热硅片，在很短时间内达到退火的目的。这种方法可最小化扩散效应，是控制浅结注入的最佳方案。

在退火过程中会导致注入杂质的再扩散。在器件尺寸缩小、向超浅结发展的过程中，为降低硅片的杂质再扩散，必须对硅片的热预算降低到最小，这对RTA的能力提出了更高的要求。要形成最前沿的超浅结、RTA热预算（退火的温度曲线在扩散区间的时间积分）必须在降低扩散（一般用某一掺杂浓度下的结深 X_j 表示）和达到充分激活（一般用方块电阻 R_s 量化）的要求之间找到最佳点。理想情况 X_j 和 R_s 最小为最好。实践中，降低RTA温度可以明显降低结深，但也会减少电性激活从而使 R_s 升高。另一方面升高退火温度会提高电性激活但结深会受到影响，也会使横向扩散加大。超浅结工艺退火技术要求采用低温及瞬时退火工艺，以使扩散减小到最小。Applied Materials 公司的 Centura - RTP 和 Axcelis Technologies 公司的 RTA 等快速退火装置都可以很好地解决这些问题，此外近来在 USJ（超浅结）制造工艺中广泛采用尖峰退火（Spike Anneal）。

9.6 离子注入关键工艺控制

1. 注入角度控制

前面已经介绍了注入角度的作用，那么怎样保持注入角度的稳定同样很重要。

在多片和单片注入机中控制植入角度都是由控制硅片摆放位置的角度完成的，在多次注入时，次与次之间产生的注入角度漂移可能是由多种原因引起的，包括：

1）离子束调节中可能造成入射离子束与束线的轴不平行。在各种大束流结构中发生过束调节会造成高至几度的漂移。在中束流和高能结构中漂移一般会小很多，为零点几度。

2）大规模制造中硅片切割误差造成漂移。这种漂移一般不超过0.5°，而且批与批之间的漂移可以控制在0.1°。

3）扫描结构中产生的硅片定位变化。某些多片旋转圆盘（靶盘）在对离子束扫描和旋转中造成入射角度在硅片各点不同，从而产生系统漂移。这种横跨硅片的漂移可能在1°左右。将硅片座的倾斜角度减小到零点几度，可以使这个漂移角减小零点几度。

为进一步减小注入角度漂移，可以采用四分式离子注入，即每完成总注入量的四分之一就将硅片转过90°。这种硅片旋转可以平均抵消一个或多个面中的任何角度漂移，而且已经有效地降低了器件对这种漂移的敏感性。在注入前主动校正某些可检测的角度漂移也是一种方法，开发在这方面控制能力更敏感、更精确、更稳定的注入机也是发展的趋势。

2. 污染

离子注入工艺中的几种污染问题很重要。离子撞击硅片附近的表面时会溅射出表面污染，包括元素和颗粒污染。长时间的淀积和溅射使被处理的硅片有可能受到外来物质的污染。当表面元素污染量达到注入剂量的1%左右时，可能造成工艺问题。减少表面元素污染的手段包括减少硅片周围被离子束撞击的面积，确保剩余的表面镀一层无害材料，如硅。

颗粒污染可能是从硅片周围溅射出来的，也可能是离子束带来的。静电场可以将带有多电荷的颗粒吸入到离子中。颗粒污染严重时造成的主要问题有：在局部阻挡掺杂、对器件结构造成连接或短路、对微小器件结构造成沟型损伤。这些问题在旋转圆盘带着硅片高速旋转的系统中进行大束流注入时更普遍，一般发生在器件结构较高（硅片表面凸出）的情况，如栅极叠层。降低旋转速度到硅片冷却所允许的极限，从而减小扫描硅片的动能，可以减轻这种问题。

带能量的元素污染能够进入到器件的有源区，一般会造成更严重的问题。有能量污染的源一般来自离子源，可能是前面注入的残留掺杂材料或离子源和引出电极的材料。离子源中任何材料被离子化并被引出后会成为束线的一部分。由于质量分析磁场分辨率有限，那些不需要但被引出而且动量与目标元素相近的离子也可能穿过到达硅片，如Mo^{2+}和BF_2。

3. 硅片电荷控制

如果不能提供足够的电子中和到来的正电荷，大量离子到达硅片时会将其静电动势提高很多。如果不提供电子，离子束的电动势可以达到几十甚至几百伏都是很常见的，这种电动势产生的最大问题是将击穿绝缘栅氧化层，尽管高质量的栅氧化层击穿电场强度可高达10～15MV/cm，但是新型器件的栅极氧化层不超过几层原子的厚度，而且仅仅几伏的电压就能使其击穿。幸运的是，来自多处的电子能够极大地中和这些高电动势。离子束撞击硅片本身和支撑它的结构时产生二次电子，能够帮助控制硅片电荷。所有先进的大束流机器在硅片附近以及等离子体源处提供更多的电子帮助中和。高能和中束流机器使用电子或等离子体源，或通过增加硅片附近局部压力的方法，帮助产生足够的等离子体以确保硅片电荷控制充分。

4. 剂量均匀性和重复性

在硅片的整个表面提供剂量均匀的离子是每一台离子注入机的优点。注入过程中控制剂量的方法是随注入机结构和注入剂量变化而变化的。

多硅片和单硅片注入机根据原子和离子到达硅片的量的反馈信号来控制硅片扫描过离子束的速度。一般这个反馈信号是在已知时间内和离子束注入硅片时，用法拉第测试杯采集电荷的量。原子和离子流量的变化（如变化离子源的输出或束线的传输效率）会改变硅片的扫描速度，使硅片整个表面得到的量不变。

使用旋转圆盘和固定点离子束多片注入机可以对离子量进行实时监控，即圆盘每转一圈时通过圆盘上一个已知尺寸的长孔进行测量，或者等圆盘完全从离子束上移开时再进行测量。

单片离子束扫描的注入机可以在离子每次扫描的终点采集信号。使用带状离子束的单片注入机可以在离子束的边缘而且没有入射到硅片的位置采集信号，或者当硅片扫描完全从离子束上离开时再采集信号。

9.7 离子注入的应用

当今先进的CMOS产品需20多步离子注入，根据在场效应晶体管的注入位置不同，离子注入工艺可分为3大块：沟道区及阱区掺杂、多晶硅注入和源漏区注入。

9.7.1 沟道区及阱区掺杂

沟道区及阱区的掺杂主要有阈值电压调节注入、反穿通注入、埋层注入、阱区绝缘注入、阱区反型注入及吸收注入。这部分注入工艺的能量比较宽，但剂量属中低范围，所以此部分注入工艺基本上使用中束流及高能注入机。

(1) 阈值电压调节注入工艺　阈值电压调节注入工艺是半导体工业中使用最早的离子注入技术工艺。由于在CMOS中N型阱与P型阱共存，它们的开启电压会有不同，阈值电压(U_{TH})对沟道区的杂质非常敏感，也就是对阱掺杂浓度敏感。为了得到合适的U_{TH}，就要把所需的杂质掺杂在硅中的阱区内（沟道区内），把阱区的掺杂浓度调整到所需的浓度，改变电荷而得到所需的工作电压，使这两种阱区共用一个开启电压。例如P阱中P型杂质浓度的增加将导致PMOS的U_{TH}提高。高性能产品的N阱区里传统的硼掺杂逐渐被铟注入所代替，其目的是使杂质浓度分布更陡，以提高开关速度并降低功耗。由于离子注入的均匀性高、杂质浓度可以精确控制，重复性好，所以首先应用于阈值电压调节。

(2) 反穿通注入工艺　该注入工艺的功能是防止源漏两极在沟道下面导通，因PN结结深与载流子浓度成反比，如果沟道下部载流子浓度很低，在沟道很短的情况下源漏之间的PN结就会靠得很近而容易被穿通，使沟道短路，发生不希望的漏电。增加此区域的载流子浓度就是为了降低耗尽层的厚度，使源漏两极不会在沟道下面导通，所以此注入要比阈值电压调节注入要更深一些。反穿通注入工艺如图9-44所示。

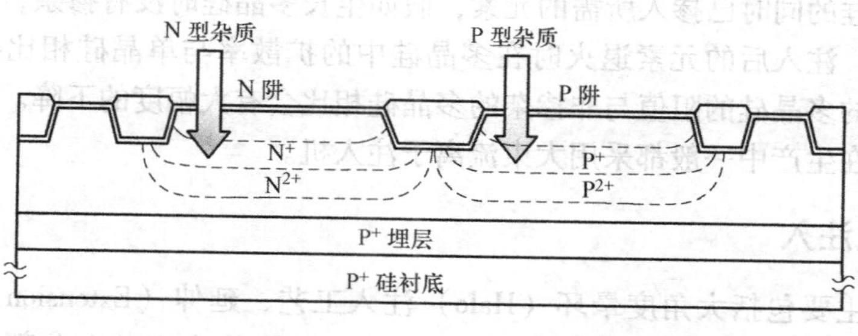

图9-44　反穿通注入工艺

(3) 阱区绝缘 (Channel Stop) 注入工艺　阱区绝缘的注入工艺是将杂质掺在用于隔开阱区的绝缘栏的下方，此目的是为了提高阱间寄生场效应晶体管的阈值电压，使在正常的工作情形下此寄生场效应晶体管不会被导通而起到绝缘的效果。

(4) 埋层（Buried Layer）注入工艺　该工艺是要降低阱区底部的电阻，以防芯片在运行中出现死循环（Latch—up）现象。阱区内两个寄生的晶体管（NPN和PNP）在一定的条件下可变成一个可控硅而形成自锁，导致芯片完全失效。埋层注入可降低PNP型晶体管的输出电阻，升高电流，从而彻底消除死循环现象。埋层注入工艺如图9-45所示。

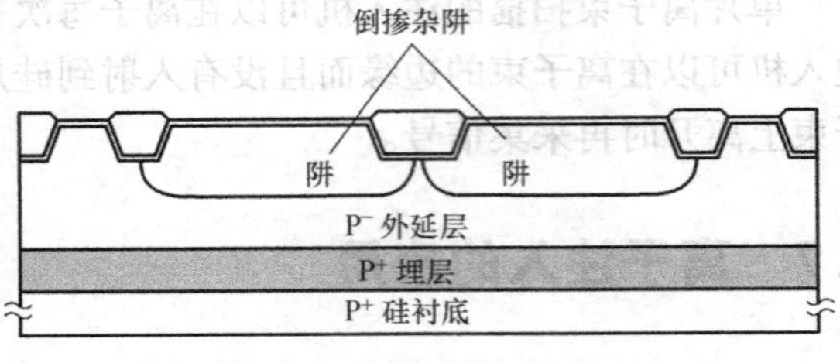

图9-45　埋层注入工艺

(5) 吸收（Gettering）注入工艺　它是在CMOS离子注入中能量最高的工艺，其目的是利用所注入的元素的化学特性和注入后所形成缺陷的物理特性来吸收阱区里的其他杂质（如重金属等）及晶格缺陷，以提高阱区内，尤其是沟道区内的材料质量从而提升产品性能。离子注入晶体后与原子核碰撞的可能性是和离子本身的能量成反比，所以在高能注入的条件下，有些轻元素（如硼及磷），因注入而产生的缺陷分布与注入元素的分布极为接近，利用这一特性，离子注入就可在所需的地方将晶格破坏，此外利用硼与磷的化学特性也可将重金属元素吸收。

(6) 阱区反型（Retrograde Well）注入工艺　在早期此工艺由炉管扩散或注入后驱动扩散而完成，但其不能在阱区内形成优化的载流子分布，高性能的芯片要求硅片表面的载流子浓度低，而在硅片内部的某些部位要浓，这样既能提高芯片的运行速度，又能达到以上所述的反穿通、抑制死循环及吸取污染杂质的效果。由于在扩散时载流子的浓度是从硅片表面逐步向硅片内部降低的连续分布，这样的分布势必影响到硅片表面载流子的移动速率而降低芯片的运营速度，为提高芯片的功能，离子注入就成了必不可少的手段，新一代的CMOS技术已全部使用离子注入方式，当今的CMOS技术更采用双阱反型（Twin Retrograde well）工艺，它综合了以上所讨论的阈值电压调节注入、反穿通注入、阱区绝缘注入及埋层注入，构成一个完整的阱区反型注入工艺链。

9.7.2　多晶硅注入

此注入工艺是为了降低多晶硅的电阻，是CMOS注入工艺中注入剂量最大的工艺。有的制程在生长多晶硅的同时已掺入所需的元素，假如生长多晶硅时没有掺杂，则要做多晶硅注入，再进行退火，注入后的元素退火时在多晶硅中的扩散率与单晶硅相比会高出两个数量级，因此掺杂后的多晶硅的阻值与非掺杂的多晶硅相比会有大幅度的下降。此工艺因剂量很大，能量较低，在生产中一般都采用大束流离子注入机。

9.7.3　源漏区注入

源漏区注入主要包括大角度晕环（Halo）注入工艺、延伸（Extension）注入工艺、源漏（Source-drain）注入工艺及非晶体化（Pre-amorphous）注入工艺，此部分工艺技术要求越来越高，并与注入后的退火工艺有着密切的联系。该部分的注入工艺其能量相对较低，但剂量属中高范围，一般采用中束流及大束流注入机。

(1) 大角度晕环注入工艺　Halo是大角度（大于20°）四方向的中剂量离子注入工艺，

它的主要功能是防止源漏相通，降低延伸区的结深及缩短沟道长度，有利于提高芯片的性能，一般在延伸注入工艺之后注入。为了使载流子分布更陡，以更有效地防止短沟道效应，最新的掺杂技术是用锑来替代砷，用铟来替代硼。

（2）延伸注入工艺　先前也称作低剂量掺杂（LDD），是定义漏源区的注入工艺，这种区域通常称为漏源扩展区。注入使 LDD 杂质位于栅下紧贴沟道边沿，为漏源区提供杂质浓度梯度。LDD 注入在沟道边沿的界面处有很复杂的纵向和横向杂质剖面。NMOS、PMOS 的 LDD 注入需要两次不同的光刻和注入，在源漏区浅结形成的同时栅也被注入。

LDD 注入工艺是在 CMOS 中注入能量最低的工艺，其作用是优化源漏间的电场分布，降低最高电场，在高阻与电阻区之间起一个衔接作用，其剂量随着沟道缩短而增加。线宽的变窄要求延伸区的结深越来越浅，晕环注入可对此有帮助。但还不够，尤其对 N 阱区，唯一可用的注入元素是质量很轻的硼，或稍高的 BF，并由于存在过渡性扩散（TED），硼在退火时的扩散率很高，这就更要求注入的能量要非常低，所以如何在延伸区形成浅结是近年来注入工业界的最大课题。

（3）源漏注入工艺　源漏注入的剂量很大，是降低场效应晶体管串联电阻的重要一环。与延伸注入工艺一样，现在源漏注入最大挑战是如何形成具有一定电导率的浅结，这是一个离子注入与快速退火的工艺优化问题，但最基本的要求是低能量注入。因其要求的剂量很大，这对离子注入机的生产率是一大考验，低能条件下产生高电流是每个离子注入厂家的努力方向。

（4）非晶体化注入工艺　在源漏区还有一种注入工艺被有些厂家所采用，它就是非晶体化注入工艺，其注入元素主要有锗和硅，其中锗的使用比较广泛一些，因为其原子重量大，容易达到非晶体化效果，并能降低源漏区的接触电阻。非晶体化的目的主要是防止下一步注入的沟道效应，并可降低在退火时其掺杂元素激活的激活能。其不利之处在于难于消除在晶体与非晶体界面层的缺陷，因而增加源漏区的漏电。

9.8　掺杂质量控制

扩散法掺杂完成后，主要的质量测量参数是结深、方块电阻（掺杂浓度）。离子注入完成后主要的质量测量参数是射程（结深）、剂量（掺杂浓度）、颗粒污染。所以这里把掺杂质量参数归为结深、杂质浓度、颗粒污染三种。按照检验工艺文件来进行检测并评估每一项质量参数是否正常，例如采用什么仪器、测量点的位置与个数、误差的计算方法、测试条件、评估标准等。如果发现了异常要进行质量反馈和及时处理。

9.8.1　结深的测量及分析

结深的测量包括 3 个步骤：结深研磨放大、染色显示、显微镜测量，其中结深的研磨放大有多种形式。

1. 磨角法

将样品用磨角器研磨成一个斜角，使得测量面放大，以使测量更加准确。如图 9-46 所示，设斜角角度为 θ，一般为 $1°\sim5°$，然后用铬酸染色法来显示斜坡面，N 区和 P 区将呈现不同的颜色。配方为：HF（48%）：铬酸溶液 = 25∶2，其中铬酸溶液为 CrO_3∶H_2O = 1∶100。

用带目测微距的显微镜测量结深对应的斜坡面长度 d，则 $X_j \approx d\theta$。

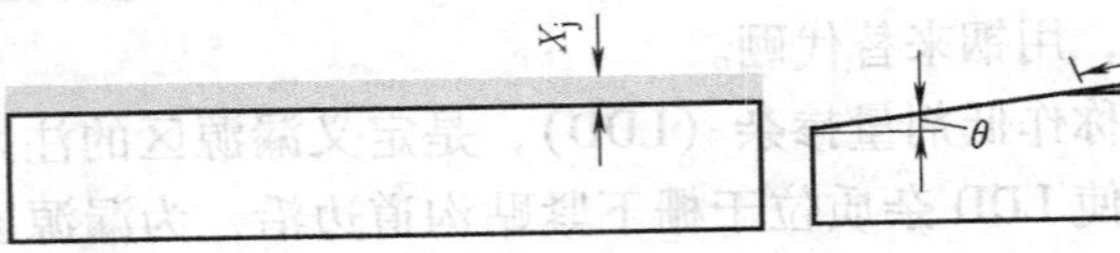

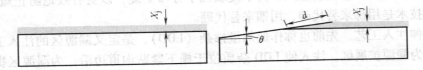

图 9-46　磨角法测量结深示意图

2. 滚槽法

在样品表面用钢圆柱加水抛光出一个柱形槽，染色显结，滚槽法测结深如图 9-47 所示，用显微镜测量 X 和 Y，已知钢圆柱直径为 D，则

$$X_j = \frac{XY}{D}$$

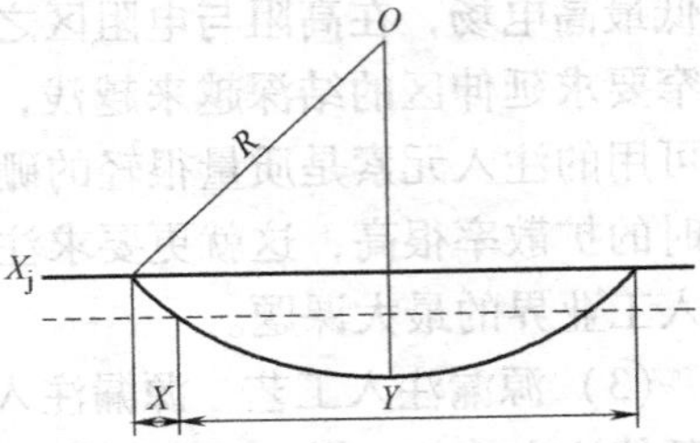

图 9-47　滚槽法测结深

3. 扩展电阻测试仪（SPR）

扩展电阻法是一种精确测量结深和结深方向杂质浓度分布的方法，也是一种破坏性的测试，目前已经智能化。

同样，扩展电阻法要先把硅片按一个很小的角度研磨成一个斜坡，显示 PN 结并放大，放在带有显微镜的测试台上，用两个探针接触斜坡测试两个探针之间的电阻，这两个探针沿着斜坡步进移动，每移动一步就测出斜坡此处的电阻，随着探针移过 PN 结，由电阻的变化感知导电类型的变化，由电阻的变化也能得出杂质浓度的变化，从而得到结深，得到杂质浓度纵向分布，如图 9-48 所示。

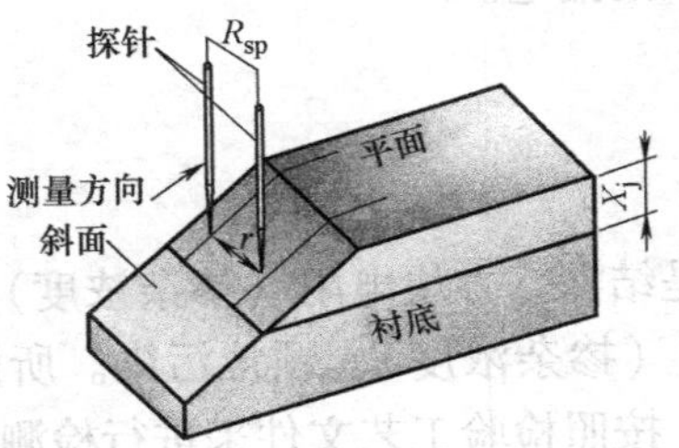

a) 扩展电阻探针测试

b) 扩展电阻测试仪(实物照片)

图 9-48　扩散电阻测试仪

在电阻率为 ρ 的半无限材料的平整表面上，半径为 r 的圆环接触的扩展电阻为

$$R_{sp} = \frac{\rho}{4r}$$

探针要精心放置，探针材料、半径 r 的精度及针尖形变、表面情况、放置位置、接触电阻、测试环境等都会影响测试精度。SPR 制造商给出校正曲线来减小上述因素带来的影响，并用计算机算法将每一等级深度、测量的电阻值与杂质浓度联系起来，进行计算和分析，显

示结果。可以直接从显示屏上读出结深、表面浓度和杂质浓度分布曲线。

4. 测量结果分析

结深是非常重要的结构参数，尤其在超浅结注入时要重点注意。有以下原因可能造成结深的异常：

1）快速热退火升温速度和保持时间是否正确，保持时间过长会导致杂质扩散，增加结深。

2）检查是否有沟道效应，注入角度可能不正确，是否采用了有效措施。

3）检查注入能量系统。

9.8.2 掺杂浓度的测量

掺杂浓度不能直接测量，一般都是间接测量。测量浓度的方法有四探针方块电阻测试法、扩展电阻测试仪、热波测试、*C-U* 测试、二次离子质谱仪等。常用的在线测试方法是四探针法和热波系统，四探针法应用于高掺杂，热波系统用于低剂量注入测量。

1. 四探针方块电阻测试法

（1）方块电阻 R_s　方块电阻是硅片上表面正方形薄层之间的电阻。图9-49是一个电阻率为 ρ，厚度为 d，上表面为正方形的导电材料薄层，给它两个对边加上电压，则薄层就会有电流通过，其电压和电流的比值就是这一方形薄层的电阻，这就是方块电阻的意义，用 R_s 表示。由欧姆定律可以推导出：$R_s=\rho/d$，即方块电阻和薄层材料的电阻率成正比，和薄膜厚度成反比。

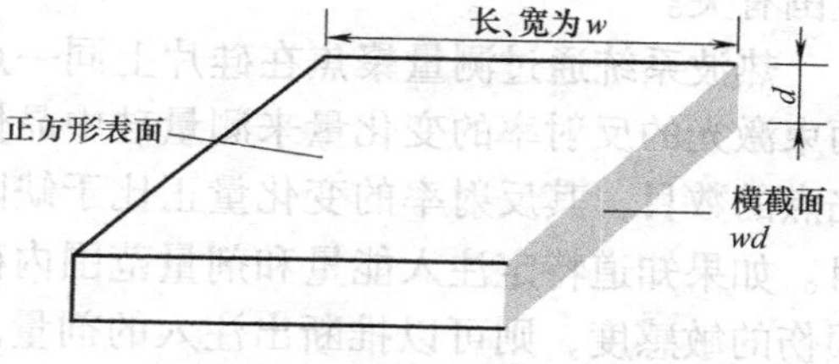

图9-49　上表面为正方形薄层

由此可以看出，方块电阻和上表面尺寸无关，相同厚度不同电阻率的薄层，电阻率大的方块电阻也大。而半导体的电阻率和掺杂浓度有一定的数学关系，常温下，掺杂浓度越高，电阻率越小，测量的方块电阻也就越小，所以，通过测量掺杂层方块电阻可以测量掺杂浓度。测量方块电阻时，相同厚度等距离的两点其电阻相同。如果已知厚度和方块电阻，也可以得到薄层的电阻率。

（2）直线四探针方块电阻测试原理　可以用四探针方块电阻测试仪来测量方块电阻，以达到测试掺杂浓度的目的，并绘制方块电阻等值线，评估硅片整个表面的掺杂均匀性。

四探针方块电阻测试分为直线四探针法和方形四探针法。直线四探针法是指四个探针排成直线的测量方法。方形四探针法是指四个探针排成四边形，方形四探针分为竖直四探针法和斜置四探针法，具有测量较小微区的优点，可以测试样品的不均匀性，微区及微样品薄层电阻的测量多采用此方法。四探针测试法按发明人不同又分为 Perloff 法、Rymaszewski 法、范德堡法和改进的范德堡法等。

在这里介绍直线四探针测试法。设一半导体单晶材料，其大小（直径）与厚度（硅片厚度）相对于探针之间的距离可视为半无限大，四根探针在一直线上且间距相等为 S，探针与样品成点接触。电流 I 从点1流入，从点4流出，如图9-50所示，测量点2和3之间电压 U，则该半导体薄层的方块电阻为 $R_s=\frac{\pi}{\ln2}\frac{U}{I}=4.532\frac{U}{I}$，当测试样片其大小（直径）与厚度（硅片厚度）相对于探针之间的距离不能满足半无限大时，必须对该式进行修正，修正因子为 C，则 $R_s = C\dfrac{U}{I}$。

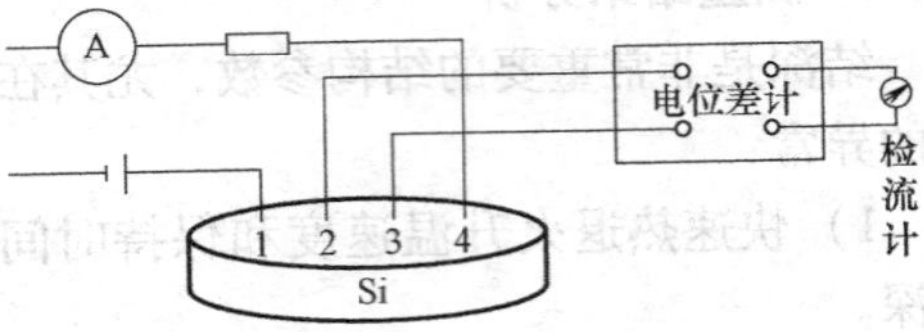

图 9-50　直线四探针方块电阻测试原理

(3) 方块电阻、掺杂浓度的测量　现在的方块电阻测试仪已经智能化，计算机算法把方块电阻、掺杂浓度等已经联系起来，同时制造商已经考虑了测试中的各种情况将修正因子输入到软件中，通过探针测试台、测试主机、显示器等很方便地得到方块电阻和掺杂浓度，并可以直观地显示。

使用四探针方块电阻测量方法是间接测量剂量和掺杂浓度的一种方法，是接触式测量，而且必须有PN结存在。因此，该技术只能用于能被电性激活的掺杂元素，并且在杂质被激活之后进行测量，适用于高掺杂浓度、剂量的测量。

2. 热波系统

热波系统用于低剂量离子注入的剂量测量，测试方法与注入的元素种类、能量和剂量的范围有关。

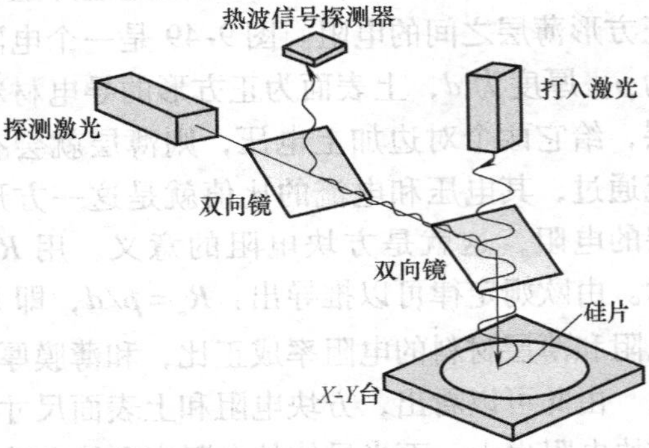

图 9-51　热波系统测量掺杂浓度原理示意图

热波系统通过测量聚焦在硅片上同一点的两束激光的反射率的变化量来测量硅中晶体缺陷点的数目，其反射率的变化量正比于缺陷数目。如果知道特定注入能量和剂量范围内硅片损伤的敏感度，则可以推断出注入的剂量。热波系统测量掺杂浓度原理示意图如图 9-51 所示。热波测量在几十千电子伏能量和 10^{11} ~ 10^{13} 剂量间敏感度最高，敏感度在这个范围内最高可以接近 1（例如，某个比例热波值的变化对应于同比例离子剂量的变化）。不在这个能量和剂量范围下，热波测量的敏感度不到 0.1，所以一般不使用。热波测量的优势在于可以在离子注入后立即进行剂量的测量，而不需要对硅片退火或其他注入后进行测量。热波测量还可以测量电性不活跃的杂质剂量，例如 Ge^+ 和 N^+。

热波系统使用方便，并且对有图形和没有图形的硅片都能测量，所以离子注入的在线监测已普遍使用。热波系统可以获取材料的均匀性信息以及其表面以下的结构信息，从而达到检测和探测晶体损伤的目的。

即使采用最敏感的测量方法，离子注入机在硅片上注入的剂量均匀度的标准均方差不应大于 0.5%。

3. 电容-电压测试系统

MOS 器件的可靠性依赖于栅结构中高质量的氧化层。MOS 结构电容-电压特性（简称 C-U 特性）测量是检测 MOS 器件制造工艺的重要手段。它可以方便地确定二氧化硅层厚度、氧化层中可动电荷面密度和固定电荷面密度、氧化层介电常数、衬底掺杂浓度、平带电压。

(1) 测量原理　图 9-52a 是 MOS 器件结构，当在栅极和衬底（地）之间加上纵向电压时，有两个串联电容起作用，第一个是栅氧电容，第二个是硅衬底材料电容，串联总电容变小。把待测的半导体衬底制成 MOS 结构作为样品，对样品加栅电压测 MOS 电容，栅电压变化，电容随之变化，测量 *C-U* 曲线，衬底浓度、氧化层电荷等都与电容电压有关，由此可以得到衬底掺杂浓度。

按图 9-52b 接好样品和电路，按以下步骤进行 *C-U* 测试：

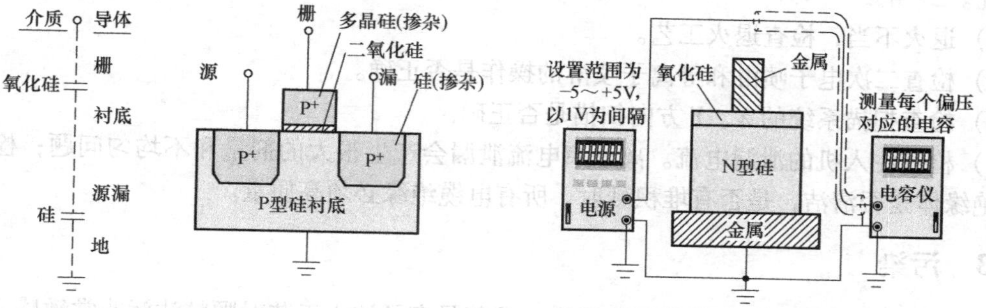

a) MOS结构及等效电容　　b) MOS结构 *C-U* 测试

图 9-52　MOS 结构等效电容和 *C-U* 测试

1） 如果是 P 型硅，电压从正→负变化；N 型硅电压从负→正变化，测试 *C-U* 曲线。

2） 将硅片加热到 300℃保持 5min，金属区加恒定正电压，然后冷却。目的是将正离子驱赶到氧化层与硅的界面，升温是增加可动离子的迁移率。

3） 重复步骤 1），测此时的 *C-U* 曲线，与第一步的 *C-U* 曲线做对比，两条曲线有一个电压漂移 ΔU，如图 9-53 所示。ΔU 大小与氧化物中的沾污、厚度、硅掺浓度成正比。

（2） 测试系统　现在 *C-U* 测试系统已经智能化，靠软件控制测试，使测试能自动完成，可以测试衬底的掺杂浓度，被用于工艺监控。在硅片上具有专用的测试结构（例如划片区的 MOS 结构），这些测试结构是和芯片工艺同时制作，所以在测试结构上测得的数据能真实地反映工艺状况。

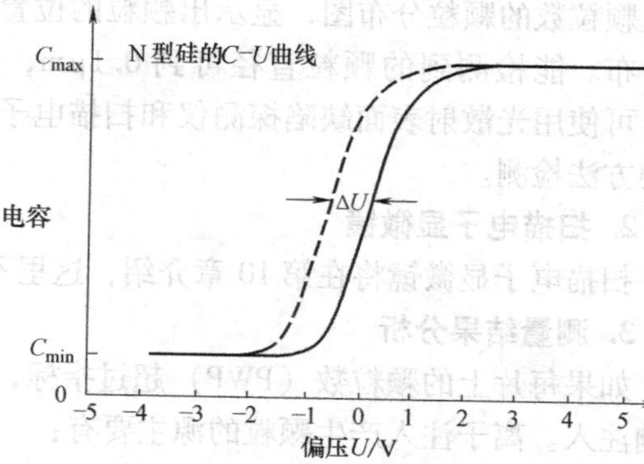

图 9-53　N 型硅中的电压漂移

4. 二次离子质谱仪

二次离子质谱仪（SIMS）是在磁场中用加速离子侵蚀硅片表面以分析材料表面组成的一种方法。这些加速离子轰击硅片表面并撞击或溅射其他离子，又会产生二次离子，二次离子包含硅片材料和掺杂物质。在真空腔中用质谱仪将它们收集并分析，鉴别出掺杂类型及其在硅中的杂质浓度。SIMS 是破坏性测量，并需在超高真空的环境进行。

目前用于浓度测量的还有先进的红外热像仪，这里不作介绍。

5. 测量结果分析

经常出现的异常现象：同一硅片有的地方剂量不足方块电阻大，有的地方剂量过大方块电阻小，表示注入不均匀。控制注入均匀性是非常重要的，造成注入剂量不均匀的原因可能有：

1）工艺流程可能错了，检查工艺流程与硅片标签是否一致。

2）离子束流密度测量不当，造成注入过程监测失控，检查法拉第系统的漏电情况，并采取适当措施来解决。

3）电子进入离子束，使计数器计算的离子数比实际少，造成剂量过大，检查是否有这种情况。

4）退火不当，检查退火工艺。

5）检查二次电子喷淋和等离子喷淋的操作是否正确。

6）检查扫描系统的 X、Y 方向扫描是否正确。

7）检查注入机的泄漏电流。离子束电流泄漏会产生很大的剂量和不均匀问题；检查所有的绝缘体是否清洁，是否有堆积溅射，所有电缆绝缘必须高质量。

9.8.3　污染

掺杂工艺造成的污染主要是颗粒污染，尤其是离子注入工艺对颗粒沾污非常敏感。颗粒污染用每步每片上的颗粒数（PWP）来衡量，如图 9-54 所示，一般在未形成图形的硅片上进行检测。检测表面污染的方法早期用显微镜，现在有光散射表面缺陷探测仪、扫描电子显微镜。

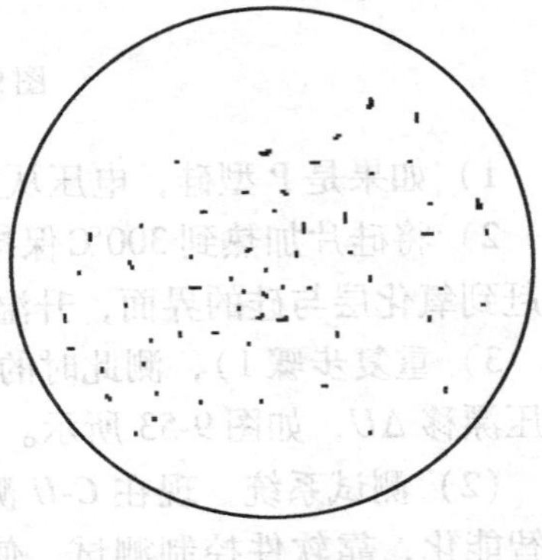

图 9-54　颗粒分布图

1. 光散射表面缺陷探测仪

光散射表面缺陷探测仪是通过激光照射表面，然后用光学成像的方法来探测由颗粒散射的光线，从而鉴别表面颗粒和其他缺陷。现在的光散射表面缺陷测量仪能记录硅片上颗粒数的颗粒分布图，显示出颗粒的位置和颗粒直径的分布。能检测到的颗粒直径可到 0.1μm，对于更小颗粒，可使用光散射表面缺陷探测仪和扫描电子显微镜相结合的方法检测。

2. 扫描电子显微镜

扫描电子显微镜将在第 10 章介绍，这里不再详述。

3. 测量结果分析

如果每片上的颗粒数（PWP）超过指标，硅片表面的一个颗粒便可以阻挡离子束注入，影响注入。离子注入产生颗粒的源主要有：

1）高压电极微放电。

2）移动机械的机械手、真空片盒等装卸装置。

3）注入机清洗不当造成的颗粒源。

4）温度过高造成脱落的光刻胶。

5）硅片背面的冷却橡胶。

6）靶盘、靶盘腔、靶室门、真空度。

7）硅片清洗不彻底造成的颗粒源。

本章小结

本章主要讲述了半导体中掺杂的意义、掺杂工艺流程，重点讲述了扩散的基本步骤，扩散工艺评估的主要参数，并分析了目前主要的杂质源。还讲述了离子注入工艺，包括离子注入的基本原理、主要概念、离子注入的主要组成及对应的离子注入设备，并分析对比了几种掺杂方法的优缺点。

本章习题

9-1 掺杂的目的是什么？用什么方法来实现掺杂？

9-2 简述掺杂工艺流程。

9-3 扩散发生要满足什么条件？

9-4 扩散系数的意义是什么？温度如何影响扩散系数？比较磷在硅和二氧化硅中的扩散系数，比较磷、硼在硅中的扩散系数。

9-5 描述结深的意义。结深用什么方法来测量？

9-6 要达到掩蔽杂质的作用掩蔽膜要满足什么条件？

9-7 什么是横向扩散？比较扩散法和离子注入法的横向扩散。

9-8 简述扩散工艺步骤和工艺控制参数。

9-9 简述扩散工艺评估参数的意义。

9-10 简述扩散设备的组成和各部分的作用。扩散设备要做哪些维护？

9-11 常用的扩散杂质源有哪些？

9-12 简述离子注入原理。

9-13 离子注入机有哪几种？

9-14 离子注入机主要由哪几部分组成？各部分的作用是什么？

9-15 什么是沟道效应？如何减小？

9-16 离子注入的主要参数有哪些？

9-17 离子注入法和扩散法相比有什么优缺点？

9-18 离子注入过程为什么要对硅片进行冷却？

9-19 离子注入后为什么要进行退火？有哪些退火的方法？

9-20 使用离子注入杂质源时要注意什么问题？

9-21 影响注入均匀性的主要因素有哪些？

9-22 掺杂工艺的主要质量参数是哪些？测量杂质浓度的方法有哪些？

9-23 造成注入颗粒污染的主要颗粒源有哪些？

第 10 章 平 坦 化

本章教学目标

- 了解平坦化的意义和重要性。
- 了解传统的平坦化技术。
- 了解化学机械平坦化的意义及其优缺点，理解其工作机理。
- 掌握 CMP 设备的组成、维护。
- 掌握对常用的介质、金属进行 CMP 的区别。
- 掌握 CMP 工艺过程的关键工艺参数。

10.1 引言

平坦化顾名思义就是使衬底表面平整、平坦之意。由于 IC 产业的快速发展，多层金属化技术被引入到集成电路制造工艺中，此技术使芯片的垂直空间得到有效的利用，并提高了器件的集成度。加上线宽的进一步缩小，使得晶片表面的高低起伏严重影响了芯片制造技术的可靠性。以图 10-1 为例，由于表面层的高低起伏，所以每形成一层薄膜，会使得表面的起伏变得更大，这种情况一直积累下去，到表面金属层时，在制造工艺上会发生两个大问题：一方面，在镀上金属膜时，凹陷下去的部分和其他地方的厚度不均匀，金属膜薄处不仅会引起电阻值增高，同时容易因为电子迁移而造成线路断路，造成器件可靠性很差。另一方面，如果在这种凸凹不平的表面上涂覆光刻胶，光刻胶的厚度也将不均匀，在光刻胶显影时，会因为光刻胶厚度不同造成曝光和显影无法得到良好的解析度。通常线宽越窄，对解析度的要求越高，曝光机的焦深越短。随着金属层数的增加，在多层布线立体结构中，刻蚀要求每层都保证整片平坦，这是实现多层布线的关键。这些问题严重影响了大规模集成电路（ULSI）的发展。

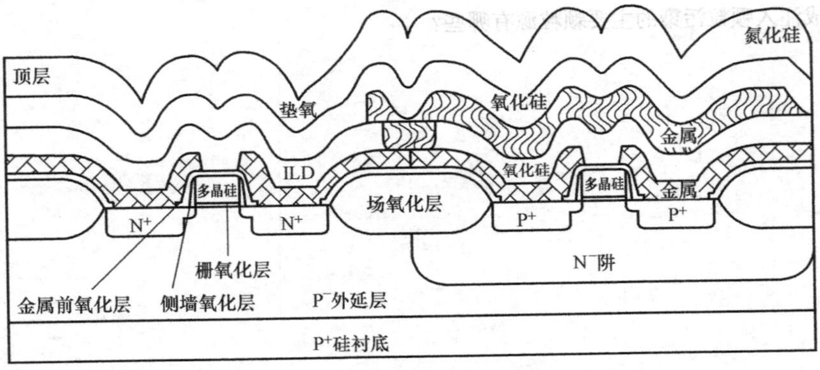

图 10-1 两层布线表面的不平整

针对这些问题，业界先后开发了多种平坦化技术，主要有反刻、玻璃回流、旋涂膜层等，但效果并不理想。20 世纪 80 年代末，IBM 公司将化学机械平坦化（CMP）技术进行了发展使之应用于硅片的平坦化，首先用在后道工艺的金属间绝缘介质的平坦化，然后通过设备和工艺的改进用于钨（W）的平坦化，随后用于浅沟槽隔离（STI）和铜（Cu）的平坦化。其在表面平坦化上的效果较传统的平坦化技术有了极大的改善，从而使之成为了大规模集成电路制造中有关键地位的平坦化技术。多层金属化技术中三个主要环节：金属层制作、通孔（Via）处理、介质层制作，这三个环节之后都要利用平坦化处理使之达到预期的平整度，才能使多层布线达到预期的性能和可靠性，如图 10-2 所示。

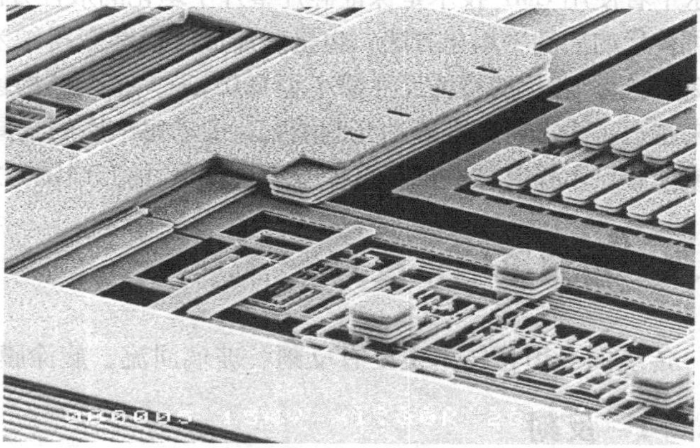

a) 多层布线技术俯视立体图(采用了平坦化技术)

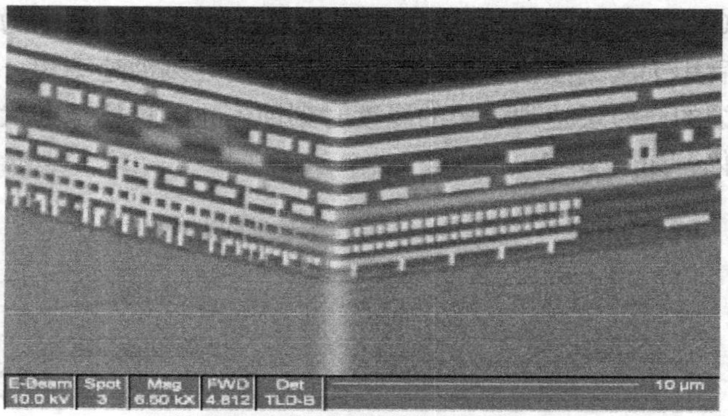

b) 利用CMP技术的九层布线技术剖面图

图 10-2 多层布线技术

实现平坦化有两个办法：填充低的部分，或者去掉高的部分，要使每层的厚度变化达到最小。平坦化技术不仅用于表面的光滑平整处理，还用于去除表面不希望存留的杂质材料，提高器件的可靠性。

关于平坦化方面有如下术语（见图 10-3）：

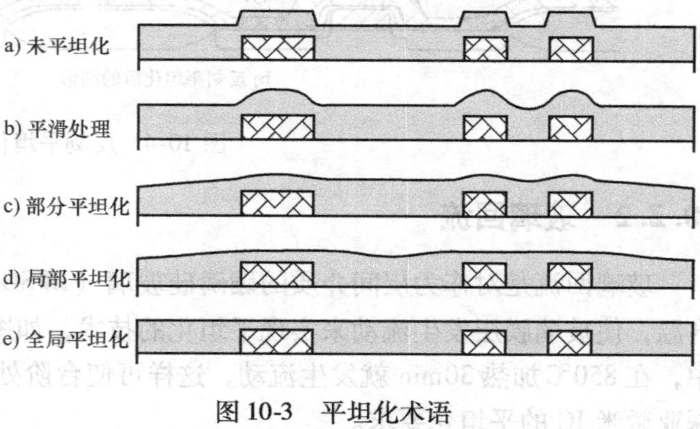

图 10-3 平坦化术语

1）平滑处理：平坦化后使台阶圆滑和侧壁倾斜，但高度没有显著减小，如图 10-3b 所示。

2）部分平坦化：平坦化后使台阶圆滑，且台阶高度局部减小，如图 10-3c 所示。

3）局部平坦化：使硅片上的局部区域达到平坦化，但整个硅片没有达到平坦化，如图 10-3d所示。

4）全局平坦化：使整个硅片表面总的台阶高度显著减小，使整个硅片表面平坦化，如图 10-3e 所示。

化学机械平坦化（CMP）为近年来IC制造过程中成长最快、最受重视的一项技术。就目前水平看使用CMP技术是保证硅片整片平坦化的最佳方法，它不仅在ULSI芯片多层布线中是不可替代的层间平坦化方法，也是硅片加工最终获得纳米级超光滑无损伤表面的最有效方法。到2009年，芯片的特征尺寸缩小至0.07μm，布线结构达到10层以上，光刻机的焦深将变得越来越短，为了得到准确的光刻图案，要求每一层的全局不平整度不大于特征尺寸的2/3，硅片或薄膜层上极其微小的高度差异都会使IC的布线图案发生扭曲，从而导致废品。

10.2 传统平坦化技术

传统的平坦化技术主要有反刻、玻璃回流、旋涂膜层等。

10.2.1 反刻

反刻平坦化是在起伏的硅片表面旋涂一层厚的介质材料或其他材料（如光刻胶或SOG），这层材料可以填充空洞和表面的低处，将作为平坦化的牺牲层，如图10-4a所示。然后用干法刻蚀技术进行刻蚀，利用高处刻蚀速率快，低处刻蚀速率慢来实现平坦化。当被刻蚀的介质层达到希望的厚度时刻蚀停止，这样把起伏的表面变得相对平滑，实现了局部平坦化，如图10-4b所示。

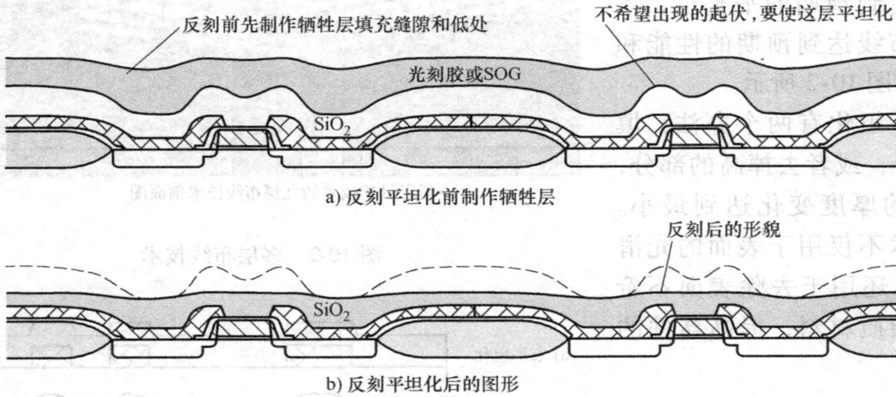

图10-4 反刻平坦化

10.2.2 玻璃回流

玻璃回流是对作为层间介质的硼磷硅玻璃（BPSG）或其他的掺杂氧化硅膜层进行加热升温，使玻璃膜层发生流动来实现平坦化的技术，如图10-5所示。一般，BPSG在氮气环境中，在850℃加热30min就发生流动，这样可使台阶处变成斜坡。但是，玻璃回流不能满足深亚微米IC的平坦化要求。

10.2.3 旋涂玻璃法

旋涂玻璃法（Spin On Glass）主要是在起伏的硅片表面旋涂含有溶剂的液体材料，这样表面低处和缝隙将被填充，然后进行烘烤固化，使溶剂蒸发，即可获得表面形貌的平滑效

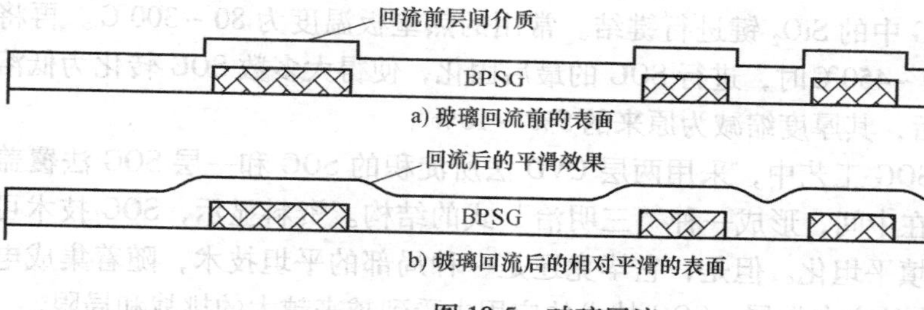

图 10-5 玻璃回流

果，如图 10-6 所示。

旋涂的液体材料有有机材料，也有无机材料，例如光刻胶、SOG 和多种树脂。SOG 是一种由溶剂和介电质经混合形成的液态介电层，含有二氧化硅或接近二氧化硅结构的材料，蒸发掉溶剂后，成为非常接近二氧化硅的物质。现在常用的 SOG 主要有硅酸盐与硅氧烷两种。用来溶解介电材料的有机溶剂主要有醇类、酮类，如 $Si(OH)_4$、$RuSi(OH)_{4-n}$等。其中硅酸盐类的 SOG 使用时，常掺有磷的化合物，如 P_2O_5，以改善它的物理性质，特别是在防止硅酸盐 SOG 层的龟裂方面的物理性质；至于硅氧烷类的 SOG，因为其本身含有有机类化合物，如 CH_3、C_6H_5 等，也可以改善这种 SOG 层的抗裂能力。

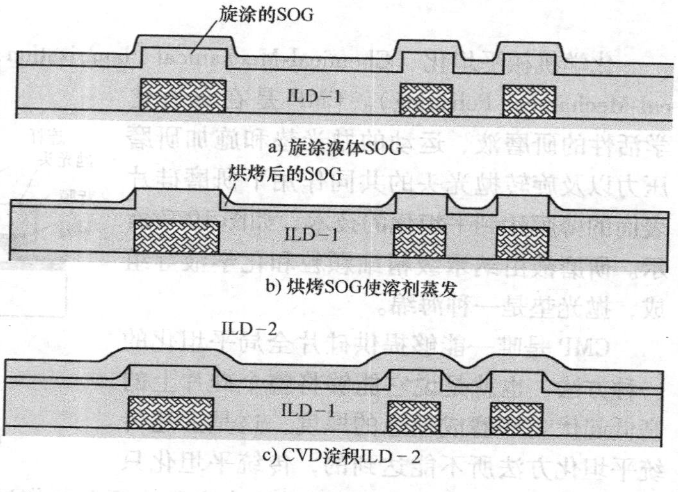

图 10-6 旋涂玻璃法

SOG 经旋涂、再烘烤蒸发后，留下氧化硅填充低处和缝隙，这样，平坦化的问题基本上解决了，但也仅仅是一种局部化的平坦。SOG 技术的优点显而易见，因为介电层材料是以溶剂的形态覆盖在晶片表面上的，因此对高低起伏外观的沟填效果非常好，可以避免 CVD 法制作的薄膜所形成的孔洞问题，因此目前 SOG 已经成为一种普遍的介电层平坦化技术。但 SOG 的缺点也很明显，主要表现在以下几个方面：

1）易形成颗粒。颗粒主要来自于 SOG 残留物，只能依靠工艺及设备的改善而减少。

2）有龟裂及剥落现象，必须针对 SOG 材料本身与工艺的改进来避免。在工艺上，可以采用往 SOG 溶液里加入适量的有机功能基和杂质，或者减少 SOG 的涂布厚度，以强化 SOG 对龟裂和剥离的抵抗能力。

3）有残余溶剂释放问题。残余溶液的释放主要来自未经完全固化的 SOG 内残余溶剂及水汽，这部分可在 SOG 固化后再增加一道等离子体的处理加以改善。

SOG 的工艺过程分为两个流程：先进行旋涂，再进行固化。旋涂是将 SOG 均匀地涂布在晶片表面上，涂布厚度为几千埃（2000 ~ 5000Å，1Å = 0.1nm），有时采用多次旋涂方式（四次以上），以获得均匀的厚度。旋涂之后，先经几分钟的热垫板加热固化，以便让溶剂初步蒸发，并让 SOG 中的 SiO_2 键进行键结。常用的热垫板温度为 80～300℃。再将晶片放入固化炉内，在 400～450℃时，进行 SOG 的最后固化，使得大多数 SOG 转化为低溶剂含量的固态 SiO_2。固化后，其厚度缩减为原来的 5%～15%。

目前在实际的 SOG 工艺中，采用两层 CVD 法所淀积的 SOG 和一层 SOG 法覆盖的 SOG 层，其中 SOG 就夹在中间，形成一种“三明治”式的结构。资料显示，SOG 技术可以进行线宽在 0.5μm 的沟填平坦化。但是，它毕竟还是一种局部的平坦技术，随着集成电路制作的线宽朝越来越细小的方向发展，SOG 技术的应用也受到越来越大的挑战和局限。

10.3　化学机械平坦化

化学机械平坦化（Chemical-Mechanical Planarization，CMP）又称化学机械抛光（Chemical-Mechanical Polishing）。CMP 是在具有化学活性的研磨液、运动的抛光垫和施加研磨压力以及旋转抛光头的共同作用下研磨硅片表面的薄膜达到平坦化的技术，如图 10-7 所示。研磨液由纳米级精细颗粒和化学液等组成，抛光垫是一种海绵。

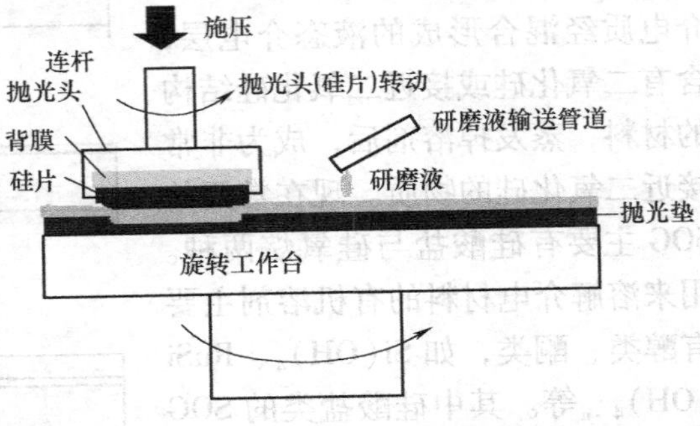

图 10-7　化学机械平坦化原理图

CMP 是唯一能够提供硅片全局平坦化的一种方法，也就是说它能够将整个硅片上的高低起伏全部磨成理想的厚度，这是上述传统平坦化方法所不能达到的，传统平坦化只能获得局部平坦化，这也是目前许多半导体厂在制作过程中大量采用 CMP 抛光法的最大原因。平滑的硅片表面使得使用更小的金属图形、多层金属布线成为可能，从而提高集成度。

随着纳米特征尺寸工艺的应用，硅片表面的粗糙度已经要求小于 1nm，甚至更小，一般原子的直径约 0.3nm，可以看出对硅片表面平整度的要求仅为几个原子层，可见平坦化技术已经发展至超精密加工技术——纳米化学机械抛光。纳米化学机械抛光是当前 IC 工艺应用研究中所关注的热门研究方向之一。

10.3.1　CMP 优点和缺点

1. 优点

化学机械平坦化相对于传统的平坦化技术具有如下优点：

1）能获得全局平坦化。CMP 可使平面的平坦度在传统平坦化技术的基础上提高两个数量级。

2）对于各种各样的硅片表面都能平坦化，如同层中有不同材料，可同时进行平坦化。

3）可对多层材料进行平坦化。

4）减小严重的表面起伏，使层间介质和金属层平坦，可以实现更小的设计图形，更多层的金属互连，提高电路的可靠性、速度和良品率。

5）解决了铜布线难以刻蚀良好图形的问题，即采用大马士革工艺，利用 CMP 平坦化铜，实现铜布线。

6）通过减薄表层材料，可以去掉表面缺陷。

7）CMP 是湿法研磨，不使用干法刻蚀中常用的危险气体。

8）CMP 可以实现设备自动化、大批量生产、高可靠性和关键参数控制。

2. 缺点

虽然化学机械平坦化具有许多优点，但也存在一些缺点：

1）影响平坦化质量的工艺因素很多且不易控制。

2）CMP 进行平坦化的同时也会引入新的缺陷。

3）需要配套的设备、材料、工艺控制技术，这是一个需要开发、提高的系统工程。

4）设备、技术、耗材、维护等十分昂贵。

10.3.2 CMP 机理

CMP 工作原理是将硅片固定在抛光头的最下面，将抛光垫放置在研磨盘上，抛光时，旋转的抛光头以一定的压力压在旋转的抛光垫上，由亚微米或纳米磨粒和化学溶液组成的研磨液在硅片表面和抛光垫之间流动，然后研磨液在抛光垫的传输和离心力的作用下，均匀分布其上，在硅片和抛光垫之间形成一层研磨液液体薄膜。研磨液中的化学成分与硅片表面材料产生化学反应，将不溶的物质转化为易溶物质，或者将硬度高的物质进行软化，然后通过磨粒的微机械摩擦作用将这些化学反应物从硅片表面去除，溶入流动的液体中带走，即在化学去膜和机械去膜的交替过程中实现平坦化的目的，如图 10-8 所示。

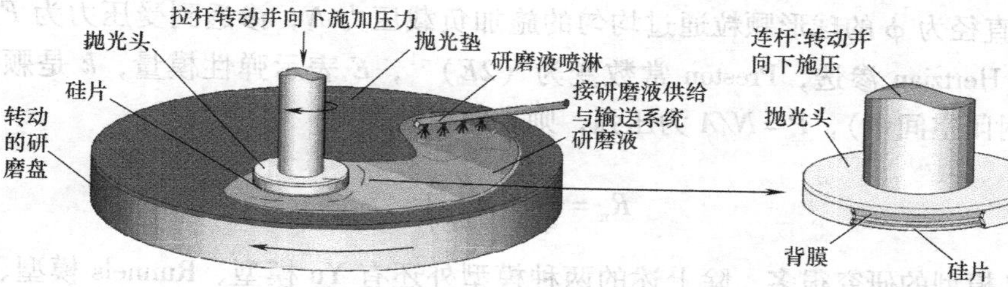

图 10-8　CMP 具体步骤

在这一过程中，吸附在抛光垫上的研磨液不断地对硅片表面产生侵蚀作用，生成胶状膜层。而该膜层又经机械磨削作用被不断磨除从而暴露出新的表面，就这样周而复始地对硅片表面不断地化学侵蚀和机械磨除，构成了 CMP 的基本过程。总的来看，CMP 的微观过程基本上是由两个过程组成：

1）化学过程：研磨液中的化学品和硅片表面发生化学反应，生成比较容易去除的物质；

2）物理过程：研磨液中的磨粒和硅片表面材料发生机械物理摩擦，去除化学反应生成的物质。

化学过程和物理过程反复交替进行，可以将所需研磨的层去除掉。对每一个研磨对象，通过选择合适的研磨液、抛光垫和精心调整研磨参数，就可以相对精确控制研磨的厚度和平坦度来达到不同工艺的需求。

1. CMP 机理模型

尽管 CMP 在 IC 生产线上广泛应用了十几年，但它的工艺仍不成熟，稳定性和安全性一直是探讨的课题，大多数 IC 材料的 CMP 机理尚不完全清楚。在 CMP 的工作机理的研究中，最常被引用的方程式为 Preston 方程或是在 Preston 方程基础上改进的一些模型。

（1）Preston 方程　从微观上来看，抛光是机械摩擦作用同时也是化学行为，理想的情况是化学作用速率和机械磨除速率相等，但这很难达到，两种作用速度中的慢者决定了抛光速率。抛光中机械摩擦抛光速率服从 Preston 方程，即

$$R = KPV$$

式中，R 为抛光速率，是指单位时间去除材料的厚度，单位为 nm/s 或 μm/s，又叫去除率，$R = \mathrm{d}H/\mathrm{d}t$，其中 H 表示去除材料的厚度，t 为时间；P 为抛光头的下压力；V 为硅片与抛光垫之间的相对线速度；K 为 Preston 常数，是与被抛光材料、设备和工艺有关的常数，包括被抛光材料的硬度、研磨液、抛光垫、抛光条件等参数。

从中可以看到，抛光速率和压力成正比。硅片表面高处，抛光头施加的压力大，低处抛光速率小，这样高处去除材料的速度比低处快，从而达到平坦化的目的。

Preston 方程对浅槽隔离和金属层间介质等以机械摩擦为主导的 CMP 有比较好的近似模型。

（2）Cook 模型　Cook 模型仅适用于单纯的硅片抛光，是目前描述抛光最详细的模型。它考虑了研磨颗粒的机械作用和化学反应，包含了抛光中几乎所有的因素并能用一个例子很好地解释（用含二氧化硅颗粒的抛光液对二氧化硅表面抛光）。该模型假设抛光液是牛顿流体，液体中含有颗粒，黏性系数为 10^9Pa · s。研磨颗粒和表面之间的相互机械作用可以用模型来描述，直径为 ϕ 的球形颗粒通过均匀的施加负载压力 N，渗透到受压力为 F_n 的表面。对一个标准 Hertzian 渗透，Preston 常数变为 $(2E)^{-1}$，E 表示弹性模量，k 是颗粒的浓度（在一个密封闭空间中），$P = N/A$ 为压强，则表面粗糙度为

$$R_n = \frac{3}{4}\phi\left(\frac{P}{2kE}\right)^{\frac{2}{3}}$$

对 CMP 模型的研究很多，除上述的两种模型外还有 Yu 模型、Runnels 模型、Qin 模型等。在现有的模型中，许多因素在特定条件下被考虑或忽略，对于何种效应在材料去除中占主导地位还没有很完善的解释。所以专业人士在这方面的研究是一个很重要的方向，对于 CMP 工艺条件的优化和稳定性非常重要。

2. CMP 主要参数

（1）平均磨除率（MRR）　在设定时间内磨除材料的厚度是工业生产所需要的，绝大多数抛光工艺都是根据设定的平均磨除率进行定时控制的，也就是要在设定的时间磨除设定的厚度。

（2）CMP 平整度与均匀性　平整度是硅片某处 CMP 前后台阶高度之差占 CMP 之前台阶高度的百分比，也就是说硅片某处台阶 CMP 之后相对于 CMP 之前台阶的平整程度。

假设硅片表面某处平坦化之前台阶高度是 $SH_{\mathrm{PRE}} = M_{\mathrm{ax1}} - M_{\mathrm{in1}}$，平坦化之后台阶高度为 $SH_{\mathrm{POST}} = M_{\mathrm{ax2}} - M_{\mathrm{in2}}$（肯定有 $SH_{\mathrm{POST}} < SH_{\mathrm{PRE}}$），如图 10-9 所示，则 CMP 平整度 DP 为

$$DP(\%) = \left(\frac{SH_{\mathrm{PRE}} - SH_{\mathrm{POST}}}{SH_{\mathrm{PRE}}}\right) \times 100\% = \left(1 - \frac{SH_{\mathrm{POST}}}{SH_{\mathrm{PRE}}}\right) \times 100\%$$

即 DP 越大，CMP 平整效果越好。如果 CMP 之后测得的硅片起伏为 0，即没有台阶，完全平

整，则 $SH_{POST}=0$，$DP=100\%$，SH_{POST}越小，平整度越大，CMP 效果越好。

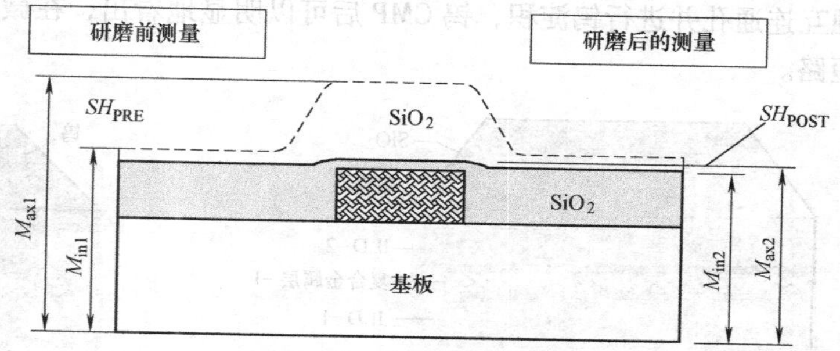

图 10-9　硅片平整度的测量

CMP 均匀性分为硅片内均匀性（WIWNU）和硅片间均匀性（WTWNU）。硅片内研磨均匀性指某片硅片表面研磨速率的标准偏差，用来衡量一个单独硅片上膜层厚度的变化量，通过测量硅片上的多个点（如多于 9 个点）来得到；硅片间研磨均匀性是指多个硅片之间 CMP 膜层厚度的变化，用于表征一定时间内硅片表面材料研磨速率的重复性和连贯性。

（3）选择比　在 CMP 中，对不同材料的抛光速率是影响硅片平整性和均匀性的一个重要因素。选择比是指在同样的条件下对两种无图形覆盖材料抛光速率的比值，即

选择比 = 材料 1 的抛光速率/材料 2 的抛光速率

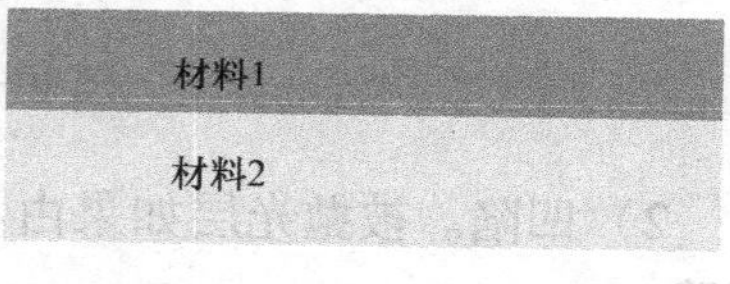

图 10-10　CMP 选择比应用

对图 10-10 中的两种材料，如果希望把材料 1 磨除掉而保留材料 2，那么就希望材料 1 相对材料 2 的抛光选择比大。

例如一种软质材料的抛光速率是 3000nm/min，一种硬质材料的抛光速率是 100nm/min，那么它们的选择比为 30。对于图 10-11 所示的硅片表面，假如软质材料厚度为 6000nm，硬质材料为 300nm，则把软质材料全部磨除掉要花 2min，再继续抛光硬质材料，速度将明显变慢，2min 只能磨掉 200nm。某些 CMP 工艺希望把软质材料去除掉就迅速结束 CMP，并保护下层材料，经常采用的办法就是先制作一层硬质材料（叫 CMP 阻挡层），然后再沉积软质的材料，这样在对软质材料 CMP 结束时就能阻止抛光的进行，从而能很好地控制 CMP 的终点，并保护下层的材料。这样的 CMP 应用就需要软质材料相对阻挡层材料的选择比要高。

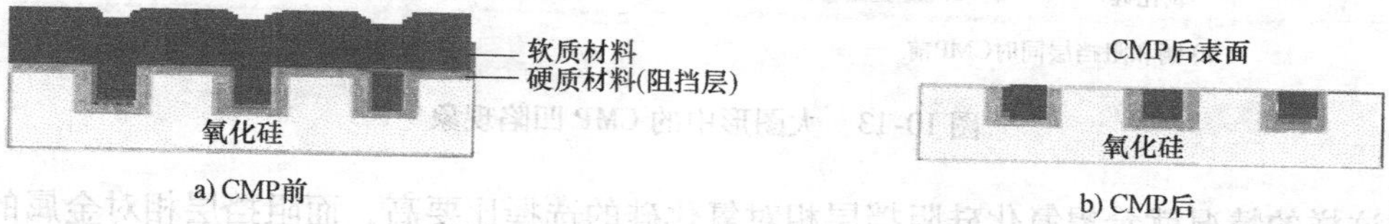

图 10-11　阻挡层

另外，还有一些 CMP 应用，如对两种材料同时 CMP 时，希望两种材料的选择比为 1，这是理想的情况。

（4）表面缺陷　CMP 工艺造成的硅片表面缺陷一般包括擦痕或沟、凹陷、侵蚀、残留物和颗粒污染，它们将直接影响产品的成品率。

1）硅片表面上的擦痕或沟。硅片表面上的擦痕或沟是一个显著的质量问题，可以造成金属层与金属层之间的短路。

如图10-12所示，在制作第二层层间介质氧化硅后，进行CMP时造成微擦痕，此后刻蚀互连通孔并进行钨淀积，钨CMP后可以明显地看出，在微擦痕处钨的存在使相邻的钨塞短路。

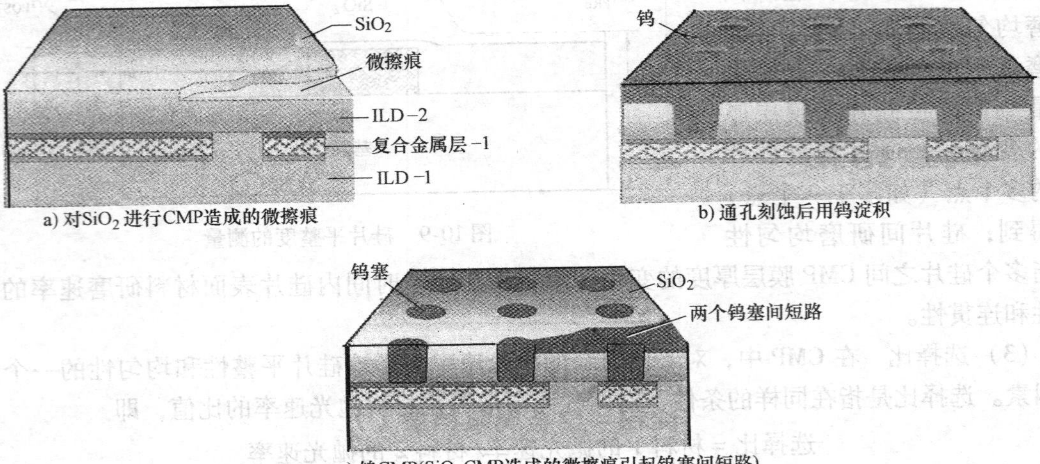

a) 对SiO_2进行CMP造成的微擦痕　b) 通孔刻蚀后用钨淀积

c) 钨CMP(SiO_2CMP造成的微擦痕引起钨塞间短路)

图10-12　CMP微擦痕造成的钨塞间的短路

2）凹陷。被抛光层如果由不同种材料组成，则抛光速率高的材料处通常会发生表面凹陷。

如图10-13所示，在抛光金属时，当磨到氮化硅阻挡层表面时，这时就既对氮化硅抛光又对金属抛光，因为氮化硅硬度比金属大，所以，对金属的抛光速度比对氮化硅的抛光速率快，CMP在露出二氧化硅表面时停止，这样在软质材料金属膜表面处形成凹陷，金属中心最低。用凹陷最低处和二氧化硅层最高点的差来衡量凹陷的程度。

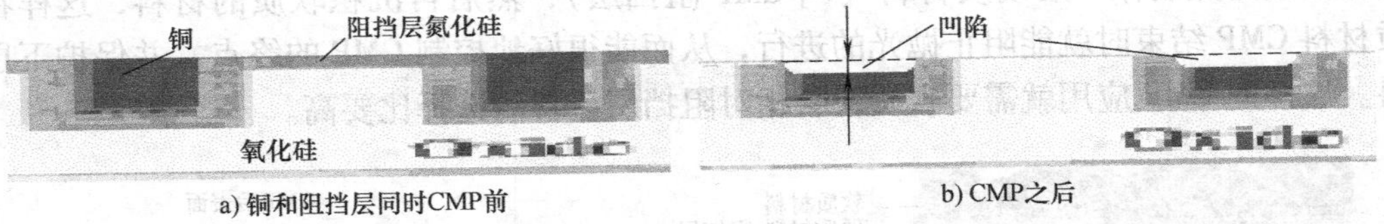

a) 铜和阻挡层同时CMP前　b) CMP之后

图10-13　大图形中的CMP凹陷现象

像这样的情况就希望氮化硅阻挡层相对氧化硅的选择比要高，而阻挡层相对金属的选择比为1是最理想的，这样既可以控制CMP终点，保护氧化硅，又可以不产生凹陷。

3）侵蚀。图形密集效应：在CMP过程中，硅片表面图形影响平坦化的效果，在图形密集、图形间距窄的区域，比宽图形间距区域的抛光速度快，使图形间距窄、密度高的图形处表面凹陷。

在一些情况下，金属线密集地挤在一起，如图10-14所示，CMP过程在金属密集的地方氧化硅和金属同时被减薄，也就是CMP后在这一区域金属和氧化硅产生过抛光，导致凹陷，这种情况就叫这一区域发生了侵蚀（金属、氧化硅被侵蚀）。侵蚀的程度用设计的介质层高度与实际高度的差值来表示。侵蚀在图形密度大到一定值、特征尺寸小到一定值时就会发生，而且线间距越窄，图形密度越大，侵蚀越大（凹陷越深）。Serita 等人对线间距变化而图案密度保持50%的情况进行了实验研究，认为侵蚀与小的线间距有关，并认为侵蚀仅在特征尺寸小于0.35μm 时才有影响。过长的时间精抛（过抛情况下）及终点检测的延迟也会导致侵蚀情况的增加。

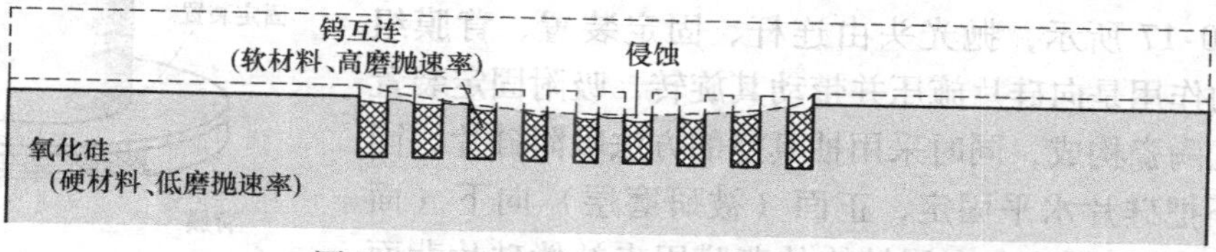

图 10-14 高密度图形区域的 CMP 侵蚀

如果表面的侵蚀非常严重而不进行修正，继续后面的多层布线工艺，就会导致不完全通孔刻蚀等问题，如图 10-15 所示。

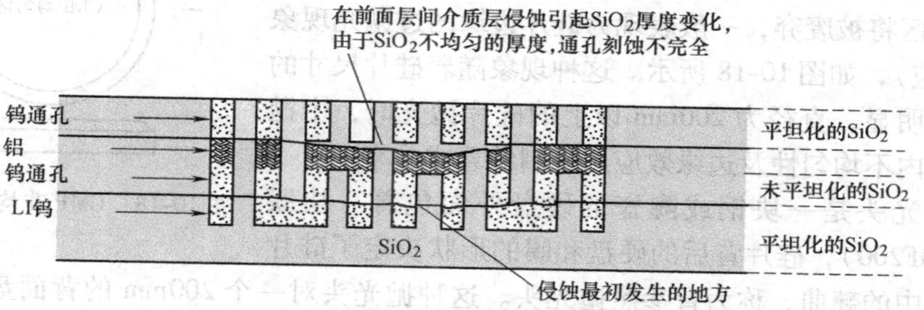

图 10-15 由于侵蚀带来的不完全通孔刻蚀问题

4）残留物。在有图形的硅片表面进行 CMP 后，沿图形边沿可能会出现细长条状物质，这种沿图形边沿的细长线条就叫残留物。它能引起短路或降低芯片的可靠性，CMP 工艺要尽量减少这种残留物。

10.3.3 CMP 设备

1. CMP 设备组成

图 10-16 给出了 CMP 工艺相关设备的组成。可以看出，CMP 设备组成分为两部分，即研磨部分和清洗部分。研磨部分由抛光机运动组件（常叫抛光机）、抛光过程控制、抛光垫修整器、研磨液供给与循环系统、终点检测组成。而清洗部分负责硅片的清洗和甩干，做到“干进干出”。

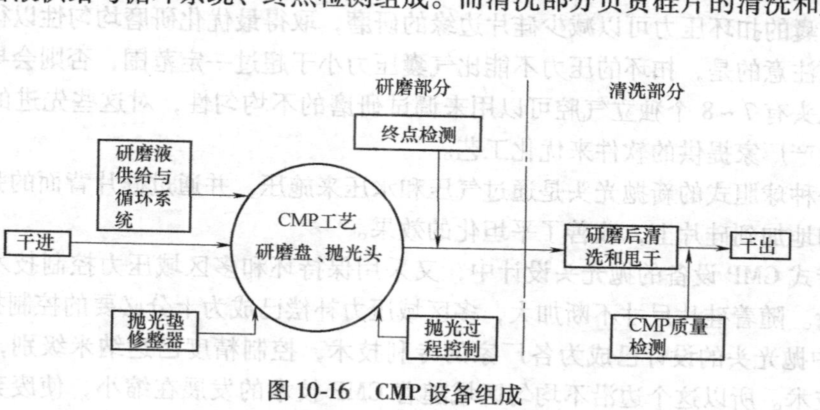

图 10-16 CMP 设备组成

（1）抛光机运动组件（常叫抛光机）　它包括抛光头、研磨盘，是实现CMP的关键机械装置。

1）抛光头。抛光头是用来吸附固定硅片并将硅片压在研磨垫上带动硅片旋转的装置，又叫载片器。

如图10-17所示，抛光头由连杆、固定装置、背膜组成。连杆的作用是向硅片施压并带动其旋转，吸附固定装置通常由微孔陶瓷构成，同时采用抽真空的方法吸附硅片，同时用定位环把硅片水平固定，正面（被研磨层）向下（面向研磨盘），背面要垫上多层结构的背膜用来补偿硅片背面和颗粒带来的不平整。背膜像海绵，有抽真空的小孔。抛光头是背面控制。

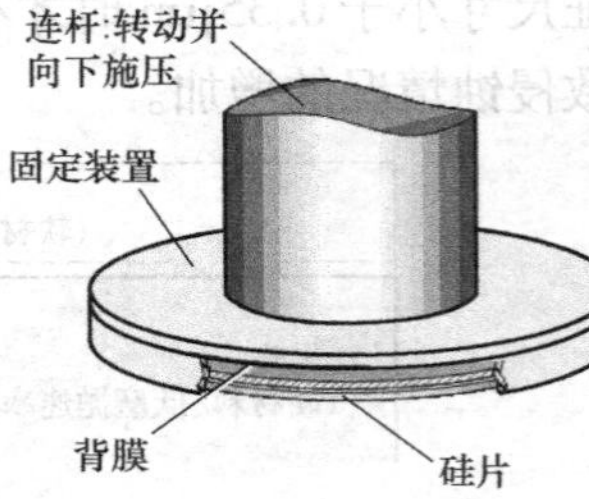

图10-17　抛光头

抛光头的设计影响硅片边沿不均匀区域的直径的大小，不均匀边沿区将被废弃，一般表现为硅片边缘的过抛光现象（叫边沿效应），如图10-18所示。这种现象随着硅片尺寸的增大而越加明显，直径为200mm以上的硅片抛光时，由抛光造成的片内不均匀性及边缘效应严重制约着成品率。

图10-18　CMP非均匀边沿区域

以前抛光头是一块钢或陶瓷的硬盘外面包着一块膜（如Rodel DF200），硅片背后的硬盘和膜的形状决定了硅片在研磨过程中的翘曲，称为背参照抛光头。这种抛光头对一个200mm的背面盘片中间向外翘曲2μm将会导致中间较快的CMP速度。研磨过程中的温度变化会影响抛光头的形状，从而导致研磨的不均匀性随温度变化。

背参照抛光头是在硅片的背面施加压力，而不能在定位环上施加压力，为了优化边沿的抛光速率，一种固定扣环的背参照抛光头运用在一些CMP设备中，即在定位环上进行单独的压力控制，会使硅片边缘的研磨变少。但定位环的位置（定位环与硅片的距离）会影响边缘研磨速度。

在新的CMP系统上采用正面参照抛光头，可以控制研磨的不均匀性。这种抛光头由采用工业橡胶制成的气动隔膜（柔性膜）、扣环（相当于定位环）组成，定位环的位置对工艺控制就不那么重要了。这些系统对扣环和柔性膜的压力是分开设定的，如图10-19所示。这类抛光头称为正面参照抛光头，因为可变形的隔膜使得硅片在研磨中完全贴住抛光垫，通过增加相对气囊的扣环压力可以减少硅片边缘的研磨，取得最优化研磨均匀性以得到理想硅片形状。必须注意的是，扣环的压力不能比气囊压力小于超过一定范围，否则会导致滑片。更先进的抛光头有7~8个独立气腔可以用来调试研磨的不均匀性，对这些先进的抛光头，通常要通过生产厂家提供的软件来优化工艺。

还有一种球胆式的新抛光头是通过气压和水压来施压，并通过硅片背面的弹性膜和球胆把压力均匀地加到硅片上，改善了平坦化的效果。

在旋转式CMP设备的抛光头设计中，又采用保持环和多区域压力控制技术来改善硅片的抛光质量。随着硅片尺寸不断加大，多区域压力补偿已成为十分必要的控制技术。

CMP中抛光头的设计已成为各厂家的专利技术，控制精度已达纳米级别，成为硅片制备的关键技术。所以这个边沿不均匀区域随着CMP技术的发展在缩小，使废弃的区域在减

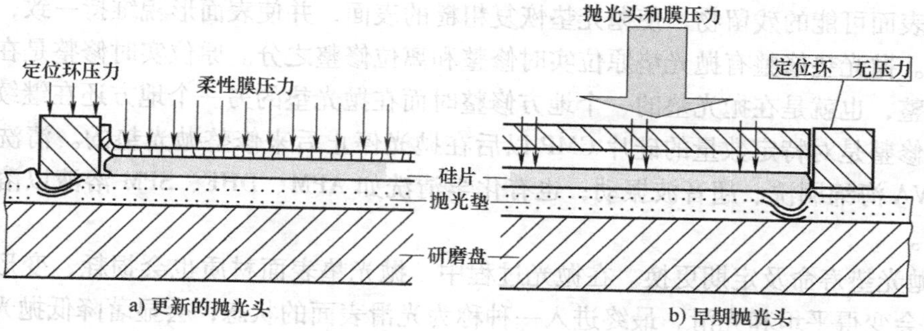

图 10-19 更新的抛光头设计

小，几年前这个废弃量约 3mm。

2）研磨盘。研磨盘是 CMP 研磨的支撑平台，其作用是承载抛光垫并带动其转动，同时也要承载研磨液，并能排除磨除的废料。所以要有一个能承载一定压力、研磨过程不形变、水平且非常平整的表面，并由一个旋转轴来带动其水平、平稳的旋转。

（2）研磨过程的控制组件　它是控制抛光头压力大小、转动速度、开关动作、研磨盘动作的电路和装置。

（3）抛光垫与抛光垫修整

1）抛光垫。抛光垫大多使用发泡式的多孔聚亚胺脂材料制成，是一种多孔的海绵，利用这种类似海绵的机械特性和多孔特性的材料，提高抛光的均匀性，其尺寸通常比硅片要大，如图 10-20 所示。抛光垫在 CMP 工艺中扮演重要角色，有纯发泡型、不织布基材发泡型、多层复合型等类型。

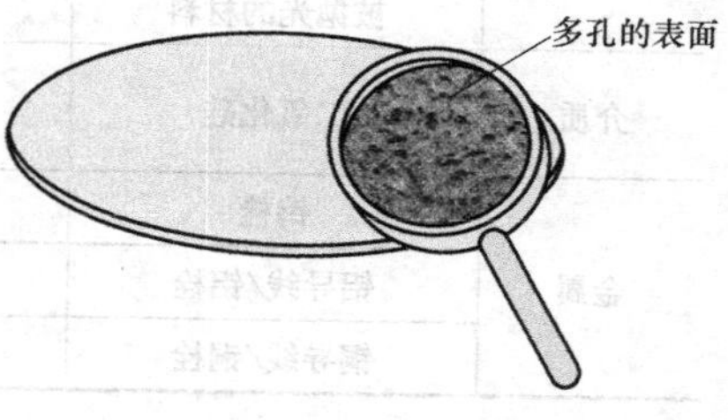

图 10-20 抛光垫

抛光垫除了协助研磨液的有效均匀分布外，也能提供新补充的研磨液、排除旧的研磨液及反应物，为了维持工艺的稳定性、重复性及均匀性，抛光垫材料的物理性能、化学性能及表面形貌都需维持稳定的特性。因此抛光垫的材质、表面粗糙度、表面组织结构、密度、厚度、硬度（弹性）、孔隙率、微孔深度及直径、表面形貌处理（抛光垫表面微凸峰分布形式：根据用户要求设计制作各种形状沟槽）、背垫弹性等都关系到最终的抛光质量。

有使用单层抛光垫的，也有使用双层和多层抛光垫的。通常把软硬不同的多个抛光垫叠放在研磨盘上来控制恰当的抛光垫硬度。

2）抛光垫修整。抛光垫是一种消耗品，在使用中因为研磨液粉粒及薄膜碎片的沉积，使抛光垫表面微孔发生堵塞，使其容纳研磨液和排除废屑的能力降低，导致材料去除率随时间下降，研磨的效率变差。此外抛光垫的不均匀磨损，使得抛光过程不稳定，很难进行参数优化。所以抛光垫通常需要定期不断修整，即对抛光垫进行修正、造型、平整和清洗，同时需要不断润湿抛光垫以恢复其表面粗糙度和多孔性，这个任务就是由抛光垫修整器来完成。修整的目的是要在抛光垫的寿命期间内使抛光垫获得一致的抛光性能。方法有两种：①机械摩擦和去离子水喷溅，用刷子刷然后用去离子水冲清洗掉抛光垫上的沉淀物和毛孔中的堆积物。②采用镶有钻石磨粒的修整器或金刚石修整器。修整器和抛光垫接触，转动修整器来去除抛光垫表面可能的残留物，使抛光垫恢复粗糙的表面，并使表面形貌维持一致，确保加工的重现性。抛光垫修整有抛光垫原位实时修整和离位修整之分。原位实时修整是在抛光过程中进行修整，也就是在抛光垫的一个地方修整时而在抛光垫的另一个地方还在继续对硅片抛光。离位修整是对特定数量的硅片 CMP 以后在抛光停止后来修整抛光垫的。清洗中有物理清洗如 PVA 海绵刷洗、超音波振动；也有化学清洗如 APM、DHF、SPM 溶液以溶解的方式去除异质。

3）抛光垫寿命及定期更换。在抛光过程中，抛光垫表面材质也会损耗、变形，抛光垫表面逐渐会变得平坦和光滑，最终进入一种称为光滑表面的状态，会显著降低抛光速率。抛光垫的寿命是有限的，要保持好的抛光效果要定期更换抛光垫。抛光垫的寿命除了和抛光垫本身的材料特性、质量有关外，还和使用的 CMP 设备、使用的研磨液、被抛光的材料等应用场合有关。

国际抛光垫制造商 Rodel 公司占据市场第一的位置，Fujimi 公司、Fredenburg 公司分别次之。CMP 市场的三大巨头控制着 CMP 的绝大部分市场。

（4）研磨液的供给与循环系统

1）研磨液。研磨液由磨粒、酸碱剂、纯水及添加物构成，其成分见表 10-1。

表 10-1 研磨液成分

被抛光的材料		磨粒	研磨液添加物	研磨液 pH 值
介质	二氧化硅	SiO_2、CeO_2、ZrO_2 Al_2O_3、Mn_2O_3	KOH、NH_4OH	10~13
金属	钨栓	Al_2O_3、Mn_2O_3	H_2O_2、Fe（NO_3）$_2$、KIO_3	2~6
	铝导线/铝栓	SiO_2	H_2O_2、Fe（NO_3）$_2$、KIO_3	2~6
	铜导线/铜栓	Al_2O_3	H_2O_2、Fe（NO_3）$_2$、KIO_3	2~6

研磨液含有超精细磨粒，如胶状二氧化铝、胶状氧化硅、氧化铈等，对磨粒的大小和硬度有很高要求，要求直径很小，已经是纳米级，硬度比硅片表面被去除的基体材料小，但要高于研磨液与被去除的材料反应生成的胶状膜层（即被去除材料被软化或被氧化所得到的软化层或氧化层）的硬度。

化学添加物如 KOH、H_2O_2、NH_4OH 等，在抛光过程中有加强氧化性、活性、稳定性及选择性的功能。在 CMP 加工中，这些化学添加剂和要被除去的材料进行反应，弱化其和硅分子的连接，侵蚀或软化被抛光材料，使得机械抛光更加容易。化学添加剂要根据实际情况加以选择。以一般碱性研磨液为例，其主要应用于介质层平坦化工艺，因为大部分介质层均是十分硬的材料，如二氧化硅、氮化硅等，一般研磨液所使用的抛光磨粒则是二氧化硅，此时抛光液中的碱性化学成分其作用是软化介质层的表面及提供适当的润滑。然而在硅片的金属层材料化学机械抛光应用上，须先利用酸性的氧化剂将金属表面氧化，再利用抛光液中悬浮的磨粒将金属氧化物去除。如钨栓塞抛光，使用酸性的氧化剂，再混合氧化铝（Al_2O_3）磨粒所组成的研磨液，此时化学氧化剂所提供的功能与碱性抛光液不同。

在应用中通常有氧化物研磨液、金属钨研磨液、金属铜研磨液以及一些特殊应用研磨液。

Cabot 公司为全球最主要的研磨液供货商，产品系列齐全，尤其在钨金属制程研磨液产品市场占有率最高，地位也最为稳固；Fujimi公司、Rohm公司和Haas公司在氧化层制程研磨液产品上表现较好，JSR公司专注铜制程产品，TaN阻障层也以JSR公司、Rohm公司和Haas公司为主要供货商；我国台湾厂商长兴化工主力放在铜制程研磨液市场，近一两年也开始打入全球市场。化学机械研磨液领域近年来加入者众多，日本厂商的产品价格下降，其竞争力不容忽视，但目前仍以Cabot公司主宰CMP研磨液市场。近年来，又涌现出ACSI/ATMI、Bayer、Dupont、Nissan Chemical和Wacker等公司抢占研磨液市场。虽然一些公司也在研发抛光浆料，但短时间内CMP浆料的市场将主要由Cabot公司占有。

2）研磨液供给与输送系统。因为研磨液是含有大量精细磨粒悬浮物的化学混合物，在产量高的半导体生产厂中，用量又很大，所以需要有大宗的输送和混合系统。

① 研磨液供给与输送系统与CMP工艺之间的关系：研磨液中的化学品在配比混合输送过程中可能有许多变化，这一点，使输送给机台的研磨液质量与抛光工艺的成功形成了非常紧密的关系，其程度超过了与高纯化学品的联系。尽管CMP设备是控制并影响CMP工艺结果的主要因素，但是研磨液在避免缺陷和影响CMP的平均抛光速率方面起着巨大的作用。

研磨液颗粒或结块是造成CMP的表面划伤、沟等缺陷的主要原因，干的研磨颗粒很难从硅片表面清除，因此对任何研磨液输送系统的一个基本要求就是要把不含坏颗粒的研磨液输送给工作台，设备生产商的设计目标是尽可能不产生坏的颗粒，同时在输送管线末端最大限度地除掉颗粒。

研磨液中的磨粒含量、pH值、研磨颗粒形状的细小变化都会改变材料去除率。

在研磨液输送系统中，必须对混合和输送循环中的化学品浓度进行监测和控制，要随时对研磨液进行监控和测量，测量其浓度和颗粒大小。一种方法是长时间监测输送颗粒的大小。研磨液长时间处在输送系统中，几乎对所有研磨液都会产生不良影响，好的设备和系统的设计以及合理的操作规程可以延长研磨液的寿命，要优化研磨液输送系统，在研磨液使用一段时间后要注意其输送颗粒大小曲线（PSD）。较大颗粒数量的增加是不希望出现的，因为较大颗粒直接会造成缺陷，如果没有直接造成缺陷，说明系统监测出了问题，出现了没有监测到的缺陷，理想的系统应该能防止PSD曲线随时间漂移。一个适当的系统可以防止研磨液在被抛光机使用前发生漂移。

② 研磨液供给与输送系统实现的目标：通过恰当设计和管理研磨液供给与输送系统来保证CMP工艺的一致性。研磨液的混合、过滤、滴定以及系统的清洗等程序会减轻很多与研磨液相关的问题。那么就要设计一个合适的研磨液的供给与输送系统，完成研磨液的管理，控制研磨液的混合、过滤、浓度、滴定及系统的清洗，减少研磨液在供给、输送过程中可能出现的问题和缺陷，保证CMP的平坦化效果。

③ 研磨液混合和输送设备的设计特点：

• 搅动：一般来讲，研磨液中的固体颗粒经过一段时间后会逐渐淀积，为了满足特定的工艺要求，必须保持桶中和储蓄罐中的液体均一，专业的研磨液系统制造商可以为每种研磨液设置特定的淀积率和分散率。

• 桶中搅拌：为了保持桶中和储蓄罐中的液体均一，桶中需要搅拌，速度从慢到快，因为研磨液中含有有机物，当搅拌速度超过一定限度时，会发泡并带进气体，搅拌系统的设置和操作要保持桶中研磨液在任何高度都不能产生气泡，尤其底部的化学品。

• 储蓄搅拌：如果需要混合，储蓄罐中也需要搅拌以保证颗粒悬浮和液体均一，可用泵循环机或泵喷射来进行机械搅拌，但会产生涡流，这是不好的。

● 最低流速：研磨液在输送管道中流动的速度不够，其中的颗粒就会脱离悬浮态导致沉积而阻塞系统，研磨液的最低速度一般是一个范围，根据管道的直径，在一定流量下才能保证这样的线速度。

● 加湿：对于桶、储蓄罐、压力管中的研磨液的表面，如果液面以上的气体中水蒸气没有达到饱和，研磨液表面水分就会产生蒸发使研磨液表面变干而产生大的颗粒，同时液位下降，这些大颗粒一旦进入输送系统就会损坏晶面，对气体进行加湿可以解决这个问题。加湿系统可以是高压或低压系统，要取决于膜、鼓泡器和加热技术。

● 死角：在设计高纯化学品的管道线路时，一般主要考虑有效的使用空间并使之易于进行维护，在研磨液系统中，必须认真考虑管线的布置，以防止出现死角。在死角处，研磨液一般不流动，并会在几天或几周内堵塞，最常见的死角是垂直三通接头的下端。

● 过滤：高纯化学品的颗粒含量很低，而研磨液中含有各种大小的颗粒，其中大部分是工艺需要的，所以研磨液的过滤具有挑战性，首先要考虑过滤器的寿命和有效性，孔固定过小会堵，过大只能除掉过大的颗粒。

● 使用点压力控制：依靠研磨液输送系统的压力来控制输送到操作盘上的研磨液的流量。大多数机台都有辅助调节流量的泵，但这些泵常常对进口的压力比较敏感。举一个例子：假设一个机台需要研磨液时，主研磨液输送管道中的压力为 30psi（1psi = 6.895kPa），当两个机台同时需要研磨液时，主管路中的压力就会由于失去动力而降为 28psi，当压力下降时，每一机台的流量都会下降，MRR 以及其他一些关键工艺参数就会发生变化。控制机台输送压力最有效的办法就是使用动力控制压力系统，或在机台上安装对压力波动不敏感的流量控制器，控制器根据循环管路中间的压力传感器发出的信号，调节输送动力单元的输出电压或循环背压并进行补偿。

④ 抛光研磨液后处理：作为消耗品，研磨液一般是一次性使用。随着 CMP 市场的扩大，抛光研磨液的排放及后处理工作量也在增大（出于环保原因，即使研磨液不再重复利用，也必须先处理才可以排放）。而且，抛光研磨液价格昂贵，如果通过补充必要的化学添加剂的方式，可重复利用其中的有效成分，这不仅可以减少环境污染，而且还可以大大降低加工成本。因此，抛光研磨液的后处理研究将是未来的新研究热点。

(5) 终点检测设备　终点检测是检测 CMP 工艺把材料磨除到一个正确的厚度的能力。去除的薄膜厚度需要高精度地加以控制，若未能有效地监测 CMP 运作，便无法避免硅片抛光过度或不足的情况，因此对于硅片 CMP 终点检测是十分关键和不可或缺的。终点侦测可控制膜厚正确的去除量，减少再加工的需要。比较先进的 CMP 设备都采用终点检测系统。

根据终点检测的特点可以分为基于时间的离线终点检测技术和实时在线检测技术。离线终点检测利用控制硅片的抛光时间和厚度的测量，对去除速度及其均匀性进行经验性的控制。但这种方法的精度并不高，造成硅片的缺陷较多，主要在小于 200mm 的硅片加工中应用。传统的终点检测系统是在整个硅片上取样，测量保留的膜厚的平均值。现在先进的设备，可以检测硅片上一个特定位置的终点。目前，应用于实际生产的在线终点检测技术主要有电动机电流终点检测和光学干涉法，终点检测，而红外终点检测技术是目前比较先进的终点检测技术。

1）电动机电流终点检测。电动机电流终点检测是美国微米半导体技术公司的 Sandhu S 和 Laurence D 等人提出的利用抛光头或抛光机研磨盘驱动电动机电流信号变化实现抛光终点在线检测的方法。原理为：硅片薄膜变平坦的过程中，研磨的摩擦力逐步降低，硅片表面也逐步光滑，当薄膜研磨干净时，下一层薄膜又开始了，由于摩擦力的大小取决于材料特性，当硅片抛光达到终点时，抛光垫接触的薄膜材料不同，导致硅片与抛光垫间的摩擦系数发生显著变化，这时就会观测到研磨盘电动机电流的显著变化（强烈的升高或降低）。例如硅片上多晶硅膜被去除，将下方底层的氮化硅膜露出，硅片与抛光垫之间的摩擦力发生变化，从而使抛光头或抛光机台回转力变化，其驱动电动机的电流也随之变化，因此由安装在抛光头和抛光机台上的传感器监测驱动电动机电流变化可推知是否达到抛光终点。

这种检测对大块图形，而且是在研磨均匀性好的情况下比较有效。如果均匀性差，有的地方已经露出了新层，而有的地方还没有研磨到新层，如果要完全露出新层，某些地方可能就已经发生了过磨现象，这在对金属的 CMP 中比较严重。因为，金属层不该连接的地方有金属残留会导致器件短路，而该连接的地方因为过磨又会降低金属栓的深度从而增加器件的局部电流。这种方法适用于摩擦系数变化大的金属膜抛光和多晶硅抛光过程中，不适用于磨除薄膜后还要留下一定厚度薄层为抛光终点的氧化硅抛光。在抛光终点监控参数突然改变的理想系统中，这种抛光终点检测方法是可以接受的。然而，在衬底抛光过程中，有些抛光之后还要保留一定的衬底材料厚度，这样到达终点时，因为变化量的不明显可能会做出错误的判断。此外，当仅进行平坦化步骤时，或者当下层材料和覆盖层材料具有类似的物理性质时，这种终点检测方法不是很有效。

2）光学干涉法终点检测。光学干涉法终点检测是利用第一表面和第二表面反射形成的干涉来确定薄膜的厚度。在反射光谱学中，用单色光或者白光照射到膜层表面，产生反射光，同时折射到膜层的折射光到薄膜的下表面（抛光面）时又产生反射光，这两列反射光反射的角度大小与膜层材料的厚度有关，会产生干涉或衍射，可根据干涉或衍射的情况来判断薄膜的厚度。在 CMP 过程中，通过连续地测量膜层厚度的变化，来测定抛光速率（去除率），如图 10-21 所示。用一定的信号处理算法可以分析反射光并减小表面图形引起的测量噪声。

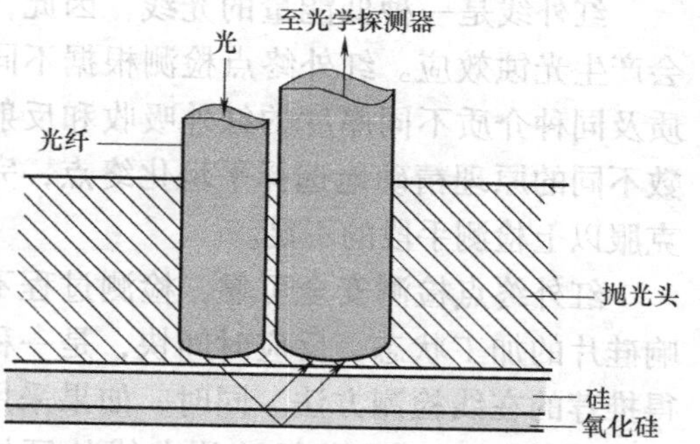

图 10-21　终点检测的光学干涉

在理想的测试系统中，能够看到硅片上尽可能多的地方，并且不受研磨液和研磨产物碎片的影响。大多数系统要求在抛光垫底部挖孔或者安置反应器。当硅片在抛光垫上运动时，这些光学感应器就会观察材料的反射、颜色或者光谱干涉图案。对多压力区的抛光头，光学终点检测系统在某些区域检测到终点时可以降低该区域的压力从而降低过磨。更先进的 CMP 设备可以用这个系统来优化抛光均匀度，保证每一次过程研磨速率的一致。

这种方法对于透明层的抛光厚度测量十分精确，并且可以控制到任意厚度的抛光而不仅仅是不同材料的界面。光学检测适合于某些应用，但并不适用于希望对硅片中不同区域进行终点检测的情况，并且也不适用于金属物理气相淀积的大马士革工艺。此外，此种先进的测量技术有其本身固有的缺陷，比如光学测量会导致金属膜的光腐蚀效应（简称光蚀）。

下面来说明光蚀现象，如图 10-22 所示，第一层介质层在晶体管及硅衬底上形成，经光刻、蚀刻及淀积技术制成钨栓及铜线，并经铜 CMP 后使铜线表面和第一层介质表面处于同一水平线。其中的钨栓提供铜线与晶体管上有源特性之间的电连接，第二层介质层在第一层介质层及铜线上加工制成，又经光刻、蚀刻以及淀积技术制成铜通孔和铜线。经铜 CMP 处理，铜通孔中的铜线用于第二层与第一层的电连接。两次的铜 CMP 处理均是去除多余金属化材料，且将金属仅留在沟槽中，整个硅片将达到表面的均一化平整。在第二次铜 CMP 过程中采用光学终点检测，如图 10-23 所示，顶层上的铜线在进行检测期间已受到光蚀，一般认为是因为光检测器所发射出的光子到达 PN 结处所引起的。不幸的是，一般光检测的正常光量将导致灾难性的腐蚀效应，光蚀效应可以使铜线移位，并破坏铜表面的希望物理状态，在 P 型结上造成铜线的部分或者全部溶化，而在 N 型结上形成铜淀积。此种扭曲包括铜线的腐蚀将直接导致芯片上某一器件严重失效，进而直接导致整个芯片的功能缺陷。

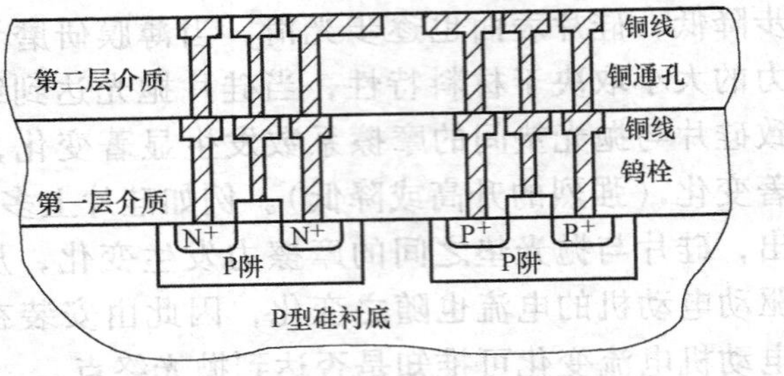

图 10-22 CMP 后的 CMOS 电路剖面图（未经过光学检测）

3）红外终点检测技术。电动机电流终点检测存在着误判断，而可见光干涉测量存在着光蚀效应等问题。

红外线是一种低能量的光线，因此，不会产生光蚀效应。红外终点检测根据不同介质及同种介质不同厚度的红外吸收和反射系数不同的原理精确地选择平坦化终点，完全克服以上检测手段的不足。

红外终点检测安全可靠，检测过程不影响硅片的加工状态，反应时间快，是一种值得推荐的在线检测方法。同时，如果采用红外阵列检测，可以进行硅片在线的区域检测，实现表面形貌的绘制，结合图像处理方法，则可实现表面缺陷的评估。

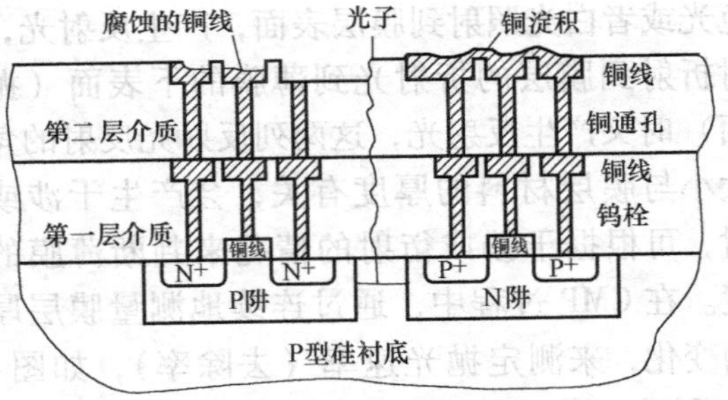

图 10-23 经光学终点检测后的剖面图

（6）清洗设备与干进干出 过去 CMP 设备只是研磨抛光，与清洗设备是分开的，硅片在 CMP 设备中抛光完成后通过硅片滑轨放到水中的片匣内。在整批研磨抛光完成后，硅片放到自旋清洗甩干设备中进行旋转清洗甩干，然后进行下一步的工艺。这种旧式的 CMP 设备称为“干进湿出”（DIWO）系统，即 CMP 产出的硅片总是湿的，其两侧经常要安放自旋清洗甩干设备。后来的干进湿出设备加入了细磨盘，用来刷洗抛光后硅片的沾污。细磨盘能够有效清除大约 0.5μm 的研磨颗粒。

最初的清洗设备也是独立的，先抛光后清洗，所以叫后清洗。其作用是采用化学或物理的方法从硅片表面去除缺陷和颗粒。常用的清洗方式有：毛刷清洗、酸性喷淋清洗、兆声清洗以及旋转清洗。自从20世纪90年代初期CMP技术在硅片制造厂中应用以来，CMP后清洗从最初的用去离子水进行兆声波清洗，发展到用双面洗擦毛刷（DSS）和去离子水对硅片进行物理擦洗。毛刷转动并压迫在硅片表面，机械地去除颗粒。然而，对于用双面洗擦毛刷和只用去离子水进行清洗而言，毛刷很快就被颗粒沾污了，一个被颗粒沾污的毛刷很容易把颗粒传给别的硅片。为了解决毛刷被沾污的问题，CMP后清洗通常是使用带有稀释的氢氧化铵（NH_4OH）毛刷，这些氢氧化铵会流过毛刷中心，对毛刷进行冲洗。这些液体向外流过毛刷杆，从而连续不断地带走颗粒。

随着硅片关键尺寸的减小，能容忍的缺陷越来越小，干进湿出设备已经不能满足要求，干进干出设备（DIDO）应运而生，即把CMP工艺和清洗工艺设备集成在一起，构成干进干出工艺。这一方法使硅片的CMP平坦化、清洗、干燥、测量以及装到片匣里等工艺过程都在集成的单一设备里完成，产出的硅片是干燥的。集成的CMP设备占据净化间空间减小，工艺上方便有效，产能大大提高，清洗模块的生产力也随着系统的改进不断提高，通过采用Marangoni或者其他溶剂干燥的方法，可不再需要旋转甩干干燥。多孔的低k值的薄膜非常脆弱，很容易受化学溶剂损伤，因此，溶剂类的清洗干燥装置在未来更加普遍。

2. CMP设备的发展

CMP设备应用已经超过了30年，最初的设备是基于传统的旋转式CMP工艺。然而，随着时间推移，工艺性能和生产能力要求不断提高，设备也在发展，出现了许多种类的CMP设备。

（1）单抛光头旋转式系统　CMP转动设备以玻璃陶瓷或其他金属的磨平抛光设备为基础，这种设备由单个研磨盘和单个抛光头构成。其中，抛光头是背面控制。经典的旋转式CMP设备是IPEC公司的Westech372。这个单头系统由以下几个部分构成：一个抛光头、一个22~26in的工作台（研磨盘）和修整盘。对于简单低产量的CMP，这些设备还是很有效的。在构造上，湿进湿出（WIWO）单片加工。硅片的装载和卸载是在水喷射轨道上完成的，所有硅片在卸载端都浸在水中。对基本的钨CMP和氧化物CMP，这些设备能可靠工作。但是，现今只能在半导体二手市场或者研发试验室找到它们了。

（2）多抛光头旋转式CMP系统　随着生产力需求和缺陷标准提高，出现了多抛光头的旋转体系，这类设备有很多种。总体来说，多抛光头旋转式设备是为高产出的生产运用而开发的。

高生产力的多抛光头使CMP系统在每小时能生产多于40片的晶圆。图10-24是Auriga公司制造的一台5抛光头的CMP设备，包括一个32in主研磨盘和较小尺寸的副研磨盘。它的研磨垫修整器是一个大的金刚石环或者刷子，每隔5片硅片做一次修整。在最高峰时，它每小时可以产出40片200mm的硅片。每一个研磨头单独受控，实现较好的工艺控制。它由最开始的WIWO系统逐渐演变，并成为世界

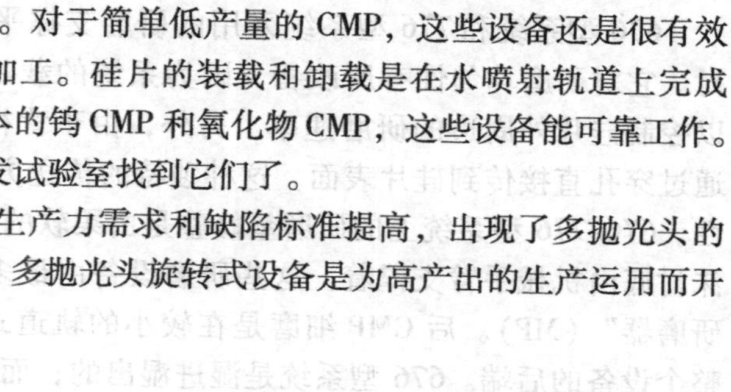

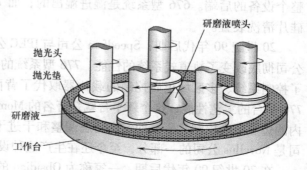

图10-24　多抛光头CMP设备

上第一台提供集成硅片清洗系统的多抛光头设备。

（3）多研磨盘 CMP 系统 由于 Auriga 公司和 Symphony 公司的设备缺乏灵活性，例如加工的硅片片数是 22 片而不是 25 片硅片，就不能发挥它们生产力高的优点。同时，Auriga 公司设备的系统缺点还包括可靠性差，不能用于多步骤化学品种类的铜 CMP 工艺。由于这些局限性，使得多研磨盘系统逐渐占领市场份额，这些系统由欧洲的 Peter Wolters、日本的 Ebara 和美国的 Applied Materials 等公司生产。最好的多研磨盘传送系统是由 Applied Materials 公司生产的 Mirra 系统。由最初的湿进湿出系统，Mirra 系统很快发展成为干进干出系统。采用 3 个独立的研磨盘，Mirra 系统最多可以同时研磨 3 片硅片，并且用 3 种不同的研磨液。大约在 20in 的每一个研磨盘上，有一个抛光头在研磨。Mirra 系统的抛光头是正面控制的气动载片器，比其他竞争对手提供的背面控制的载片器研磨表现好得多。由于研磨盘相对较小，因此 Mirra 系统是紧凑的 CMP 设备。Mirra 系统又称为圆盘传动设备，在每一个工序完成以后，十字架形的平台将抛光头顺时针转到下一个研磨盘研磨，这样就可以对单片硅片实现两种化学研磨加上一步细磨的工艺。尽管比 Auriga 系统要慢，但是 Mirra 系统可以在不改变牺牲工艺多样性的前提下处理不同数量的硅片批。由于多研磨盘系统具有简单性和灵活性，因此已经统治了 CMP 设备市场。

（4）轨道式 CMP 系统 由于对于工艺的灵活性和生产力的需求提高，IPEC 公司开发出了 676 轨道式 CMP 系统，这是由 Intel 公司关于轨道式 CMP 概念的专利研发出来的。与旋转式系统转动研磨盘不同，IPEC676 型系统是让 16～18in 的研磨盘在 5/8in 的圆周内灵活地做高速轨道运动。与 IPEC372/472 型系统的 24～90r/min 的转动速度不同，676 型系统采用 150～400r/min的轨道式旋转来产生能满足合理生产能力需求的线性速度。与旋转式设备比较，研磨头的转动速度也相对较低。另外，为改善研磨的不均匀性，研磨点在 270°范围内低速地来回抖动，这种抖动称为先进的研磨垫运动（APM）。

676 型系统和 776 型系统采用的研磨支撑平台是灵活带孔的研磨盘，又称为研磨背衬。它对研磨均匀性有所改善，因为系统的载片器是背面控制的，只有周围气腔扣环可以控制硅片外周边的研磨速率。另外，由于背衬是穿孔的，在研磨过程中，研磨液能够通过穿孔直接传到硅片表面。这种独特的传送方式对不含研磨颗粒的铜 CMP 工艺有优越性。676/776 型系统上的研磨垫修整是由柔软的金刚石研磨条完成的，这些研磨条粘在泡沫衬底由机械手臂支撑着。这些研磨设备由最多四个研磨模块组成，这些模块称为“微研磨器”（MP）。后 CMP 细磨是在较小的轨道式精磨装置上完成的，这种装置通常放在整个设备的后端。676 型系统是湿进湿出的，而 776 型系统是干进干出的，因为它集成了硅片清洗装置。

20 世纪 90 年代后期，Speedfam 公司与 IPEC 公司合并为 Speedfam-IPEC 公司，合并后的公司彻底改变了轨道式系统的性能。776 型系统的主要改变如下：抛光垫支撑台变硬、改进了控制系统、多区域正面控制的载片器取代了背面控制类型。这些硬件的组合显著提高了 776 平台的工艺性能，这个新平台就是著名的 Momentum 系统。它提供了真正的周边 1mm 以内的边缘研磨控制、研磨均匀度动态调整和干进干出的操作平台。今天，Speedfam-IPEC 公司是 Novellus 公司的一部分，至今还在生产这种设备。

在 20 世纪 90 年代后期，一家称为 Obsidian 的公司推出了 776 型系统的竞争设备。不同的是，该设备通过轨道式旋转的抛光头实现要求的线性速度。这是一种基于网状结构的设备，采用的抛光垫是3M公司生产的固定研磨颗粒的柔软垫，这种抛光垫比标准的IC1000/SUBA IV抛光垫平坦效率优越。这种3M抛光垫的工艺开发非常微妙，因为硅片图形的变化会改变移除速率。这种抛光垫工艺中，无图形的PETEOS或湿法氧化的硅化物研磨效果很差。2000年Applied Materials公司收购了这家公司。

（5）线性CMP设备　有些公司开发出能够实现高线速度的线性CMP设备，这种设备结构与带式磨砂机类似。它的抛光垫粘贴在电动传送履带上，固定在履带中间的载片器可以缓慢转动，进一步“光滑”表面而改善均匀度。这种系统能够在硅片表面产生理想的均匀线性区，研磨液的分配通过一组向研磨垫的喷射装置完成。平直的金刚石平条在研磨的同时对研磨垫做修整动作，即实现临场修整。最著名的线性CMP系统是LAM Research公司开发的Teres系统，采用的是研磨垫平躺的构造。另一种不太知名的Aplex系统采用立式的研磨垫结构，从而降低设备占用的空间。

线性CMP设备在二氧化硅的CMP上比较成功，但是缺乏铜CMP要求的多研磨盘的灵活性。两种设备都采用背面控制的载片器和液体支架系统。与Aplex系统不同的是，Teres系统实际应用于生产环境中。但是，由于缺乏工艺灵活性、设备耐用性差以及恶劣的商业条件，这些设备在工业界并没有生存很久。

目前，国际上生产CMP设备的公司主要有16家，但主要市场份额由美日垄断。其中，1996年开始涉足CMP设备领域的应用材料（AM）公司从1998年起至今，市场占有率一直居第一位。AM公司的崛起促使之前曾占领市场主导的IPEC公司与Speedfam公司于1999年合二为一，且于2002年被Novellus公司收购。

10.3.4　CMP工艺流程及工艺控制

CMP工艺操作虽然简单，可是CMP效果受多方面因素的控制，所以要得到期望的效果，工艺控制就非常重要。

1. CMP工艺流程

CMP工艺最基本的流程是：前期准备→研磨抛光→清洗→甩干→质量检测与评估。

1）前期准备：根据研磨的材料对象（如硅、二氧化硅、铝、铜等）、工艺对象（STI、ILD、LI等）来选择合适的研磨液、抛光垫、清洗液等消耗品，并按照要求做好CMP设备、硅片、化学品（研磨液、清洗液）配置和输送系统、环境等的前期准备（例如设备和硅片清洗、检测，环境是否达到要求等）。

2）研磨抛光、清洗、甩干：按照工艺文件的要求设置工艺参数进行CMP、清洗和甩干并监控工艺过程，做好工艺记录。

3）质量检测与评估：按照检验工艺文件的检测方案（抽样、质量参数、检测工具和仪器、测量点等）进行测量和计算，并按照标准判断CMP工艺的合格性，做好记录。对异常质量问题要及时上报，进行分析处理。

2. 影响CMP效果的主要参数

CMP的目标是实现合适的抛光速率、硅片表面一致的平整度和均匀性、没有划伤和缺陷的理想表面，只有对CMP过程加强控制，才能达到期望的目标。CMP的抛光效果受许多因素的影响，机理也非常复杂。有四大方面的参数：设备参数、研磨液参数、抛光垫/背垫参数、CMP对象薄膜参数，见表10-2。

表 10-2 影响 CMP 效果的主要参数

设备参数	研磨液参数	抛光垫/背垫参数	CMP 对象薄膜参数
抛光时间	磨粒大小	硬度	种类
研磨盘转速	磨粒含量	密度	厚度
抛光头转速	磨粒的凝聚度	空隙大小	硬度
抛光头摇摆度	酸碱值	弹性	化学性质
背压	氧化剂含量	背垫弹性	图案密度
下压力	流量	修整	
	黏滞系数		

CMP 的工作机理是在机械和化学磨除双重机制下完成的。如果化学反应速度大于机械去除速度，会造成对去除材料的去除不完全或者造成硅片上的电路出现凹陷的情况。如果化学反应的速度低于机械去除的速度，在研磨液的作用下，会造成硅片上电路划伤。而以上的情况都是在加工过程中不希望发生的。

CMP 看起来简单，但由于被平坦化的对象不同，对影响其平坦化的参数就会有不同的选择。

（1）抛光头压力　以对单晶硅片进行 CMP 为例来说明，从图 10-25 中可以看出，随着抛光头压力的增大，单晶硅片的抛光速率也随之增大，缩短了抛光的时间，增加了产能。但使用过高的压力会导致不均匀的平坦化速率，增加抛光垫的损耗、不良的温度控制及碎片等缺点。当硅片的 CMP 速率达到一定水平后，继续增大工作压力，抛光速率的增加趋势逐步放缓，并最终保持稳定。

（2）抛光头与研磨盘间的相对速率　抛光速率随着抛光头与研磨盘间的相对速度的增大而增大。但当相对速度增大到了一定值时，平坦化速率随之降低。转速增加可增加平坦化速率但却会产生局部高温以及使得抛光液较难平铺在抛光垫上。相对速度过大和抛光头的摇摆度大也影响研磨的均匀性。

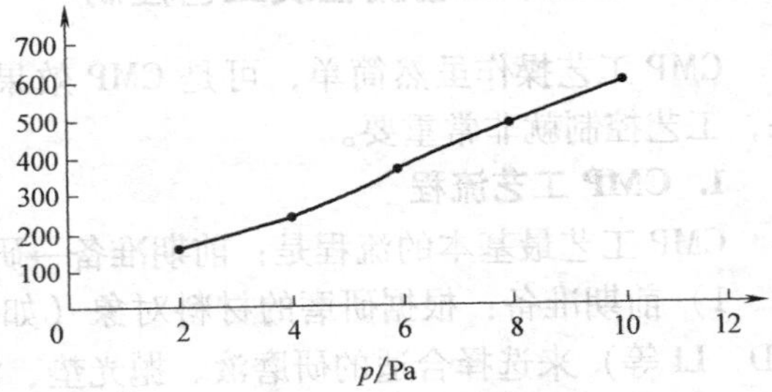

图 10-25　单晶硅片抛光速率 v 与压力 p 的关系图

（3）抛光垫　抛光垫是在 CMP 中决定抛光速率和平坦化能力的一个重要部件。一个硬的抛光垫能把致密图形处的侵蚀减至最小，提高抛光的局部平整性，可以跨过硅片的低处而把高处磨掉，但硬的抛光垫一般有较大的片内非均匀性（WIWNU），在大的压力下也会带来更严重的表面损伤和沾污。软的抛光垫能减少表面的擦痕，干的抛光垫会造成划伤，旧的抛光垫的研磨特性与新的不一样。

为了取得最好的 CMP 工艺，抛光垫必须精心加以选择和处理，针对不同的 CMP 工艺对象选择合适的抛光垫。目前，ILD 的抛光垫通常是叠加的，或者是两层垫。典型的 ILD 抛光垫是由 Rodel IC1000 抛光垫背后贴上相同厚度的 SUBA Ⅳ 衬垫叠加而成。好的 ILD 研磨垫的厚度是由 0.080in 厚的 IC1000 抛光垫与 0.050in 厚的 SUBA Ⅳ 衬垫组成。金属 CMP 工艺的抛光垫通常是纤维单层，如 Thomas West 公司所提供的产品。

CMP技术中，在抛光垫的寿命期间，控制抛光垫的性质以保证重复的抛光速率是一项最大的挑战。必须妥善管理抛光垫，为达到最优化的工艺稳定性，抛光垫的管理至少要做到以下几点：

① 碎片后为防止缺陷而更换抛光垫。

② 优化衬垫选择以便取得好的硅片内和硬膜内的均匀性和平坦化（建议采用层叠或两层垫）。

③ 运用集成的闭环冷却系统进行研磨垫温度控制。

④ 孔形垫设计、表面纹理化、打孔和制成流动渠道等有利于研磨液的传送。

⑤ CMP前对研磨垫进行修正、造型或平整。

⑥ 有规律地对研磨垫用刷子或金刚石修整器做临场和场外修整。

（4）研磨液　研磨液是影响CMP速率和效果的重要因素，在半导体工艺中，针对SiO_2、钨栓、多晶硅和铜，需要用不同的研磨液来进行研磨，不同厂家的研磨液的特性也有所区别。研磨液的磨粒已经从最初的硅石发展到了硅胶、Al_2O_3以及目前比较前沿的CeO_2，甚至再到最新的300mm CMP中已经开始使用固定粒子的研磨带（3M公司生产）来代替研磨液。对于CeO_2研磨液，由于其具有比较高的研磨速度、高的选择比和自动停止等特殊的研磨特性，已经逐步在0.18μm及其以下技术的浅沟道隔离工艺中得以使用。

目前如何选取适当的抛光液配方和磨料以增加其化学和机械作用显得日益重要。

1）磨粒。磨粒的材料、含量、大小及硬度都影响抛光速率和抛光效果。

① 磨粒材料：对不同的薄膜CMP和不同工艺的CMP要精心选择磨粒材料。即使是对同种薄膜材料进行CMP，其磨粒材料不同，抛光速率也不同。例如对于ILD氧化硅进行CMP，采用二氧化铈（CeO_2）作为磨粒的抛光速率比用气相纳米SiO_2为磨粒的抛光速率大约快3倍。Christopher L. Borst对含碳量不同的三种PECVD的SiOC进行了抛光实验，发现SiOC在基于SiO_2磨粒的碱性研磨液作用下的抛光速率明显高于基于氧化铝磨粒的酸性抛光液作用下的抛光速率，而且随着pH值的增加，抛光速率显著增大。

② 磨粒含量：磨粒含量是指研磨液中磨粒质量的百分数，即（磨粒质量/研磨液质量）×100%，又叫磨粒浓度。由图10-26可知，对于硅抛光，在低磨粒含量时，在一定范围内对硅的抛光速率随着磨粒含量的增加而增加，平整度趋于更好。这主要是由于随着磨粒含量的提高，研磨液中参与机械研磨的有效粒子数增多，抛光液的质量传递作用提高，使平坦化速率增加，可以减小塌边情况的发生。但并不是磨粒含量越高越好，当磨粒含量达到一定值之后，平坦化速率增加缓慢，且流动性也会受影响，成本也增加，不利于抛光。因此，要通过实验对确定的抛光对象找出一个最优的磨粒含量。

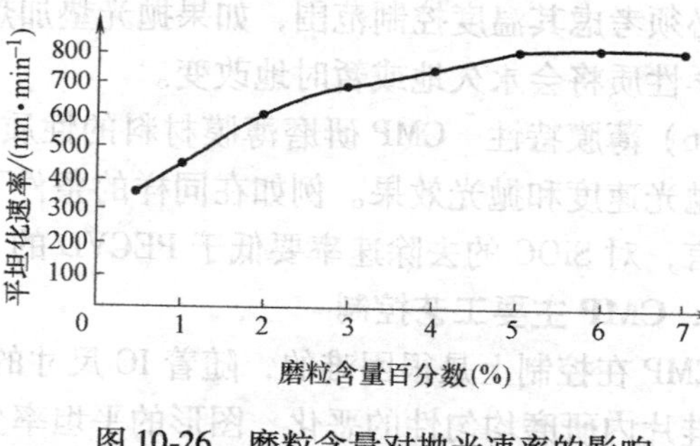

图10-26　磨粒含量对抛光速率的影响

③ 磨粒大小及硬度：随着微粒尺寸和硬度的增加，去除速率也随之增加，但会产生更多的凹痕和划伤。所以要很细心地选择颗粒的大小和硬度，颗粒硬度要比去除材料的硬度小，要不能使平坦化的表面产生凹痕和擦伤等表面缺陷。

2）研磨液的选择性。对确定的研磨液，在同样条件下对两种不同的薄膜材料进行抛光时其抛光速率不同，这就是研磨液的选择性。这样必然导致CMP系统抛光的选择比不同，这一点在10.3.2节CMP主要参数中的选择比、凹陷中已经做了阐述。研磨液的选择性要合适，这样就可以很好地控制终点，减少凹陷。

3）研磨液中添加物的浓度、pH值与MRR（Material Removal Rate，材料去除率）有直接关系。研磨液中添加物浓度、pH值不同，显著影响着被抛表面和研磨液的化学反应速度。例如，在金属研磨液中，氧化剂的浓度会影响阻挡层抛光面的软化程度，从而影响MRR，氧化剂过多，会加速MRR，太少则会使工艺减慢。对于介质而言，高的pH值会大大加快去除速率。在研磨液输送系统中，必须对混合和输送循环中的化学品浓度进行监测和控制。

（5）温度对去除率的影响 CMP在加工过程中无论是酸性液体还是碱性液体，在与去除材料的化学反应中都是放热的反应，造成温度的上升，同时在加工过程中，由于抛光头的压力作用和抛光头及研磨盘的旋转具有做功的情况，所以有能量的释放，造成温度的上升。CMP过程中磨料与硅片间的摩擦生热，即使有水存在时，芯片局部也会由于摩擦而局部升温。

实验表明表面温度升高导致弹性形变增大，从而使抛光速率增加。但温度太高时会引起抛光液的过多挥发和化学反应速度急剧增加，这样使机械作用和化学作用不能达到合理的平衡点，化学腐蚀严重，表面完美性差，因此产生不均匀的抛光效果。研究发现，在抛光液中加入表面活性剂则可以通过降低表面张力，解决高温下非均匀化学腐蚀的问题。低温下，化学反应速率较低，化学抛光速率较慢，此时以机械抛光为主，因此其带来的机械损伤较为严重。故此温度必须在合适的范围内，才能满足平坦化要求，从而得到完美的表面。

而温度因素往往和压力，尤其是抛光液的流量有很大关系。因为流量可以起到热量传导的作用，在流量较小时，热量不能及时随抛光液的流出而发散，从而使温度升高。反之，流量较大，则会加快热量流失，从而使温度下降。

对温度进行控制，从而对化学反应速度实现控制是必要的方法。在温度控制稳定的情况下，必须考虑其温度控制范围，如果抛光垫加热超过一定限度，那么其机械性质、物理性质和化学性质将会永久地或暂时地改变。

（6）薄膜特性 CMP研磨薄膜材料的性质（化学成分、硬度、密度、表面状况等）也影响抛光速度和抛光效果。例如在同样的条件下对低k介质SiOC、SiO_2薄膜进行CMP，相比而言，对SiOC的去除速率要低于PECVD的SiO_2。

3. CMP主要工艺控制

CMP在控制上是很困难的，随着IC尺寸的不断缩小，在硅片厂里，CMP工艺一般都面临着硅片内研磨均匀性的恶化、图形的平坦率变化以及被研磨材料研磨率不稳定的难题。当前先进的复杂研磨设备由于采用了闭环反馈系统，工艺控制变得容易多了。另外，近几年来，耗材的质量控制有了明显改进。但现在仍然存在抛光垫或研磨液有一些细小的变化都会对CMP工艺控制有着显著的影响的问题。CMP工艺控制的关键就是保证每一片硅片都是在相同的化学和机械条件下完成的，这是对生产环境中CMP的巨大挑战。

（1）研磨速率的控制 CMP的基本工艺控制主要是改变研磨盘转速、抛光头角速度和研磨压力。对于大多数旋转的研磨系统，抛光头的转速与研磨盘的转速是相同，且方向相同。当两者的角速度相同时，整个硅片的表面线速度是一样的。增加抛光头相对研磨盘的角速度时，硅片的边缘磨得较快，因为其线速度比硅片中间的要大；相反，当降低相对研磨盘的角速度时，硅片中央又比较快。要提高研磨速率，就应增加研磨压力和/或盘的转速（**注意**：*为取得均匀研磨的效果，一定要保持抛光头的转速与研磨盘的一致*），这种关系在低速的 Preston 系统中保持得很好。然而，在转速非常高时，研磨压力不能够克服液体流体动力，硅片就会打滑。在打滑的情况下，硅片的研磨速率就会很低，并且均匀性不好控制。如果压力加的太大，研磨盘传动系统又无法克服摩擦力转动研磨盘，而且晶体内的平坦化均匀性会随压力增大而变差。这是因为在大的压力下，研磨垫与薄膜的相互作用加大，降低了原有的尺寸选择比，从而降低了平坦效率。

（2）硅片内抛光均匀性控制　研磨均匀性是考量 CMP 的一个非常重要的考核指标，必须很好地优化设备、耗材和工艺。

首先要保证硅片上受的研磨压力均匀，抛光头的结构影响抛光的压力均匀性，这点在 10.3.3 节抛光头组件中已经介绍。先进的抛光头在研磨压力的均匀性上做了很大的改进和提高。

压力大，可以提高速度但可能会造成片内不均匀；小的压力可以改善均匀性和平整性，但片与片之间的非均匀性会增加；硬的抛光垫有较大的片内均匀性，但过硬可能造成硅片表面的划伤；硬的抛光垫、大的压力会带来更严重的表面损伤和沾污，有的情况采用硬的抛光垫、小的压力来获得最好的平整性。

硅片的直径越大，均匀性问题越突出。直径为 200mm 以上的硅片抛光时，由抛光造成的片内不均匀性及边缘效应严重制约着成品率。这种不均匀的原因有两点：一是因为抛光头和研磨盘的圆心不重合，一般选择抛光头的圆心位于研磨盘水平半径的中心处，所以相应边缘的线速度差异会明显大于其他点，将直接导致边缘处去除速率的加快。二是因为抛光垫在硅片边沿存在弯曲和变形，使得在同一压力情况下，在硅片的中心到边缘出现不同的去除效果，两者的结果导致边沿抛光速率的提高。

研磨液中磨粒的均匀分布也是影响均匀性的重要因素，这点在前面介绍研磨液时已阐述。

（3）CMP 后清洗　清洗液的成分、浓度和清洗设备有机地结合，可以达到清洗的最佳效果。

在这里有必要了解 Zeta 电位这个参数。Zeta 电位又叫电动电位（ζ-电位），是指剪切面（Shear Plane）的电位，是表征胶体（含有精细悬浮颗粒的液体）分散系稳定性的重要指标。由于固体表面带有电荷而吸引周围的反号离子，这些反号离子在固液界面呈扩散状态分布而形成扩散双电层。根据 Stern 双电层理论可将双电层分为两部分，即 Stern 层和扩散层。当固体粒子在外电场的作用下，固定层与扩散层发生相对移动时的滑动面即是剪切面，该处的电位称为 Zeta 电位或电动电位。Zeta 电位代表胶体能积累的正电荷或负电荷。Zeta 电位是对颗粒之间相互排斥或吸引力的强度的度量。

在一些情况中，在 CMP 后清洗溶液中加入过氧化氢（H_2O_2），用来控制 pH 的值，从而控制 Zeta 电位，以至于这些颗粒和硅片表面是静电排斥的。对氧化硅 CMP 和金属钨 CMP 的清洗，这一步是在 pH 值大于 8 的碱性溶液中进行的。只有当 pH 值大于等于 8 的时候，抛光颗粒表面电荷性质才与金属钨和氧化硅上的电荷性质相同，这就使得颗粒被硅片表面排斥，在清洗中它们很容易被去掉。兆声波清洗系统采用浸入槽或者喷嘴在水中生成超声波，打破在硅片表面颗粒的静电电位和范德华力。对于非常小的颗粒单位面积的范德华力很高，因此清除这些颗粒需要很多能量。

根据CMP工艺应用对象的不同使用不同的清洗设备，见表10-3。

表10-3 CMP工艺对象与CMP后清洗

	具有兆声的湿法清洗机	双面刷洗机 DSS + DI 水	DSS + NH_4OH	DSS + NH_4OH 和 HF	DSS + 添加的化学物质
氧化硅 CMP	√	√	√	√	
钨 CMP			√	√	
铜 CMP					√

ILD和STI的氧化硅CMP后主要用氨水和稀释的氢氟酸、双面毛刷清洁硅片，氢氟酸帮助化学溶解颗粒，而氨水降低吸附颗粒的静电电位。在稀HF酸中的短时间清洗常被用来腐蚀掉零点几纳米厚的表面材料，从而去掉金属颗粒沾污。这一方法对清洗氧化硅表面是最有效的，如果在氢氟酸中处理的时间非常短（如15s），它也用于清洗金属钨表面，研究也证实柠檬酸用于去除 SiO_2 表面的氧化铝颗粒是非常有效的。

为了用清洗液来代替洗擦毛刷，在有些场合使用喷酸清洗设备或兆声清洗设备。但是，DSS毛刷对硅片表面的作用比兆声能量要强，从而清洗更有效且处理时间更短。旋转清洗甩干机在湿法清洗后用来冲洗和甩干硅片。

铜CMP后清洗：铜在硅和二氧化硅中扩散很快。为了防止器件电性能的退化，所有的铜都必须从硅片表面去除（前面、背面以及边沿）。NH_4OH 清洗液在传统的CMP清洗中能避免对毛刷产生污染，但它对铜的清洗不适用，因为它对铜会引起非均匀性的腐蚀，导致表面局部变得粗糙。对铜的清洗需要新的清洗化学试剂，这种化学试剂不仅能控制产生排斥颗粒的静电力，同时也能防止铜的腐蚀，这种清洗液应是与铜表面兼容的。把残留的铜沾污物从硅片上清除非常关键，特别是在介质区域和高图形密度区域。

10.3.5 CMP应用

CMP技术应用的领域相当广泛，有如下几个方面：①半导体表面的平坦化处理；②去除硅片损伤层，达成良好的表面粗度与平坦度；③CMP用在无电镀磷化镍铝镁基板的双面抛光。此外还有一些其他应用，如镜头、薄膜液晶显示器的零组件的导电玻璃与彩色滤光片的抛光、微机电元件等制作。

在这里说明CMP在半导体制造中的角色与重要性，主要有3个方面：①介质的CMP技术。主要包括：层间绝缘膜及器件间的隔离平坦化；浅沟槽隔离（STI）二氧化硅膜；近年来发展迅速的低介电常数介质材料的CMP，如多孔二氧化硅、聚合物材料等介质的CMP。②金属布线CMP技术。主要包括：Al-CMP、Cu-CMP及W-CMP。③金属阻挡层的CMP，包括钽、氮化钽、钛、氮化钛等。

1. 浅沟槽隔离平坦化（STI CMP）

STI目前已成为器件之间隔离的关键技术，在0.25μm和以下的技术节点中，STI技术被广泛应用。STI已取代LOCOS（硅的局部氧化）技术主要有以下几点原因：①更有效的器件隔离的需要，尤其对DRAM器件而言；②对晶体管隔离占用的表面积更小；③超强的闩锁保护能力；④对沟道没有侵蚀；⑤与CMP兼容。

这里以CMOS双阱工艺来说明STI的主要步骤，在STI前已经完成了双阱的制作，如图10-27a所示。

制作STI的基本步骤有薄膜制作、STI浅沟槽刻蚀、氧化硅沉积，最后用CMP技术进行表面平坦化。

1）薄膜制作：先做一层很薄的隔离氧化层（15nm）用来在后面去除氮化硅时保护有源区。再生长一层坚硬的氮化硅薄膜，用来在后面的氧化硅生长时阻挡氧、氧化硅向有源区扩散，从而保护有源区，并在CMP时充当抛光阻挡层，如图10-27b所示。

2）STI浅沟槽刻蚀：对氮化硅、氧化硅、硅进行光刻、刻蚀、去胶，刻出STI沟槽，如图10-27c所示。STI沟的深宽比为2:1~5:1，由于DRAM器件对漏电流较敏感，需要更高的深宽比。

3）STI沟槽氧化硅淀积：先在暴露的沟槽侧壁热氧化一层氧化硅（约15nm），改善硅与沟槽CVD填充氧化物之间的界面特性。然后用LPCVD法或APCVD法淀积氧化硅（掺杂或不掺杂）填充沟槽，这时硅片表面起伏比较大，如图10-27d所示。

4）STI CMP氧化物：对图10-27d中不平坦的CVD氧化硅进行CMP，如图10-27e所示，之后用热磷酸去掉氮化硅。

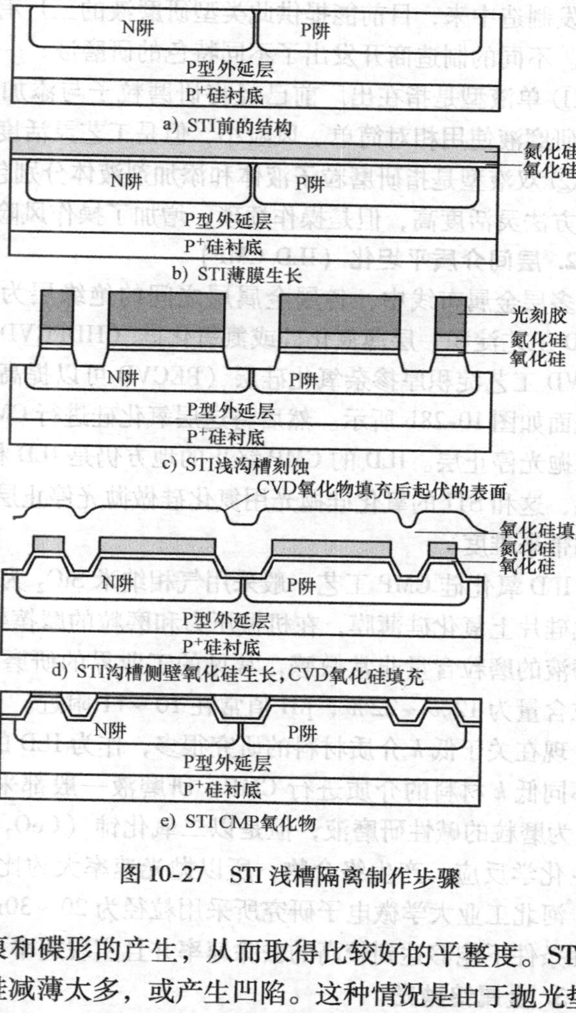

图10-27 STI浅槽隔离制作步骤

STI CMP的工艺目标是磨掉比氮化硅层高的所有氧化层，否则STI抛光后进行的工艺就不能用热磷酸剥离掉氮化硅，导致不能实现平坦化。在抛光过程中，氮化硅被用作抛光阻挡层（抛光停止层），通过终点检测使当研磨从氧化硅过渡到氮化硅的时候停止抛光过程。另外，氮化硅的厚度也决定了允许的CMP过抛光量，并使抛光过程不至于把器件的有源区暴露并带来损伤。同时需要严格控制微划痕和碟形的产生，从而取得比较好的平整度。STI抛光工艺的难点之一是避免沟槽中的氧化硅减薄太多，或产生凹陷。这种情况是由于抛光垫在压力的作用下，使得在宽的沟槽区产生缺陷。凹陷量受一些因素的影响，如抛光垫硬度、沟槽的宽度以及抛光时间、抛光的选择性。

在集成电路STI CMP工艺中，以往都是使用硅胶或发烟硅石作为磨粒。但是随着器件尺寸的日益缩小，基于CMP对不同密度图形研磨均匀性的考虑，STI CMP对SiO_2/Si_3N_4的抛光选择比提出了更高的要求。但传统的硅胶或硅石无法满足这一高研磨选择比的要求，而且极易在尺寸较大的 STI 处形成碟形缺陷。对于 0.18μm 以下的工艺，业界开发了新的以 CeO_2 作为磨粒的高选择比研磨液直接对二氧化硅进行 CMP（DSTI-CMP）。CeO_2 为淡黄色或白色的粉末，可溶于硫酸但不溶于无机稀酸、水或乙醇等溶剂，是一种难溶的氧化物，在相同的研磨压力下，CeO_2 研磨液对 SiO_2 的研磨速率为 SiO_2 研磨液的 50 倍以上，并弱化氮化硅的抛光速度，这样就使 SiO_2/Si_3N_4 抛光选择比大大提高（可以达到 50 以上），可有效地简化 STI 工艺、降低成本、提高产能。DSTI-CMP 是目前最热门和发展迅速的 CMP 技术之一。CeO_2 为磨粒的研磨液经过不断地研究和发展已经具有比较高的研磨速度、高的选择比和自动停止等特殊的研磨特性，是 0.18μm 及其以下技术的浅沟道隔离工艺的关键。

由于 CeO_2 研磨液具有上述独特的研磨特性，使得很多研磨液制造商都加入到这个领域的研发制造中来，目前能提供此类型研磨液的工厂有日立化学、杜邦、昭和、Cabot 等化学品厂。不同的制造商开发出了不同特色的研磨液，一般可以分为单液型和双液型两类：

① 单液型是指在出厂前已经将研磨粒子与添加剂等混合好，可以直接使用的研磨液。这种研磨液使用相对简单、风险小，但是工艺灵活度相对欠缺。

② 双液型是指研磨粒子液体和添加剂液体分别包装，IC 工厂根据自己的配方现场调配。这种方法灵活度高，但是操作烦琐，增加了操作风险。

2. 层间介质平坦化（ILD CMP）

多层金属布线中，各层金属层之间的绝缘层为 ILD。ILD 为低 k 介质。一般先用 HDPCVD 工艺淀积一层薄氮化硅或氮氧化硅（HDPCVD 具有优良的细小缝隙填充能力），再用 PECVD 工艺淀积厚掺杂氧化硅层（PECVD 可以提高产量和降低成本）作为 ILD，这时的硅片表面如图 10-28b 所示。然后将这层氧化硅进行 CMP 到特定的厚度，如图 10-28c 所示，不需要抛光停止层。ILD 的 CMP 终止的地方仍是 ILD 材料（和磨除的材料一样），没有抛光停止层，这和 STI 的氧化硅抛光用氮化硅做抛光停止层是不一样的。没有抛光停止层会给终点检测带来难度。

ILD 氧化硅 CMP 工艺一般采用气相纳米 SiO_2 为磨粒的碱性氢氧化钾研磨液，碱性溶液软化硅片上氧化硅薄膜，在机械压力和磨粒的摩擦作用下磨掉氧化硅薄膜。氧化物 CMP 对研磨液的磨粒含量非常敏感，常见的工业界的研磨液有 Rodel Klebesol 1501 和 Cabot SS12，磨粒含量为 12% ~22%，pH 值常在 10 ~11 附近。

现在关于低 k 介质材料的研究很多，作为 ILD 的材料也不限于氧化硅，如碳氧化硅。对于不同低 k 材料的介质进行 CMP，研磨液一般都采用基于对氧化硅进行 CMP 的气相纳米 SiO_2 为磨粒的碱性研磨液，但是以二氧化铈（CeO_2）作为磨料时研磨液由于可以和介质层发生化学反应，产生络合物，所以抛光速率大约比气相 SiO_2 快 3 倍，且能够实现选择性抛光。河北工业大学微电子研究所采用粒径为 20 ~30nm 的 SiO_2 水溶胶为磨料的抛光液，在强碱性条件下能够达到较高的去除速率并且实现速率可控。

3. 金属钨抛光

钨栓塞的作用是实现金属层之间的电连接。金属层之间的介质比较厚，在金属层之间形成金属通路是制作金属栓塞，工艺流程如下：

1）金属钛淀积（PVD 工艺）：淀积一薄金属钛衬垫于介质沟道的底部和侧壁上。这一层钛充当了钨（W）与二氧化硅间的黏合剂。

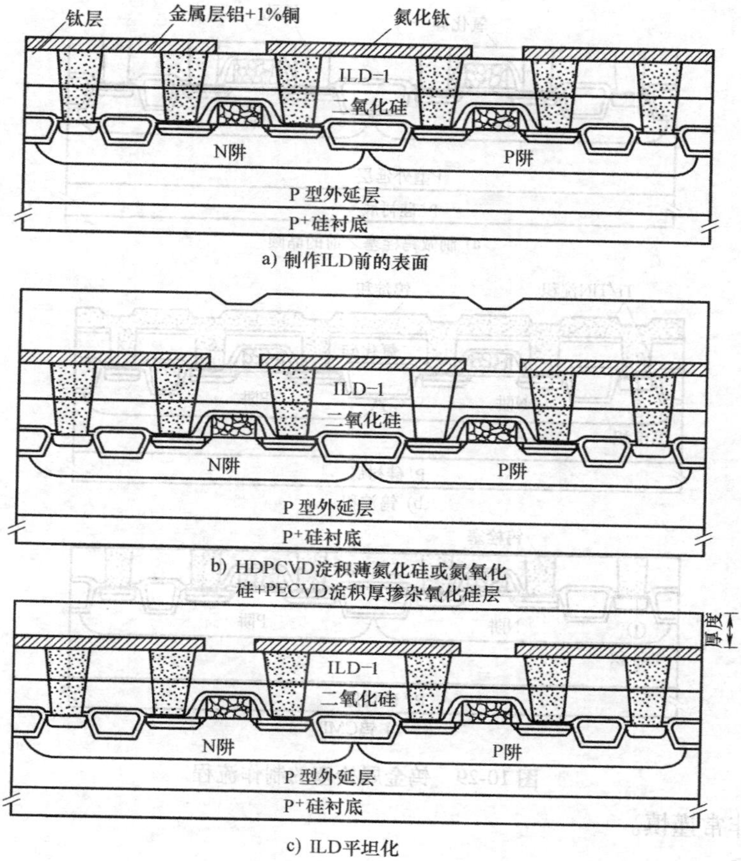

图 10-28 ILD 制作及 CMP

2）氮化钛淀积（CVD 工艺）：淀积完钛之后立即在钛金属层的表面淀积氮化钛（TiN），阻止金属钨向硅和氧化硅介质扩散，即做扩散阻挡层。

3）钨淀积：钨填满局部互连的沟槽并覆盖硅片表面，如图 10-29b 所示。之所以用钨而不是铝来做局部互连金属是因为钨能够无空洞地填充孔，形成钨栓塞（plug）。另一个原因是钨有良好的磨抛特性。

4）钨 CMP：钨被 CMP 到局部互连介质层的上表面，如图 10-29c 所示。

钨 CMP 一般采用氧化铝（Al_2O_3）磨粒、过氧化氢和硝酸铁酸性氧化剂组成的研磨液，如 Cabot W2000。钨 CMP 的机理是先生成氧化钨后机械磨除这层氧化钨。酸性氧化剂和钨反应，在钨的表面生成 WO_3 的氧化膜，然后氧化铝磨粒可以磨除这层钨氧化层。钨 CMP 的机理与 ILD CMP 有很多不同，它比 ILD CMP 的化学反应成分更多一些，所以必须采取措施防止钨栓塞和通孔的过磨。一项好的钨 CMP 能够使钨栓塞的表面的蝶形凹陷小于 10nm。钨 CMP 的关键就在于这层氧化膜的形成速度和磨除速度。氧化剂可以增加钨的氧化速度。钨 CMP 一般是发热的，而且容易构成高的摩擦力，使温度上升，造成氧化速度过快，摩擦力会非常高，如果钨表面的机械磨除速度比钨氧化还要快，则会使抛光速率不稳定，过氧化氢溶液在水中可以分解，能快速降低研磨液的特性而加速钨的氧化，所以，钨研磨液中过氧化

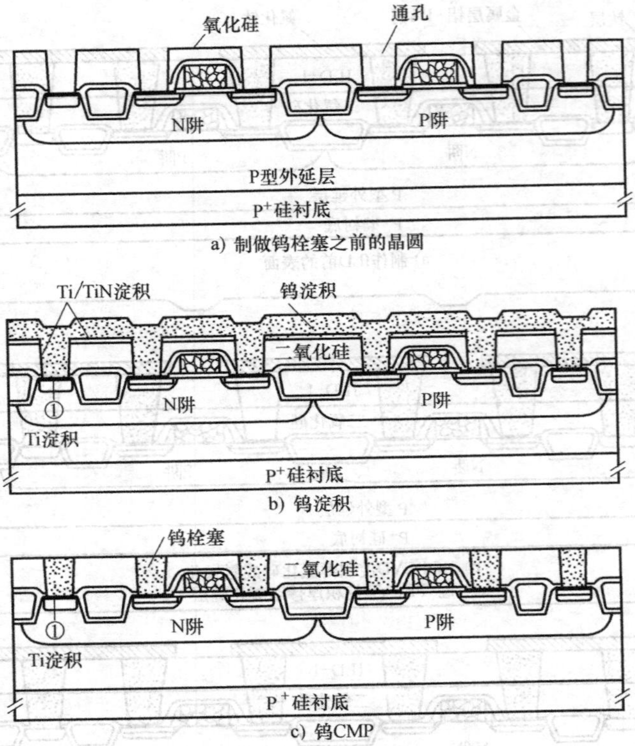

图 10-29　钨金属栓塞的制作流程

氢的滴定必须非常谨慎。

4. 铜 CMP

因为铜具有小的电阻率和高抗电迁徙能力等许多优点，铜已经成为超大规模集成电路的多层金属互连线。但直接在绝缘层的沟道中电镀铜将会出现两个问题：①铜电镀在硅中会在硅的能带中形成深能级，使电极的性能显著变差。而铜在二氧化硅中变成铜离子，低温时也容易扩散。②铜不像铝易于在硅或二氧化硅衬底上成长，不易刻蚀，使结构的不规范将导致电阻率的增大。因此在半导体沟道中必须形成阻挡层，它必须满足对铜和层间介质都有好的粘接性和对沉积的铜有理想的微结构。钽或钽的氧化物满足阻挡层的要求，并采用镶嵌方法与 CMP 工艺形成多层互连结构——大马士革工艺（Damascene）来实现铜多层布线。

大马士革工艺流程：

1）对层间介质层进行平坦化并蚀刻开出布线槽，如图 10-30a 所示。

2）利用溅射（PVD）方法形成绝缘用的阻挡层和导电用的籽铜层，如图 10-30b、c 所示。

3）在此基础上，采用电镀技术制成铜膜，如图 10-30d 所示。

4）铜 CMP：磨除掉层间介质表面以上的铜，完成布线埋入工艺，如图 10-30e 所示。

对铜金属层的 CMP 包含 3 个方面内容：①研磨液溶解铜并和铜反应形成几个原子层厚度的氧化铜；②通过研磨液中颗粒的机械作用将表面氧化铜去掉；③通过抛光垫与硅片之间的相对转动和研磨液源源不断的加入将含有氧化铜的溶液冲走。

对铜 CMP 中的研磨液目前主要应用以 Cabot 公司和 Motorola 公司为首的酸性氧化铝研磨

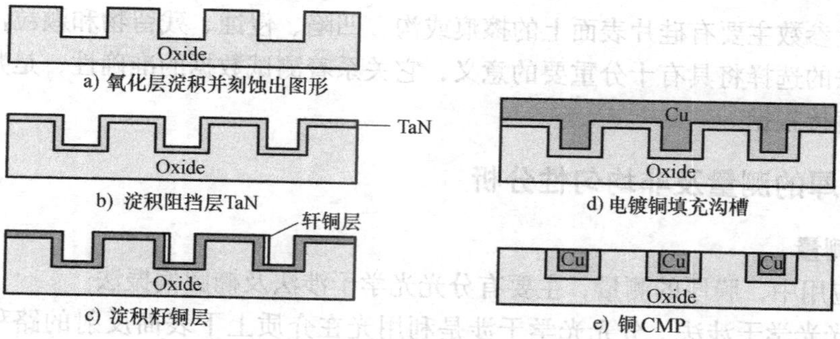

图 10-30 铜布线的大马士革工艺流程

液；抛光机理是先机械研磨再溶除；但颗粒坚硬的氧化铝很容易造成抛光表面的划伤，进而影响器件的成品率和可靠性。在铜布线的 CMP 过程中，抛光速率不能太快，因为淀积在硅片表面的铜厚度一般为 1μm 左右，而钽仅为 100nm 左右。抛光速率过快，容易造成过抛，有可能产生断线从而造成短路，进而造成灾难性的后果，同时由于铜和钽的硬度不同带来抛光速率的差异，各种缺陷如碟形缺陷、侵蚀缺陷极易发生，影响抛光后的平整化效果。已经有人用这样的办法来解决：进行两次 CMP，第一次进行铜 CMP，用第一种研磨液和对应的抛光垫抛光铜并在阻挡层处停止抛光，第二次进行 TaN 阻挡层 CMP，用第二种研磨液和对应的抛光垫去除阻挡层而对铜的作用最小，减小铜凹陷。此处还有新的研究：在同一种研磨液中加入不同的化学品来调整抛光速度，研究发现在铜的研磨液中加入四甲基氢氧化铵将极大地减小硅的抛光速度；在 TaN 的研磨液（氧化铝和胶状硅）中加入磷酸，将会使 TaN 化学反应明显加速。

在以旋转式设备进行 CMP 铜抛光的研究中，周国安等人提出第一步对铜粗抛，采用氧化铝磨粒、过氧化氢氧化剂以及抗蚀剂、pH 值调节剂和均衡剂构成的研磨液，采用 IC1000/SUBAⅣ型抛光垫抛光。第二步为对钽精抛，采用硅胶磨粒、过氧化氢氧化剂、活性剂、有机碱等组成的研磨液。采用高速低压来进行 CMP 以改善片内均匀性。

如何开发新型的研磨液，提高选择性、降低表面划伤、碟形坑及其他缺陷，并开发相应抛光工艺技术，仍是当前 IC 工艺研究中的一大热点。最特别的是无磨粒研磨（AFP）技术（如日立公司的 430 研磨液），AFP 研磨液应用精细平衡的酸性、氧化性的复杂化学成分改变铜表面，使其变得比聚酰亚胺抛光垫（IC1000）更软，用抛光垫来磨除铜。所以采用硬的抛光垫可以获得优秀的平坦化，可以取得小于 4nm 的侵蚀与碟形缺陷。

10.4 CMP 质量控制

在化学机械平坦化后，必须进行硅片的测量和评估，以此来检查产品的合格率及不断优化工艺参数。

化学机械抛光的主要检测参数包括：研磨速率（Removal Rate）、研磨均匀性以及表面缺陷（Defect）。研磨速率通常在 CMP 过程的控片上进行检测。研磨均匀性以及表面缺陷在 CMP 之后进行检测。CMP 之后主要的质量测量参数有膜厚和硅片表面状态。膜厚是指 CMP 之后还要留下多厚的膜层。通过测量膜厚，也可以考量 CMP 的速率和均匀性。描述硅片表面状态的质量参数主要有硅片表面上的擦痕或沟、凹陷、侵蚀、残留物和颗粒污染。

检测方法的选择将具有十分重要的意义，它关系着测试数据的准确性，是判断工艺操作合理与否的直接根据。

10.4.1　膜厚的测量及非均匀性分析

1. 膜厚测量

在实际应用中，膜厚的测量，主要有分光光学干涉法及椭圆偏振法。

（1）分光光学干涉法　分光光学干涉是利用光在介质上下表面反射的路程差所形成的干涉，测量干涉后的光强即可计算出薄膜厚度，如图10-31所示。

计算公式：
$$I(t)=I_1+I_2+2\sqrt{I_1I_2}\cos[\phi(t)]$$
$$\phi(t)=\frac{2\pi}{\lambda_0}2n_2d(t)$$

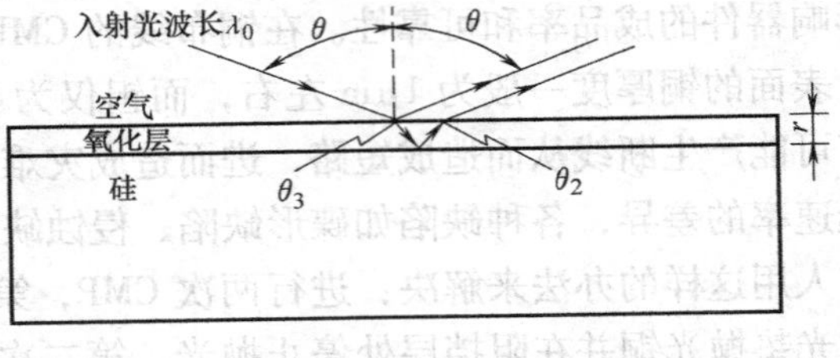

图10-31　分光光学干涉法测量

式中，I_1 为直接反射的光强；I_2 为进入介质再折射到空气后的光强；λ_0 为选择的入射光的波长；$d(t)$ 为平坦化后介质的厚度；n_2 为透明层的折射率；两反射光之间的相差为 $\phi(t)$。由两个公式可以计算出薄膜的厚度。这种方法测量薄膜厚度分辨率较好的能够达到1nm，测量速度在1s之内，操作简单，价格较为低廉，较厚的膜测量无疑是最佳选择，但是，对于日益精密的工艺要求，测量精度依然需要极大的提高。

（2）椭圆偏振法　椭圆偏振法简称椭偏法，是一种先进的测量薄膜纳米级厚度的方法。椭偏法的基本原理是根据入射偏振光和反射偏振光之间的关系来测量透明层的厚度。由于数字处理上的困难，直到20世纪40年代计算机出现以后椭偏仪才发展起来。椭偏法的测量经过几十年的不断改进，已从手动进入到全自动、变入射角、变波长和实时监测，极大地促进了纳米技术的发展。椭偏法的测量精度很高（比一般的干涉法高1~2个数量级），测量灵敏度也很高（可测量0.1nm的厚度变化）。

2. 硅片表面的非均匀性分析

造成CMP硅片表面非均匀性的可能原因有：

1）转盘上的抛光垫不平将导致中间快、中间慢或一些边缘问题。检查是否有过度的磨损。

2）磨头的压力（向下的压力）设置的不正确。

3）检查抛光垫修整臂是否调节到恰当位置，是否破旧（没有平滑面出现）。

4）磨料流量不够或黏滞度不正确（流动的能力）。

5）磨头上的垫膜破损，硅片不能保持成一个平面。

6）转盘转速的设置不对。

7）硅片的背压设置不合适。

10.4.2　硅片表面状态的观测方法及分析

CMP后，有必要了解硅片的表面状况，观察和测量CMP后的表面缺陷，以此来评估抛光的质量。

1. 硅片表面状态的观测方法

通常的表面观测手段有扫描电子显微镜、原子力显微镜、光散射探测仪、光散射表面缺陷探测仪。

(1) 扫描电子显微镜 (Scan Electron Microscope) 关键尺寸测量的一个重要原因是要达到对产品所有线宽的准确控制。关键尺寸的变化通常表示半导体制造工艺中一些关键部分的不稳定，为了获得对这种关键尺寸的控制，需要精度和准确性优于2nm的测量仪器（2nm相当于4个硅原子并排的尺寸）。能获得这种测量水平的仪器是扫描电子显微镜（SEM）。从20世纪90年代初，扫描电子显微镜就已成为在整个亚微米时代检验合格的关键尺寸控制的主要仪器。扫描电子显微镜的图形分辨率是4~5nm的数量级，如图10-32所示。

图10-32 扫描电子显微镜

扫描电子显微镜的工作原理是：电子束与样品发生作用后产生多种信号，其中包括二次电子、背散射电子、X射线、吸收电子、俄歇（Auger）电子等。扫描电子显微镜主要是利用样品表面产生的二次电子成像来对物质的表面结构进行研究。

通常所说的扫描电镜像指的就是二次电子像，它是研究样品表面形貌最有用的电子信号。检测二次电子的检测器的探头是一个闪烁体，当电子打到闪烁体上时，就会产生光，这种光被光导管传送到光电倍增管，光信号即被转变成电流信号，再经前置放大及视频放大，电流信号转变成电压信号，最后被送到显像管转换成像。扫描电子显微镜有两种方式：横断面扫描（Cross-sectional）和俯视扫描（Top-down）。横断面扫描可以获取硅片内部结构的直接信息，但必须破坏硅片，并且完成一次完整图像扫描很费时间。俯视扫描常被称之为CD-SEM，它可以扫描整个硅片表面形态，但是对硅片内的倾斜现象并不敏感，并且对于下层结构不能显示，因此有一定的适用局限性。

(2) 原子力显微镜 原子力显微镜（AFM）是一个表面形貌仪，用一个较小的平衡探针头扫描硅片表面产生的三维表面图形，使用光学技术，直接用针尖接触，并用激光器感应出其在硅片上的位置，其示意图如图10-33所示，探针和表面的距离非常小，以致原子力影响表面，针尖的几何尺寸极为关键，必须分类以便准确测量。

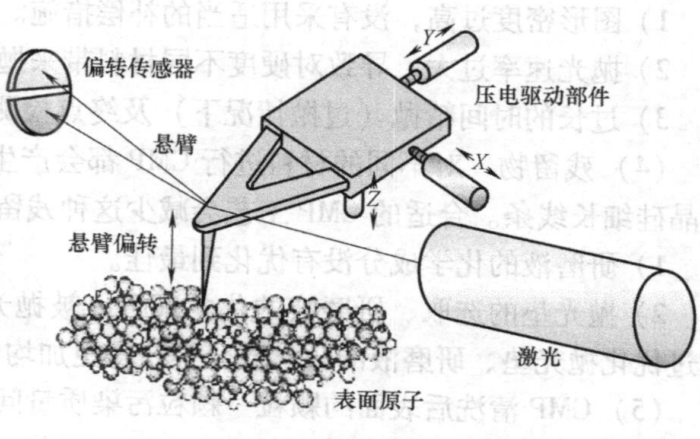

图10-33 原子力显微镜示意图

原子力显微镜（AFM）提供0.1~5nm的表面形态分布，它依据被扫描区域的硬度大小来选择，通常用于测量图形结构的线宽、侧壁的倾斜等。由于它的扫描速度十分慢，并且测量的可靠性和精准度严重依赖于针头的形状及其运动的稳定性。因此，在实时或者在线测量时该种测量手段并不适宜，但其高精度的表面测量是其亮点之一。

（3）光散射探测仪　光散射探测仪主要是根据光的散射效应，由于光的散射携带有很多丰富的信息，因此，提取这种信息将非常有助于分析其上层、下层甚至衬底的表面情况。椭偏仪是根据入射偏振光和反射偏振光之间的关系来测量透明层的厚度，光散射探测仪和椭偏仪基于同样的理论，不同的是光散射探测仪用于测量硅片的表面结构。目前已经研究出了仿真软件，它仿真后的表面测量效果与原子力显微镜测量十分相近。仿真软件事先根据数以千计的表面的散射响应，建立数据库。当检测到相关散射信号后，以快速的检索算法，寻找最为接近的相关表面，建立的图像将十分逼近原图像。

（4）光散射表面缺陷探测仪　它可以测量CMP清洗后的颗粒污染，已在第9章中介绍，这里不再赘述。

2. 硅片表面状态质量分析

（1）硅片表面上的擦痕或沟　造成硅片表面产生擦痕或沟的主要原因可能有：

1）外来物质碎片（如泵的软连接及垫片的碎片）。

2）磨料中的颗粒尺寸较大、分布不好或颗粒污染；磨料存储时间太长或使用不当造成磨料颗粒沉积而生成较大颗粒。

3）工艺未优化或没有进行减少微擦痕的二次缓冲抛光等。

所以要精心设计研磨液系统的每一个环节，要最优化磨料制造和传输系统，要在使用点进行过滤，用表面活性剂和稳定装置提高磨料的稳定性。

（2）凹陷　造成凹陷的主要原因可能是：

1）抛光垫较软导致CMP过程抛光垫弯曲产生凹陷，可适当增加抛光垫的硬度。

2）研磨液选择比选取不当，造成软材料处抛光速率过高，导致凹陷。

3）研磨液配比不当，造成CMP过程化学抛光速度和机械抛光速度的不均衡。

4）抛光速率过大，导致对硬度不同的材料带来抛光速率的差异过大。

5）研磨过程温度控制不稳，温度升高可能导致对一些材料的抛光速率提高的多。

6）抛光时间过长，导致速率高的区域过磨的量多。

（3）侵蚀

1）图形密度过高，没有采用适当的补偿措施。

2）抛光速率过大，导致对硬度不同材料带来抛光速率的差异过大。

3）过长的时间精抛（过抛情况下）及终点检测的延迟也会导致侵蚀情况的增加。

（4）残留物　对不同的材料进行CMP都会产生沿图形边沿的细长线条残留物，如钨或多晶硅细长线条。合适的CMP工艺会减少这种残留物，引起残留物的原因可能有：

1）研磨液的化学成分没有优化到最佳。

2）抛光垫的选取、研磨液的化学配置、被抛光材料的特性三者没有配合优化到最佳。通过优化抛光垫、研磨液的化学成分等获得更加均匀的抛光，从而使产生的细长线条最少。

（5）CMP清洗后表面的颗粒　颗粒污染质量问题可能的表现为：

1）颗粒数过多（例如检测标准0.18μm工艺，要求颗粒直径大于8μm的颗粒数要小于20个）。

2）在深图形中残留研磨液结垢，如在光刻对准标记和压点区。

3）残留的铜在介质区域或有图形的表面的线条间移动。

有几个可能的原因造成这些质量问题，可以做如下检查来判断：

① 检查是否做了有图形硅片上残留铜的清洗，对于高图形密度来说这是很难的。

② 检查双面洗擦毛刷是否污染。

③ 确认是否用了最合适的清洗化学药品，特别是对清洗铜残留物而言。

④ 确认从硅片表面上不同的暴露材料和毛刷及清洗化学试剂没有产生化学药品的交叉污染。

本章小结

本章主要讲述了平坦化的意义和重要性，介绍了传统的平坦化技术，分析了常用化学机械平坦化的意义及其优缺点。重点分析了化学机械平坦化设备的组成。对常用介质或金属进行化学机械平坦化时的主要区别进行了分析对比，并介绍了化学机械平坦化的关键工艺参数。

本章习题

10-1　传统的平坦化技术有哪些？

10-2　什么是化学机械平坦化？有什么优缺点？

10-3　简述 CMP 机理。

10-4　CMP 主要参数有哪些？CMP 平整度和均匀性是如何定义的？

10-5　CMP 设备由哪几部分组成？

10-6　抛光垫由什么材料制成？关系到抛光质量的抛光垫因素有哪些？为什么抛光垫要进行修整和定期更换？

10-7　说明研磨液的组成。其中化学添加物的功能和作用是什么？W－CMP 用什么研磨液？

10-8　研磨液供给与输送系统实现的目标是什么？

10-9　在研磨液供给与输送系统中为什么要对研磨液进行加湿？

10-10　终点检测的意义有哪些？终点检测设备有哪些？各有什么优缺点？

10-11　常用的清洗设备有哪些？

10-12　简述 CMP 工艺流程。

10-13　简述影响 CMP 效果的主要参数。

10-14　ILD 和 STI 的氧化硅 CMP 后如何清洗？对铜进行 CMP 后清洗液的要求是什么？

10-15　如何控制抛光均匀性？

10-16　简述 STI 工艺流程。STI CMP 的目标是什么？传统研磨液是什么？新型的 CeO_2 作为磨粒的研磨液具有什么特性？

10-17　ILD CMP 常用什么研磨液？

10-18　铜 CMP 应注意什么？容易造成哪些缺陷？

10-19　为什么对铜 CMP 采用两步抛光？新型的铜研磨液的方向是什么？

10-20　CMP 之后主要的质量测量参数有哪些？造成均匀性问题、表面凹陷、颗粒污染的原因有哪些？

第11章 工艺模拟

本章教学目标

- 了解工艺模拟的基本概念和工具。
- 掌握 athena 的基本命令。
- 掌握各工艺模拟命令的基本语法。
- 掌握模拟结构的绘图工具。
- 掌握工艺模拟结果的分析命令。

11.1 引言

为了得到良好的器件和集成电路性能，必须要选择合适的工艺过程和优化的工艺条件，在工艺流水线上如果通过工艺性实验流片来确定合适的工艺条件，往往需要花费很长的周期和很高的成本，有时还不能得到预期的效果。而此时如果用软件来进行模拟可以很好地改善这一问题。

所谓工艺模拟是在深入探讨各工艺过程物理机制的基础上，对各工艺过程建立数学模型，给出数学表达式，在某些已知工艺参数的情况下，利用计算机技术对给定的工艺过程进行数值求解，计算出经过该工艺后的杂质浓度分布、结构特性变化或器件中的应力变化等。

利用工艺模拟，可以在不经过实际流片的情况下，得到半导体器件中的杂质分布、器件的结构参数（如氧化层的厚度、结的深度）等；如果结合器件仿真，就可以获得该工艺条件下器件的电学参数等。

工艺模拟由 IC 工艺模拟器来实现。IC 工艺模拟器有 IC 工艺模拟软件及能运行该软件的计算机组成。工艺模拟器大致可以分为三类：第一类是用来模拟离子注入、扩散、氧化等以模拟掺杂分布为主的所谓的狭义 IC 工艺模拟软件；第二类是用来模拟刻蚀、淀积等工艺的 IC 形貌模拟软件；第三类是用来模拟固有的和外来的衬底材料参数及制造工艺条件参数的扰动对工艺结果的影响的 IC 工艺统计模拟软件。

工艺模拟软件可用于模拟制造 IC 的全工序，也可用来模拟单类工艺或单项工艺。IC 工艺模拟有优化 IC 制造工艺及快速分析工艺条件对工艺结果的影响等功能，也是 IC 制造的重要组成部分。

11.1.1 工艺模型

不同的工艺过程对应不同的工艺模型，工艺模型就是用数学方法表示工艺过程，目前的很多模型都是经验公式。工艺模型的好坏直接影响工艺模拟的结果和精度，因此是工艺模拟的关键。

离子注入主要有两种模型，一种是两个相连的半高斯分布，用于硼以外的注入元素的分布；另一种是修正的PearconⅣ分布，用于表示硼离子注入。此外还有相关的模型考虑多层注入及计算注入损伤的分布等。

根据氧化生长规律建立的氧化模型包括干氧氧化、湿氧氧化、水气氧化、掺氯氧化和氮气退火等，模型中考虑了氧化速率与压强、衬底掺杂浓度以及HCl气氛的关系等。多晶硅氧化和氮化硅氧化分别由各自不同的模型描述，而且在氧化模型中均考虑了应力的问题。

扩散模型主要考虑空位、间隙两种扩散机制，并且考虑了氧化增强扩散、多晶硅增强扩散、点缺陷增强扩散等效应。除了杂质元素外，还可以模拟点缺陷（自间隙和空位）的扩散以及金属和硅原子在硅化物中的扩散（即有关硅化物形成过程的模拟）。硼、磷、砷、锑等不同杂质有不同的扩散模型，尤其对磷，其杂质分布的扭曲现象在模型中得到体现。同时，不同的硅化物也有不同的硅化物反应模型。

预淀积模型主要采用余误差分布。

另外还有外延模型、淀积模型、光刻和腐蚀模型等。在多晶硅淀积模型中考虑了晶粒间界的影响。

11.1.2 工艺模拟器简介

目前提供工艺模拟器的主要厂家有Synopsys和Silvaco公司。

1. Synopsys公司的TCAD系统

Synopsys公司最新发布的TCAD工具命名为Sentaurus，主要由以下四大主要功能组构成。

（1）Device模块组 此模块作为业界标准器件的仿真工具，可以用来预测半导体器件的电学、温度和光学特性，通过一、二、三维的方式对多种器件进行建模，包括MOSFET、Strain Silicon、SiGe、BiCMOS、HBT、IGBT等，从简单的二极管、三极管到复杂的CMOS器件、光电器件、功率器件、射频器件、存储器件等都有准确的模型。

（2）Process模块组 Process是业界标准的工艺仿真工具，可以对IC生产工艺进行优化以缩短产品开发周期和产品定型。此模块是一个全面的高度灵活的一、二、三维工艺模拟工具，拥有快速准确的刻蚀与掺杂模拟模型，有基于Crystal-TRIM的蒙特卡罗（Monte Carlo）离子注入模型和先进的离子注入校准表、离子注入分析和损坏模型以及先进的扩散模型。

（3）Device Editor模块组 此模块具有三个操作模式：二维器件编辑、三维器件编辑、三维工艺流程模拟。几何操作和工艺模拟可以自由组合，增加了生成三维器件的灵活性。

（4）Workbench模块组 此模块集成了Synopsys的TCAD各模块工具的图形前端集成环境，用户可以通过图形界面来进行半导体研究及其制备工艺模拟和器件仿真的设计、组织和运行，使用户可以很容易建立IC工艺流程以便TCAD进行模拟，还可以绘制器件的各端口电学性能等重要参数。

2. Silvaco公司的TCAD系统

Silvaco TCAD套件被遍布全球的半导体厂家用于半导体器件和集成电路的研究、开发、测试和生产过程中。Virtual Wafer Fab是TCAD综合环境，Athena是专业的工艺仿真系统，Atlas是器件仿真系统，Mercury是快速器件仿真系统。

Athena工艺仿真系统用于仿真半导体制造过程中的离子注入、扩散、刻蚀、淀积、光刻、氧化及硅化等工艺过程，为集成电路工艺工程师提供了一个开发和优化半导体制造工艺流程的平台。

Athena系统包括多个子仿真器和一个数据库管理单元。其中SSuprem4 2D工艺仿真器主要用于半导体工业中Si、SiGe以及化合物半导体技术的设计、分析和优化，精确模拟扩散、注入、氧化、硅化和外延生长等主要工艺步骤；MC Implant 3D蒙特卡罗注入仿真器是一个基于物理的3D离子注入仿真器，用于晶体和非晶体材料的阻止能力和射程的建模，精确地为所有主要的离子/目标化合物预测注入分布图及其损伤；Elite 2D刻蚀、淀积仿真器是一个先进的2D移动框拓扑仿真器，用于模拟物理刻蚀、淀积、回流和化学机械平坦化（CMP）工艺；MC Etch/Depo 2D蒙特卡罗刻蚀、淀积仿真器是一个2D拓扑仿真器，它包括了几个基于蒙特卡罗的模型，用来模拟各种使用了原子微粒流的刻蚀和淀积工艺。Optolith 2D光刻仿真器是一个非平面的2D光刻仿真器，用于亚微米细颗粒光刻的各个方面的建模，如成像、曝光、光阻烘焙和光阻显影，并与GDSII和CIF格式的商用IC版图工具之间有完全接口。SPDB工艺数据库收集了超过6000个世界先进的实验分布图，含实验和模拟的掺杂分布图和工艺配方，并且允许用户将自己的分布图添加和保留在SPDB中。

Silvaco公司的各仿真工具都是通过集成环境Deckbuild所组织的，各个仿真器都可以通过"go"命令在Deckbuild环境中进行调用。Deckbuild基本特性功能如下：①输入和编辑仿真文件；②查看仿真输出并对其进行控制；③提供仿真器件组件间的自动切换；④提供工艺优化以快速准确地获得仿真参数；⑤内建的提取功能可以对仿真得到的特性进行结果提取；⑥内建的显示功能可以输出基本图形结构；⑦可从器件仿真的结果中提取对应Spice模型的参数。

集成环境Deckbuild的主界面如图11-1所示。

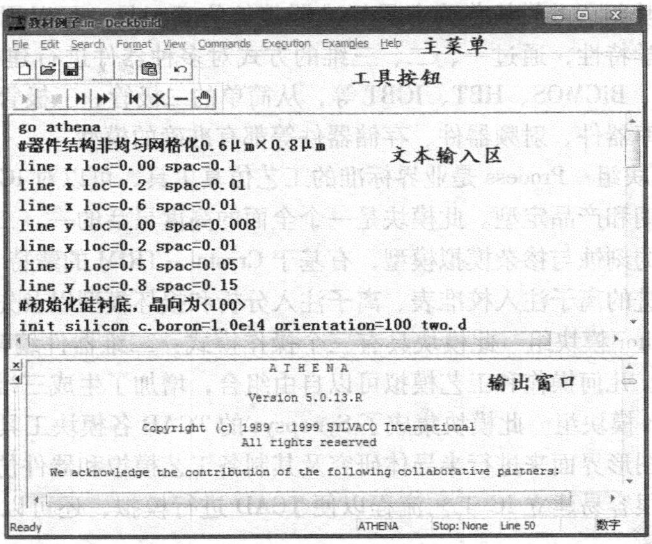

图11-1　集成环境Deckbuild的主界面

工艺模拟后的物理结构可以用可视化工具Tonyplot进行显示，可显示的结构包括一维、二维和三维结构（三维结构显示需要使用Tonyplot3d工具），可显示的信息包括几何结构、材料特性、器件仿真得到的电学信息等。

可视化工具Tonyplot的主界面如图11-2所示。

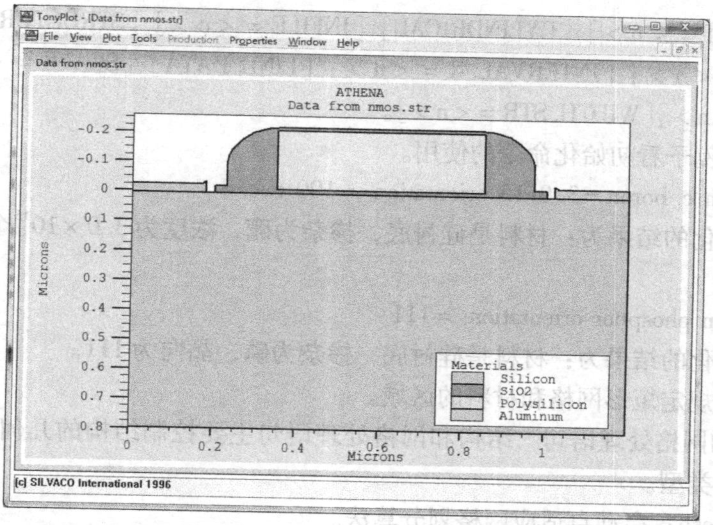

图 11-2 可视化工具 Tonyplot 的主界面

11.1.3 Athena 基础

Athena 工艺模拟器是目前比较常用的工艺模拟器。

1. 语法基础

Athena 的基本语法要求：

1）每一个语法命令占用一行，如果一行放不下，结尾处用一个加号“+”表示继续下一行；每一行不超过 80 个字符。

2）命令与参数之间用空格分开，大部分命令的参数有一定的顺序。

3）两行之间的空行和参数之间的多余的空格会被忽略掉。

4）以符号“#”开头的行是注释行，仿真时不运行该行的内容。

5）输入文件可以包含大小写，不区分大小写（特殊字符除外）。

2. 语法命令

Athena 命令语句包括初始化语句、仿真语句和模型语句等 5 大类。

（1）结构和格点初始化语句　结构和格点初始化语句用于定义初始结构的尺寸、边界、格点密度和材料类型。

1）base. mesh：规定初始格点的网格参数。

2）boundary：规定矩形格点与空气的边界。

3）line：定义仿真计算时用到的网格点。

4）initialize：网格定义好之后就要对衬底进行初始化，主要设定材料的类型、掺杂条件、仿真维度和结构参数。

基本语法结构如下：

INITIALIZE [MATERIAL] [ORIENTATION = <n>] [ROT. SUB = <n>] [C. FRACTION = <n>] [C. IMPURITIES = <n> | RESISTIVITY = <n>] [C. INTERST = <n>] [C. VACANCY = <n>] [BORON | PHOSPHORUS | ARSENIC | ANTIMONY] [NO. IMPURITY] [ONE. D | TWO. D |

AUTO] [X. LOCAT = <n>] [CYLINDRICAL] [INFILE = <c>] [STRUCTURE | INTENSITY] [SPACE. MULT = <n>] [INTERVAL. R = <n>] [LINE. DATA] [SCALE = <n>] [FLIP. Y] [DEPTH. STR = <n>] [WIDTH. STR = <n>]。

下面从几个例子看初始化命令的使用。

① init silicon c. boron = 3. 0e15 orientation = 100 two. d

此语句初始化的结果为：材料是硅衬底，掺杂为硼，浓度为 3.0×10^{15} 个/cm^{-3}，晶向为100，二维显示。

② init silicon phosphor orientation = 111

此语句初始化的结果为：材料是硅衬底，掺杂为磷，晶向为111。

5）region：规定矩形网格和材料的区域。

（2）结构和网格处理语句　结构和网格处理语句主要控制结构的几何结构和属性以及产生输出文件的类型。

1）adapt. mesh：启动自适应网格划分算法。

2）adapt. par：设定自适应网格划分参数。

3）base. par：定义自动生成基本网格时相邻网格特性。

4）electrode：给电极区命名。

5）Grid model：定义一个包含自适应网格划分命令的临时文件。

6）Profile：使 Atnena 读入一个包含掺杂信息的 ASCII 文件。

7）stretch：通过水平或垂直方向的拉伸改变结构的几何形状。

8）structure：将网格划分及其结果信息存入指定的文件。

该命令可以保存和导入结构，也可以对结构做镜像或上下翻转。做镜像用 mirror，对应的参数有 left、right、top 和 bottom 等。上下翻转的参数是 flip. p。

下面通过几个例子来学习 structure 的基本使用。

①structure outfile = filename. str

该语句执行的功能为保存当前结构。

②structure mirror left

该语句执行的功能是对结构做镜像。

③structure infile = filename. str

该语句执行的功能是导入原有的结构文件。

（3）仿真语句　仿真语句将工艺过程的物理基模型应用于设计的各种结构。

1）bake：曝光后烘焙或光刻胶刻蚀后烘焙。

2）deposit：淀积材料。

下面通过几个例子来说明 deposit 的基本使用。

① deposit oxide thick = 0. 1 division = 4

此语句功能为：淀积二氧化硅，淀积厚度为0. 1μm，纵向含4个网格点。

② deposit material = BPSG thickness = 0. 1 div = 6 c. boron = 1e20 c. phos = 1e20

此语句功能为：淀积用户自定义材料 BPSG，厚度为0. 1μm，且 BPSG 中含有杂质硼和磷，纵向含6个网格。

3）develop：转移曝光过的正胶和没有曝光的负胶，即显影。

4）diffuse：设定氧化和杂质扩散的时间和温度等，并计算结果。

下面通过几个例子来说明 Diffuse 命令的使用。

① diffuse time = 30 temp = 1000 dryo2

此语句执行的功能是：氧化工艺，氧化时间为 30min，氧化温度为 1000℃，干氧氧化。

② diffus time = 20 temp = 1000 nitro press = 1. 5

此语句执行的功能是：扩散工艺，扩散时间为 20min，扩散温度为 1000℃，氮气气氛扩散，氮气气体压力为 1. 5atm（1atm = 101. 325kPa）。

5）epitaxy：高温条件下的硅外延生长。

其基本语法如下：

EPITAXY TIME = <n> [HOURS | MINUTES | SECONDS] TEMPERATURE = <n> [T. FINAL = <n> | T. RATE = <n>] [THICKNESS = <n> | GROWTH. RATE = <n>] [C. IMPURITIES = <n>] [F. IMPURITIES = <n>] [C. INTERST = <n>] [F. INTERST = <n>] [C. VACANCY = <n>] [F. VACANCY = <n>] [DIVISIONS = <n>] [DY = <n>] [MIN. DY = <n>] [YDY = <n>] [SI TO POLY]

6）etch：实现结构上几何或机械类的刻蚀。

下面通过几个例子来说明 etch 的基本使用。

① etch silicon left p1. x = 0. 5

此语句的功能是刻蚀左侧 0. 5μm 处的硅。

② etch oxide all

此语句的功能是刻蚀全部的二氧化硅。

7）expose：光刻胶曝光。

8）image：计算 2D 或 1D 图像。

9）implant：离子注入。

下面通过几个例子来学习 implant 命令的基本使用。

① implant phosph dose = 1. 0e14 energy = 50 tilt = 10

此语句执行的功能为：磷离子注入，掺杂浓度为 10^{14} 个/cm^{-3}，能量为 50keV，注入纵向角度为 10°。

② implant boron energy = 35 dose = 1. 0e13 tilt = 1 rotation = 0 print. mom

此语句执行的功能为：硼离子注入，能量为 35keV，掺杂浓度为 10^{13} 个/cm^{-3}，注入纵向角度为 1°，注入的例子束与仿真面的角度为 0。

10）polish：模拟外延生长时的化学机械损伤。

11）stress：计算热应力。

12）strip：移除光刻胶或用户自定义的其他材料。

（4）Deckbuild 专用语句　Deckbuild 专用语句用来调用 Deckbuild 运行环境下的特定操作。

1）autoelectrode：定义版图中存在的电极。

2）extract：提取仿真中得到的参数信息。

3）go：用于启动或切换仿真器，可用的仿真器主要有 Athena、Atlas、Ssuprem3 等。例如："go athena" 用于启动 Athena 仿真器。

4）mask：通过掩膜视窗实现光刻胶的沉淀和刻蚀。

5）set：用于设定用户定义的全局变量或设置 Tonyplot 的显示方式。

6）system：允许执行 C – Shell 命令，Windows 版本无此功能。

7）tonyplot：生成图形结果。

（5）可执行控制语句　控制语句提供了帮助（help）、注释（comment）以及退出 Athena 仿真系统等辅助功能。

每一个命令都有非常详细的参数，具体使用需要读者去查阅对应的用户手册。

3. 基本操作过程

利用 Athena 进行仿真的基本操作过程如下：首先在文本输入区输入自己的工艺源代码，其次单击工具按钮中的运行按钮，即可实现仿真，然后在输出窗口中查看具体仿真的输出信息，包括一些错误信息都会有提示，根据错误信息提示修改源代码中的错误，再继续运行仿真，直至没有错误提示为止，最后可以利用 TonyPlot 绘制想要的一些结构示意图。

4. 网格划分

在工艺仿真之前需要先定义衬底，在衬底的基础上再经过一系列工艺步骤来生成结构。网格点的多少决定了仿真的精确程度和快慢，所以合理定义网格分布很重要。

划分网格的命令是 line，其主要参数有 x、y、location（可以简写成 loc）和 spacing。其中 x 和 y 参数设定网格线的方向，loc 设定网格线的位置，spacing 设定网格线的间距，默认单位是 μm。如果几个 loc 位置的 spacing 大小一样，那么网格线是均匀分布的。

划分网格之后，如果想要用 TonyPlot 绘制图形，还必须要用 initial 命令进行衬底初始化，并保存结构文件。

均匀划分网格的语句如下所示：

```
go athena
line x loc =0   spacing =0. 1
line x loc =2   spacing =0. 1
line y loc =0   spacing =0. 2
line y loc =2   spacing =0. 2
```

初始化衬底并保存结构文件的语句如下：

```
init silicon c. boron =1. 0e14 orientation =100 two. d
structure outfile = wangge1. str
```

均匀划分网格的结构图如图 11-3 所示。

非均匀划分网格的语句如下所示：

```
go athena
line x loc =0   spacing =0. 01
line x loc =2  spacing =0. 3
line y loc =0   spacing =0. 02
line y loc =2   spacing =0. 4
init silicon c. boron =1. 0e14 orientation =100 two. d
structure outfile = wangge2. str
```

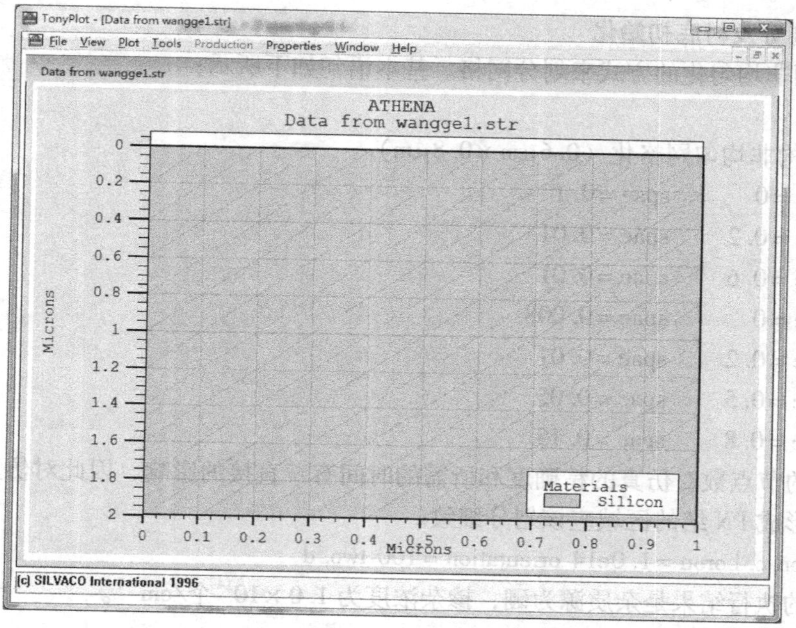

图 11-3　均匀划分网格的结构图

非均匀划分网格的结构图如图 11-4 所示。

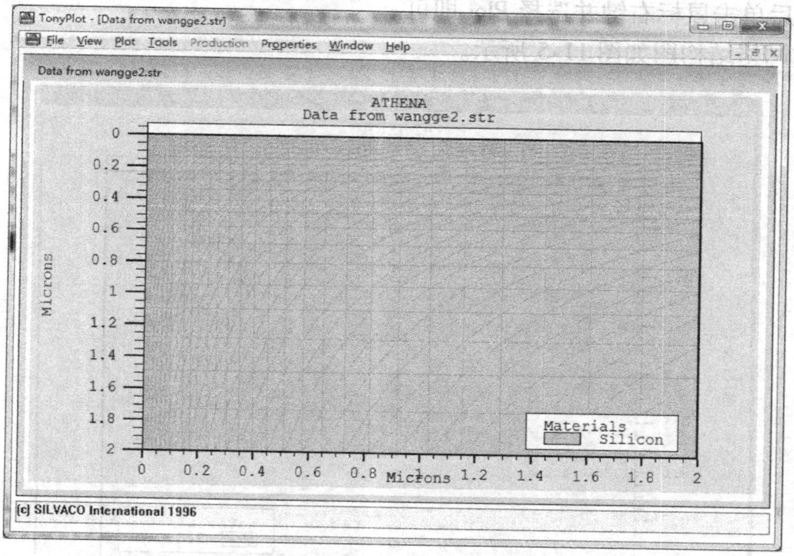

图 11-4　非均匀划分网格的结构图

11.2　氧化工艺模拟

氧化工艺是集成电路制造工艺中的基本工艺，由于氧化与扩散的工艺条件相近，所以氧化工艺与扩散工艺的模拟命令都是 Diffuse。

1. 网格划分及衬底初始化

本例采用非均匀化的方式来划分网格。基本语句如下所示：

```
go athena
#器件结构非均匀网格化（0.6μm×0.8μm）
line x loc =0        spac =0.1
line x loc =0.2      spac =0.01
line x loc =0.6      spac =0.01
line y loc =0        spac =0.008
line y loc =0.2      spac =0.01
line y loc =0.5      spac =0.05
line y loc =0.8      spac =0.15
```

网格中的节点数对仿真的精确度和所需的时间有着直接的影响，因此对仿真结构中存在离子注入或形成 PN 结的区域应该划分细致。

```
init silicon c.boron =1.0e14 orientation =100 two.d
```

此语句的执行结果是杂质源为硼，掺杂浓度为 1.0×10^{14} 个/cm^{-3}。

```
structure outfile = exp00.str
```

该语句可以把划分好的网格结构存储在文件中，然后用 Tonyplot 命令可以绘制出对应的图形。具体操作如下：在 Deckbuild 主程序的输出窗口中，用鼠标选中刚才存储的结构文件 exp00.str，然后单击鼠标右键并选择 Plot 即可。

划分好的网格结构图如图 11-5 所示。

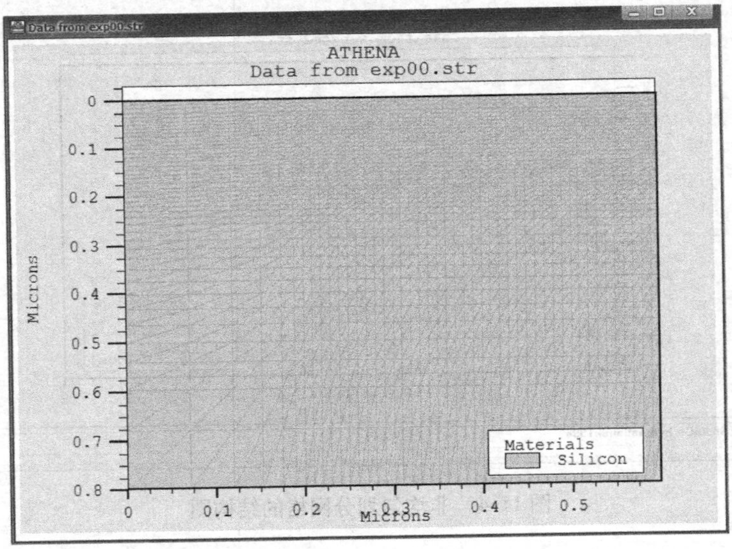

图 11-5　网格划分结构图

2. 氧化工艺

氧化工艺对应的模拟命令是扩散工艺所对应的命令 Diffuse，在其所有的参数中，与氧化有关的参数主要是以下几个：①time，扩散时间，默认时间单位为 min；②temperture，扩散温度，默认温度单位为℃；③dryo2、weto2、nitrogen 等，氧化的气体氛围；④hcl. pc，氧化剂气流中 hcl 的百分比；⑤pressure，气体的分压，默认是 1atm。

（1）干氧氧化　干氧氧化的参数为 dryo2，对应的模拟语句为

diffus time = 11 temp = 925. 727 dryo2 press = 1 hcl. pc = 3

干氧氧化后的结构图如图 11-6 所示。

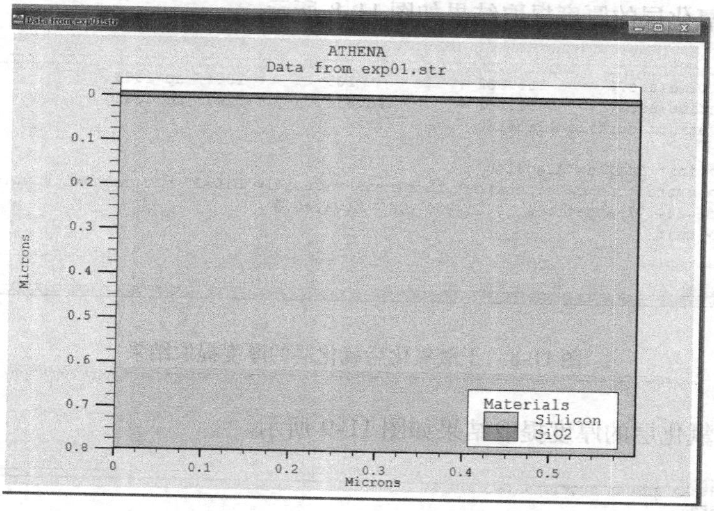

图 11-6　干氧氧化后的结构图

（2）湿氧氧化　湿氧氧化的参数为 weto2，对应的模拟语句为

diffus time = 11 temp = 925. 727 weto2 press = 1 hcl. pc = 3

湿氧氧化后的结构图如图 11-7 所示。

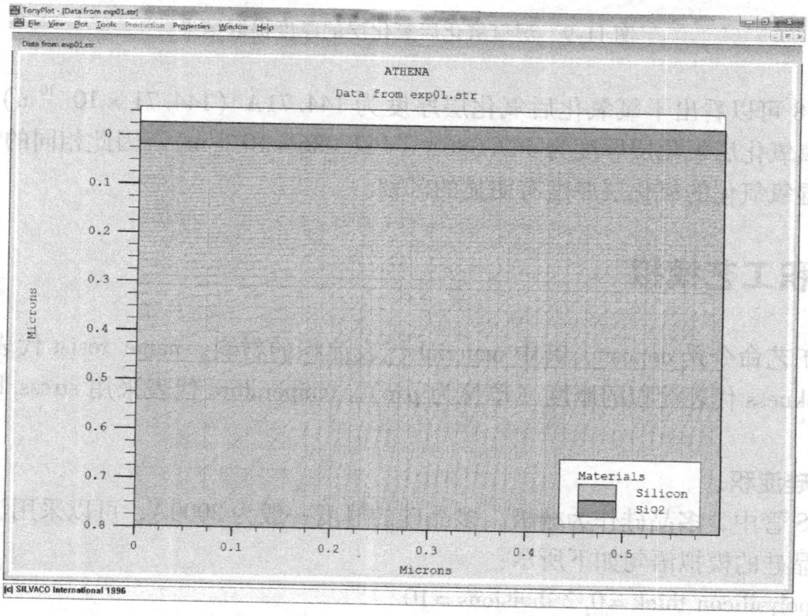

图 11-7　湿氧氧化后的结构图

(3) 氧化层厚度　氧化模拟后可以提取氧化层的厚度。具体的提取命令为 extract。

提取氧化层厚度的模拟语句为

extract name =“gateoxide” thickness material =“SiO ~2” mat. occno =1 x. val =0. 3

其中，mat. occno =1 为说明要提取层数的参数，如果只有一层氧化层，此参数可以忽略，如果有多层氧化层，则需要用该参数指定所定义的层。

干氧氧化后氧化层的厚度提取结果如图 11-8 所示。

```
Solving time(sec.)        366.362 +          165        100%, np 2068
Solving time(sec.)        531.362 +      128.638    77.9624%, np 2068
ATHENA> struct outfile=AIa04160
ATHENA>
EXTRACT> init infile="AIa04160"
EXTRACT> extract name="gateoxide" thickness material="SiO~2" mat.occno=1 x.val=0.3
gateoxide=144.71 angstroms (0.014471 um)  X.val=0.3
EXTRACT> quit

Ready
```

图 11-8　干氧氧化后氧化层的厚度提取结果

湿氧氧化后氧化层的厚度提取结果如图 11-9 所示。

```
ATHENA> struct outfile=AIa04160
ATHENA>
EXTRACT> init infile="AIa04160"
EXTRACT> extract name="gateoxide" thickness material="SiO~2" mat.occno=1 x.val=0.3
gateoxide=467.086 angstroms (0.0467086 um)  X.val=0.3
EXTRACT> quit

ATHENA> structure outfile=exp01.str
ATHENA> |
Ready
```

图 11-9　湿氧氧化后氧化层的厚度提取结果

由图 11-8 可以看出干氧氧化后氧化层厚度为 144. 71Å（144.71×10^{-10}m），由图 11-9 可以看出湿氧氧化后氧化层厚度为 467. 086Å（467.086×10^{-10}m）。因此相同的氧化条件下，干氧氧化和湿氧氧化的氧化层厚度有明显的区别。

11. 3　淀积工艺模拟

淀积的工艺命令是 deposit，其中 material 代表淀积的材料，name. resist 代表淀积光刻胶的类型，thickness 代表淀积的厚度（单位为 μm），temperature 代表采用 stress. hist 模型时淀积的温度。

1. 多晶硅淀积

在 NMOS 管中，多晶硅作为栅极，多晶硅的厚度一般为 2000Å，可以采用淀积的方法。

淀积多晶硅的模拟语句如下所示：

deposit polysilicon thick =0. 2 divisions =10

淀积后的结构图如图 11-10 所示。

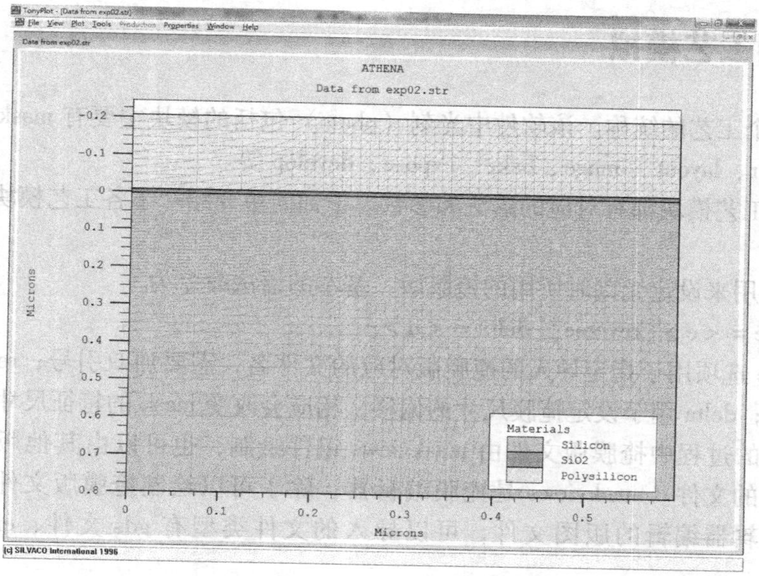

图 11-10　淀积后的结构图

2. 金属淀积

为了在元器件之间形成连接，需要金属布线，因此首先要在表面淀积一层金属。淀积金属铝的语句如下所示：

#淀积铝

deposit aluminum thick =0. 03 divisions =2

金属铝淀积后的结构如图 11-11 所示。

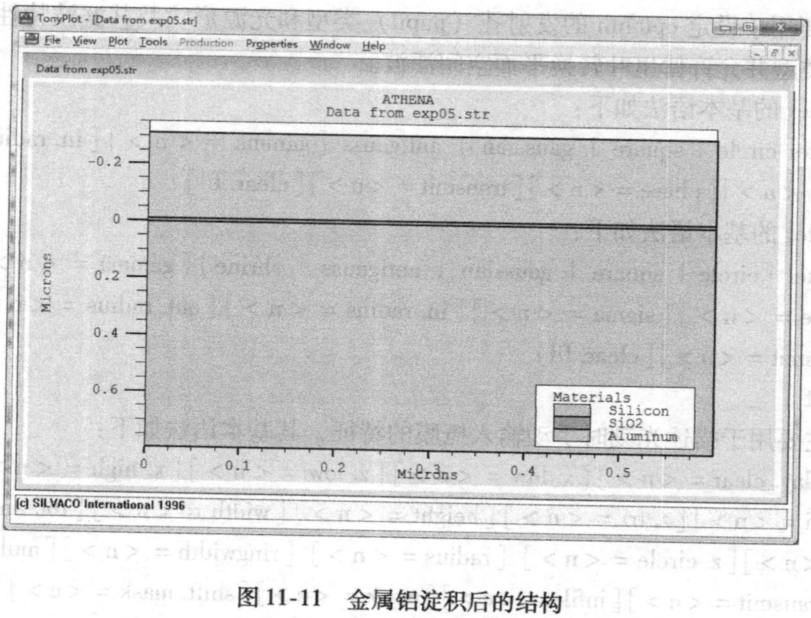

图 11-11　金属铝淀积后的结构

11.4　光刻工艺模拟

光刻是多个工艺的统称。该软件中光刻（photo）包括的模块主要有 mask、illumination、projection、filter、layout、image、bake、expose、develop 等。

各个光刻工艺模块都有对应的语法和参数。下面简单介绍一下各工艺模块的参数。

1. mask

mask 命令用来设定光刻时所用的掩膜版，基本的语法命令为

mask name = <c>[reverse][delta = <n>]

其中 name 选项用于指定导入的掩膜版对应的文件名，需要加双引号；reverse 用于指定负极性光刻胶；delta 用于设定掩膜尺寸的偏移，相应会改变 mask 的特征尺寸。

实际模拟的过程中掩膜版文件由 maskviews 组件绘制，也可以由其他版图编辑工具绘制并导出对应的文件。maskviews 是掩膜编辑器，除了可以绘制掩膜版文件外，也可以导入其他版图编辑器编辑的版图文件，可以导入的文件类型有 gds 文件、cif 文件、sec 文件等。

2. illumination

illumination 用于设定照明参数，基本的语法命令为

illumination [i. line | g. line | h. line | krf. laser | duv. line | arf. laser | f2. laser | lambda = <n>] [x. tilt = <n>] [z. tilt = <n>] [intensity = <n>]。

其中 line 参数用于指定照明系统采用的波长，波长相应为 0.365μm、0436μm、0.407μm、0.268μm、0.193μm、0.157μm 等；lambda 用于定义和改变光源的波长，主要针对单色光源；tilt 参数用于指定照明系统和光轴的角度；intensity 用于定义和改变振幅的绝对值。

3. filter

filter 主要用于设定 optolith 的发射孔（pupil）类型和光源形状及其滤波特性。有四种不同的发射孔类型并允许傅里叶转换平面空间滤波。

pupil. filter 的基本语法如下：

pupil. filter circle | square | gaussian | antigauss [gamma = <n>][in. radius = <n>][out. radius = <n>][phase = <n>][transmit = <n>][clear. fil]

illum. filter 的基本语法如下：

illum. filter [circle | square | gaussian | antigauss | shrinc][gamma = <n>][radius = <n>][angle = <n>][sigma = <n>][in. radius = <n>][out. radius = <n>][phase = <n>][transmit = <n>][clear. fil]

4. layout

layout 主要用于描述光刻时手动输入掩膜的特征，其基本语法如下：

layout [lay. clear = <n>][x. low = <n>][z. low = <n>][x. high = <n>][z. high = <n>][x. tri = <n>][z. tri = <n>][height = <n>][width = <n>][rot. angle = <n>][x. circle = <n>][z. circle = <n>] [radius = <n>] [ringwidth = <n>][multiring][phase = <n>][transmit = <n>][infile = <c>][mask = <c>][shift. mask = <c>]

5. image

image 主要用于计算一维或二维的成像，其基本语法如下：

image [infile = <c>] [demag = <n>] [gap = <n>] [opaque | clear] [defocus = <n>] [center] [win. x. low = <n>] [win. x. high = <n>] [win. z. low = <n>] [win. z. high = <n>] [dx = <n>] [dz = <n>] [x. points = <n>] [z. points = <n>] [n. pupil = <n>] [mult. image] [x. cross | z. cross] [one. dim]

6. expose

expose 主要是执行曝光操作，其基本语法命令如下：

expose[infile = <c>][perpendicul | parallel][x. cross | z. cross][cross. value = <n>] [dose = <n>][x. origin = <n>][flatness = <n>][num. refl = <n>][mult. expose][power. min = <n>][front. refl = <n>][back. refl = <n>][all. mats = <n>]

7. bake

bake 命令主要是描述对光阻的后曝光和后坚膜时的烘烤，其基本语法如下：

bake [diff. length = <n>] [temerature = <n>] [reflow] [time] [seconds | minutes | hours] [dump = <n>] [dump. prefix = <c>]

8. develop

develop 主要是执行显影操作，其基本语法如下：

develop [mack | dill | trefonas | hirai | kim | eib] [time = <n>] [steps = <n>] [substeps = <n>][dump = <n>][dump. prefix = <c>]

9. 完整的光刻工艺的模拟语句

```
go athena
set lay_left = -0.5
set lay_right =0.5
#
illumination g. line
illum. filter clear. fil circle sigma =0.38
#
projection na =.54
pupil. filter clear. fil circle
layout lay. clear x. lo = -2 z. lo = -3 x. hi = $lay_left z. hi =3
layout x. lo = $lay_right z. lo = -3 x. hi =2 z. hi =3
image clear win. x. lo = -1 win. z. lo = -0.5 win. x. hi =1 win. z. hi =0.5 dx =0.05 one. d
structure outfile =mask. str intensity mask
tonyplot mask. str
line x loc = -2 spac =0.05
line x loc =0 spac =0.05
line x loc =2 spac =0.05
line y loc =0 spac =0.05
line y loc =2 spac =0.2
```

```
init silicon orient = 100 c. boron = 1e15 two. d
deposit nitride thick = 0. 035 div = 5
deposit name. resist = AZ1350J thick = . 8 divisions = 30
rate. dev name. resist = AZ1350J i. line c. dill = 0. 018
structure outfile = preoptolith. str
# tonyplot preoptolith. str
expose dose = 240. 0 num. refl = 10
bake time = 30 temp = 100
develop kim time = 60 steps = 6 substeps = 24
structure outfile = optolith. str
tonyplot optolith. str
quit
```

光刻完之后的图形结构如图 11-12 所示。

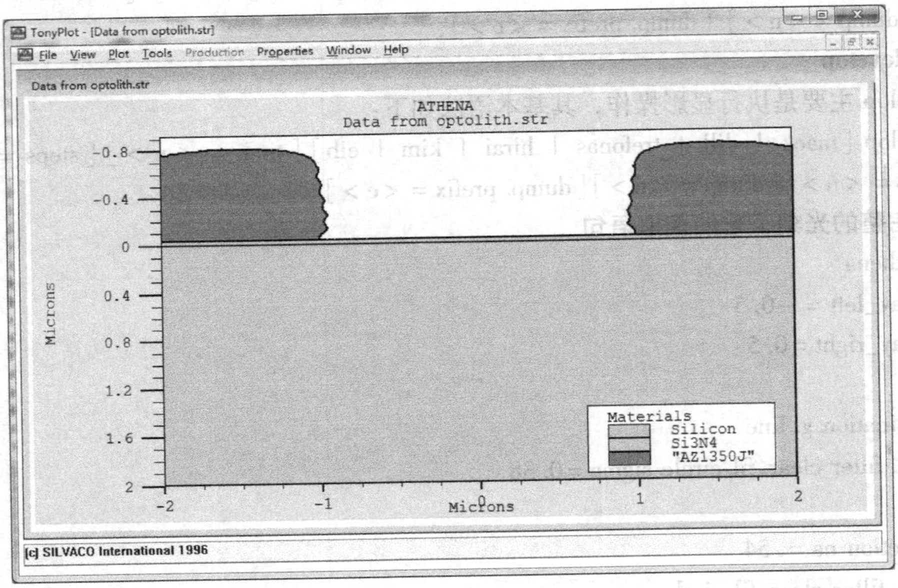

图 11-12 光刻完之后的图形结构

11.5 刻蚀工艺模拟

氧化和淀积后，为了得到特定的区域，还需要进行刻蚀。例如为了得到多晶硅栅的图形，需要刻蚀掉多余的多晶硅；为了得到特定的金属线连接，需要刻蚀掉多余的金属铝等。

刻蚀的基本命令是 etch，其基本语法如下：

etch[material] [name. resist] [all | dry] [thickness = < n >] [angle = < n >] [undercut =

< n >] [left | right | above | below] [p1. x = < n >] [p1. y = < n >] [p2. x = < n >] [p2. y = < n >] [start | continue | done] [x = < n >] [y = < n >] [infile = < c >] [top. layer] [noexpose] [dt. fact = < n >] [dt. max = < n >] [dx. mult = < n >] [machine = < c >] [time = < n >] [hours | minutes | seconds] [mc. redepo] [mc. smooth = < n >] [mc. dt. fact = < n >] [mc. modfname = < c >]

1. 多晶硅刻蚀

淀积好多晶硅后，为了形成栅极，还要把不需要的多晶硅刻蚀掉。本例中将多晶硅栅极网格的边缘定为 x = 0.35μm，中心网格为 0.6μm，因此应该从左边 x = 0.35μm 处开始进行刻蚀。

#选择性刻蚀多晶硅，得到栅区的图形和尺寸

etch polysilicon left p1. x = 0.35

多晶硅刻蚀后的结构示意图如图 11-13 所示。

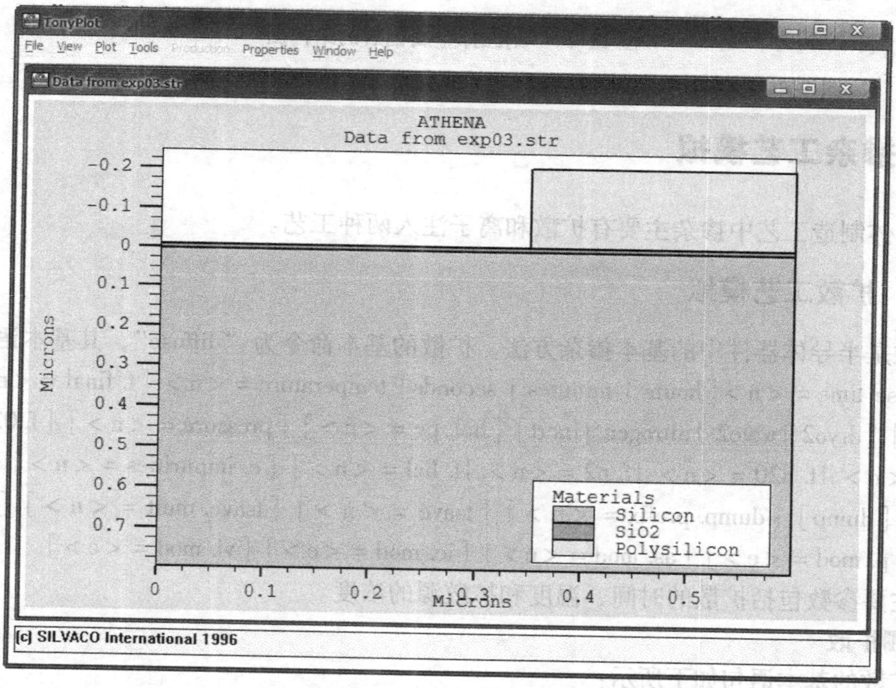

图 11-13 多晶硅刻蚀后的结构示意图

2. 金属铝刻蚀

淀积完金属铝后，为了形成金属连线，还需要去掉多余的金属铝。刻蚀金属铝的语句如下所示：

etch aluminum right p1. x = 0.18

刻蚀掉金属铝后的结构图如图 11-14 所示。

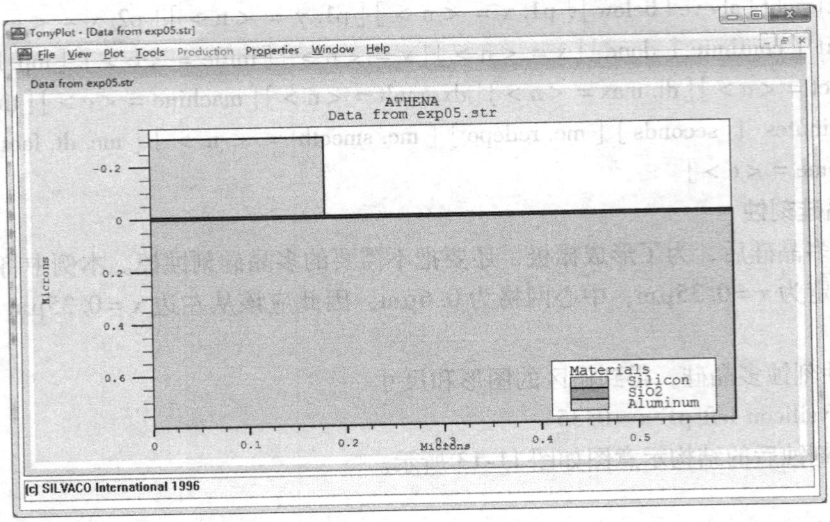

图 11-14 刻蚀掉金属铝后的结构图

11.6 掺杂工艺模拟

半导体制造工艺中掺杂主要有扩散和离子注入两种工艺。

11.6.1 扩散工艺模拟

扩散是半导体器件中的基本掺杂方法，扩散的基本命令为“diffuse”，其基本语法如下：

diffuse time = <n>[hours | minutes | seconds] temperature = <n> [t. final = <n> |t. rate = <n>] [dryo2 |weto2 |nitrogen |inert] [hcl. pc = <n>] [pressure = <n>] [f. 02 = <n> |f. h2 = <n> |f. h20 = <n> |f. n2 = <n> |f. hcl = <n>] [c. impurities = <n>] [no. diff] [reflow] [dump] [dump. prefix = <n>] [tsave = <n>] [tsave. mult = <n>] [b. mod = <c>] [p. mod = <c>] [as. mod = <c>] [ic. mod = <c>] [vi. mod = <c>]

其主要参数包括扩散的时间、温度和扩散源的浓度。

1. 硼扩散

硼扩散的基本语句如下所示：

diffuse time = 60 temp = 1100c. boron = 1.0E15 Press = 1.5

工艺过程为 1100℃下的硼扩散，扩散时间为 60min，扩散浓度为 1.0×10^{15} 个/cm^{-3}。扩散气体压力为 1.5atm。

硼扩散语句执行完之后的结构图如图 11-15 所示。

2. 磷扩散

磷扩散的基本语句如下所示：

diffuse time = 60 temp = 1100c. phosphorus = 1.0E15 Press = 1.5

工艺过程为 1100℃下的磷扩散，扩散时间为 60min，扩散浓度为 1.0×10^{15} 个/cm^{-3}。扩散气体压力为 1.5atm。

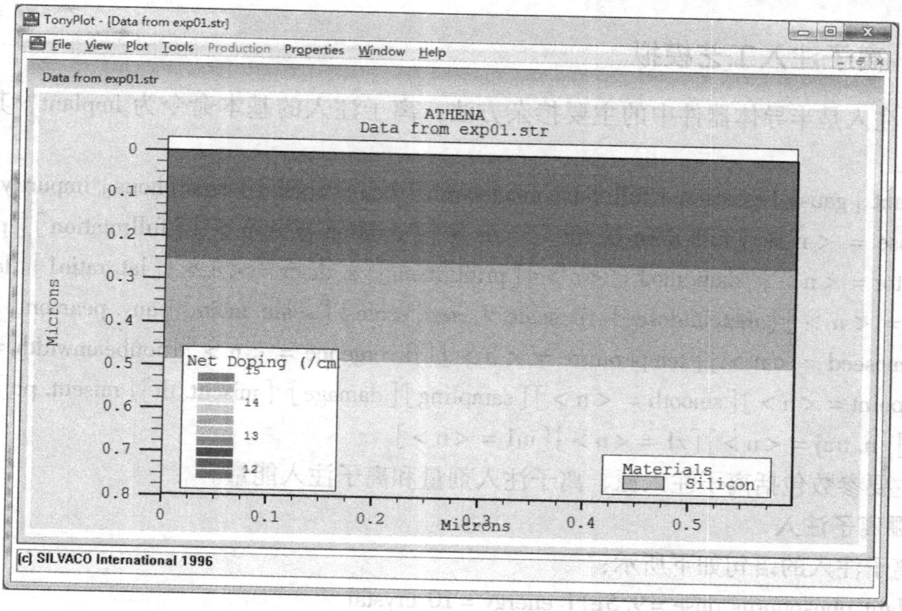

图 11-15　硼扩散语句执行完之后的结构图

磷扩散语句执行完之后的结构图如图 11-16 所示。

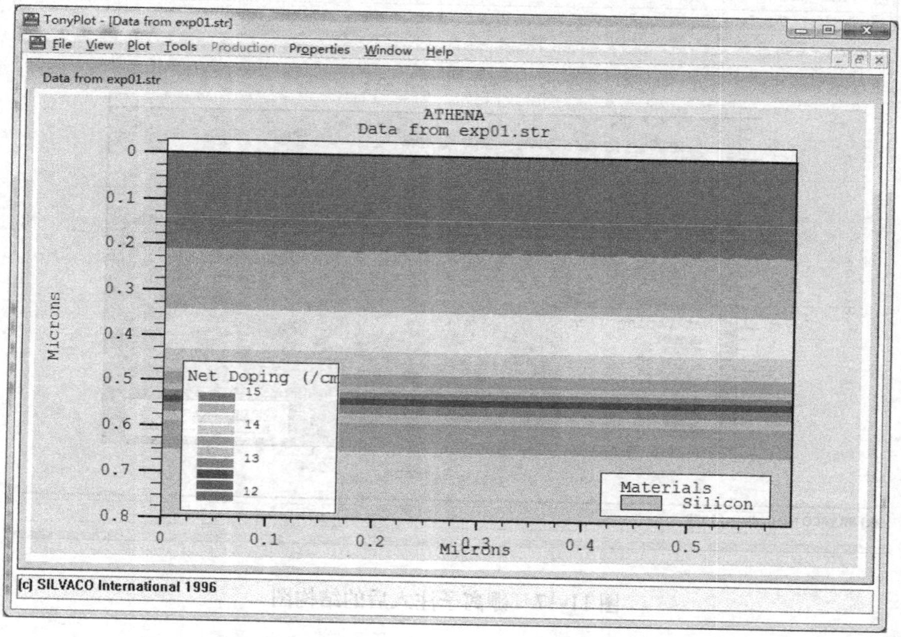

图 11-16　磷扩散语句执行完之后的结构图

由图 11-15 和图 11-16 可以看出，从表面开始往内部，掺杂浓度越来越小，直至和衬底原有浓度一致。

11.6.2 离子注入工艺模拟

离子注入是半导体器件中的主要掺杂方法，离子注入的基本命令为 implant，其基本语法如下：

implant [gauss | pearson | full. lat | montecarlo | bca][crystal | amorphous] impurity energy = <n> dose = <n> [full. dose][tilt = <n>][rotation = <n>][fullrotation][plus. one][dam. factor = <n>][dam. mod = <c>][print. mom][x. discr = <n>][lat. ratio1][lat. ratio2][s. oxide = <n>][match. dose | rp. scale | max. scale][scale. mom][any. pearson][n. ion = <n>][mcseed = <n>][temperature = <n>][divergence = <n>][ionbeamwidth = <n>][impact. point = <n>][smooth = <n>][sampling][damage][miscut. th][miscut. ph][traj. file = <n>][n. traj = <n>][z1 = <n>][m1 = <n>]

其主要参数包括离子注入源、离子注入剂量和离子注入能量。

1. 硼离子注入

硼离子注入的语句如下所示：

implant phosphorus dose = 9.5e11 energy = 10 crystal

工艺过程为硼离子注入，注入剂量为 9.5×10^{11} 个/cm^{-3}，注入能量为 10keV，硼离子注入后的结构图如图 11-17 所示。

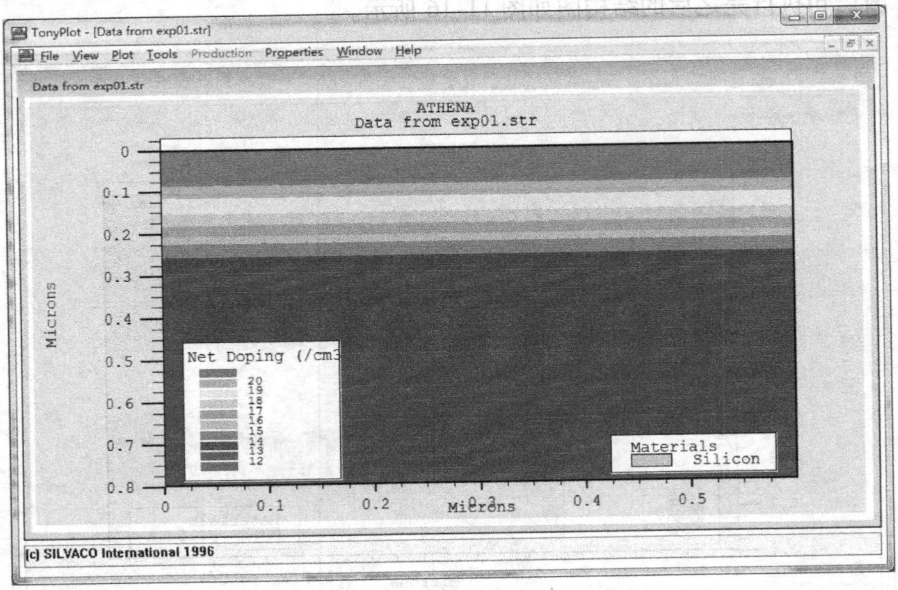

图 11-17 硼离子注入后的结构图

2. 磷离子注入

磷离子注入的语句如下所示：

implant phosphorus dose = 9.5e11 energy = 10 crystal

工艺过程为磷离子注入，注入剂量为 9.5×10^{11} 个/cm^{-3}，注入能量为 10keV，磷离子注入后的结构图如图 11-18 所示。

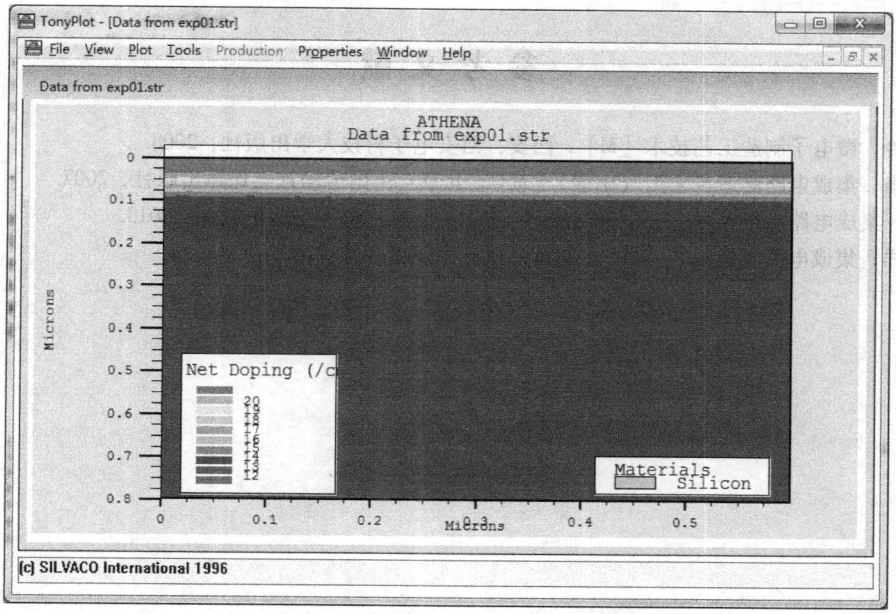

图 11-18　磷离子注入后的结构图

由图 11-17 和图 11-18 可以看出，相同的离子注入条件下，不同的离子注入源对应的离子注入结果是不同的。

参考文献

[1] 肖国玲．微电子制造工艺技术［M］．西安：西安电子科技大学出版社，2008.

[2] 邓善修．集成电路制造工艺员（中级）［M］．北京：中国劳动社会保障出版社，2007.

[3] 王蔚．集成电路制造技术——原理与工艺［M］．北京：电子工业出版社，2013.

[4] 林明祥．集成电路制造工艺［M］．北京：机械工业出版社，2005.